21世纪高等学校工科类规划教材

U0660420

工程力学及实验
（中、少学时用）

主　编　王　莺
副主编　田俊峰　皮永乐　吴国强　秦　婉
参　编　刘华江　李铁林　彭旭蕊
主　审　孟庆东

中国石油大学出版社
CHINA UNIVERSITY OF PETROLEUM PRESS

山东·青岛

内容简介

    本教材适用于工科近机类、工程类专业本科生，非机类各专业专科生。内容可按 38～60 学时安排为两种：少学时（38～44 学时），讲授静力学基础、平面力系平衡方程、杆件四种基本变形强度设计和压杆稳定设计；中学时（44～60 学时），讲授静力学、材料力学全部内容。

    本教材将与之密不可分的实验内容编入其中，以满足中、少学时工程力学教学大纲中对实验的要求。

    本教材内容编排以够用为度，兼顾理论体系完整；注重与工程实际问题的联系，重点突出，难点分散；部分插图具有三维效果。每章后配有小结，对该章的知识点进行归纳；每章设置思考题和习题，供学生复习和作业使用。

    由于本教程阐述简洁明了、通俗易懂，适合作为上述同类专业的技师学院、职工大学、业余大学、函授大学、远程教育等院校的教材，亦可供有关专业工程技术人员和管理人员参考。

    为了配合本教程的教与学，编者还设计制作了电子课件。电子课件汇集了丰富的图、声、视频等内容。将理论问题形象化，能够帮助学生加深理解，同时，也给教师教学带来了方便。读者可在中国石油大学出版社教学资源网（http://cbs.upc.edu.cn/51/list.htm）下载使用。

Preface 前 言

課程建設和教學改革是培養高等院校應用型人才、提高教學質量的核心內容。為適應 21 世紀科學技術的發展和教學改革的需要，編者參照教育部高等學校工科理論力學課程基本要求縮編了這本教材，本書主要適用於普通高等工科院校近機類、工程類專業（如化工、橡膠、石油）的本科生及機械、機電等專業的專科生的工程力學課程。遵照"實踐是檢驗真理的唯一標準"這一哲學名言，本教材將與之密不可分的實驗內容編入其中，以驗證、加深對工程力學理論的認識和理解，並滿足了中、少學時工程力學教學大綱中對實驗的要求。

本書內容按 38～60 學時安排為兩種：少學時（38～44 學時），講授靜力學基礎、平面力系平衡方程、桿件四種基本變形強度設計和壓桿穩定設計；中學時（44～60 學時），講授靜力學、材料力學全部內容。

本書每章後有小結、思考題與習題，並對重點章節加大例題、思考題與習題的比重（備有參考解答：附在本書的電子課件中），着重於培養學生的實際應用能力。

為了配合本書的教與學，還設計製作了電子課件。電子課件不僅是對教材內容的高度概括，而且是對教材內容的拓展和延伸，匯集了豐富的圖、聲、視頻等內容。電子教材中的動畫過程循序漸進，將理論問題形象化，能夠幫助學生加深理解。同時，也給教師教學帶來了方便。讀者可在中國石油大學出版社教學資源網（http://cbs. upc. edu. cn/51/list.htm）下載使用。

由於本書闡述簡潔明了、通俗易懂，適合作為上述同類專業的技師學院、職工大學、業餘大學、函授大學、遠程教育等院校的教材，亦可供有關專業工程技術人員和管理人員參考。

參加本書編寫的學校（人員）有：青島科技大學（王鶯、劉華江、李鐵林、彭旭蕊），天津海運職業學院（吳國強），濟寧技師學院（田俊峰、皮永樂）和青島海洋技師學院（秦婉）。

編寫人員（以姓氏筆畫排序）分工如下：

王鶯（前言、緒論、第一篇引言、第 1～3 章和第三篇的全部內容和附錄 1,2）

田俊峰（第 8,9,10 章）

皮永樂（第 12 章、附錄 3 和設計製作了第 1～6 章的電子課件）

刘华江（第 7 章）

吴国强（第 11,13 章）

李铁林（第 4 章）

秦婉（第二篇引言、第 5,6 章）

彭旭蕊（设计制作了第 7 章以后的电子课件）

本书由王莺任主编并统稿，田俊峰、皮永乐、吴国强、秦婉任副主编。

本书承蒙青岛科技大学孟庆东教授精心审阅并提出了许多宝贵意见。

本书在编写过程中参考了众多同类教材和习题集中的部分素材和插图，得到了有关院校教学主管部门的支持，在编写出版过程中得到了中国石油大学出版社的大力支持与帮助，在此一并向上述人员和单位致以深深的谢意。

因编者水平所限，书中难免有错误与疏漏之处，望各位读者不吝赐教。

编　者

2019 年 9 月

Contents 目 录

----------------------------->

◎ 第二篇 材料力学 ◎

◎ 第三篇　工程力学实验 ◎

绪　论

一、工程力学的内容与任务

工程力学是一门包含广泛内容的学科。本书所研究的工程力学仅为静力学和材料力学两部分。其中的静力学是理论力学课程中的一部分。

理论力学是研究物体机械运动一般规律的科学。所谓机械运动，是指物体在空间的位置随时间的变化，是宇宙间物质运动的一种最简单、最低级的形式。例如，天体的运行、水的流动、机器的运转等都是机械运动。当物体相对地球处于静止或做匀速直线运动时称物体处于平衡状态，如在地面上静止的房屋、桥梁，在直线轨道上匀速行驶的火车等都处于平衡状态。显然，平衡是物体机械运动的一种特殊状态。研究物体在外力作用下的平衡问题，是属于静力学研究的范畴。本书仅限于研究静力学问题，也即理论力学中最基本的和较简单的问题。

材料力学是研究组成机器、设备或结构的零件（在工程中称为构件）在外力作用下发生变形和破坏的规律，通过对这些规律的认识，去解决怎样保证构件在外力作用下不致发生破坏或产生过大的变形及保证其稳定性等问题。

经验和实验表明，任何机器或设备在工作时都要受到各种各样的外力作用，而组成机器、设备或结构的构件在外力作用下都要产生一定程度的变形。如果构件的材料选择不当或尺寸设计不合理，则在外力作用下是不安全的；构件可能产生破坏，从而使设备毁坏；构件也可能产生过大的变形，使设备不能正常工作；还有的构件可能会在外力达到某一定值时突然失去原有的平衡状态，而使设备毁坏。因此，为了使机器或设备能安全而正常地工作，必须使构件具有足够的强度、刚度和稳定性。所谓强度，是指构件抵抗破坏的能力；所谓刚度，是指构件抵抗变形的能力；所谓稳定性，是指构件保持其原有平衡形态的能力。构件的强度、刚度和稳定性统称为构件的承载能力。

因此，本书所研究的工程力学的任务就是在对机器、设备或结构的构件进行静力分析研究的基础上，研究构件在外力作用下变形和破坏的规律，为设计的构件选择适当的材料、合理的截面形状和尺寸，以保证达到强度、刚度和稳定性的要求。为保证设备满足适用、安全和经济的要求，提供基础理论知识。

二、学习工程力学的目的

工程力学是现代工程技术的重要基本理论之一。无论是工程结构、机械与电气设备、控制与自动化、生产工艺等工程类技术科学都需要工程力学的知识。因此，工程技术人员必须掌握一定的工程力学知识，以便在生产实践中应用这些规律，解决工程技术问题，探索与专业结合的技术改革的途径，促进科学技术的发展。

工程力学是工程类专业教学计划中一门重要的技术基础课，是其他技术课和专业课的基础；此外，由于工程力学本身的特点，学习工程力学也有助于学生树立辩证唯物主义的世界观，培养正确地分析问题和解决问题的能力，为今后从事科学研究工作打下一定的基础。

三、工程力学的研究方法

人类都是在实践中发现真理，又通过实践而证实真理和发展真理的。因此，"实践—理论—实践"的认识过程，概括了人类认识客观世界的共同规律。力学的研究方法也毫不例外地遵循这条辩证唯物主义的认识规律。方法就是：从观察实验出发，经过抽象化和归纳建立理论和概念，用数学演绎的方法推导出定理和结论，再返回实践中去解决实际问题并验证理论。

遵照"实践是检验真理的唯一标准"这一哲学名言，本书重视和加强了实验环节，将工程力学实验作为第三篇做了介绍。

学习工程力学要深刻理解工程力学中已经被实验和实践证明是正确的基本概念和基本定律，这些是力学的基础。因此，由基本概念和基本定律导出的解决工程力学问题的定理和公式必须熟练掌握。演算一定数量的习题，把学到的理论知识不断地应用到生产实践中去，是巩固和加深理解所学知识的重要途径。

总之，在学习过程中，要做到密切联系生活和生产实际，学以致用，解决生产实践中遇到的各种问题。

第一篇

静力学 》》

　　静力学是研究物体在力系作用下平衡规律的一门科学。所谓平衡,是指物体相对于地面保持静止或做匀速直线运动的状态。所谓力系,是指作用于同一物体上的一组力。物体处于平衡状态时,作用于该物体上的力系称为平衡力系。

　　静力学研究的主要内容,一是对物体进行受力分析;二是对作用物体上的力系进行简化,就是用简单的力系代替复杂的力系;三是研究物体在力系作用下的平衡条件。

　　研究静力学的目的:

　　(1) 工程专业都要接触到机械运动的平衡问题。有很多工程实际问题可以直接应用静力学的基本理论去解决,有些问题则需要用静力学和其他专门知识共同来解决。所以学习静力学可以解决工程实际问题或为解决工程实际问题打下一定的基础。

　　(2) 静力学是研究力学中最普遍、最基本的规律。很多工程专业的课程,例如各种力学课程(运动学、动力学、材料力学、弹性力学、断裂力学……)以及许多专业课程等,都要以静力学为基础。例如:只有对构件进行外力分析,才能运用材料力学的理论进行构件的强度、刚度和稳定性计算。所以静力学是学习一系列后续课程的重要基础。

第1章
力的基本概念和物体的受力分析

　　本章首先简介力学理论基础的几个基本概念和公理,然后介绍工程中常见的约束和约束反力的分析及物体的受力图。本章是工程力学以及工程设计计算的基础,是本课程中最重要的章节之一。

1.1　力学基础的基本概念

1.1.1　力

1. 力的概念

　　力的概念是人们在生产实践中逐渐形成的。当人们用手推、举、掷物体时,手臂肌肉会收缩。由对肌肉收缩的感觉,产生了对力的感性认识。人们逐渐认识到:物体运动状态的改变和物体的变形都是由于其他物体对该物体施加力的结果。这样,由感性到理性逐步建立了力的概念——力是物体间的相互机械作用,是对物体的作用效果。

　　力的效应可分为两类:一类是使物体运动状态发生变化,称为力的运动效应或外效应;另一类是使物体形状或尺寸大小发生变化,称为力的变形效应或内效应。

　　在国际单位制中,以 N 作为力的单位符号,称作牛[顿]。有时也以 kN 作为力的单位符号,称作千牛[顿]。

2. 力的三要素

　　实践表明,力对物体的作用效果应取决于三个要素:力的大小、力的方向和力的作用点,因而,力是矢量。可以用一个矢量来表示力的三个要素,如图 1-1 所示。这个矢量的长度(AB)按一定的比例表示力的大小;矢量的方向表示力的方向;矢量的始端(点 A)或末端(点 B)表示力的作用点;矢量 AB 沿着的直线(图 1-1 中的虚线)表示力的作用线。

3. 力对物体作用的两种形式——集中力和载荷集度

　　作用于物体上某一点处的力称为集中力,如图 1-1 所示的力 F。

　　物体之间相互接触时,其接触处多数情况下并不是一个点,而是一个面。因此,无论是施力物体还是受力物体,其接触处所受的力都是作用在接触面上的,这种分布在一定面积或长度上的力称为分布力,其大小用载荷集度表示。例如,水对容器壁的压力是作用在一定面积上的分布力,其大小用面积集度表示,单位为 N/m^2 或 kN/m^2。而分布在狭长面积或体积上的力可看作线分布力,其集度单位为 N/m 或 kN/m。图 1-2 表示在梁 AB 上作用着向下的均匀线分布力,其集度为 $q=2\ kN/m$。

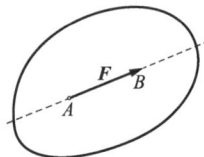

图 1-1　力的三个要素

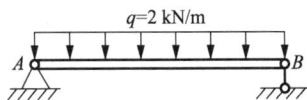

图 1-2　分布力

1.1.2　平衡的概念

在工程中,把物体相对于地面处于静止或做匀速直线运动的状态称作平衡。例如静止的房屋建筑、桥梁,在直线轨道上等速前进的火车,都处于平衡状态。

1.1.3　力系、平衡力系、等效力系、合力的概念

作用于一个物体上的若干个力称为力系。如果作用于物体上的力系使物体处于平衡状态,则称该力系为平衡力系。如果作用于物体上的力系可以用另一个力系代替,而不改变原力系对物体所产生的效应,则称两个力系互为等效力系。如果一个力与一个力系等效,则称这个力为该力系的合力,而该力系中的每一个力称为合力的分力。

1.1.4　刚体的概念

前面讲过,力对物体的效应,除了使物体的运动状态发生改变外,还使物体发生变形。在正常情况下,工程上的机械零件和结构构件在力的作用下产生的变形是很微小的,甚至只有用专门的仪器才能测量出来。这种微小的变形在研究力对物体的外效应时影响极小,因此可以略去不计。这时就可以把物体看作是不变形的。在受力情况下保持形状和大小不变的物体称为刚体。然而,当变形这一因素在所研究的问题中处于主要地位时,即使变形量很小,也不能把物体看作是刚体。例如,建筑工地上常见的塔式吊车[图 1-3(a)],为使其具有足够的承载能力,对零部件及整体进行结构设计以确定其几何形状和尺寸时,就必须考虑其变形,不能把它们看作刚体。但是,为确保塔式吊车在各种工作状态下都不发生倾覆,计算所需的配重 G_2 时,整个塔式吊车又可以视为刚体[图 1-3(b)]。

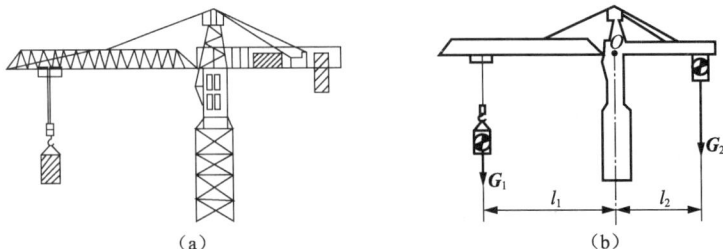

（a）　　　　　　　　　　　　（b）

图 1-3　塔式吊车

1.2　力的四个公理及刚化原理

1.2.1　力的四个公理

实践证明,力具有下述四个公理:

公理1:二力平衡公理　作用在同一刚体上的两个力使刚体处于平衡的必要和充分条件是:这两个力的大小相等、方向相反,且作用在同一直线上。如图1-4所示,即

$$F_1 = -F_2 \tag{1-1}$$

二力平衡公理总结了作用在刚体上最简单的力系平衡时所必须满足的条件。它对刚体来说既必要又充分;但对非刚体,却是不充分的。例如绳索受两个等值、反向的拉力作用可以平衡,而受两个等值、反向的压力作用就不平衡。

工程上将只受两个力作用而处于平衡的物体称为二力杆。二力杆在工程中是很常见的,如图1-5(a)所示的简易吊车中的 BC 杆[图1-5(b)]。

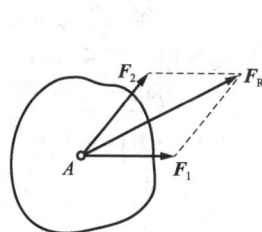

公理2:力的平行四边形公理　作用在物体上同一点的两个力 F_1 和 F_2 可以合成为一个合力 F_R。合力的作用点也在该点,合力的大小和方向由这两个力为边所构成的平行四边形的对角线矢量 F_R 确定。如图1-6所示,如果将原来的两个力 F_1 和 F_2 称为分力,此法则可简述为合力 F_R 等于两分力的矢量和,即

$$F_R = F_1 + F_2 \tag{1-2}$$

这个公理总结了最简单的力系的简化规律,它是其他复杂力系简化的基础。

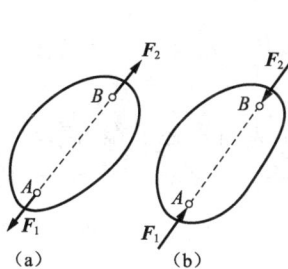

图1-4　二力平衡公理　　　图1-5　二力杆　　　图1-6　力的平行四边形公理

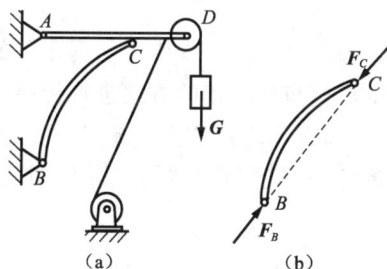

公理3:加、减平衡力系公理　在已知力系上加上或减去任意的平衡力系,并不改变原力系对刚体的作用。

这个公理的正确性也是很明显的,因为平衡力系对于刚体的平衡或运动状态没有影响。这个性质是力系简化的理论根据之一。

推论Ⅰ:力的可传性原理　作用于刚体上某点的力,可沿着它的作用线移到刚体内任一点,并不改变该力对刚体的作用。

此原理只能用于刚体,如图1-7(a)所示刚体受两个等值、反向、共线的拉力 $F_A = -F_B$ 作用平衡,依据力的可传性,将二力分别沿作用线移动成图1-7(b)所示受二压力作用平衡是允许的。但对变形体(假如图1-7中杆 AB 是变形体,变形体将在材料力学中研究)则力的可传性原理不成立。这是因为图1-7(a)中杆 AB 受拉产生伸长变形,而图1-7(b)中杆 AB

受压产生缩短变形,二者截然不同。如不考虑条件,乱用力的可传性原理,必将导致错误结论。

由此可见,对刚体来说,力的作用点已不是决定力的作用效果的要素,它可用力的作用线代替,即力的三要素是:力的大小、方向和作用线。作用于刚体上的力可以沿其作用线移动,这种矢量称为滑移矢量。

推论Ⅱ:三力平衡汇交定理 作用于刚体上三个相互平衡的力,若其中两个力的作用线汇交于一点,则此三力必在同一平面内,且第三个力的作用线通过汇交点。

证明: 如图 1-8 所示在刚体的 A,B,C 三点上,作用三个相互平衡的力 F_1,F_2,F_3。根据力的可传性,将力 F_1 和 F_2 移到汇交点 O,然后根据力的平行四边形规则,得合力 F_{12}。现刚体上只有力 F_{12} 和 F_3 作用。由于 F_{12} 和 F_3 两个力平衡必须共线,所以 F_3 必定与力 F_1 和 F_2 共面,且通过力的交点 O。于是定理得到证明。

此定理也只能用于刚体。

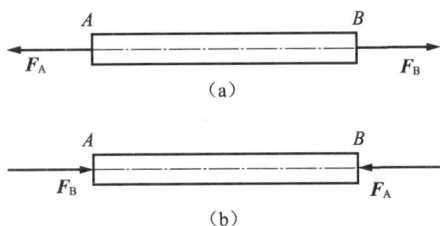

图 1-7 力的可传性原理

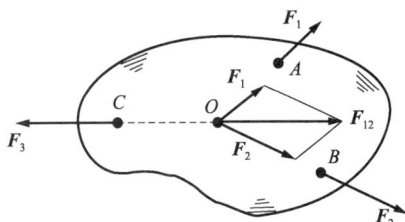

图 1-8 三力平衡汇交定理

公理 4 作用和反作用公理 若将两物体间相互作用之一称为作用力,则另一个就称为反作用力。两物体间的作用力与反作用力必定等值、反向、共线,分别同时作用于两个相互作用的物体上。

本公理阐明了力是物体间的相互作用,其中作用与反作用的称呼是相对的,力总是以作用与反作用的形式存在的,且以作用与反作用的方式进行传递。

这里应该注意二力平衡公理和作用与反作用公理之间的区别,前者叙述了作用在同一物体上两个力的平衡条件,后者却是描述两物体间相互作用的关系。读者试分析图 1-9 所示各力之间是什么关系。

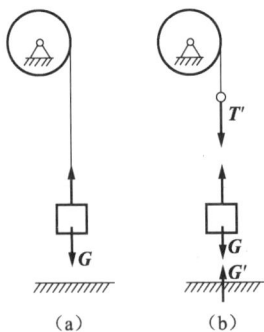

图 1-9 各力之间的关系

静力学的全部理论都可以由上述公理推证而得到,如前述的推论Ⅰ和推论Ⅱ。

1.2.2 刚化原理

变形体在某一力系作用下处于平衡,如将此变形体刚化为刚体,其平衡状态保持不变。

这个原理提供了把变形体看作刚体模型的条件,为将刚体静力学理论应用于变形体提供了依据。

要注意力的可传性是针对一个刚体而言的,即作用在同一刚体上的力可沿其作用线移动到该刚体上的任一点,而不改变此力对刚体的外效应。故图 1-10(a)中力的移动是可以的,但图 1-10(b)中力 F 的移动是错误的。因为,这时力 F 已由刚体 AB 移到了刚体 BC 上,这是不允许的。因为移动前 BC 是二力构件,刚体 AB 是受三力作用而平衡的。其受力图如图 1-11(a)所示。而移动后刚体 BC 和 AB 的受力图都发生了变化,如图 1-11(b)示。刚体 AB 由原受三力平衡变为受二力平衡(二力构件)。而刚体 BC 由原受二力平衡变为受三力平衡。同时在铰链 B 处,两个刚体相互作用力的方向在力移动之后也发生了变化。因此,力只能在同一刚体上沿其作用线移动,而绝不允许由一个刚体移动到另一个刚体上。

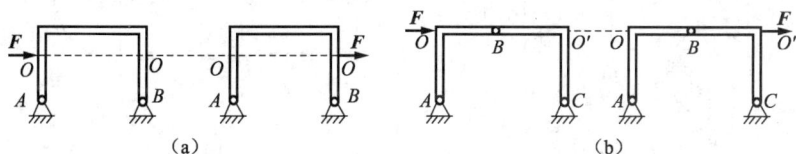

(a)   (b)

图 1-10 力的可传性

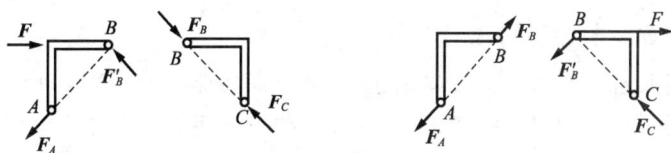

图 1-11 刚体 BC 和 AB 的受力图

1.3 约束和约束反力

1.3.1 主动力和约束反力

在分析物体的受力情况时,将力分为主动力和约束反力。工程上把能使物体产生某种形式的运动或运动趋势的力称为主动力(又称为载荷),通常是已知的。常见的主动力有重力、磁力、流体压力、弹簧的弹力和某些作用于物体上的已知力。

物体在主动力的作用下,其运动大多受到某些限制。对物体运动起限制作用的其他物体称为约束物,简称为约束。被限制的物体称为被约束物。如吊式电灯被电线限制,使电灯不能掉下来,电线就是约束(物),电灯是被约束物。约束作用于被约束物的力称为约束反力,简称为反力。如电线作用于吊式电灯的力即为约束反力。显然,约束反力是由于有了主动力的作用才引起的,所以约束反力是被动力。约束(物)是通过约束反力来实现限制被约束物的运动的,所以约束反力的方向总是与约束物所能阻止的运动方向相反。至于约束反力的大小,则需要通过后面章节研究的平衡条件求出。

1.3.2 常见的约束形式和约束反力的分析

下面介绍几种常见的约束形式及约束反力分析。

1. 柔性约束

由绳索、链条或传动带等柔性物体构成的约束称为柔性约束。由于柔性物体本身只能受拉,不能受压,因此,柔性约束对物体的约束反力,必沿着柔性物体的轴线方向,作用于连接点处,并背离被约束物体,这类约束通常用 F_T 或 T 表示。如图 1-12(a)所示的用绳子悬吊一重物 G,绳子对重物的约束反力为 F'_T。图 1-12(b)所示的传动带对带轮的约束反力为 $F_{T1}(F'_{T1})$ 和 $F_{T2}(F'_{T2})$。

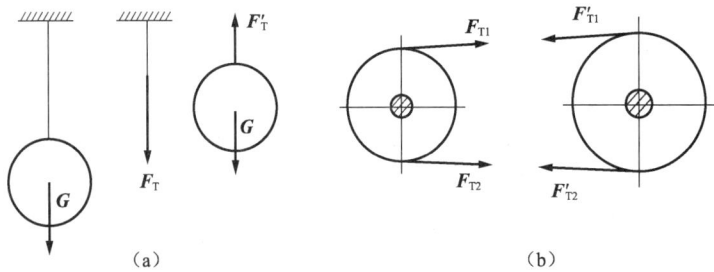

（a） （b）

图 1-12　柔性约束

2. 光滑接触面（线、点）约束

当物体与平面或曲面接触时,如果摩擦力很小而忽略不计,就可以认为接触面是光滑的。光滑面约束只能阻止物体在接触点处沿公法线方向接触面内部的位移[图 1-13(a)],不能限制物体沿接触面切线方向的位移。所以,光滑面对物体的约束反力作用在接触处。方向沿接触面的公法线,并指向被约束物体,通常用符号 F_N 表示。

如果两物体在一个点或沿一条线相接触,且摩擦力可以忽略不计,则称为光滑接触点或光滑接触线约束。

例如图 1-13(b)所示为一圆球(或圆柱)O 放置在光滑圆球(或圆柱)A 上,则 A 对 O 就构成约束。再如图 1-13(c)所示为一对齿轮的轮齿是光滑线接触。它们的约束反力 F_N 作用在接触点(或接触线),F_N 应沿接触点(或接触线)的公法线,并指向受力物体。

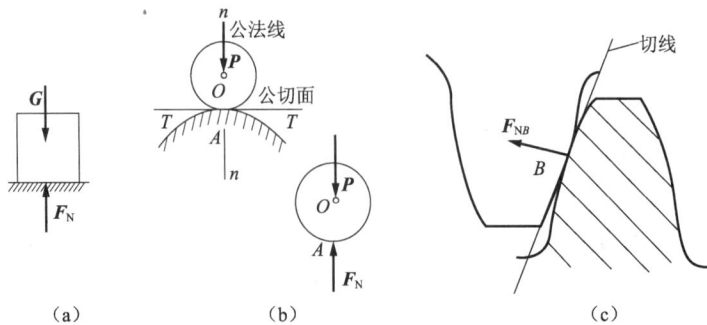

（a） （b） （c）

图 1-13　光滑接触面（线、点）约束

3. 圆柱销铰链约束

将两零件 A, B 的端部钻孔, 用圆柱形销钉 C 把它们连接起来, 如图 1-14(a) 所示。如果销钉和圆孔是光滑的, 且销钉与圆孔之间有微小的间隙, 那么销钉只限制两零件的相对移动, 而不限制两零件的相对转动, 如图 1-14(b) 所示。具有这种特点的约束称为铰链, 图 1-14(d) 为其简化图。由图可见, 销钉与零件 A, B 相接触, 实际上是与两个光滑内孔圆柱面相接触。按照光滑面约束反力的特点, 以零件 A 为例, 销钉给 A 的约束反力 F_R 应沿销钉与圆孔的接触点 K 的公法线, 即沿孔的半径方向[图 1-14(b)]。但因接触点 K 一般不能预先确定, 故反力的方向也不能预先确定。在受力分析中常用两个正交分力 F_x, F_y 来表示, 如图 1-14(c) 所示。同理, 若以零件 B 做分析, 也可得到同样结果, 只不过与上述力的方向相反。读者可自行验证。

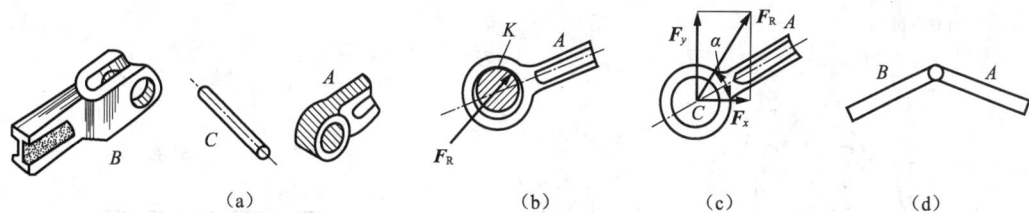

图 1-14　圆柱销铰链约束

4. 圆柱销铰链支座约束

将构件连接在机器的底座上的装置称为支座。用圆柱销钉将构件与底座连接起来, 构成圆柱销铰链支座约束。如图 1-15(a) 所示钢桥架 A, B 端用铰链支座支承。根据铰链支座与支承面的连接方式不同, 分成固定铰链支座和活动铰链支座。

(1) 固定铰链支座: 如图 1-15(a) 所示钢桥架 A 端的铰链支座为固定铰链支座(或辊轴支座)。其结构如图 1-15(b) 所示。它可用地脚螺栓将底座与固定支承面连接起来, 如图 1-15(c) 所示。其约束反力与铰链约束反力有相同的特征, 所以也可用两个通过铰心的大小和方向未知的正交分力 F_x, F_y 来表示。固定铰链支座的简图如图 1-15(d) 所示。

(2) 活动铰链支座: 如图 1-15(a) 所示钢桥架 B 端的铰链支座为活动铰链支座(或辊轴支座)。其结构如图 1-16(a) 所示。活动铰链支座的简图如图 1-16(b) 所示。

活动铰链支座不能限制沿接触面的运动, 仅限制垂直于接触面的运动, 故这种约束只有一个约束反力, 如图 1-16(c) 所示。

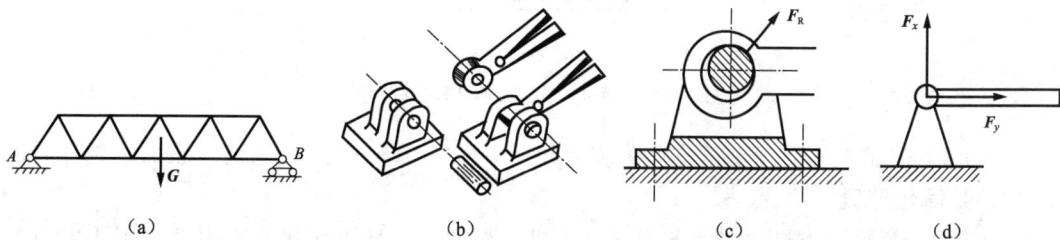

图 1-15　固定铰链支座

11

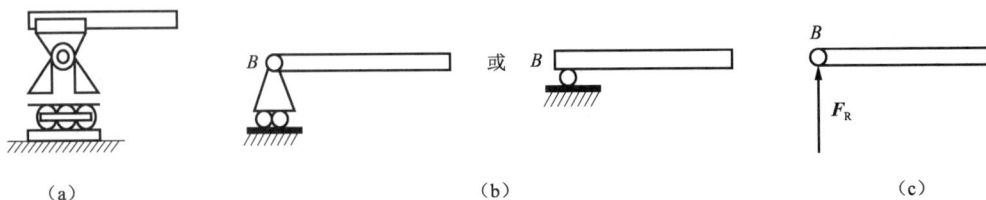

图 1-16　活动铰链支座

5. 向心轴承（径向轴承）

向心轴承约束是工程中常用的支撑形式，图 1-17(a) 即为向心轴承的示意图。轴可以在孔内任意转动，也可以沿孔的中心线移动；但是，轴承阻碍着轴沿径向向外的位移。忽略摩擦力，当轴和轴承在某点 A 光滑接触时，轴承对轴的约束反力 F_A 作用在接触点 A 上，且沿公法线指向轴心。

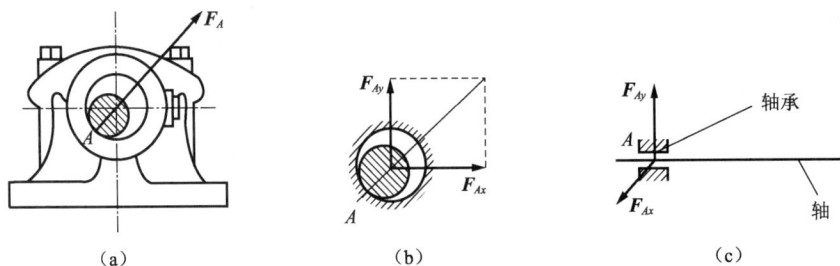

图 1-17　轴承约束

除以上几种比较简单的常见约束外，还有球轴承、固定端等形式的约束，将在后面的章节做介绍。

1.3.3　工程实物与模型的对应分析

图 1-18(a) 是一种固定铰链支座的实际图形，图 1-18(b) 是构件与支座连接示意图，图 1-18(c) 是简化模型。

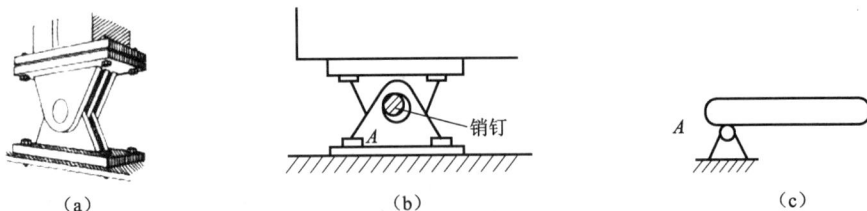

图 1-18　固定铰链支座的实际图形

图 1-19(a) 是一种活动铰链支座的实际图形，图 1-19(b) 是活动铰链支座的示意图，图 1-19(c) 是简化模型。

图 1-20(a) 是推土机的实际图形。推土机刀架的 AB 杆可简化为二力杆。图 1-20(b) 是刀架的简化模型。二力杆只能阻止物体上与之连接的一点（A 点）沿二力杆中心线且指向（或背离）二力杆的运动，其约束反力如图 1-20(c) 所示。

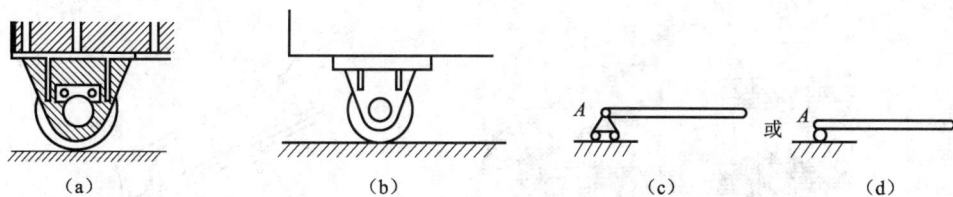

图 1-19　活动铰链支座的实际图形

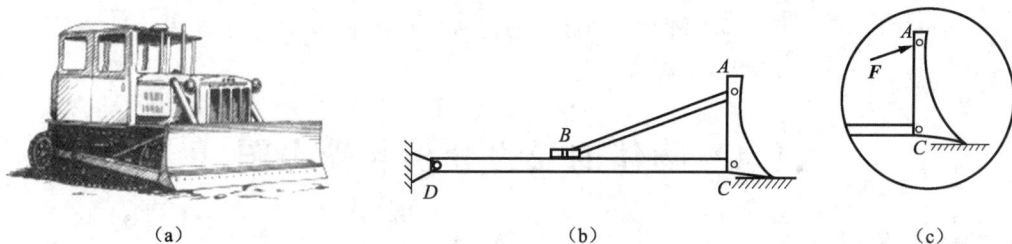

图 1-20　推土机的图形

对于任何一个实际问题,在抽象为力学模型和作成计算简图时,一般需从三方面简化,即尺寸、荷载(力)和约束。例如,在图 1-21(a)所示的房屋屋顶结构的草图中,在对屋架(工程上称为桁架)进行力学分析时,考虑到屋架各杆件断面的尺寸远比长度小,因而可用杆件中线代表杆件。各相交杆件之间可能用榫接、铆接或其他形式连接,但在分析时,可近似地将杆件之间的连接看作铰接。屋顶的荷载由桁条传至檩子,再由檩子传至屋架,非常接近集中力,其大小等于两桁架之间和两檩子之间屋顶的荷载。屋架一般用螺栓固定(或直接搁置)于支承墙上。在计算时,一端可简化为固定铰链支座,一端可简化为活动铰链支座。最后就得到如图 1-21(b)所示的屋架的计算简图。这样简化后求得的结果对小型结构而言已能满足工程要求,对大型结构而言则可作为初步设计的依据。

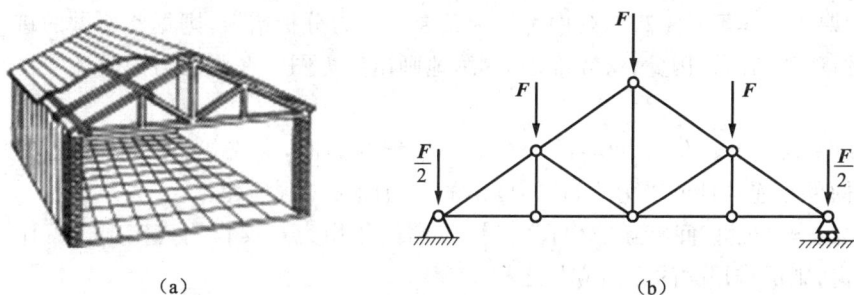

图 1-21　房屋屋顶结构图形

图 1-22(a)是自卸载重汽车的原始图形。在进行分析时,首先应将原机构抽象成为力学模型,画出计算简图。例如,对于自卸载重汽车的翻斗,由于翻斗对称,故可简化成平面图形。再由翻斗可绕与底盘连接处 A 转动,故此处可简化为固定铰链支座。油压举升缸筒则可简化为二力杆。于是得到翻斗的计算简图如图 1-22(b)所示。

(a)　　　　　　　　　　　　　(b)

图 1-22　自卸载重汽车的原始图形

1.4　物体的受力分析与受力图

受力分析就是研究某个指定物体所受的力（包括主动力和约束力），并分析这些力的三要素；将这些力全部画在图上。该物体称为研究对象，所画出的这些力的图形称为受力图。所以，受力分析的结果体现在受力图上。画受力图的一般步骤为：

（1）单独画研究对象轮廓。根据所研究的问题首先要确定研究对象。研究对象是受力物，周围的其他物体是施力物。受力图上画的力来自施力物。为清楚起见，一般需将研究对象的轮廓单独画出，并在该图上画出它受到的全部外力。

（2）画给定力。常为已知或可测定的，按已知条件画在研究对象上即可。

（3）画约束力。这是受力分析的主要内容。研究对象往往同时受到多个约束。为了不漏画约束力，应先判明存在几处约束；为了不画错约束力，应按各约束的特性确定约束力的方向，不要主观臆测。

对物体进行受力分析，即恰当地选取分离体并正确地画出受力图，是解决力学问题的基础，它在本课程的学习和工程实际中都极为重要。受力分析错误，则据此所做的进一步计算必将出现错误的结果。因此，必须准确、熟练地画出受力图。在画受力图时还需注意以下几点：

（1）物体系统中若有二力构件，分析物体系统受力时，应先找出二力构件，然后依次画出与二力构件相连构件的受力图，这样画出的受力图可得到简化。

（2）当分析两物体间相互的作用力时，应遵循作用力与反作用力定律。若作用力的方向一旦假定，则反作用力的方向应与之相反。

（3）研究由多个物体组成的物体系统（简称物系）时，应区分系统外力与内力。物系以外的物体对物系的作用称为系统外力，物系内各部分之间的相互作用力称为系统内力。同一个力可能由内力转化为外力（或相反）。例如，将汽车与拖车这个物系作为研究对象时，汽车与拖车之间的一对拉力是内力，受力图上不必画出；若以拖车这个物系为研究对象，则汽车对它的拉力是系统外力，应当画在拖车的受力图上。

下面举例说明物体受力分析和画受力图的方法。

例题 1-1　简支梁 AB 如图 1-23(a)所示。A 端为固定铰链支座，B 端为活动铰链支座，并放在倾角为 α 的支承斜面上，在 AC 段受到垂直于梁的均布载荷 q 的作用，梁在 D 点又受到与梁成倾角 β 的载荷 F 的作用，梁的自重不计。试画出梁 AB 的受力图。

解 画出梁 AC 的轮廓。

画主动力:有均布载荷 q 和集中载荷 F。

画约束反力:梁在 A 端为固定铰链支座,约束反力可以用 F_{Ax},F_{Ay} 两个分力来表示;B 端为活动铰链支座,其约束反力 F_N 通过铰心而垂直于斜支承面。梁的受力图如图 1-23(b) 所示。

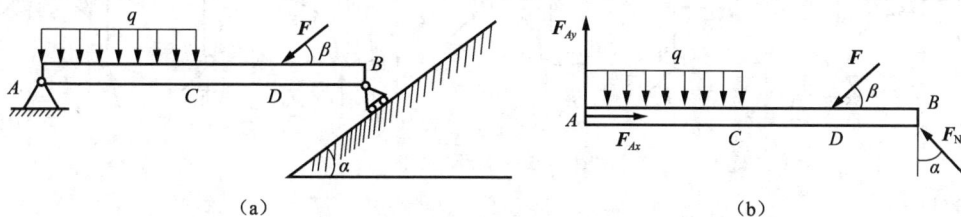

图 1-23 例题 1-1 图

例题 1-2 如图 1-24(a)所示,水平梁 AB 用斜杆 CD 支承,A,C,D 三处均为光滑铰链连接。均质梁 AB 重为 G_1,其上放置一重为 G_2 的电动机。不计 CD 杆的自重。试分别画出斜杆 CD、横梁 AB(包括电动机)及整体的受力图。

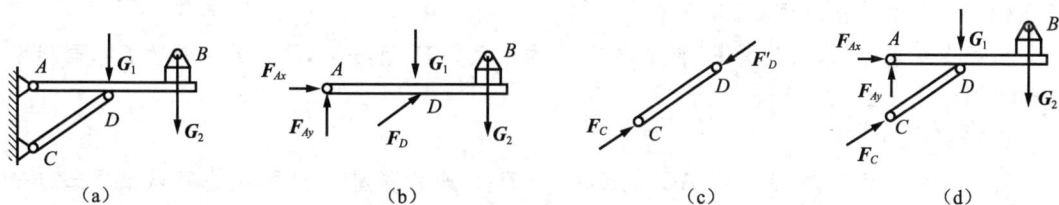

图 1-24 例题 1-2 图

解 (1)画斜杆 CD、横梁 AB(包括电动机)的受力图。

① 确定研究对象 L:分别以水平梁 AB、斜杆 CD 为研究对象。

② 画出研究对象受力图:水平梁 AB 受的主动力为 G_1,G_2;A 处为固定铰支座,约束反力过铰链 A 的中心,方向未知,可用两个正交分力 F_{Ax} 和 F_{Ay} 表示。D 处为圆柱铰链,CD 杆为二力杆(设为受压的二力杆),给梁 AB 在 D 点一个斜支反力 F_D,如图 1-24(b)所示。斜杆 CD 是二力杆,作用于点 C,D 的二力 F_C,F'_D 大小等值、方向相反,作用线在一条直线上。CD 杆受力如图 1-24(c)所示。

(2)取整体为研究对象,并画其受力图。

画整体受力图时,不必将 D 处的约束反力画上,因为它属内力。画出整体的受力图如图 1-24(d)所示。

例题 1-3 如图 1-25(a)所示的三铰拱桥,由左右两拱铰接而成。设各拱自重不计,在拱 AC 上作用载荷 F。试分别画出拱 AC,BC 及整体的受力图。

解 此题与上题一样,是物体系统的平衡问题,需分别对各个物体及整体进行受力分析。

(1)分析拱 BC 的受力。

拱 BC 受有铰链 C 和固定铰链支座 B 的约束,其约束反力在 C,B 处各有 x 和 y 方向的约束反力。但由于拱 BC 自重不计,也无其他主动力作用,所以在 C 和 B 处各只有一个约束

反力 F_C 和 F_B，故拱 BC 为二力构件。根据二力平衡原理，拱 BC 在两力 F_C 和 F_B 作用下处于平衡，其 F_C 和 F_B 二力的作用线应沿 C，B 两铰心的连线。至于力的指向，一般由平衡条件来确定。此处若假设拱 BC 受压力，则画出 BC 杆的受力如图 1-25(b)所示。

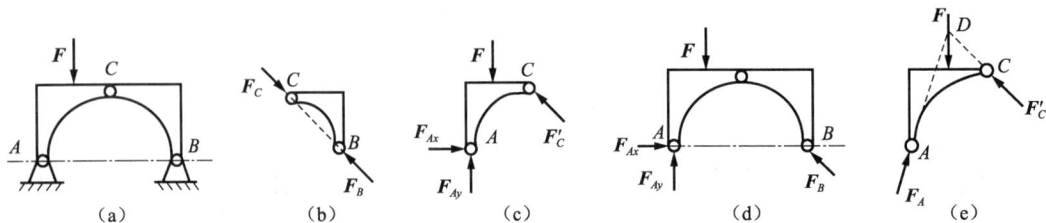

图 1-25 例题 1-3 图

（2）取拱 AC 为研究对象。

由于自重不计，因此主动力只有载荷 F。铰 C 处给拱 AC 的约束反力 F'_C，根据作用和反作用定律，F_C 与 F'_C 等值、反向、共线，可表示为 $F_C = F'_C$。拱 AC 在 A 处受固定铰链支座给它的约束反力，由于方向未定，可用两个大小未知的正交分力 F_{Ax} 和 F_{Ay} 来表示。此时拱 AC 的受力图如图 1-25(c)所示。

（3）取整体为研究对象。

先画出主动力，只有载荷 F，再画出 A 处约束反力 F_{Ax} 和 F_{Ay}，B 处约束反力 F_B，画出整体受力图如图 1-25(d)所示。

（4）讨论。

再进一步分析可知，由于拱 AC 在 F，F_A 及 F_B 三个力作用下平衡，故也可以根据三力平衡汇交定理，确定铰链 A 处约束力 F_A 的方向。点 D 为力 F 和 F'_C 作用线的交点，当拱 AC 平衡时，约束力 F_A 的作用线必然通过点 D[图 1-25(e)]；至于 F_A 的指向，暂且假定如图 1-25 (e)所示，以后由平衡条件确定。

例题 1-4 如图 1-26(a)所示梯子，梯子的两个部分 AB 和 AC 在点 A 处铰接，又在 D，E 两点处用水平绳连接。梯子放在光滑水平面上，若其自重不计，但在 AB 的中点 H 处作用一铅直载荷 F。试分别画出绳子 DE 和梯子的 AB，AC 部分以及整个系统的受力图。

解 （1）绳子 DE 的受力分析。

绳子两端 D，E 分别受到梯子对它的拉力 F_D，F_E 的作用[图 1-26(b)]。

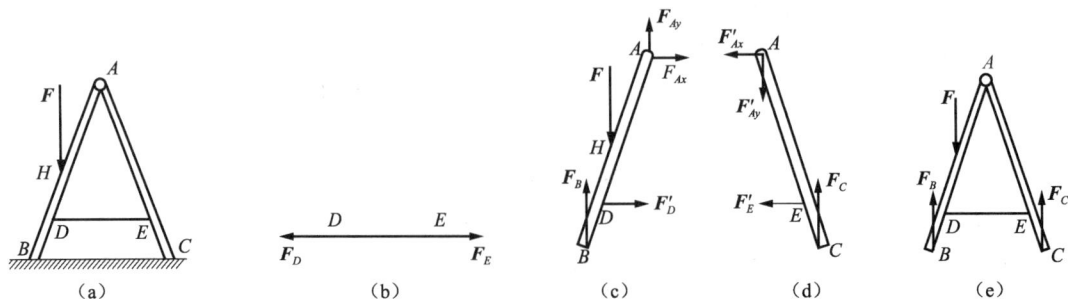

图 1-26 例题 1-4 图

（2）梯子 AB 部分的受力分析。

它在 H 处受载荷 F 的作用,在铰链 A 处受到 AC 部分给它的约束反力 F_{Ax} 和 F_{Ay}。在点 D 处受绳子对它的拉力 F_D',F_D' 是 F_D 的反作用力。在点 B 处受光滑地面对它的法向反力 F_B。梯子 AB 部分的受力图如图 1-26(c)所示。

(3)梯子 AC 部分的受力分析。

在铰链 A 处受到 AB 部分对它的约束力 F_{Ax}' 和 F_{Ay}',F_{Ax}' 和 F_{Ay}' 分别是 F_{Ax} 和 F_{Ay} 的反作用力。在点 E 处受到绳子对它的拉力 F_E',F_E' 是 F_E 的反作用力。在 C 处受到光滑地面对它的法向反力 F_C。梯子 AC 部分的受力图如图 1-26(d)所示。

(4)整个系统的受力分析。

当选整个系统作为研究对象时,可以把平衡的整个结构钢化为刚体。由于铰链 A 处所受的力互为作用力与反作用力关系,即 $F_{Ax}=-F_{Ax}'$,$F_{Ay}=-F_{Ay}'$;绳子与梯子连接点 D 和 E 所受的力也分别互为作用力与反作用力关系,即 $F_D=-F_D'$,$F_E=-F_E'$;这些力都成对地作用在系统内部,称为系统内力。系统内力对系统的作用效应相互抵消,因此可以被除去,并不影响整个系统的平衡,故内力在受力图上不必画出。在受力图上只需要画出系统以外的物体给系统的作用力,这种力称为系统外力。

这里,载荷 F 和约束反力 F_B,F_C 都是作用于整个系统的外力。整个系统的受力情况如图 1-26(e)所示。

应该指出,内力与外力的区分不是绝对的。例如,当我们把梯子的 AB 部分作为研究对象时,F_B,F_{Ax},F_{Ay},F_D' 和 F 均属于外力,但取整体为研究对象时,F_{Ax},F_{Ay},F_D' 又成为内力。可见,内力与外力的区分只有相对于某一确定的研究对象才有意义。

*例题 1-5　如图 1-27(a)所示梁 AC 和 CD 用铰链 C 连接,并支承在三个支座上,A 处为固定铰链支座,B,D 处为活动铰支座,梁所受外力为 F,试画出梁 AC,CD 及整梁 AD 的受力图。

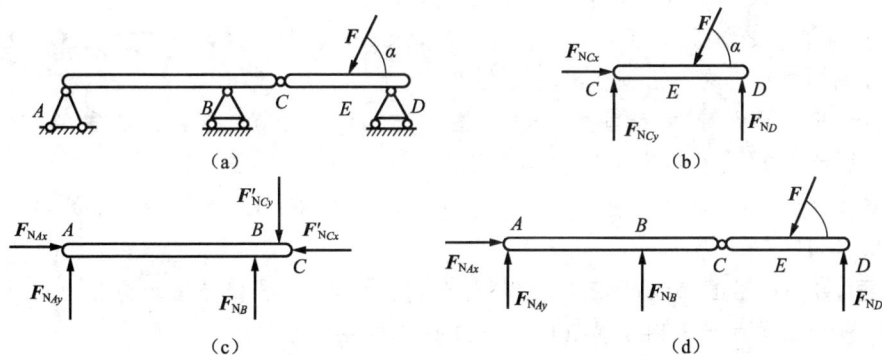

图 1-27　例题 1-5 图

解　(1)取 CD 为研究对象。

画出分离体 CD 上受主动力 F,D 处为活动铰支座,其约束反力垂直于支承面,指向假设向上;C 处为圆柱铰链约束,其约束反力由两个正交分力 F_{NCx} 和 F_{NCy} 表示,指向假设如图 1-27(b)所示(亦可用三力平衡汇交定理确定 C 处铰链约束反力的方向,读者可自行绘制)。

(2)取 AC 梁为研究对象。

画出分离体 A 处为固定铰支座,其约束反力可用两正交分力 F_{NAx} 与 F_{NAy} 表示,箭头指向假设方向;B 处为活动铰支座,其约束反力 F_{NB} 垂直于支承面,指向假设向上;C 处为圆柱铰链，其约束反力 F'_{NCx} 和 F'_{NCy}，与作用在 CD 梁上的 F_{NCx} 与 F_{NCy} 是作用力与反作用力的关系。AC 梁的受力图如图 1-27(c)所示。

（3）取整个系统为研究对象，画出分离体。

其受力图如图 1-27(d)所示，此时不必将 C 处的约束力画上，因为它属内力。A,B,D 三处的约束力同前。

*例题 1-6 图 1-28(a)所示为建设青藏铁路所用的某型架桥机正在架设预应力梁。试画出预应力梁（自重为 G_1）、三角架（自重为 G_2）、架桥机（自重为 G_3）及整体（设平衡重为 G_4）的受力图。

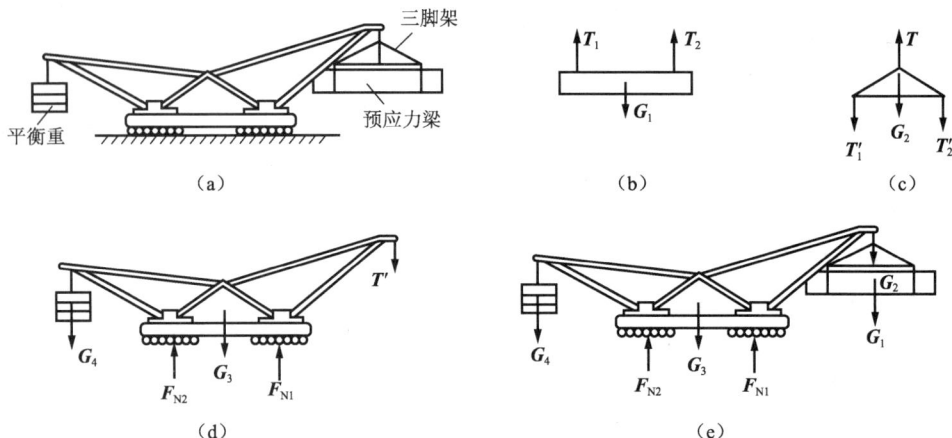

图 1-28 例题 1-6 图

解 （1）预应力梁的受力图：单独画出预应力梁[图 1-28(b)]。设梁静止吊在三角架上，梁上主动力有重力 G_1，约束反力有钢丝绳的拉力 T_1，T_2。

（2）三角架的受力图：单独画出三角架[图 1-28(c)]。这里主动力有重力 G_2 及钢丝绳拉力 T'_1，T'_2，约束反力有上面钢丝绳的拉力 T。

（3）架桥机的受力图：单独画出架桥机[图 1-28(d)]。主动有架桥机自重 G_3、平衡重为 G_4 及钢丝绳拉力 T'。约束反力有前、后轮组的约束反力 F_{N1} 和 F_{N2}。

（4）整体受力图：单独画出整体轮廓。先画主动力 G_1，G_2，G_3，G_4（图 1-28），再画出约束反力的 F_{N1} 与 F_{N2}。

*例题 1-7 如图 1-29(a)所示结构，不计各构件自重，设各接触面均为光滑面。要求画出各构件受力图、整体受力图及 ACO 与 CED 为一体的受力图。

解 （1）此题属于物体系的受力图问题。注意要画各构件的受力图，必须先分别取出各构件为分离体，画出各构件的简图，对各构件进行受力分析，然后分别画出其受力图。

（2）注意 E 处约束为一固结在水平杆上的销钉，其套在 AEB 构件的光滑狭长槽中，与 A,C,O,B 处的铰链不同，其属于光滑接触约束，不能看作为铰链约束。

（3）在以后做题时，有时需要取整体或某部分为研究对象画受力图，此时要注意内力与外力的区别，属于内力的则一定不要把内力画在受力图上，如整体受力图 1-29(e)中 A,C,E 处，ACO 与 CED 为一体的受力图 1-29(f)中 C 处。

（4）题目所要求的各受力图分别如图 1-29(b)～(f)所示。

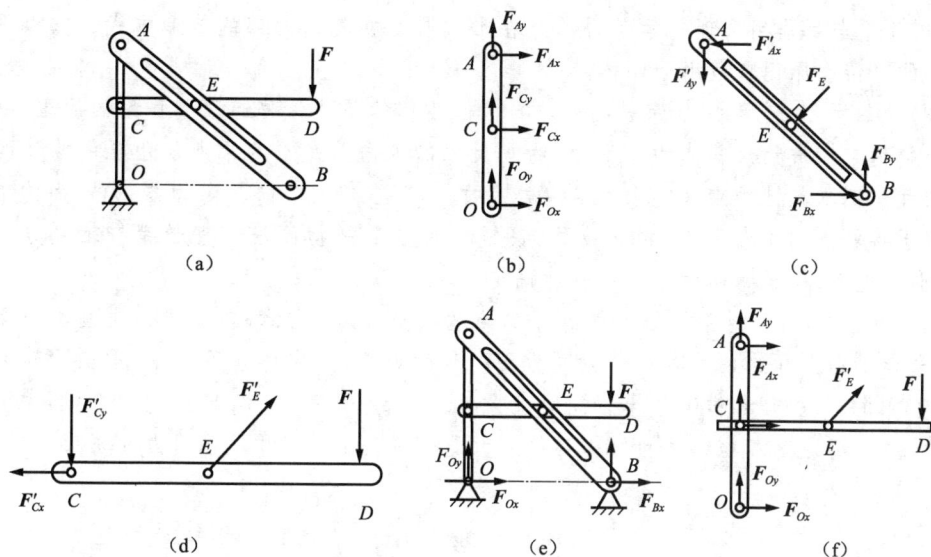

图 1-29　例题 1-7 图

* **例题 1-8**　画出图 1-30(a)所示物体系统的单件及整体受力图。设各接触面均为光滑面,各物体质量不计。

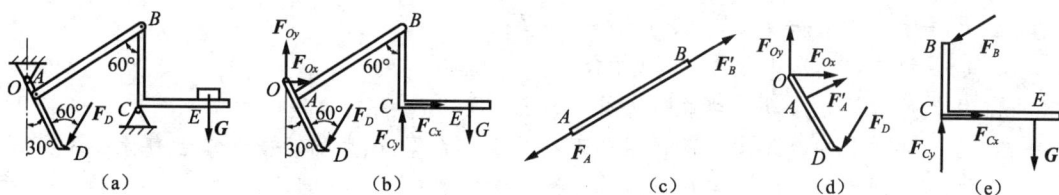

图 1-30　例题 1-8 图

解　对图 1-30(a)所示物体系统的整体和单件进行受力分析,画出受力图如图 1-30(b)~(e)所示。

本 章 小 结

本章介绍了静力学的基本概念及公理,约束的概念及工程中常见的约束,并介绍了对物体进行受力分析的方法和步骤。

(1)基本概念:静力学研究力的性质和作用在刚体上的力系的简化及力系平衡的规律。需掌握以下基本概念:

① 力:力是物体之间的相互作用,它不能脱离物体而存在,力对物体的作用效果取决于力的大小、方向和作用点,称为力的三要素。

② 刚体:受力而不变形的物体。为使问题简化,在研究物体的运动或平衡规律时,刚体是对实际物体经抽象得出的力学模型。

(2)静力学公理:阐明了力的基本性质,二力平衡公理是最基本的力系平衡条件;加减力系平衡原理是力系等效代换与简化的理论基础;力的平行四边形公理表明了力的矢量运算规律；作用与反作用公理揭示了力的存在形式与力在物系内部的传递方式。二力平衡公理和力的可传性原理仅适用于刚体。

（3）约束和约束反力：约束是指对非自由的物体的某些位移起限制作用的周围物体；约束反力是约束对被约束物体的作用力，约束反力的方向总是与约束所能阻止的物体的运动方向相反。例如柔性约束只能承受沿柔索的拉力，并沿柔索方向背离物体；光滑面约束只能承受位于接触点的法向压力，指向物体；铰链约束能限制物体沿垂直于销钉轴线方向的移动，方向不能确定，通常用两个正交分力确定。

（4）受力图：研究对象就是被解除了约束的物体，即分离体，在分离体上画出所受的全部力（包括主动力和约束反力），称为受力图。画受力图时，应先解除约束，准确判断约束的性质，不能多画、少画和错画了力。同时注意只画外力，不画内力；只画受力，不画施力。检查受力图时，要注意各物体之间的相互作用力是否符合作用力和反作用力的关系。

思　考　题

1. 两个力矢量 F 与 P 相等，这两个力对刚体的作用是否相等？
2. 说明下列式子的意义和区别：
① $F_1 = F_2$；② $F_1 = F_2$；③ 力 F_1 等于力 F_2。
3. 能否说合力一定比分力大，为什么？
4. 约束反力的方向与主动力的作用方向有无关系？
5. 二力平衡公理与作用和反作用公理都是说二力等值、反向、共线，二者有什么区别？
6. 为什么说二力平衡公理和力的可传性原理等都只适用于刚体？

效　果　测　验

（1）力使物体运动状态发生改变的效应称为_____。力使物体发生变形的效应称为_____。

（2）刚体受两个力作用而平衡的充分与必要条件是此二力_____、_____、_____。

（3）二力平衡公理适用于_____。力的平行四边形公理适用于_____。作用与反作用公理适用于_____。

（4）约束反力的方向与该约束所能限制的运动方向_____。

习　题

1-1　根据题 1-1 图示各物体单件所受约束的特点，分析约束并画出它们的受力图。设各接触面均为光滑面，未画重力的物体表示重力不计。

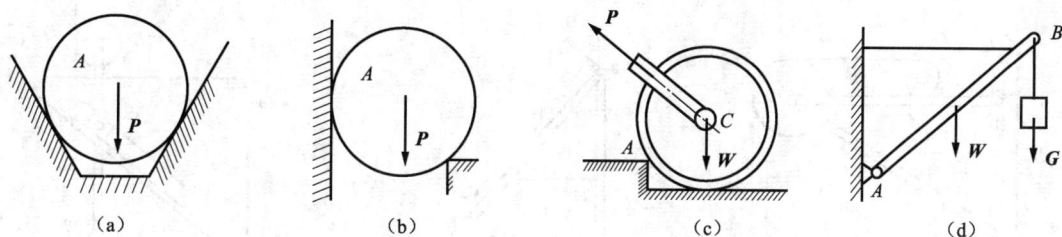

题 1-1 图

1-2 画出题 1-2 图各物体系统的单件及整体受力图。设各接触面均为光滑面,未画重力的物体表示质量忽略不计。

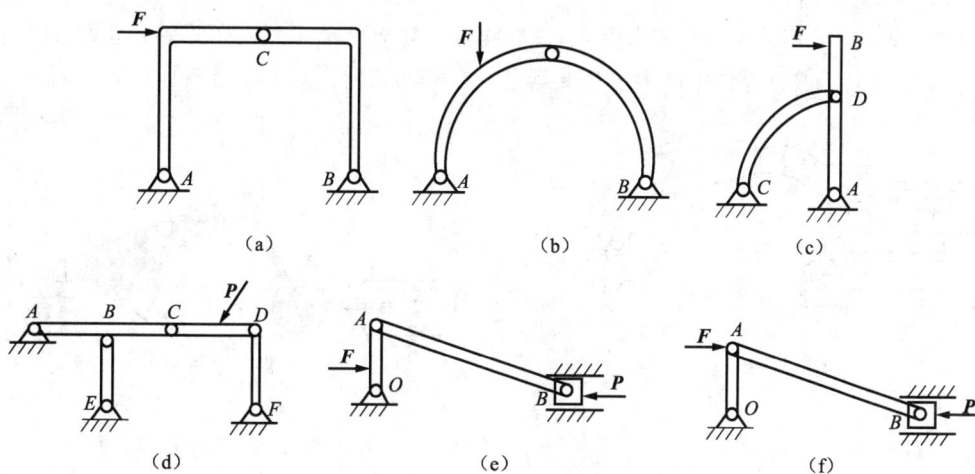

题 1-2 图

1-3 画出下列图示各物体系统的单件及整体受力图。设各接触面均为光滑面,各物体质量忽略不计。

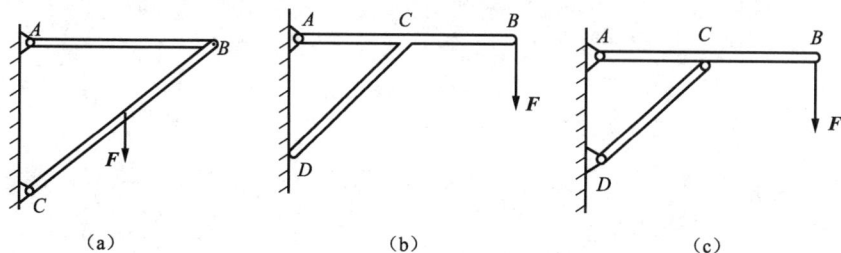

题 1-3 图

1-4 简易起重机如题 1-4 图所示,梁 ABC 一端用铰链固定在墙上,另一端装有滑轮并用杆 CE 支撑,梁上 B 处固定一卷扬机 D,钢索经定滑轮 C 起吊重物 H。不计梁、杆、滑轮的自重,试画出重物 H、杆 CE、滑轮、销钉 C、横梁 ABC、横梁及整体统系的受力图。

1-5 如题 1-5 图所示构架,F 为作用于铰链 A 上并与杆 AC 垂直的主动力,DE 为水平张紧绳索,若不计自重和摩擦,试画出两杆的受力图。

1-6 如题 1-6 图所示结构,构件自重不计,受水平力 F 作用,试画出板、杆连同滑块和滑轮及整体的受力图。

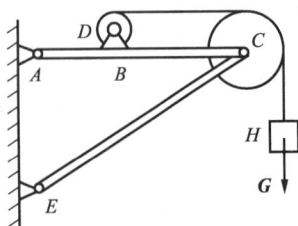

题 1-4 图

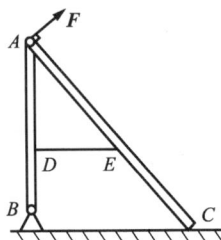

题 1-5 图

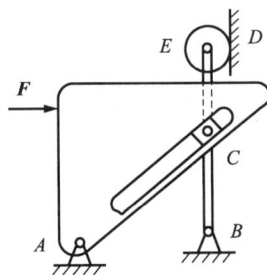

题 1-6 图

1-7　挖掘机简图如题 1-7 图所示，HF 与 EC 为油缸，试分别画出动臂 AB、斗杆与铲斗组合体 CD 的受力图。

1-8　如题 1-8 图所示油压夹紧装置，设备各接触面均为光滑面。试分别画出活塞 A（和活塞杆 AB 一起）、滚子 B、压板 COD 和整个夹紧装置（不含活塞缸体）的受力图。

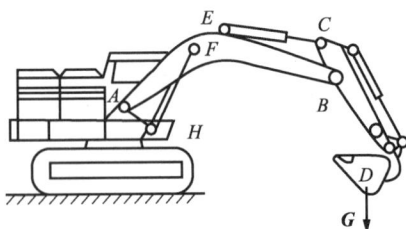

题 1-7 图

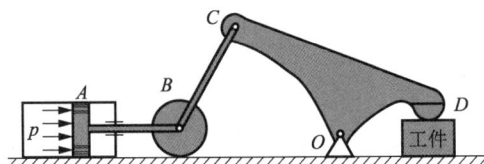

题 1-8 图

第2章
平面基本力系的简化与平衡

刚体平面力系是指作用于刚体上的各力的作用线在同一平面内。根据各力作用线的分布的特点又分为平面汇交力系、平面力偶系、平面任意力系等。其中平面汇交力系和平面力偶系称为平面基本力系。本章讨论基本力系的简化与平衡问题,重点是平衡问题。

2.1 平面汇交力系的简化与平衡

2.1.1 平面汇交力系的概念与实例

作用于刚体上的各力的作用线在同一平面内且汇交于一点,这样的力系称为平面汇交力系。如图 2-1 所示,起重机挂钩受 T_1,T_2 和 T_3 三个力的作用,三力的作用线在同一平面内且汇交于一点。再如图 2-2(a)所示的自重为 G 的锅炉搁置在砖墩 A,B 上时,受力情况如图 2-2(b)所示。这些都是平面汇交力系的实例。

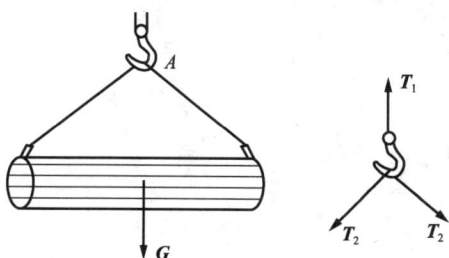

图 2-1 起重机挂钩

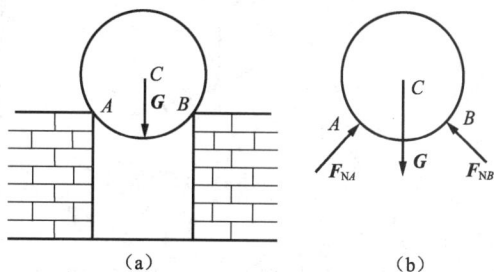

图 2-2 锅炉搁置在砖墩 A,B 上

2.1.2 平面汇交力系的简化

1. 平面汇交力系简化(合成)的几何法——力多边形法则

(1) 两汇交力合成的三角形法则。设力 F_1 与 F_2 作用于某刚体上的 A 点,则由前述可知,以 F_1,F_2 为邻边作平行四边形,其对角线即为它们的合力 F_R,并记作 $F_R = F_1 + F_2$,如图 2-3(a)所示。

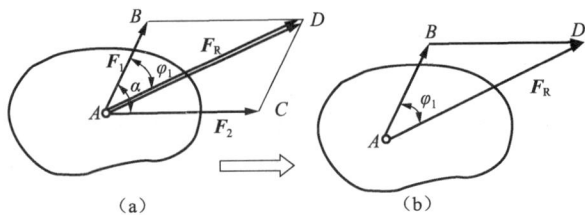

图 2-3 两汇交力合成

为简便起见，作图时可省略 AC 与 DC，直接将 F_2 连在 F_1 末端，通过三角形 ABD 即可求得合力 F_R，如图 2-3(b)所示。此法称为求两汇交力合力的三角形法则。按一定比例作图，可直接得出合力 F_R 的近似值，亦可按三角形的边角关系求出合力 F_R 之大小和方位角 φ_1。

（2）多个汇交力合成——力多边形法则。假设刚体上作用有 F_1，F_2，$\cdots$，F_n 等 n 个力组成的平面汇交力系。为简单起见，图 2-4(a)中只画出了三个力。欲求此力系的合力，就可使用力三角形法则。先从任一点 A 画出力 F_1 和 F_2 的力三角形 ABC，求出它们的合力 F_{R_1}，再画出 F_{R_1} 和 F_3 的力三角形 ACD，求出 F_{R_1} 和 F_3 这两力的合力 F_{R_2}，就是整个平面汇交力系的合力 F_R($F_R = F_{R_2}$)，如图 2-4(b)所示。由图 2-4(b)的作图过程略加分析可知，若我们的目的只是求合力 F_R 的大小和方向，中间合力即图中力矢 AC 可不必画出，而只需将力矢由 F_1 开始，沿同一环绕方向，首尾相接地顺次画出各力 F_1，F_2，F_3 的力矢 AB，BC 和 CD，形成一个由 F_1，F_2，F_3 组成的不封闭的多边形，最后自第一个力的始端引向最后一个力的末端作一力矢 F_{R_2} 封闭该多边形。此"封闭边"就是力系的合力，不难看出亦即该平面汇交力系的合力 F_{R_2}($F_{R_2} = F_R$)。这种用力多边形求汇交力系合力的方法通常称为力的多边形法则。这种利用几何作图的方法将汇交力系简化的方法称为几何法。

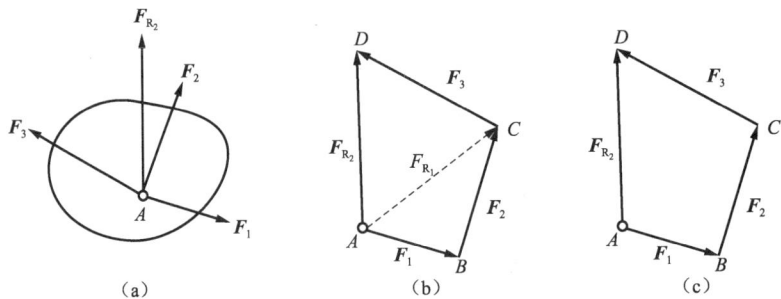

图 2-4 力多边形法则

若采用矢量加法的定义，则可简写为

$$F_R = F_1 + F_2 + \cdots + F_n = \sum F \tag{2-1}$$

应用几何法解题时，必须恰当地选择力的比例尺，即取单位长度代表若干牛顿的力，并把比例尺注在图旁。

2. 平面汇交力系简化的解析法

解析法的基础是力在坐标轴上的投影，它是利用平面汇交力系在直角坐标轴上的投影来求力系合力的一种方法。

（1）力在平面直角坐标轴上的投影。

① 投影的概念。如图 2-5 所示，设已知力 F 作用于物体平面内的 A 点，方向由 A 点指向 B 点，且与水平线夹角为 α。相对于平面直角坐标轴 Oxy，过力 F 的两端点 A，B 向 x 轴作垂线，垂足 a，b 在轴上截下的线段 ab 就称为力 F 在 x 轴上的投影，记作 F_x。

同理，过力 F 的两端点向 y 轴作垂线，垂足在 y 轴上截下的线段 a_1b_1 称为力 F 在 y 轴上的投影，记作 F_y。

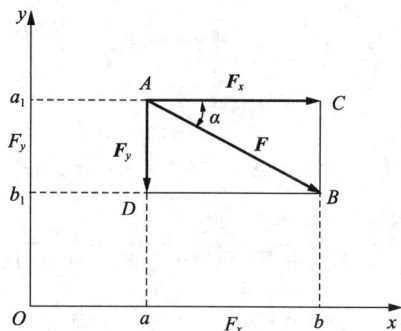

图 2-5 力在坐标轴上的投影

② 投影的正负规定。力在坐标轴上的投影是代数量，其正负规定为：若投影 ab（或 a_1b_1）的指向与坐标轴正方向一致，则力在该轴上的投影为正，反之为负。

若已知力 F 与 x 轴的夹角为 α，则力 F 在 x 轴、y 轴的投影表示为

$$\left. \begin{array}{l} F_x = \pm F\cos\alpha \\ F_y = \pm F\sin\alpha \end{array} \right\} \tag{2-2}$$

（2）已知投影求作用力。由已知力求投影的方法可推知，若已知一个力的两个正交投影 F_x，F_y，则这个力 F 的大小和方向为

$$F = \sqrt{F_x^2 + F_y^2}, \qquad \tan\alpha = \left| \frac{F_y}{F_x} \right| \tag{2-3}$$

式中，α 表示力 F 与 x 轴所夹的锐角。

（3）合力投影定理。

由力的平行四边形公理可知，作用于物体平面内一点的两个力可以合成为一个力，其合力符合矢量加法法则。如图 2-6 所示，作用于物体平面内 A 点的力 F_1，F_2，其合力 F_R 等于力 F_1 和 F_2 的矢量和，即

$$F_R = F_1 + F_2$$

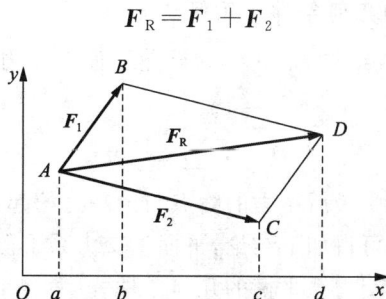

图 2-6 合力投影定理

在力作用平面建立平面直角坐标系 Oxy，合力 $\boldsymbol{F}_R$ 和分力 $\boldsymbol{F}_1$，$\boldsymbol{F}_2$ 在 x 轴的投影分别为 $F_{Rx}=ad$，$F_{1x}=ab$，$F_{2x}=ac$。由图可见，$ac=bd$，$ad=ab+bd$，所以

$$F_{Rx}=ad=ab+bd=F_{1x}+F_{2x}$$

同理
$$F_{Ry}=F_{1y}+F_{2y}$$

若物体平面上一点作用着 n 个力 $\boldsymbol{F}_1$，$\boldsymbol{F}_2$，$\cdots$，$\boldsymbol{F}_n$，按力多边形法则，力系的合力等于各分力矢量的矢量和，即

$$\boldsymbol{F}_R=\boldsymbol{F}_1+\boldsymbol{F}_2+\cdots+\boldsymbol{F}_n=\sum_{i=1}^{n}\boldsymbol{F}_i$$

或简写成
$$\boldsymbol{F}_R=\sum\boldsymbol{F}$$

$$\boldsymbol{F}_R=\boldsymbol{F}_1+\boldsymbol{F}_2+\cdots+\boldsymbol{F}_n=\sum\boldsymbol{F}$$

则合力的投影

$$\left.\begin{array}{l}F_{Rx}=F_{1x}+F_{2x}+\cdots+F_{nx}=\sum F_x\\F_{Ry}=F_{1y}+F_{2y}+\cdots+F_{ny}=\sum F_y\end{array}\right\}\tag{2-4}$$

式(2-4)表明，力系合力在某一轴上的投影等于各分力在同一轴上投影的代数和，即为合力投影定理。式中的 $\sum F_x$ 是求和式 $\sum_{i=1}^{n}F_{ix}$ 的简便表示法，本书中的求和式均采用这种简便表示法。

2.1.3　平面汇交力系的合成

若刚体平面内作用力 $\boldsymbol{F}_1$，$\boldsymbol{F}_2$，$\cdots$，$\boldsymbol{F}_n$ 的作用线交于一点，得到作用于一点的汇交力系。由前述可知，平面汇交力系总可以合成为一个合力，其合力在坐标轴上的投影等于各分力投影的代数和，即 $F_{Rx}=\sum F_x$，$F_{Ry}=\sum F_y$，则其合力 $\boldsymbol{F}_R$ 的大小和方向分别

$$F_R=\sqrt{\left(\sum F_x\right)^2+\left(\sum F_y\right)^2}，\quad \tan\alpha=\left|\frac{\sum F_y}{\sum F_x}\right|\tag{2-5}$$

式中，α 为合力 $\boldsymbol{F}_R$ 与 x 轴所夹的锐角。

2.1.4　平面汇交力系的平衡

1. 平面汇交力系平衡的几何条件（几何法）

由于平面汇交力系的合成结果为一合力，显然平面汇交力系平衡的充要条件是该力系的合力等于零，即

$$\boldsymbol{F}_R=\sum\boldsymbol{F}=\boldsymbol{0}\tag{2-6}$$

在平衡情形下，力多边形中最后一力的终点与第一力的起点重合，此时的力多边形称为自行封闭的力多边形。于是，可得如下结论：平面汇交力系平衡的充要条件是该力系的力多边形自行封闭，这就是平面汇交力系平衡的几何条件。

求解平面汇交力系的平衡问题时可用图解法，即按比例先画出封闭的力多边形，然后用直尺和量角器在图上量得所需求的未知量，也可根据图形的几何关系，用三角公式计算出所

要求的未知量。

在工程实际计算中几何法不方便,故本书仅讨论应用更为广泛的解析法。

2. 平面汇交力系平衡的解析条件

由平面汇交力系平衡的必要与充分条件是力系的合力为零,即

$$F_R = \sqrt{\left(\sum F_x\right)^2 + \left(\sum F_y\right)^2}$$

也即有

$$\left.\begin{array}{l} \sum F_x = 0 \\ \sum F_y = 0 \end{array}\right\} \tag{2-7}$$

式(2-7)表示平面汇交力系平衡的解析条件是力系中各力在两个坐标轴上投影的代数和均为零。此式亦称为平面汇交力系的平衡方程。

应用平衡方程时,由于坐标轴是可以任意选取的,因而可列出无数个平衡方程,但是其独立的平衡方程只有两个。因此对于一个平面汇交力系,只能求解出两个未知量。

例题 2-1 图 2-7(a)所示支架由杆 AB,BC 组成,A,B,C 处均为圆柱销铰链,在铰链 B 上悬挂一重物 $G = 5$ kN,杆件自重不计,试求杆件 AB,BC 所受的力。

解 (1)受力分析。由于杆件 AB,BC 的自重不计,且杆两端均为铰链约束,故均为二力杆件,杆件两端受力必沿杆件的轴线。根据作用与反作用关系,两杆的 B 端对于销 B 有反作用力 F_1,F_2,销 B 同时受重物 G 的作用。

(2)确定研究对象。以销 B 为研究对象,取分离体画受力图[图 2-7(b)]。

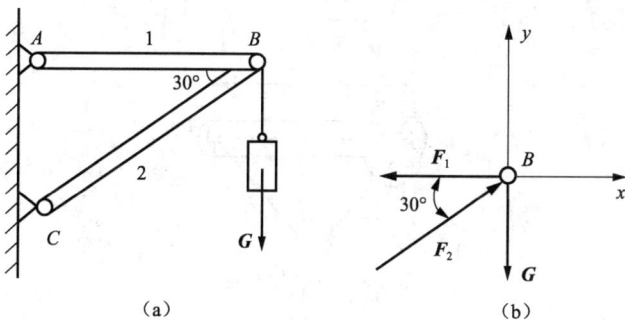

图 2-7 例题 2-1 图

(3)建立坐标系,列平衡方程求解。

$$\sum F_y = 0, 即 \ F_2 \sin 30° - G = 0$$

$$F_2 = 2G = 10 \text{ kN}$$

$$\sum F_x = 0, 即 \ -F_1 + F_2 \cos 30° = 0$$

$$F_1 = F_2 \cos 30° = 8.66 \text{ kN}$$

即:AB 杆所受的力为拉力,$F_1 = 8.66$ kN;BC 杆所受的力为压力,$F_2 = 10$ kN。

2.2 力矩和力偶

本节将讨论力对物体作用产生转动效果的度量——力矩和力偶。

2.2.1 力矩

1. 力对点之矩的概念

实践经验表明，力对刚体的作用效应不仅可以使刚体移动，而且可以使刚体转动。转动效应可用力对点的矩来度量。

人们用扳手拧螺栓时，使螺栓产生转动效应，如图 2-8 所示。由经验可知，加在扳手上的力离螺栓中心越远，拧动螺栓就越省力；反之则越费力。这就是说，作用在扳手上的力 F 使扳手绕支点 O 的转动效应不仅与力的大小 F 成正比，而且与支点 O 到力的作用线的垂直距离 d 成正比。因此，规定 F 与 d 的乘积作为力 F 使物体绕支点 O 转动效应的量度，称为力 F 对 O 点之矩简称力矩，用符号 $M_O(F)$ 表示

$$M_O(F) = \pm Fd \tag{2-8}$$

O 点称为矩心。力 F 的作用线到矩心 O 的垂直距离 d 称为力臂。力 F 使扳手绕矩心 O 有两种不同的转向，产生两种不同的作用效果：或者拧紧，或者松开。通常规定逆时针转向的力矩为正，顺时针转向的力矩为负。力矩的单位在国际单位制中用牛顿·米（N·m）或千牛·米（kN·m）表示。

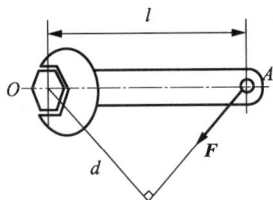

图 2-8 扳手拧螺栓

综上所述，平面内的力对点的矩可定义为：力对点的矩是一个代数量，它的绝对值等于力的大小与力臂的乘积。它的正负规定为：力使物体绕矩心沿逆时针转动时为正，反之为负。

2. 力矩的性质

（1）力对点的矩不仅与力的大小有关，而且与矩心的位置有关，同一个力，因矩心的位置不同，其力矩的大小和正负都可能不同。

（2）力对点的矩不因力的作用点沿其作用线的移动而改变，因为此时力的大小、力臂的长短和绕矩心的转向都未改变。

（3）力对点的矩等于零的情况：力等于零，或者力的作用线通过矩心即力臂等于零。

3. 合力矩定理

在计算力系的合力对某点 O 之矩时，常用到所谓的合力矩定理：平面汇交力系的合力

F_R 对某点 O 之矩等于各分力($F_1, F_2, \cdots, F_n$)对同一点之矩的代数和,即

$$M_O(F_R) = M_O(F_1) + M_O(F_2) + \cdots + M_O(F_n) = \sum M_O(F_i)$$

$$M_O(F_R) = \sum M_O(F_i) \tag{2-9}$$

式(2-9)即为合力矩定理。

合力矩定理建立了合力对点之矩与分力对同一点之矩的关系。该定理也可运用于有合力的其他力系。

由此可知,求平面力对某点的力矩,一般采用以下两种方法:

(1)用力和力臂的乘积求力矩。这种方法的关键是确定力臂 d。需要注意的是,力臂 d 是矩心到力作用线的垂直距离,即力臂一定要垂直力的作用线。

(2)用合力矩定理求力矩。工程实际中,当力臂 d 的几何关系较复杂,不易确定时,可将作用力正交分解为两个分力,然后应用合力矩定理求原力对矩心的力矩。

例题 2-2 大小为 $F = 150$ N 的力按图 2-9(a)(b)和(c)三种情况作用在扳手的一端,试分别求三种情况下力 F 对 O 点之矩。

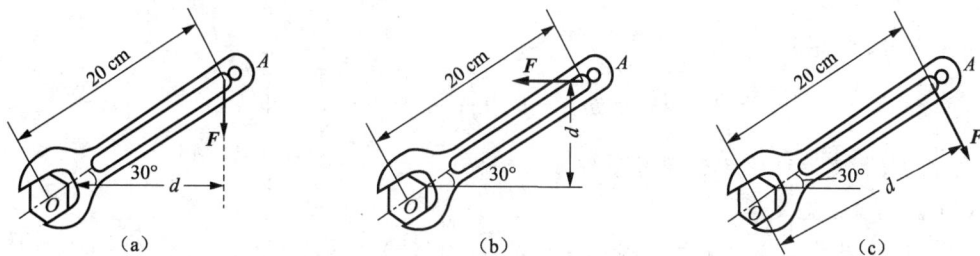

图 2-9 例题 2-2 图

解 由式(2-8)分别计算三种情况下力 F 对 O 点之矩如下:

(1) $M_O(F) = -Fd = -150 \times 0.20 \times \cos 30° = -25.98$ N·m

(2) $M_O(F) = Fd = 150 \times 0.20 \times \sin 30° = 15$ N·m

(3) $M_O(F) = -Fd = -150 \times 0.20 = -30$ N·m

比较上述三种情形,同样大小的力,同一个作用点,力臂长者力矩大,显然,情形(3)的力矩最大,力 F 使扳手转动的效应也最大。

例题 2-3 力 F 作用于托架上点 C(图 2-10),试分别求出这个力对点 A 的矩。已知 $F = 50$ N,方向如图所示。

解 本题若直接根据力矩的定义式求力 F 对 A 点之矩时,显然其力臂的计算很麻烦。但若利用合力矩定理求解却十分便捷。

取坐标系 Axy,力 F 作用点 C 的坐标是 $x = 10$ cm $= 0.1$ m,$y = 20$ cm $= 0.2$ m。力 F 在坐标轴上的分力为

$$F_x = 50 \times \frac{1}{\sqrt{1^2 + 3^2}} \text{ N} = 5\sqrt{10} \text{ N}, \quad F_y = 50 \times \frac{3}{\sqrt{1^2 + 3^2}} \text{ N} = 15\sqrt{10} \text{ N}$$

由合力矩定理求得

$$M_A(F) = M_A(F_x) + M_A(F_y) = 0.1 \times 15\sqrt{10} \text{ N·m} - 0.2 \times 5\sqrt{10} \text{ N·m} = 1.58 \text{ N·m}$$

例题 2-4 如图 2-11(a)所示，一齿轮受到与它相啮合的另一齿轮的作用力 $F_n=980$ N，压力角 $\alpha=20°$，节圆直径 $D=0.16$ m，试求力 $\boldsymbol{F}_n$ 对齿轮轴心 O 之矩。

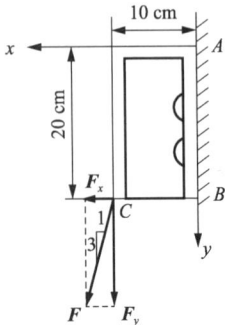

图 2-10　例题 2-3 图　　　　　　　　　　图 2-11　例题 2-4 图

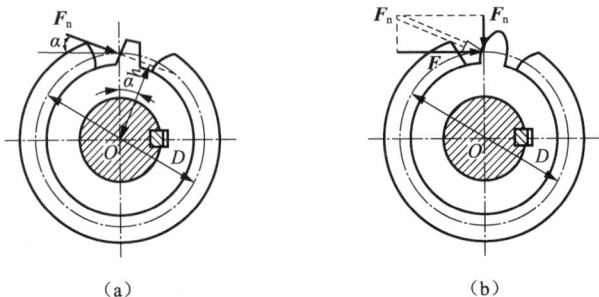

解　(1) 应用力矩的计算公式首先求得力臂，设力臂用 h 表示，则

$$h=\frac{D}{2}\cos\alpha$$

由式(2-8)得力 $\boldsymbol{F}_n$ 对点 O 之矩

$$M_O(\boldsymbol{F}_n)=-F_n h=-F_n\frac{D}{2}\cos\alpha=-73.7\ \text{N}\cdot\text{m}$$

负号表示力 $\boldsymbol{F}_n$ 使齿轮绕点 O 沿顺时针方向转动。

(2) 应用合力矩定理。

将力 $\boldsymbol{F}_n$ 分解为圆周力 $\boldsymbol{F}$ 和径向力 $\boldsymbol{F}_r$，如图 2-11(b)所示，则

$$F=F_n\cos\alpha,\qquad F_r=F_n\sin\alpha$$

根据合力矩定理　　　　　$M_O(\boldsymbol{F}_n)=M_O(\boldsymbol{F})+M_O(\boldsymbol{F}_r)$

因为径向力 $\boldsymbol{F}_r$ 过矩心 O，故 $M_O(\boldsymbol{F}_r)=0$，于是

$$M_O(\boldsymbol{F}_n)=M_O(\boldsymbol{F})=-F\frac{D}{2}=-F_n\frac{D}{2}\cos\alpha=-73.7\ \text{N}\cdot\text{m}$$

二者结果相同，在工程中齿轮的圆周力和径向力常常是分别给出的，故方法(2)较为普遍。另外，在计算力矩时，若力臂的大小不易求得，也常用合力矩定理。

2.2.2　力偶和平面力偶系

1. 力偶

(1) 力偶的概念。

在实际生活和生产实践中，人们用两手转动方向盘驾驶汽车[图 2-12(a)]；钳工用两只手转动丝锥铰柄在工件上攻螺纹[图 2-12(b)]等，显然，这是在方向盘等物体上作用了一对等值反向的平行力，它们将使物体产生转动效应。这种由大小相等、方向相反(非共线)的平行力组成的力系，称为力偶，记作($\boldsymbol{F}$,$\boldsymbol{F}'$)，如图 2-12 所示。力偶中两力之间的垂直距离称为力偶臂，一般用 d 或 h 表示，力偶所在的平面称为力偶的作用面。可见，力偶是一对特殊的力，力偶对物体作用仅产生转动效应。

力偶不能合成为一个力，也不能用一个力来等效替换，显然力偶也不能用一个力来平

衡,而且力偶与力对物体产生的作用效果也不同。因此,力和力偶是力学中的两个基本量。

（2）力偶的度量——力偶矩。

力偶对物体的转动效应随着力 F 的大小或力偶臂 d 的长短而变化。因此,可以用二者的乘积并加以适当的正负号所得的物理量来度量。将乘积 $\pm F \cdot d$ 称为力偶矩,记作 $M(F, F')$ 或 M,即

$$M(F, F') = M = \pm F \cdot d \tag{2-10}$$

力偶矩的正负号规定与力矩相同(图 2-13)。力偶矩的单位与力矩所用的单位一样。

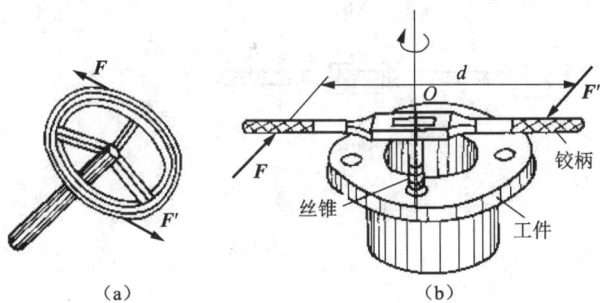

图 2-12　力偶的实例　　　　图 2-13　力偶的表达

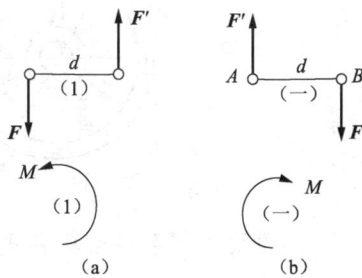

（3）力偶的性质。

① 任一力偶可以在它的作用面内任意移动,而不改变它对刚体作用的外效应。或者说,力偶对刚体的作用与力偶在其作用面内的位置无关。

② 只要保持力偶矩的大小和力偶的转向不变,可以同时改变力偶中力的大小和力偶臂的长短,而不改变力偶对刚体的作用。

③ 力偶在任何轴上的投影恒等于零。

由此可见,力偶臂和力的大小都不是力偶的特征量,只有力偶矩才是力偶作用的唯一量度。常用图 2-13 所示的带箭头的弧线来表示力偶及其转向,M 为力偶矩。

2. 平面力偶系

（1）平面力偶系的概念。

设在刚体某平面上作用有多个力偶,则该力系称为平面力偶系。如图 2-16(a)所示的平面上作用有两个力偶 M_1 和 M_2,则视为由两个同平面力偶组成的平面力偶系。

（2）平面力偶系的等效定理。

力偶的等效定理:在同平面内的两个力偶,如果力偶矩的大小相等,转向相同,则两个力偶等效。

这一定理的正确性是我们在实践中所熟悉的。例如,在需汽车转弯时,司机用双手转动方向盘(图 2-14),不管两手用力是 F_1,F_1' 或是 F_2,F_2',只要力的大小不变,因而力偶矩相同(因已知力偶臂不变),转动方向盘的效果就是一样的。又如在攻螺纹时,双手在扳手上施加的力无论是如图 2-15(a)所示,还是图 2-15(b)或图 2-15(c)所示的,转动扳手的效果都一样。图 2-15(b)中力偶臂只有图 2-15(a)中的一半,但力的大小增大为两倍;图 2-15(c)中的力和力偶臂与图 2-15(b)中一样,只是力的位置有所不同。在这三种情况中,力偶矩都是 $-Fd$。

31

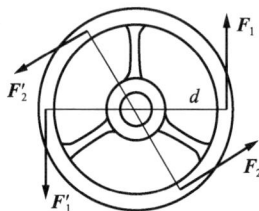

图 2-15　攻螺纹

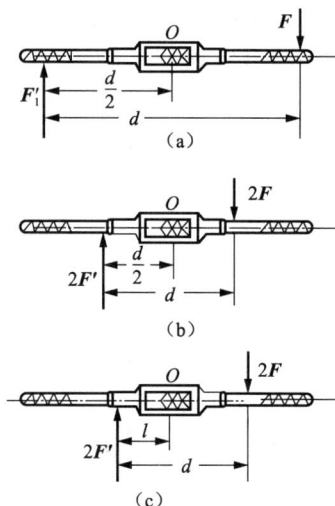

图 2-14　方向盘

3. 平面力偶系的合成和平衡条件

（1）平面力偶系的合成。

设在刚体某平面上有平面力偶系的合成，如图 2-16（a）所示，平面上两个力偶 M_1 和 M_2 的作用下，求其合成的结果。

在平面上任取一线段 $AB=d$ 当作公共力偶臂，并把每一个力偶化为一组作用在 A,B 两点的反向平行力，如图 2-16（b）所示。根据力偶的等效条件，有

$$F_1=M_1/d,\qquad F_2=M_2/d$$

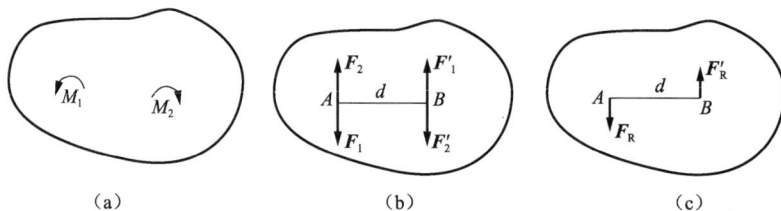

图 2-16　平面力偶系的合成

于是，A,B 两点各得一组共线力系，如设 $F_1 > F_2$，则得其合力各为 F_R 和 F'_R，如图 2-16（c）所示，且有

$$F_R=F_1-F_2$$

$$M=F_R d=(F_1-F_2)d=M_1+M_2$$

若在刚体上有若干力偶作用，采用上述方法叠加，可得合力偶矩为

$$M=M_1+M_2+\cdots+M_n=\sum M \tag{2-11}$$

平面力偶系可合成为一合力偶，合力偶矩为各分力偶矩的代数和。

（2）平面力偶系的平衡条件。

如图 2-16（a）所示的具有两个力偶的平面力偶系，如果合力偶矩 $M=0$，因 $M=F_R d$ 中，d 不为零，故 F_R 应为零，可知原力偶系处于平衡。反过来说，若原力偶系处于平衡，则 F_R 必须为零，否则原力偶系合成一力偶，不能平衡。推广到任意个力偶的平面力偶系，若该力

偶系处于平衡时,合力偶的矩等于零。由此可见,平面力偶系平衡的必要和充分条件是,所有各个力偶矩的代数和等于零,即

$$\sum M_i = 0 \qquad\qquad (2\text{-}12)$$

例题 2-5 图 2-17(a)所示的水平梁 AB,长 $l=5$ m,受一顺时针转向的力偶作用,其力偶矩的大小 $M=100$ kN·m。试求支座 A,B 的反力。

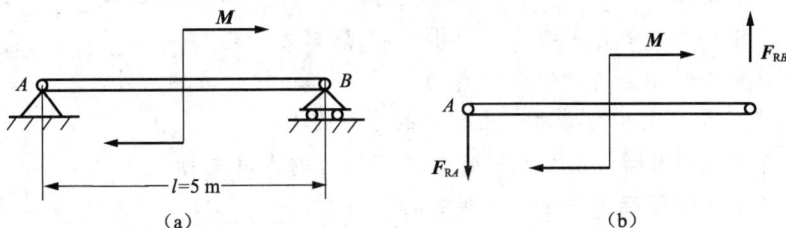

图 2-17 例题 2-5 图

解 梁 AB 受一顺时针转向的主动力偶。在活动铰支座 B 处产生支反力 $\boldsymbol{F}_{RB}$,其作用线沿铅垂方向,A 处为固定铰支座,产生支反力 $\boldsymbol{F}_{RA}$,方向尚不确定。但是,根据力偶只能由力偶来平衡,所以 $\boldsymbol{F}_{RA}$ 和 $\boldsymbol{F}_{RB}$ 必组成一约束反力偶来与主动力偶平衡。因此,$\boldsymbol{F}_{RA}$ 的作用线也沿铅垂方向,它们的指向假设如图 2-17(b)所示,列平衡方程求解

$$\sum M_i = 0, \qquad lF_{RB} - M = 0$$
$$F_{RB} = M/l = 20 \text{ kN}$$

因此,$F_{RA} = F_{RB} = 20$ kN,指向与实际相符。

本 章 小 结

在上一章对物体进行受力分析、正确地画出受力图的基础上,本章研究了两个简单基本力系——平面汇交力系和平面力偶系的简化与平衡问题,它们是研究复杂力系的基础。

主要内容有:平面汇交力系的简化,力的投影,平衡方程,力矩、力偶的概念,力偶的性质等。重点是利用两个简单力系的平衡方程对作用在物体上的未知外力(力偶)进行计算。

思 考 题

1. 何谓力在坐标轴上的投影?是矢量还是标量?

2. 平面汇交力系的平衡方程是 $\sum F_x = 0$ 和 $\sum F_y = 0$。其中 $\sum F_x = 0$ 的含义是什么?

3. 何谓力矩?为什么要引出力矩的概念?力矩的符号怎样记?$M_A(\boldsymbol{F})$ 和 $M_B(\boldsymbol{F})$ 的含义有何不同?

4. 什么是合力矩定理?有何用处?

5. 什么是力偶?它对物体作用能产生什么效应?

6. 什么是力偶矩?怎样计算?单位是什么?

7. 试比较力矩和力偶的异同点。

效 果 测 验

（1）基本力系是指_____。平面汇交力系的合力的作用线通过_____。

（2）在力系中所有力的作用线均汇交于一点，则该力系称为_____。

（3）力在正交坐标轴上的投影大小与力沿途两个轴的分力的大小_____；力在不相互垂直的两个轴上的投影大小与力沿这两个轴的分力的大小_____。

（4）力对某点的力矩等于力的大小乘以该点到力的作用线的_____。

（5）平面汇交力系平衡的充分与必要条件是力系的_____。

（6）平面汇交力系有____个独立的平衡方程，平面力偶系有____独立的平衡方程。

（7）力偶对物体的作用的外效应是_____。_____称为力偶系。

（8）两个力偶在同一作用面内等效的充分与必要条件是_____。

（9）力偶系平衡的充分与必要条件是力偶系的_____。

习 题

2-1 试求题 2-1 图中各力在直角坐标轴上的投影。

2-2 题 2-2 图所示化工厂起吊反应器时，为了不致破坏栏杆，施加水平力 F，使反应器与栏杆相离开。已知此时牵引绳与铅垂线的夹角30°，反应器重量 G 为 30 kN。试求水平力 F 的大小和绳子的拉力 F_T。

2-3 题 2-3 图所示压路机碾子重 $G=20$ kN，半径 $r=60$ cm；求碾子刚能越过高 $h=8$ cm 的石块所需水平力 F 的最小值。

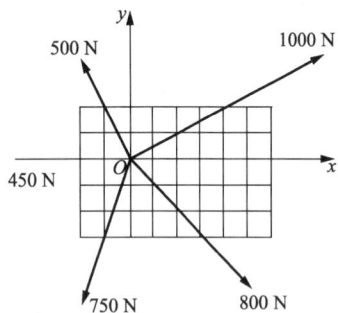

题 2-1 图

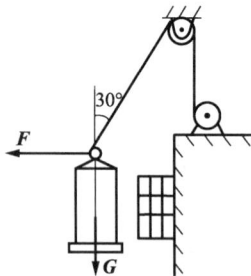

题 2-2 图

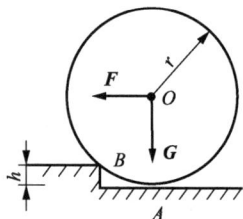

题 2-3 图

2-4 如题 2-4 图所示，绳索 AB 悬挂一动滑轮 O，滑轮 O 吊一重量未知的重物 M，C 端挂一重物 $G=80$ N。当平衡时，试求重物 M 的重量。

2-5 题 2-5 图所示重为 G 的球体放在倾角为30°的光滑斜面上，并用绳 AB 系住，AB 与斜面平行，试求绳 AB 的拉力 F 及球体对斜面的压力 F_N。

2-6 如图 2-6 所示，起重机架可借绕过滑轮 B 的绳索将重 $G=20$ kN 的物体吊起，滑轮

用不计自重的杆 AB 和 BC 支承。不计滑轮的尺寸及其中的摩擦,当物体处于平衡状态时,试求拉杆 AB 和支杆 BC 所受的力。

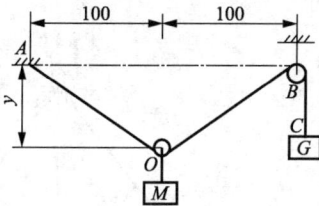

题 2-4 图

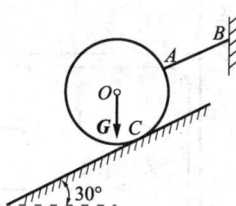

题 2-5 图

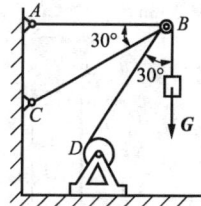

题 2-6 图

2-7　题 2-7 图所示每条绳索所能承受的最大拉力为 80 N。求块体保持图中所示的位置时块体最大的重量 G 和保持平衡时的角度 θ。

*2-8　题 2-8 图所示混凝土弯管重为 2 000 N,弯管的重心在 G 点。求支撑弯管的绳索 BC 和 BD 的拉力。

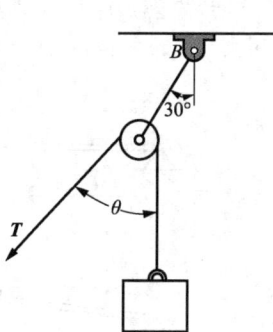

题 2-7 图

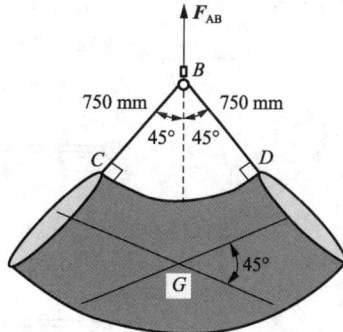

题 2-8 图

*2-9　题 2-9 图所示为支撑质量为 12 kg 的交通信号灯,求绳索 AB 和 AC 的拉力。

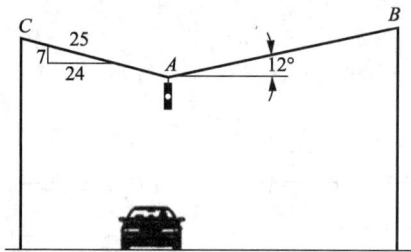

题 2-9 图

2-10　题 2-10 图所示天平由一条 1.2 m 长的绳索和重为 50 N 的块体 D 组成。绳索通过两个小滑轮固定,在 A 点的销钉上。如果当 $s=0.45$ m 时系统处于平衡状态,求悬空块体 B 的重量。

2-11　题 2-11 图所示为一拔桩装置。在木桩的点 A 上系一绳,将绳的另一端固定在点 C,在绳的点 B 系另一绳 BE,将它的另一端固定在点 E。然后在绳的点 D 用力向下拉,并使绳的 BD 段水平,AB 段铅直;DE 段与水平线以及 CB 段与铅直线间成等角 $\alpha=0.1$ rad(当 α 很小时,$\tan \alpha \approx \alpha$)。向下的拉力 $F=800$ N,求绳 AB 作用于桩上的拉力。

2-12　题 2-12 图所示升降吊索用来提升重为 5 000 N 的集装箱,集装箱的重心在 G 点。

如果每根绳索最大允许拉力为 5 kN，求绳索 AB 和 AC 的拉力以及绳索 AB 和 AC 的最短长度。

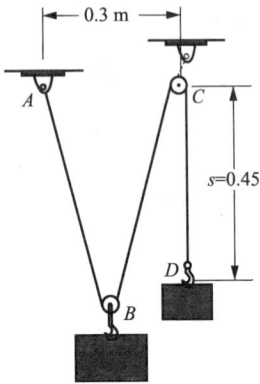

题 2-10 图

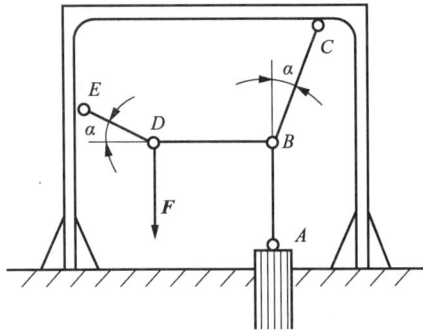

题 2-11 图

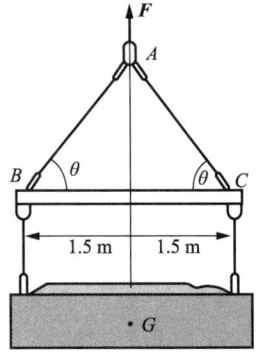

题 2-12 图

2-13 题 2-13 图所示压榨机 ABC，在铰 A 处作用水平力 **F**，点 B 为固定铰链，由于水平力 **F** 的作用使 C 块与墙壁光滑接触，压榨机尺寸如图所示，试求物体 D 所受的压力。

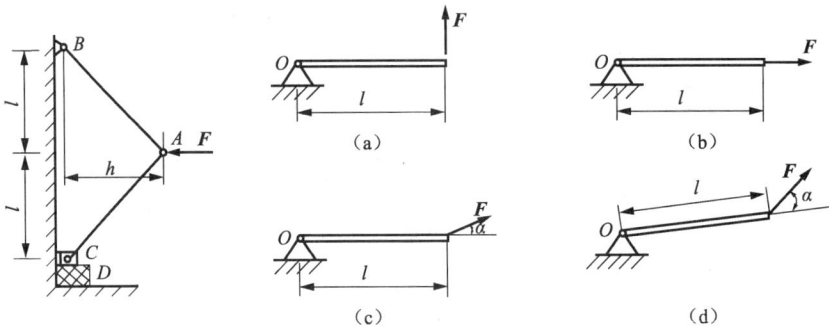

题 2-13 图

2-14 试求题 2-14 图所示各力对 O 点之矩。

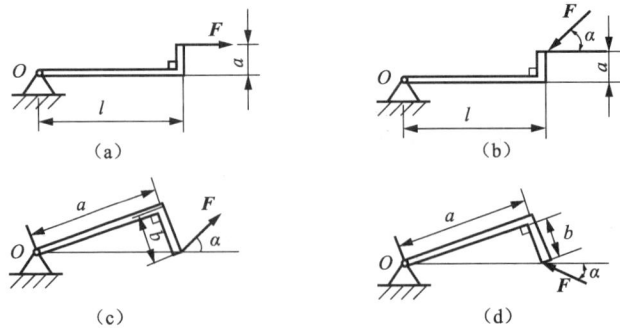

题 2-14 图

2-15 题 2-15 图所示，为什么用手拔钉子拔不出来，而用钉锤就能较省力地拔出来呢？如果在柄上加力 **F**，大小为 50 N，问拔钉子的力 F_P 有多大？

2-16 试求题 2-16 图所示力对 O 点的矩。

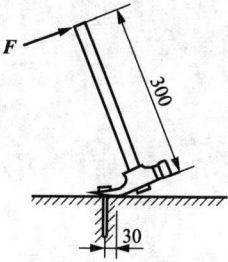

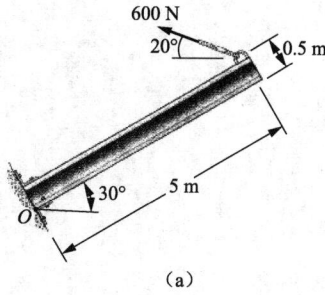

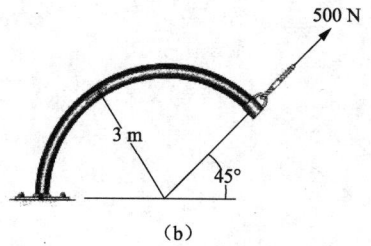

（a）　　　　　　　　　　　　（b）

题 2-15 图　　　　　　　　　　题 2-16 图

2-17　题 2-17 图所示为起重机中的棘轮机构,用以防止齿轮倒转,鼓轮直径 $d_1=32$ cm,棘轮节圆直径 $d=50$ cm。棘爪位置的两个尺寸 $a=6$ cm, $h=3$ cm,起吊重物 $G=5$ kN,不计棘爪自重及摩擦,试求棘爪尖端所受的压力。

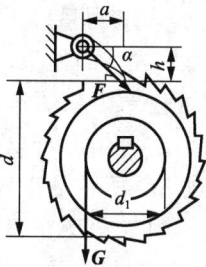

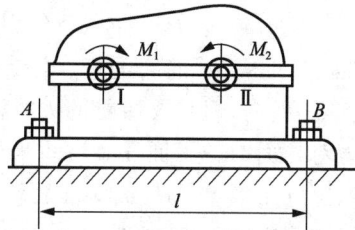

题 2-17 图　　　　　　　　　　题 2-18 图

2-18　题 2-18 图所示为平行轴减速箱,受的力可视为都在图示平面内,减速箱的输入轴Ⅰ上作用一力偶,其矩为 $M_1=500$ N・m;输出轴上Ⅱ作用一反力偶,其矩为 $M_2=2$ kN・m,设 AB 间距离 $l=1$ m,不计减速箱自重。试求螺栓 A,B 及支承面所受的力。

第3章
平面任意力系

　　平面任意力系是指各力的作用线在同一平面内且任意分布的力系。例如图 3-1 所示的的曲柄连杆机构,受压力 F_P、力偶 M 以及约束反力 F_{Ax}, F_{Ay} 和 F_N 的作用,这些力构成了平面任意力系。又如图 3-2 所示的起重机,也受到同一平面内任意力系的作用。有些物体所受的力并不在同一平面内,但只要所受的力对称于某一平面,这种情况可以把这些力简化到对称面内,并作为对称面内的平面任意力系来处理。例如图 3-3 所示沿直线行驶的汽车,它所受到的重力 G、空气阻力 F 和地面对前后轮的约束力的合力 F_{RA}, F_{RB} 都可简化到汽车纵向对称平面内,组成一平面任意力系。由于平面任意力系(又称为平面一般力系)在工程中最为常见,而分析和解决平面任意力系问题的方法又具有普遍性,故在工程计算中占有极重要地位。

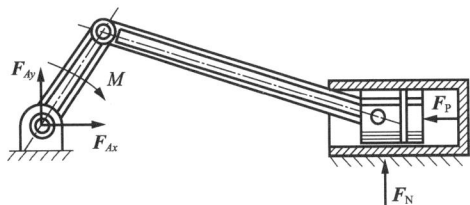

图 3-1　曲柄连杆机构

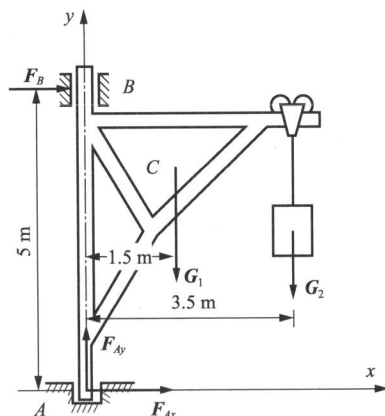

图 3-2　起重机受力

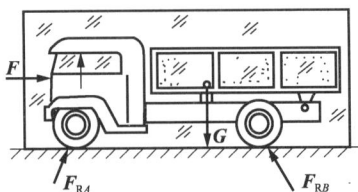

图 3-3　沿直线行驶的汽车

3.1 力的平移定理及其意义

在分析或求解力学问题时,有时需要将作用于物体上的某些力的作用线,从其原位置平移到另一新位置而不改变原力在原位置作用时物体的运动效应,为此需研究力的平移定理。

3.1.1 力的平移定理

可以把作用在刚体上点 A 的力 F 平移到任一新的点 B,但必须同时附加一个力偶,这个附加力偶的力偶矩等于原来的力 F 对新点 B 的矩。

3.1.2 平移定理证明

图 3-4(a)中力 F 作用于刚体上 A 点。在刚体上任取一点 B,并在 B 点加上两个等值、反向的力 F' 和 F'',使它们与力 F 平行,且有 $F'=-F''=F$,如图 3-4(b)所示。显然,三个力 F,F',F'' 组成的新力系与原来的力 F 等效。但是这三个力组成一个作用在 B 点的力 F' 和一个力偶(F,F'')。于是,原来作用在 A 点的力 F,现在被一个作用在 B 点的力 F' 和一个力偶(F,F'')等效替换。也就是说,可以把作用于点 A 的力 F 平移到 B 点,但必须同时附加一个相应的力偶,这个力偶称为附加力偶,如图 3-4(c)所示。显然,附加力偶的力偶矩为

$$M=Fd$$

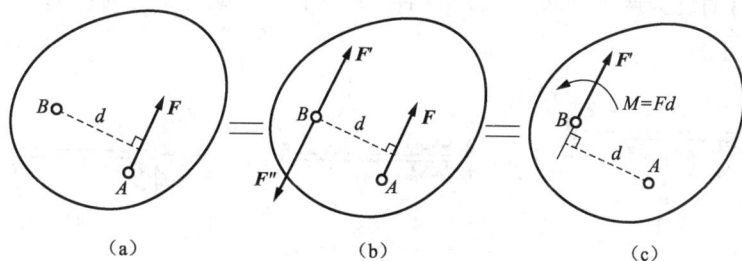

(a)　　　　　　　　(b)　　　　　　　　(c)

图 3-4 平移定理的证明

3.1.3 力的平移定理的意义

力的平移定理是力系向一点简化的理论依据,而且还可以分析和解决许多工程实际问题。例如图 3-5 所示的厂房立柱,受到行车传来的力 F 的作用。可以看出,力 F 的作用线偏离于立柱轴线,利用力的平移定理将力 F 平移到中心线 O 处,很容易分析出立柱在偏心力 F 的作用下要产生拉伸和弯曲两种变形。

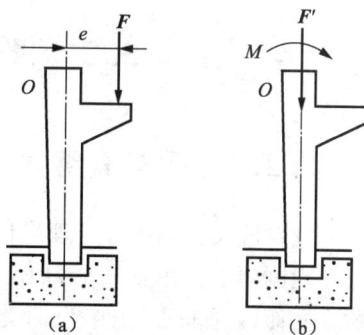

(a)　　　　(b)

图 3-5 厂房立柱

3.1.4 固定端约束

借助力的平移定理可再介绍一种工程中常见的约束——固定端约束。

例如，紧固在刀架上的车刀[图 3-6(a)]，被夹持在卡盘上的工件[图 3-6(b)]，埋入地面的电线杆[图 3-6(c)]以及房屋阳台[图 3-6(d)]等所受到的约束称为固定端约束。这类物体连接方式的特点是连接处刚性很大。

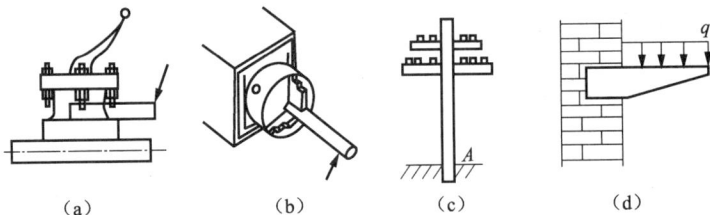

图 3-6 固定端约束

现以图 3-7 为例来说明固定端约束反力所共有的特点。

固定端既限制物体的移动，又限制其转动。例如图 3-7(a)中 AB 杆的 A 端在墙内固定牢靠，任意已知力或力偶的作用使 A 端既有移动又有转动的趋势。故 A 端受到墙的杂乱分布的约束力系所组成的平面任意力系作用[图 3-7(b)]。应用平面力系简化理论，将这一分布约束力系向固定端 A 点简化得到一个力 F_{RA} 和一个力偶 M_A。一般情况下，这个力的大小和方向均为未知量，可用两个正交的分力来代替。于是，在平面力系情况下，固定端 A 点的约束反力作用可简化为两个约束反力 F_{Ax}，F_{Ay} 和一个力偶矩为 M_A 的约束反力偶，如图 3-7(c)所示。

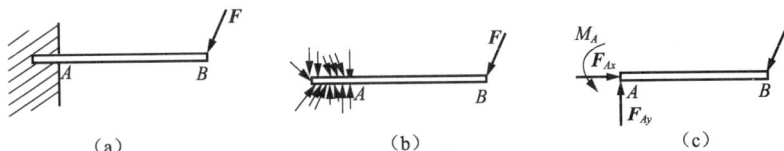

图 3-7 固定端约束反力

3.2 平面任意力系的简化与平衡

3.2.1 平面任意力系向平面内一点的简化

现在应用力的平移定理来讨论平面任意力系的简化问题。

设刚体上作用有 n 个力 $F_1,F_2,\cdots,F_n$ 组成的平面任意力系，如图 3-8(a)所示。在力系所在平面内任取点 O 作为简化中心，由力的平移定理将力系中各力向 O 点平移，如图 3-8(b)所示，得到作用于简化中心 O 点的平面汇交力系 $F_1',F_2',\cdots,F_n'$ 和附加平面力偶系，其矩分别为 $M_1,M_2,\cdots,M_n$。

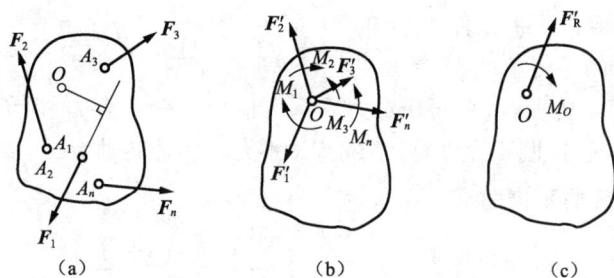

图 3-8　固定端约束反力的简化

由平面汇交力系理论可知,作用于简化中心 O 的平面汇交力系可合成为一个力 $\boldsymbol{F}'_\mathrm{R}$,其作用线过 O 点,合矢量

$$\boldsymbol{F}'_\mathrm{R} = \sum \boldsymbol{F}'_i$$

又因 $\boldsymbol{F}_i = \boldsymbol{F}'_i$,故

$$\boldsymbol{F}'_\mathrm{R} = \sum \boldsymbol{F}_i \tag{3-1}$$

我们把原力系的矢量和称为主矢,显然,它与简化中心的位置无关。

由平面力偶系理论可知,附加平面力偶系一般可以合成为一合力偶,其合力偶矩等于各力偶矩的代数和,即

$$M_O = \sum M_i$$

又因 $M_i = M_O(\boldsymbol{F}_i)$,故

$$M_O = \sum M_i = \sum M_O(\boldsymbol{F}_i) \tag{3-2}$$

我们把力系中所有力对简化中心矩的代数和称为力系对于简化中心的主矩。当简化中心位置改变时,通常主矩也要随之改变。

综上所述,平面任意力系向作用面内任一点简化,一般可以得到一个力和一个力偶。这个力作用于简化中心,其大小、方向等于力系的主矢,并与简化中心的位置无关;这个力偶的力偶矩等于原力系对简化中心的主矩,其大小、转向与简化中心的位置有关,如图3-8(c)所示。

平面任意力系简化的最终结果,有四种可能:

（1）主矢等于零,主矩不等于零;

（2）主矢不等于零,主矩等于零;

（3）主矢、主矩都不等于零;

（4）主矢、主矩都等于零。

不难理解,若物体受到平面任意力系的作用,唯有当平面任意力系简化的结果为第四种情况即主矢、主矩都等于零时物体才能处于平衡状态。

3.2.2　平面任意力系的平衡条件和平衡方程

1. 平面任意力系的平衡条件

由以上的讨论可知,当平面任意力系简化的结果主矢、主矩都等于零时物体才能处于平衡状态。于是得出平面任意力系的平衡条件:

（1）平面汇交力系的平衡条件 $\boldsymbol{F}_R=0$。

（2）平面力偶系的平衡条件 $M_O=0$。

当同时满足这两个要求时，平面任意力系不可能合成一个合力，即 $\boldsymbol{F}_R=0$，又不能合成一个力偶，即 $M_O=0$，也即既不允许物体移动，又不允许物体转动，从而必定平衡。

2．平面任意力系的平衡方程

由第 2 章的式(2-7)可知，欲使 $\boldsymbol{F}_R=0$，必须 $\sum F_x=0$ 及 $\sum F_y=0$，又由第 2 章的式(2-12)得知，欲使 $M_O=0$，必有 $\sum M_O(\boldsymbol{F})=0$，因此，得到满足平面任意力系平衡条件的方程式为

$$\left.\begin{array}{l} \sum F_x=0 \\ \sum F_y=0 \\ \sum M_O(\boldsymbol{F})=0 \end{array}\right\} \tag{3-3}$$

即：(1) 各力在 x 轴上的投影的代数和为零；(2) 各力在 y 轴上的投影的代数和为零；(3) 各力对于平面内的任一点取矩的代数和等于零。

式(3-3)是平面任意力系平衡方程的基本方程。也可以写成其他形式，例如常用到的两个力矩方程与一个投影方程的形式，即

$$\left.\begin{array}{l} \sum M_A(\boldsymbol{F})=0 \\ \sum M_B(\boldsymbol{F})=0 \\ \sum F_x=0（或 \sum F_y=0） \end{array}\right\} \tag{3-4}$$

此式又称二矩式，其中 A,B 两点的连线不得垂直于 Ox 轴（或 Oy 轴）。

以上一矩式、二矩式为两组不同形式的平衡方程，其中每一组都是平面任意力系平衡的必要和充分条件。解题时灵活选用不同形式的平衡方程，有助于简化静力学求解未知量的计算过程。

由式(3-3)或式(3-4)平面任意力系的平衡方程，可以解出平面任意力系中的三个未知量。求解时，一般可按下列步骤进行：

（1）确立研究对象，取分离体，作出受力图。

（2）建立适当的坐标系。在建立坐标系时，应使坐标轴的方位尽量与较多的力（尤其是未知力）的方向平行或垂直，以简化各力的投影计算。在列力矩式时，力矩中心应尽量选在未知力的交点上，以简化力矩的计算。

（3）列出平衡方程式(3-3)或(3-4)，求解未知力。

3.2.3 平面任意力系平衡方程式的应用举例

例题 3-1 图 3-9(a)所示为起重机的水平梁 AB，A 端以铰链固定，B 端用拉杆 BC 拉住。梁重 $G_1=4$ kN，载荷重 $G_2=10$ kN。梁的尺寸如图示。试求拉杆的拉力和铰链 A 的约束反力。

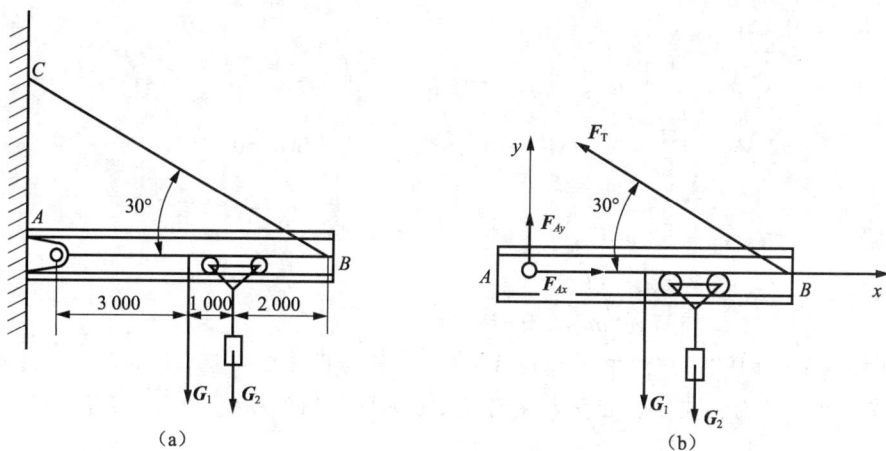

图 3-9 例题 3-1 图

解 取梁 AB 为研究对象。梁 AB 除受已知力 $\boldsymbol{G}_1$ 和 $\boldsymbol{G}_2$ 外,还受未知的拉杆 BC 的拉力 $\boldsymbol{F}_\mathrm{T}$。因 BC 为二力杆,故拉力 $\boldsymbol{F}_\mathrm{T}$ 沿连线 BC 方向。铰链 A 处有约束反力,因方向不确定,故分解为两个分力 F_{Ax} 和 F_{Ay}。

取坐标轴 Axy,如图 3-9(b) 所示,应用平衡方程的基本形式,即式 (3-3),有

$$\sum F_x = 0, \quad F_{Ax} - F_\mathrm{T} \cos 30° = 0 \tag{1}$$

$$\sum F_y = 0, \quad F_{Ay} + F_\mathrm{T} \cdot \sin 30° - G_1 - G_2 = 0 \tag{2}$$

$$\sum M_A(F) = 0, \quad F_\mathrm{T} \cdot 6 \cdot \sin 30° - G_1 \cdot 3 - G_2 \cdot 4 = 0 \tag{3}$$

由式 (3) 可得 $F_\mathrm{T} = 17.33$ kN,把 F_T 值代入式 (1) 及式 (2),可得 $F_{Ax} = 15.01$ kN,$F_{Ay} = 5.33$ kN。

例题 3-2 梁 AB 一端固定、一端自由,如图 3-10(a) 所示。梁上作用有均布载荷,载荷集度为 $q(\mathrm{kN/m})$。在梁的自由端还受集中力 $\boldsymbol{F}$ 和力偶矩为 M 的力偶作用,梁的长度为 l,试求固定端 A 处的约束反力。

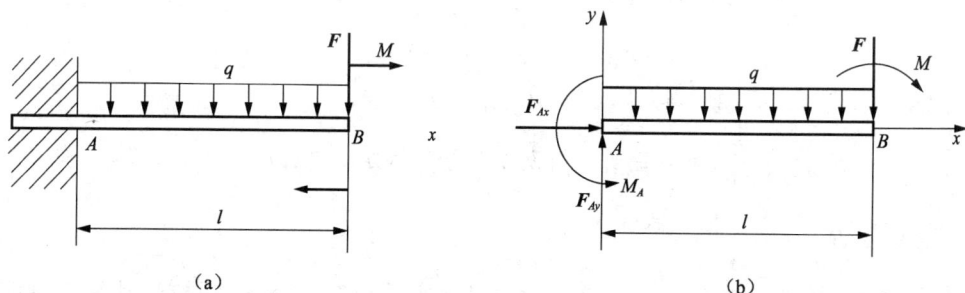

图 3-10 例题 3-2 图

解 (1) 取梁 AB 为研究对象并画出受力图,如图 3-10(b) 所示。

(2) 列平衡方程并求解。注意均布载荷集度是单位长度上受的力,均布载荷简化结果为一合力,其大小等于 q 与均布载荷作用段长度的乘积,合力作用点在均布载荷作用段的中点。

$$\sum F_x = 0, \quad F_{Ax} = 0$$

$$\sum F_y = 0, \quad F_{Ay} - ql - F = 0$$

$$\sum M_A(\boldsymbol{F}) = 0, \quad M_A - ql \times l/2 - Fl - M = 0$$

解得

$$F_{Ax} = 0$$

$$F_{Ay} = ql + F$$

$$M_A = ql^2/2 + Fl + M$$

*例题 3-3 如图 3-11(a)中所示的 AB 杆，A 端为固定铰支座，B 端为活动铰支座，这种结构在工程上称为简支梁。若受力及几何尺寸如图 3-11(a)所示，试求 A，B 端的约束力。

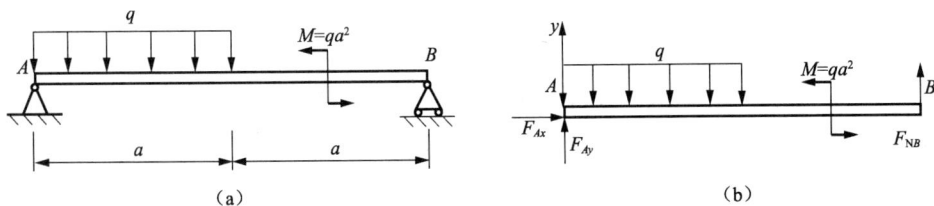

图 3-11 例题 3-3 图

解： (1) 选梁 AB 为研究对象。作用在 AB 上的主动力为均布荷载 q（均布荷载即载荷集度，其合力可当作均质杆的重力处理，所以合力的大小等于载荷集度 q × 分布段长度，合力的作用点在分布段中点，力偶矩为 M），约束力为固定铰支座 A 端的 $\boldsymbol{F}_{Ax}$，$\boldsymbol{F}_{Ay}$ 两个分力和滚动支座 B 端的铅垂向上的法向力 $\boldsymbol{F}_{NB}$（方向先假设），受力情况如图 3-11(b)所示。

(2) 建立合适坐标系[图 3-11(b)]。

(3) 列平衡方程。

$$\sum M_A(F) = 0, \quad F_{NB} \times 2a + M - \frac{1}{2}qa^2 = 0 \tag{1}$$

$$\sum F_x = 0, \quad F_{Ax} = 0 \tag{2}$$

$$\sum F_y = 0, \quad F_{Ay} + F_{NB} - qa = 0 \tag{3}$$

由式(1)、式(2)、式(3)解得 A，B 端的约束力为

$$F_{NB} = -\frac{qa}{4}（负号说明原假设方向与实际方向相反）$$

$$F_{Ax} = 0, \quad F_{Ay} = \frac{5qa}{4}$$

例题 3-4 塔式起重机如图 3-12 所示。机架重 G = 700 kN，作用线通过塔架的中心。最大起重量 G_1 = 200 kN，最大悬臂长为 12 m，轨道 AB 的间距为 4 m，平衡块重 G_2 到机身中心线距离为 6 m。试问：

(1) 为保证起重机在满载和空载时都不致翻倒，求平衡块的重量 G_2 应为多少？

(2) 当平衡块重 G_2 = 180 kN 时，求满载时 A，B 点给起重机轮子的反力？

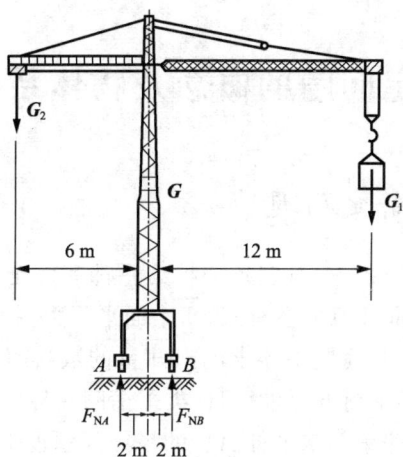

图 3-12 例题 3-4 图

解 取整个起重机为研究对象:起重机受到的已知力为机架的重力 G 和载荷的重力,载荷满载为 G_1,空载为零;受到的未知力为轨道对起重机的约束反力 F_{NA} 和 F_{NB};平衡块的重力 G_2。

列出平衡方程:为了保证起重机在满载和空载时都不致翻到,显然应分两种情况研究。

当满载时,为了使起重机不致绕 B 点翻倒,力系必须满足平衡方程 $\sum M_B(\boldsymbol{F})=0$。 在临界情况下,$F_{NA}=0$,这时可求出 G_2 所允许的最小值 $G_{2\min}$。

$$\sum M_B(\boldsymbol{F})=0, \quad G_{2\min}(6+2)+G\cdot 2-G_1(12-2)=0$$

解得

$$G_{2\min}=75\ \text{kN}$$

当空载时,$G_1=0$。为使起重机不致绕 A 点翻倒,力系必须满足平衡方程 $\sum M_A(\boldsymbol{F})=0$。 在临界情况下,$G_1=0$,这时可求出 G_2 所允许的最大值 $G_{2\max}$。

$$\sum M_A(\boldsymbol{F})=0, \quad G_{2\min}(6-2)-G\cdot 2=0$$

解得

$$G_{2\max}=350\ \text{kN}$$

起重机实际工作时不允许处于极限状态,为了使起重机不致翻倒,平衡块的重量应为:

$$75\ \text{kN}<G_2<350\ \text{kN}$$

当取定平衡块 $G_2=180\ \text{kN}$,欲求此起重机满载时导轨对轮子的约束反力 $\boldsymbol{F}_{NA}$ 和 $\boldsymbol{F}_{NB}$。这时,起重机在 $\boldsymbol{G},\boldsymbol{G}_2,\boldsymbol{G}_1$ 和 $\boldsymbol{F}_{NA},\boldsymbol{F}_{NB}$ 作用下处于平衡。应用平面平行力系的平衡方程式,有

$$\sum M_A(\boldsymbol{F})=0, \quad G_2(6-2)-G\cdot 2-G_1(12+2)+F_{NB}\cdot 4=0 \tag{1}$$

$$\sum F_y=0, \quad F_{NA}+F_{NB}-G-G_2-G_1=0 \tag{2}$$

由式(1)解得

$$F_{NB}=\frac{14G_1+2G-4G_2}{4}=870\ \text{kN}$$

代入式(2)解得

$$F_{NA}=G_1+G_2+G-F_{NB}=210\ \text{kN}$$

3.3 静定与超静定问题的概念及物体系统平衡问题的解法

3.3.1 静定与超静定问题

在前面所研究过的各种力系中，对应每一种力系都有一定数目的独立的平衡方程。例如：平面汇交力系有两个，平面任意力系有三个，平面平行力系有两个。因此，当研究刚体在某种力系作用下处于平衡时，若问题中需求的未知量的数目等于该力系独立平衡方程的数目，则全部未知量可由静力学平衡方程求得，这类平衡问题称为静定问题。前面所研究的例题都是静定问题，图 3-13(a)表示的水平杆 AB 的平衡问题也是静定问题。但如果问题中需求的未知量的数目大于该力系独立平衡方程的数目，只用静力学平衡方程不能求出全部未知量，这类平衡问题称为超静定问题或称为静不定问题。如图 3-13(b)所示的杆，在 C 处增加了一个活动铰支座，则未知量数目有四个，而独立的平衡仅有三个，所以它是超静定问题。而未知量总数与独立的平衡方程总数之差称为超静定次数。图 3-13(b)所示为一次超静定问题或一次静不定问题。这类问题静力学无法求解，需借助于研究对象的变形规律来解决，将在材料力学中研究。

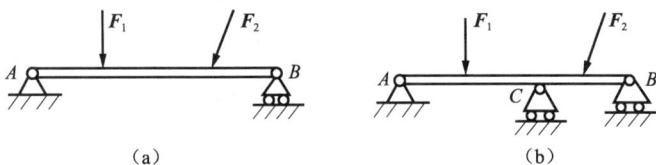

图 3-13 静定与超静定问题

3.3.2 物体系统的平衡

前面我们讨论的都是单个物体的平衡问题。但工程实际中的机械和结构都是由若干个物体通过适当的约束方式组成的系统，力学上称为物体系统，简称物系。求解物系的平衡问题，往往是不仅需要求解物系的外力，而且还要求解系统内部各物体之间相互作用的内力，这种工程结构或机械都可抽象为由许多物体用一定方式连接起来的系统，称为物体系统。研究物体系统的平衡问题，不仅要求解整个系统所受的未知力，还需要求出系统内部物体之间相互作用的未知力。我们把系统外的物体作用在系统上的力称为系统外力，把系统内部各部分之间的相互作用力称为系统内力。因为系统内部与外部是相对而言的，因此系统的内力和外力也是相对的，要根据所选择的研究对象来决定。

在求解静定的物体系统的平衡问题时，要根据具体问题的已知条件、待求未知量及系统结构的形式来恰当地选取两个（或多个）研究对象。一般情况下，可以先选取整体结构为研究对象；也可以先选取受力情况比较简单的某部分系统或某物体为研究对象，求出该部分或该物体所受到的未知量，然后再选取其他部分或整体结构为研究对象，直至求出所有需求的未知量。总的原则是：使每一个平衡方程中未知量的数目尽量减少，最好是只含一个未知量，可避免求解联立方程。

例题 **3-5** 图 3-14(a)所示的"4"字形构架,是由 AB,CD 和 AC 杆用销钉连接而成,B 端插入地面,在 D 端有一铅垂向下的作用力 F。已知 $F=10$ kN,$l=1$ m,若各杆自重不计,求地面的约束反力、AC 杆的内力及销钉 E 处相互作用的力。

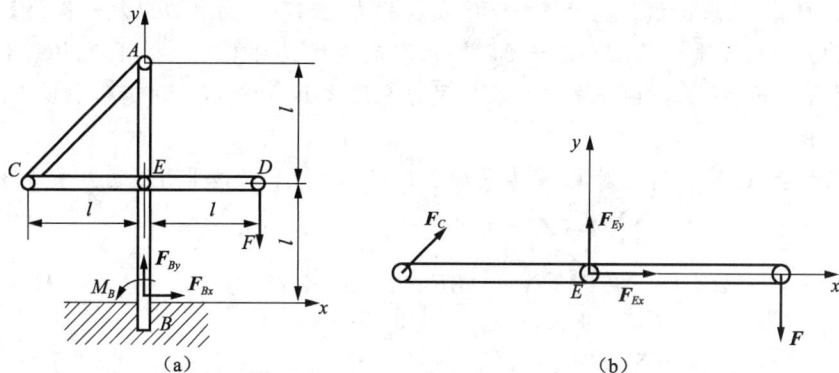

图 3-14 例题 3-5 图

解 这是一物体系统的平衡问题。先取整个构架为研究对象,分析并画整体受力图。作用在 D 端的力有一铅垂向下的力 F,作用在固定端 B 处的力有约束反力 F_{Bx} 及 F_{By} 和一个约束反力偶 M_B(画整体受力图时,A,C,E 处为系统内约束力,不必画出)。构架在 F,F_{Bx},F_{By} 和 M_B 的作用下构成平面任意力系。由于处于平衡状态,故满足平衡方程。

取坐标系 Bxy,如图 3-14(a)所示,列平衡方程:

$$\sum F_x=0,\quad F_{Bx}=0$$

$$\sum F_y=0,\quad F_{By}-F=0,\quad F=10\text{ kN}$$

$$\sum M_B(F)=0,\quad M_A-F\cdot l=0,\quad M_A=10\text{ kN}\cdot\text{m}$$

欲求系统的内力,就需要对所求内力的物体解除相互约束,选取恰当的部分作为研究对象,并在解除约束的地方画出所受约束力。这时,在整个系统中不画出的内力,在新的研究对象中就变成了必须画出的外力。本题需要求 AC 杆的内力及销钉 E 处相互作用的力,于是就在 C,E 处解除了杆件之间的相互约束。显然,可取 CD 杆为研究对象,在 CD 杆被解除 C,E 处的约束后,分别画出所受的约束力。因为 AC 杆为二力杆,故在 C 处所受的约束力 F_C 的方向是沿 AC 杆轴线并先假设为拉力;因为 E 处是用销钉连接的,故在 E 处所受的约束力方向不能确定,而用两个分力 F_{Ex},F_{Ey} 表示,如图 3-14(b)所示。

取坐标系 Exy,列平衡方程,有:

$$\sum M_E(F)=0,\quad -F\cdot 1-F_C\cdot 1\cdot\sin 45°=0$$

$$F_C=-\sqrt{2}\,F=-14.14\text{ kN}$$

$$\sum F_y=0,\quad F_{Ey}-F+F_C\sin 45°=0$$

$$\sum F_x=0,\quad F_{Ex}+F_C\cdot\cos 45°=0$$

$$F_{Ex}=-\frac{\sqrt{2}}{2}\cdot F_C=-\frac{\sqrt{2}}{2}\times(-14.14)\text{ kN}=10\text{ kN}$$

$F_C=-14.14$ kN,说明在 CD 杆的 C 处,受到 AC 杆约束反力的实际指向与假设相反,

因而 AC 杆的内力是压力。而在 CD 杆的 E 处，通过销钉受到 AB 杆的约束反力 F_{Ex}，F_{Ey} 都与实际一致。

例题 3-6　图 3-15(a) 所示为一手动水泵，图中尺寸单位均为 cm。已知 $F_P=200$ N，不计各构件的自重，试求图示位置时连杆 BC 所受的力、支座 A 的受力以及液压力 F_Q。

解　(1) 分别取手柄 ABD、连杆 BC 和活塞 C 为研究对象。分析可知，BC 杆不计自重时为二力杆，有 $F_C'=F_B'$。由作用力与反作用力原理知 $F_B=F_B'$，$F_C=F_C'$，所以 $F_B=F_C$，各力方向如图所设。

(2) 以手柄 ABD 为研究对象，受力图如图 3-15(b) 所示，对该平面任意力系列出平衡方程

$$\sum M_A(\boldsymbol{F})=0,\quad 48F_P-8F_B\cos\alpha=0$$

$$F_B=\frac{48F_P}{8\cos\alpha}=\frac{48F_P\times\sqrt{20^2+2^2}}{8\times20}\text{ N}=1\,206\text{ N}$$

$$\sum F_x=0,\quad -F_{Ax}+F_B\sin\alpha=0$$

$$F_{Ax}=F_B\frac{2}{\sqrt{20^2+2^2}}\text{N}=120\text{ N}$$

$$\sum F_y=0,\quad F_{Ay}+F_B\cos\alpha-F_P=0$$

$$F_{Ay}=F_B\frac{20}{\sqrt{20^2+2^2}}-F_P=1\,000\text{ N}$$

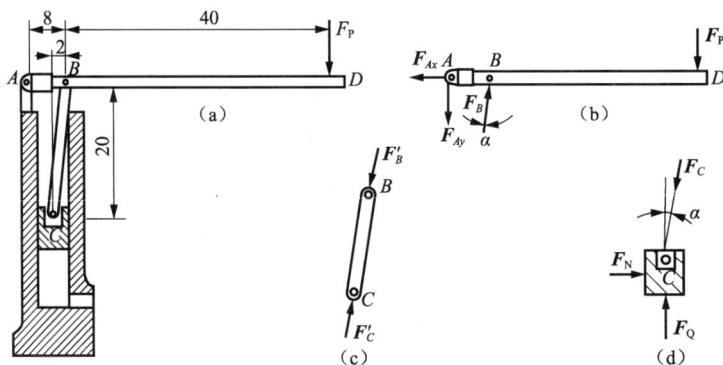

图 3-15　例题 3-6 图

(3) 取连杆 BC 为研究对象。受力图如图 3-15(c) 所示。对二力杆 BC，结合作用力与反作用力原理，有

$$\sum F_y=0,\quad F_B'=F_C'=F_B=1\,206\text{ N}$$

(4) 取活塞 C 为研究对象。由受力图[图 3-15(d)]可知这是一个平面汇交力系的平衡问题，列出平衡方程求解

$$\sum F_y=0,\quad F_Q-F_C\cos\alpha=0$$

因为

$$F_C'=F_C$$

于是

$$F_Q=F_C\cos\alpha=\left(1\,200\times\frac{20}{\sqrt{20^2+2^2}}\right)\text{N}=1\,200\text{ N}$$

＊＊例题 3-7 图 3-16(a)所示曲柄 OA 上作用一矩为 $M=500$ N·m 的力偶,求当机构平衡时,作用在滑块 D 上的水平力 F 的值。已知 $a=0.1$ m,$l=0.5$ m,$\varphi=30°$。

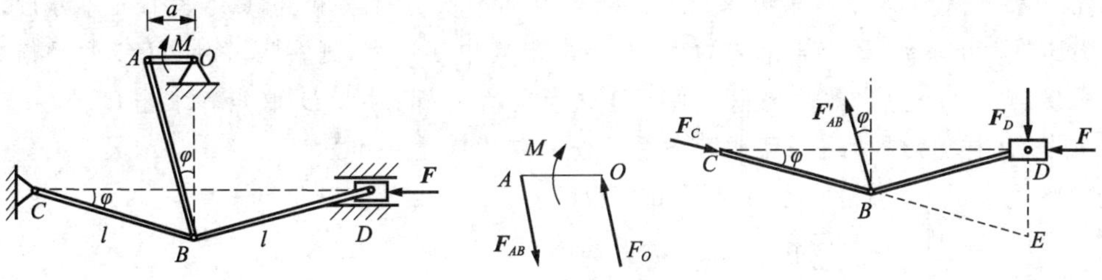

图 3-16 例题 3-7 图

解 本题属于求机构平衡时主动力之间关系的问题。对这类机构进行受力分析时,通常是由已知到未知依传动顺序选取研究对象,逐一求解。

首先以曲柄为研究对象,其受力如图 3-16(b)所示。注意到杆 AB 为二力杆,其力的作用线沿 AB 方向。根据平面力偶系的平衡条件,铰链 O 处必有一约束力 F_O,同 F_{AB} 形成一力偶以与外力偶 M 平衡,故有平衡方程

$$\sum M(\boldsymbol{F})=0, \quad -M+F_{AB}a\cos\varphi=0 \tag{1}$$

于是有

$$F_{AB}=\frac{M}{a\cos\varphi}=\frac{500}{0.1\times\cos 30°} \text{ N}=5\,773.5 \text{ N} \tag{2}$$

再取杆 CB,BD 和滑块 D 的组合为研究对象,其受力如图 3-16(c)所示。考虑到杆 CB 为二力杆,故 C 处的约束力 F_C 沿 CB 方向。为简化计算,将各力对 F_C 和 F_D 的交点 E 取矩,有

$$\sum M_E(\boldsymbol{F})=0, \quad F\times 2l\sin\varphi-F'_{AB}l\cos^2\varphi+F'_{AB}l\sin^2\varphi=0 \tag{3}$$

其中 $F'_{AB}=F_{AB}$。

由式(2)得

$$F=\frac{F_{AB}\cos 2\varphi}{2\sin\varphi}=\frac{M}{a}\cot 2\varphi=2\,886.8 \text{ N}$$

＊＊例题 3-8 图 3-17(a)所示构架中各杆单位长度的自重为 30 N/m,载荷 $G=1\,000$ N。求固定端 A 处及 B,C 铰链处的约束力。

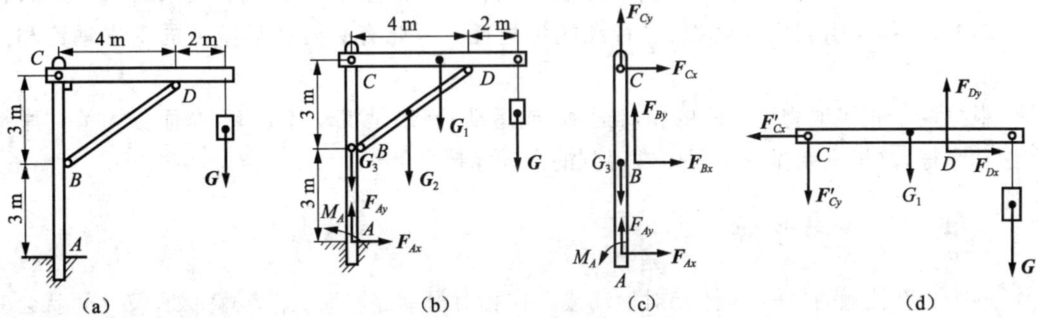

图 3-17 例题 3-8 图

解 这是一个由 3 根杆件组成的系统,为物系的平衡问题。对物系的平衡问题,首先分析的是系统的整体。该系统整体为 3 个未知力,而题目又要求此 3 个未知力,所以可取整体为研究对象把 A 处 3 个约束力求出来。当取整体为研究对象求出 A 处 3 个未知力后,再对杆件 ABC 受力分析,还有 4 个未知力,若再求出其中任一力,则利用杆件 ABC 的平衡条件,则可求出剩余 3 个力。然后再取杆件 CD 进行受力分析,对点 D 取矩可求出 C 处铅直方向的约束力,这样问题即可解,且可以全用比较简单的一元一次方程求解。

取整体为研究对象,受力情况如图 3-17(b)所示。由平衡方程

$$\sum F_x = 0, \quad F_{Ax} = 0$$

$$\sum F_y = 0, \quad F_{Ay} - G - G_1 - G_2 - G_3 = 0$$

$$\sum M = 0, \quad M_A - 2 \times G_2 - 3 \times G_1 - 6 \times G = 0$$

式中,杆重 $G_1 = G_3 = 30 \times 6 \text{ N} = 180 \text{ N}$, $G_2 = 30 \times 5 \text{ N} = 150 \text{ N}$。

依次解得 $\qquad F_{Ax} = 0, \quad F_{Ay} = 1\ 510 \text{ N}, \quad M_A = 6\ 840 \text{ N} \cdot \text{m}$

其次取 CD 杆为研究对象,受力情况如图 3-17(d)所示。

由 $\qquad \sum M = 0, 4 \times F'_{Cy} + 1 \times C_1 - 2 \times G = 0$

解得 $\qquad F'_{Cy} = 455 \text{ N}$

最后取 ABC 杆,受力图如图 3-17(c)所示。由

$$\sum M = 0, \quad M_A + 6 \times F_{Ax} + 3 \times F_{Bx} = 0$$

$$\sum F_x = 0, \quad F_{Ax} + F_{Bx} + F_{Cx} = 0$$

$$\sum F_y = 0, \quad F_{Ay} + F_{By} + F_{Cy} - G_3 = 0$$

依次解得 ABC 杆上所受的各力(略)。

3.4 摩 擦

两个相接触的物体间有相对运动或相对运动趋势时,两物体间就产生了相互阻碍对方运动的现象,这种现象称为摩擦。摩擦是自然界中普遍存在的,没有摩擦就没有世界。

摩擦具有两重性:有利,有弊。例如,皮带的传动、车辆的启动与制动等都依靠摩擦;机器运转时,摩擦会引起机件磨损、噪音和能量消耗。因此有必要认识摩擦的基本理论和计算。

根据两个相接触物体之间的相对运动(或运动趋势)是滑动还是滚动,而分为滑动摩擦和滚动摩擦,这里主要讨论工程中常遇到的滑动摩擦。

3.4.1 滑动摩擦

两个相互接触的物体,发生相对滑动或存在相对滑动趋势时,在接触面处,彼此间就会有阻碍相对滑动的力存在,此力称为滑动摩擦力。显然,滑动摩擦力作用在物体的接触面处,其方向沿接触面的切线方向,与物体相对滑动或相对滑动趋势方向相反。根据两个接触物体间

的相对滑动是否存在,滑动摩擦力又可分为静滑动摩擦力、最大静摩擦力和动滑动摩擦力。

1. 静滑动摩擦力和静滑动摩擦定律

下面通过如图 3-18 所示的简单实验来分析滑动摩擦力的特征。

在水平桌面上放一重为 G 的物块,用一根绕过滑轮的绳子系住,绳子的另一端挂一砝码盘。若不计绳重和滑轮的摩擦,物块平衡时,绳对物块的拉力 T 的大小就等于砝码及砝码盘重量的总和。拉力 T 使物块产生向右的滑动趋势,而桌面对物块的摩擦力 F 阻碍物块向右滑动。当拉

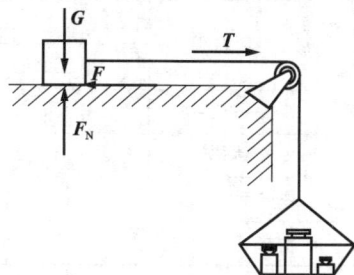

图 3-18　滑动摩擦实验

力 T 不超过某一限度时,物块静止。此时的摩擦力称为静滑动摩擦力(简称静摩擦力),通常情况下静摩擦力用 F_f(或 F_s)表示。由于此时物体仍处于平衡状态,故 F_f 可由平衡条件($\sum F_x = 0$)确定。可知静摩擦力与拉力大小相等,即 $F_f = T$;若拉力 T 逐渐增大,物块的滑动趋势随之逐渐增强,静摩擦力 F_f 也相应增大。

由此可见,静摩擦力具有约束反力的性质,其大小取决于主动力,是一个不固定的值。然而,静摩擦力又与一般的约束反力不同,不能随主动力的增大而无限增大,当拉力增大到某一值时,物块处于将动未动的状态(称临界平衡状态),静摩擦力也达到了极限值,该值称为最大静滑动摩擦力,简称最大静摩擦力,记作 F_{fmax}。此时,只要主动力 T 再增加,物块即开始滑动。这说明,静摩擦力是一种有限的约束反力,即 $0 \leqslant F_f \leqslant F_{fmax}$。

当物体处于临界平衡状态时,摩擦力达到最大值 F_{max}。大量实验证明,最大静摩擦力 F_{fmax} 的大小与两物体间的正压力(即法向压力)成正比,即

$$F_{fmax} = f_s F_N \tag{3-5}$$

这就是静滑动摩擦定律(又称最大静摩擦力定律),是工程中常用的近似理论。式中的 f_s(或 f)称为静滑动摩擦系数,简称静摩擦系数。f_s 是无量纲的比例常数,其大小主要取决于接触面的材料及表面状况(粗糙度、温度、湿度等),其值可由实验测定,如钢与钢之间的静滑动摩擦系数约为 0.10~0.15。工程中常用材料的摩擦系数可由工程手册中查得。表 3-1 给出了几种常见材料的滑动摩擦系数。

表 3-1　常用材料的滑动摩擦系数

材料名称	静摩擦系数		动摩擦系数	
	无润滑	有润滑	无润滑	有润滑
钢-钢	0.15	0.1~0.12	0.15	0.05~0.1
钢-软钢	—	—	0.2	0.1~0.2
钢-铸铁	0.3	—	0.18	0.05~0.15
钢-青铜	0.15	0.1~0.15	0.15	0.1~0.15
软钢-铸铁	0.2	—	0.18	0.05~0.15
软钢-青铜	0.2	—	0.18	0.07~0.15
铸铁-青铜	—	—	0.15~0.2	0.07~0.15
铸铁-青铜	—	0.1	0.2	0.07~0.1

续表

材料名称	静摩擦系数		动摩擦系数	
	无润滑	有润滑	无润滑	有润滑
铸铁-铸铁	—	0.18	0.15	0.07～0.12
皮革-铸铁	0.3～0.5	0.15	0.6	0.15
橡皮-铸铁	—	—	0.8	0.5
木材-木材	0.4～0.6	0.1	0.2～0.5	0.07～0.15

2. 动滑动摩擦定律

在如图 3-18 所示的实验中，当 T 的值超过 F_{fmax} 时物体就开始滑动了。当两个相互接触的物体发生相对滑动时，接触面间的摩擦力称为动滑动摩擦力，用 F_d 表示。显然，动滑动摩擦力的方向与物体相对滑动的方向相反。

大量实验证明，物体的动滑动摩擦力的大小与物体间的正压力 F 成正比，即

$$F_d = f_d F_N \tag{3-6}$$

式（3-6）即动滑动摩擦定律。式中，比例系数 f_d 称为动滑动摩擦系数，简称动摩擦系数，也是无量纲的比例常数。它除了与接触面的材料以及表面状况等有关外，还与物体相对滑动速度的大小有关，随速度的增大而减小。但当速度变化不大时，一般不考虑速度的影响，将 f_d 视为常数。动摩擦系数 f_d 一般小于静摩擦系数 f_s（见表 3-1），但在精度要求不高时，可近似地认为二者相等，即

$$f_d \approx f_s$$

综上所述，滑动摩擦力分为以下三种情况：

（1）物体相对静止时（只有相对滑动趋势），根据其具体平衡条件计算。

（2）物体处于临界平衡状态时（只有相对滑动趋势），$F_s = F_{fmax} = f_s F_N$。

（3）物体有相对滑动时，$F = F_d = f_d F_N$。

可见，在求摩擦力时，首先要分清物体处于哪种情况，然后再选用相应的方法计算。

在实际中，往往用降低接触表面的粗糙度或加入润滑剂等方法，使动摩擦系数降低，以减小摩擦和磨损。

3. 摩擦角的概念和自锁现象

（1）摩擦角的概念。

当物体受外力作用而产生相对滑动趋势时，如果我们将物体所受到的法向反力 F_N 与静摩擦力 F_f 合成为力 F_{Rf}，如图 3-19（a）所示，则力 F_{Rf} 称为全约束反力。

当静摩擦力达到最大值，即 $F_{fmax} = f_s F_N$ 时，此时 F_{fmax} 与 F_N 之间的夹角 φ 达到最大值 φ_m。φ_m 称为摩擦角，如图 3-19（b）所示。

它与静摩擦系数的关系是

$$\tan \varphi_m = \frac{F_{fmax}}{F_N} = \frac{f_s F_N}{F_N} = f_s \tag{3-7}$$

式（3-7）表示摩擦角的正切等于静摩擦系数。故摩擦角也是反映物体间摩擦性质的物理量。

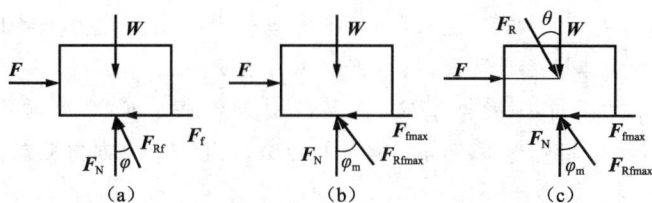

图 3-19 摩擦角

（2）自锁现象。

摩擦角的概念在工程中具有广泛应用。如果主动力的合力 F_R [图 3-18(c)所示]的作用线在摩擦角内,则不论 F_R 的数值为多大,物体总处于平衡状态,这种现象在工程上称为"自锁"。

$$\theta \leqslant \varphi_m \qquad (3-8)$$

式中,θ 为合力 F_R 的作用线与法线之间的夹角。

当 $\theta < \varphi_m$ 时,物体处于平衡状态,也就是"自锁"。当 $\theta > \varphi_m$ 时,物体不平衡。工程上经常利用这一原理设计一些机构和夹具,使它自动卡住;或设计一些机构,保证其不卡住。

应用摩擦角的概念可以来测定静摩擦系数。如图 3-20 所示,物块放在一倾角可以改变的斜面上,当物块平衡时,全约束反力 F_R 应沿铅垂线向上,与物块的重力 G 相平衡。此时 F_R 与斜面法线之间的夹角 θ 等于斜面的倾角 θ。如果改变斜角 θ,直至物块处于将动未动的临界状态,此时的 θ 角就是物块与斜面间的摩擦角的最大值 φ_m。这样就可按式(3-7)算出静摩擦系数。该装置可用来测定织物的静摩擦系数。

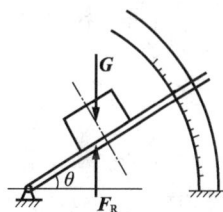

图 3-20 静摩擦系数的测定

3.4.2 考虑滑动摩擦的平衡问题

处理具有摩擦的物体或物系的平衡问题,在解题步骤上与前面讨论的平衡问题基本相同,也是用平衡方程来解决,只是在受力分析中必须考虑摩擦力的存在。

这里要严格区分物体是处于一般的平衡状态还是临界的平衡状态。在一般的平衡状态下,摩擦力 F_f 由平衡条件确定。大小应满足 $F_f \leqslant F_{max}$ 的条件,方向与相对滑动趋势的方向相反。

工程中最常遇到是临界平衡状态计算,此时摩擦力为最大值 F_{fmax},应该满足 $F = F_{fmax}$ 的关系式,故要补充方程 $F_{fmax} = f_s F_N$ 进行求解。

在求解此类问题应注意以下几点:

（1）列方程时,只要用到摩擦关系式,摩擦力的方向不能假设,摩擦力的方向恒与物体的相对滑动趋势方向相反。

（2）考虑摩擦的平衡问题,其解常为一个范围。

（3）为了避免解不等式,可先考虑临界平衡状态,即 $F_s = f_s F_N$ 或 $\varphi = \varphi_m$,再对解得的结果进行讨论。

（4）当系统有几处存在摩擦,有几种可能的运动趋势时,应注意做逐一判别。

例题 3-9 图 3-21(a)所示为用绳拉重 $G = 500$ N 的物体,物体与地面的摩擦系数 $f_s =$

0.2，绳与水平面间的夹角 $\alpha=30°$，试求：（1）当物体处于平衡且拉力 $F=100$ N 时，摩擦力 $\boldsymbol{F}_\text{f}$ 的大小；（2）如使物体产生滑动，求拉力 $\boldsymbol{F}$ 的最小值 $\boldsymbol{F}_\text{Tmin}$。

解 对物体作受力分析，它受拉力 $\boldsymbol{F}_\text{T}$、重力 $\boldsymbol{G}$、法向约束力 $\boldsymbol{F}_\text{N}$ 和滑动摩擦力 $\boldsymbol{F}_\text{f}$ 作用，由于在主动力作用下，物体相对地面有向右滑动的趋势，所以 $\boldsymbol{F}_\text{f}$ 的方向应向左，受力情况如图 3-21(b)所示。

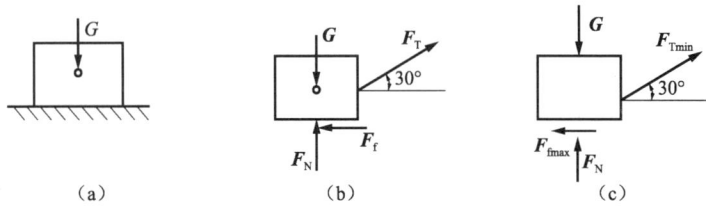

图 3-21　例题 3-9 图

以水平方向为 x 轴，铅垂方向为 y 轴，若不考虑物体的尺寸，则组成一个平面汇交力系。列出平衡方程：

$$\sum F_x=0,\quad F_\text{T}\cos\alpha-F_\text{f}=0$$

$$F_\text{f}=F_\text{T}\cos\alpha=100\times0.867\ \text{N}=86.7\ \text{N}$$

为求拉动此物体所需的最小拉力 F_Tmin，则考虑物体处于将要滑动但未滑动的临界状态，这时的滑动摩擦力达到最大值。受力分析和前面类似，只需将 F_f 改为 F_fmax 即可，受力情况如图 3-21(c)所示。列出平衡方程：

$$\sum F_x=0,\quad F_\text{Tmin}\cos\alpha-F_\text{fmax}=0 \tag{1}$$

$$\sum F_y=0,\quad F_\text{Tmin}\sin\alpha-G+F_\text{N}=0 \tag{2}$$

$$F_\text{fmax}=f_\text{s}F_\text{N} \tag{3}$$

联立求解得

$$F_\text{Tmin}=\frac{f_\text{s}G}{\cos\alpha+f_\text{s}\sin\alpha}=\frac{0.2\times500}{\cos30°+0.2\sin30°}\text{N}=103\ \text{N}$$

例题 3-10 图 3-22(a)为小型起重机的制动器。已知制动器摩擦块 C 与滑轮表面间的滑动摩擦系数为 f_s，作用在滑轮上力偶的力偶矩为 M，A 和 O 分别是铰链支座和轴承。滑轮半径为 r，求制动滑轮所需的最小力 $\boldsymbol{F}_\text{min}$。

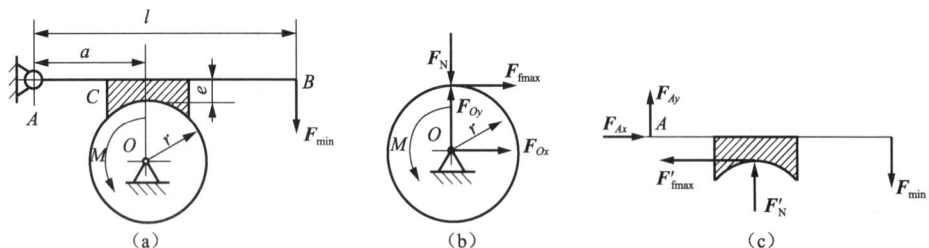

图 3-22　例题 3-10 图

解 当滑轮刚刚能停止转动时，力 $\boldsymbol{F}$ 的值最小，而制动块与滑轮之间的滑动摩擦力将达到最大值。以滑轮为研究对象。受力分析后计有法向反力 $\boldsymbol{F}_\text{N}$，外力偶 M，摩擦力 $\boldsymbol{F}_\text{fmax}$ 及轴承 O 处的约束力 $\boldsymbol{F}_{Ox}$，$\boldsymbol{F}_{Oy}$，受力情况如图 3-22(b)所示。列出一个力矩平衡方程

$$\sum M_O(\boldsymbol{F})=0,\quad M-F_{\text{fmax}}\cdot r=0 \tag{1}$$

则
$$F_{\text{fmax}}=M/r$$

又因为 $F_{\text{fmax}}=f_s F_N$，故

$$F_N=M/(f_s r)$$

再以制动杆 AB 和摩擦块 C 为研究对象，画出受力图[图 3-22(c)]，列力矩平衡方程

$$\sum M_A(\boldsymbol{F})=0,\quad F'_N a-F'_{\text{fmax}}e-F_{\min}l=0 \tag{2}$$

由于
$$F'_{\text{fmax}}=f_s F'_N,\quad F_N=F'_N \tag{3}$$

联立求解可得

$$F_{\min}=\frac{M(a-f_s e)}{f_s rl}$$

例题 3-11　图 3-23(a)为砖夹，宽度为 0.25 m，曲杆 AGB 与 $GCED$ 在 G 点铰接。设砖重 $G=120$ N，提起砖的力 $\boldsymbol{F}$ 作用在砖夹的中心线上，砖夹与砖间的摩擦系数 $f_s=0.5$，试求距离 b 为多大才能把砖夹起。

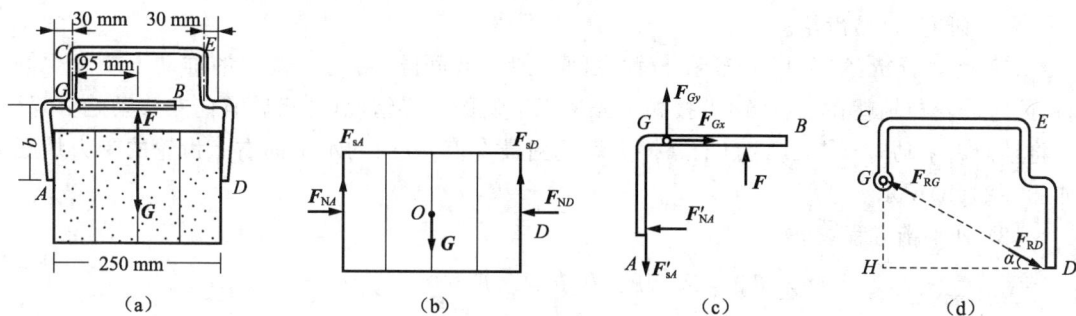

图 3-23　例题 3-11 图

解　由图 3-23(a)图可知 $F=G$。视砖为一体，受力情况如图 3-23(b)所示，列写平衡方程：

$$\sum F_x=0,\quad F_{NA}-F_{NB}=0$$

$$\sum F_y=0,\quad G-F_{sA}-F_{sD}=0$$

$$\sum M_O(F_i)=0,\quad F_{sA}-F_{sD}=0$$

解得
$$F_{sA}=F_{sD}=G/2,\quad F_{NA}=F_{NB}$$

研究曲杆 AGB，受力分析如图 3-23(c)所示，由

$$\sum M(F_i)=0,\quad 95F+30F'_{sA}-bF'_{NA}=0$$

考虑临界状态 $F'_{sA}=f_s F'_{NA}$，解得

$$b=\frac{110F}{F'_{NA}}=\frac{110G}{F'_{NA}}=\frac{220F_{sA}}{F'_{NA}}=\frac{220F_{sA}}{F'_{NA}}$$

利用下滑临界条件 $F_{sA}=f_s F_N$，得 $b\leqslant110$ mm。

**例题 3-12　某变速机构的滑移齿轮如图 3-24(a)所示。已知齿轮孔与轴间的摩擦系数为 f_s，齿轮与轴接触面的长度为 h。问拨叉(图中未画出)作用在齿轮上的力 $\boldsymbol{F}$ 到轴线的距离 a 为多大，齿轮才不会被卡住。设齿轮的自重忽略不计。

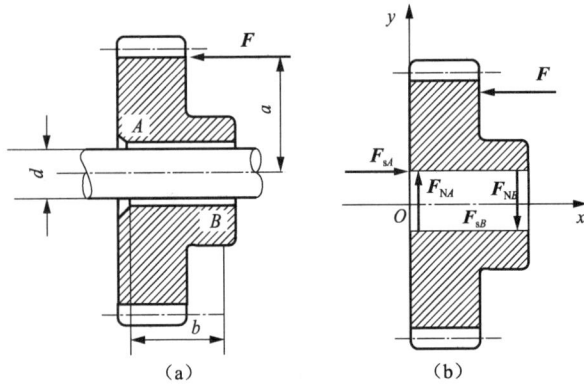

图 3-24　例题 3-12 图

分析:此类问题属于求物体平衡范围问题。求解这类问题,一般先假定物体处于平衡的临界状态,此时的摩擦力达到最大值,大小由最大摩擦力公式确定,方向与临界滑动的趋势方向相反,然后通过平衡方程求出对应的极值,再根据题意用不等式表示平衡的取值范围。

解　研究对象:齿轮。

(1)受力分析:实际上,齿轮孔与轴之间一般都有间隙,齿轮在拨叉的推动下要发生倾斜,此时齿轮与轴就在 A,B 两点接触。先考虑平衡的临界情况(即齿轮有向左移动趋势,处于将动而尚未动时),A,B 两点的摩擦力均达到最大值,方向均水平向右。齿轮的受力情况如图 3-24(b)所示。

(2)列平衡方程:

$$\sum F_x = 0, \quad F_{sA} + F_{sB} - F = 0$$

$$\sum F_y = 0, \quad F_{NA} - F_{NB} = 0$$

$$\sum M_O(\boldsymbol{F}) = 0, \quad Fa - F_{NB}b - F_{sA}\frac{d}{2} + F_{sB}\frac{d}{2} = 0$$

补充条件

$$F_{sA} = f_s F_{NA}, \quad F_{sB} = f_s F_{NB}$$

联立以上方程,可解得

$$a = \frac{b}{2f_s}$$

距离 a 取值越大,齿轮就越容易被卡。因此,保证齿轮不被卡住的条件是

$$a < \frac{b}{2f_s}$$

本 章 小 结

本章研究了平面任意力系的简化与平衡问题,它的基本理论和方法不仅是静力学的重点,而且在工程设计计算中也是非常重要的。

1. 力的平移定理

作用于刚体上的力,可平行移动到刚体内任意一点,但必须同时附加一个力偶,其力偶矩等于原来的力对新的作用点之矩。由此可知:力对其作用线外一点的作用为一个平移力和一个附加力偶的联合作用,平移力对物体产生移动效应,附加力偶对物体产生转动效应。

2. 平面任意力系向平面内的简化中心 O 点简化。一般情况下,平面任意力系向平面内的简化中心 O 点简化可得到一个力和一个力偶。这个力等于该力系的主矢,即 $F_R = \sum F$,作用在简化中心 O。这个力偶的矩等于该力系对于点 O 的主矩,即 $M_O = \sum M_O(\boldsymbol{F})$。

3. 平面任意力系平衡的必要与充分条件是力系的主矢和力系对任一点的主矩都等于零,即 $F'_R = \sum F = 0, M_O(\boldsymbol{F}) = 0$。

4. 用解析法表示的平面任意力系平衡条件为式(3-3)。该式称为平面任意力系,平衡方程式的基本式,即 $\sum F_x = 0, \sum F_y = 0, \sum M_O(\boldsymbol{F}) = 0$。

平面任意力系的平衡方程还有二力矩式和三力矩式,应用时要注意它们的限制条件。

5. 静定与静不定的概念。力系中未知量的数目少于或等于独立平衡方程数目的问题称为静定问题。力系中未知量的数目多于独立平衡方程数目时的问题称为静不定问题。

6. 物体系统的平衡问题。物系平衡问题是工程中常见的,解决这类问题的原则是:整体平衡与部分平衡相结合的求解原则。选择受力情况较简单的物体或物体系统作为研究对象,整体受力图中内力不画,拆开处其相互约束力必须满足作用力和反作用力的关系。

若整个物系处于平衡,则组成物系的各个构件也都处于平衡,因此可以选整个系统为研究对象。

7. 考虑摩擦时构件的平衡问题:

(1) 静滑动摩擦力。大小:在平衡状态时 $0 \leqslant F_f \leqslant F_{fmax}$ 由平衡方程确定,在临界状态下 $F_f = F_{fmax} = f_s F_N$。方向:始终与相对滑动趋势的方向相反,并沿接触面作用点的切线方向,不能随意假定。作用点:在接触面(或接触点)摩擦力的合力作用点上。

(2) 动滑动摩擦力 $F_d = f_d F_N$。

(3) 摩擦角与自锁。当静摩擦力达到最大值时,最大全约束力 $\boldsymbol{F}_N$ 与法线的夹角 φ_m 称为摩擦角,且摩擦角的正切值等于摩擦系数,即

$$\tan \varphi_m = \frac{F_{fmax}}{F_N} = \frac{f_s F_N}{F_N} = f_s$$

当作用于物体的主动力满足一定的几何条件时,无论怎样增加主动力 $\boldsymbol{F}_R$,物体总能保持平衡的现象称为自锁。自锁的条件为 $\varphi \leqslant \varphi_m$。

思 考 题

1. 何谓平面任意力系?有何意义?试举例说明。

2. 何谓力的平移原理?有何意义?如何平移?

3. 怎样将平面任意力系简化?简化结果是什么?什么情况下才能平衡?平衡方程式

是什么？

4. 试从平面一般力系的平衡方程推导出平面内其他力系的平衡方程。

5. 既然处处有摩擦，为什么在一般工程计算中常常不予考虑？摩擦的利弊各举一例。

6. 试判断图 3-25 所示的结构哪个是静定的，哪个是静不定的。

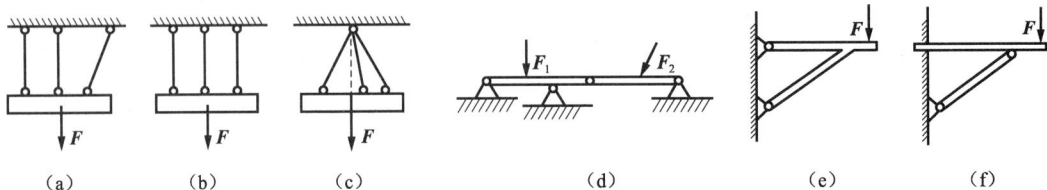

（a）　　　　（b）　　　　（c）　　　　　　（d）　　　　　（e）　　　　（f）

图 3-25

效 果 测 验

(1) 在力系中所有力的作用线既不汇交于一点也不全部相互平行，则该力系称为_____力系。

(2) _____是平面一般力系简化的基础。

(3) 作用在刚体上的力可以等效地向任意点平移，但需附加一_____，其力偶矩的数值等于原力大小乘上力平移点的_____。

(4) 一般情况下，固定端的约束反力可用_____来表示。

(5) 平面一般力系有_____个独立的平衡方程。可解_____个未知量。

(6) 在力系中所有力的作用线均相互平行，则该力系称为_____。

(7) 平面平行力系有_____个独立的平衡方程。可解_____个未知量。

(8) 两个相接触的物体有_____时，在其接触处有阻碍_____的作用，这种阻碍作用称为_____。

(9) 摩擦角是_____与支撑面的法线间的夹角。

(10) 摩擦角 φ 与静滑动摩擦系数 f 之间的关系为_____。

(11) 当作用在物体上的主动力系的合力作用线与接触面法线间的夹角小于摩擦角时，不论该合力大小如何，物体总是处于平衡状态，这种现象称为_____。

(12) 动滑动摩擦力的大小总是与法向反力成_____，方向与物体滑动方向_____。

习 题

3-1 梁 AB 的支座如题 3-1 图所示。在梁的中点作用一力 $P = 20$ kN，力和轴线成 45° 角，若梁的自重不计，试分别求（a）和（b）两种情形下的支座反力。

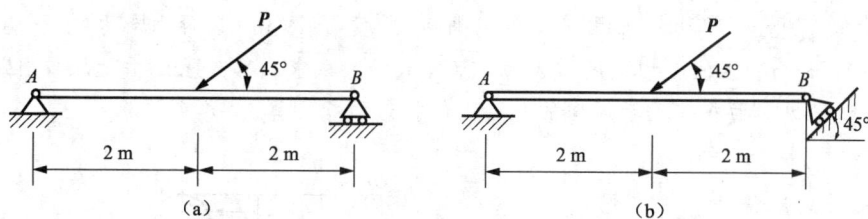

题 3-1 图

3-2 水平梁的支承和载荷如题 3-2 图所示。已知力 F、力偶矩为 M 的力偶和集度为 q 的均布载荷。求支座 A 和 B 处的约束反力。

3-3 水平梁的载荷如题 3-3 图所示,已知载荷集度 $q=2$ kN/m,力偶矩 $M=5$ kN·m, AB 段长 $l=4$ m,求固定端 A 的约束反力。

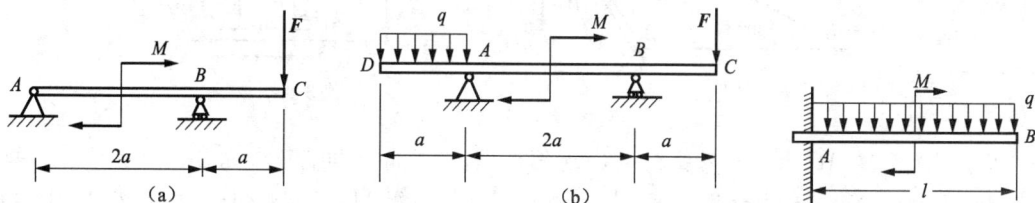

题 3-2 图　　　　　　　　　　　　　　　题 3-3 图

3-4 有一管道支架 ABC。A,B,C 处均为理想的圆柱形铰链约束。已知该支架承受的两管道的重量均为 $G=4.5$ kN,尺寸如题 3-4 图所示。试求管架中 A 处的约束反力 BC 所受的力。

3-5 立柱的 A 端是固定端,已知 $F_1=4$ kN,$F_2=6$ kN,$F_3=2.5$ kN,力偶矩 $M=5$ kN·m,尺寸寸如题 3-5 图所示。求固定端的约束反力。

3-6 题 3-6 图所示为汽车操纵系统的踏板装置。如工作阻力 $R=1\ 700$ N,$a=380$ mm,$b=50$ mm,$\alpha=60°$。求司机的脚踏力 P。

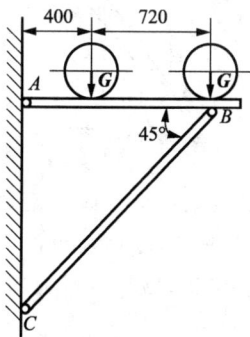
题 3-4 图

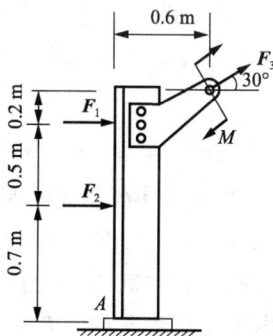
题 3-5 图

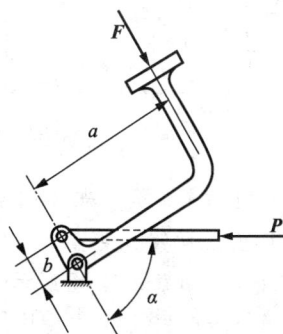
题 3-6 图

3-7 安装设备时常用起重扒杆,其简图如题 3-7 图所示。起重摆杆 AB 重 $W_1=1.8$ kN,作用在 AB 中点 C 处。提升的设备重为 $G=20$ kN。试求系在起重扒杆 B 端的绳 BD 的拉力及 A 处的约束反力。

3-8 化工厂用的高压反应塔,高为 H,外径为 D,底部用螺栓与地基紧固连接。塔所受风力可近似简化为两段均布载荷,在离地面高度 H_1(m)以下,风力的平均强度为 p_1(N/m^2), H_2(m)上的平均强度增大为 p_2(N/m^2)。试求底部支承处由于风载引起的约束力。风压按迎风曲面在垂直于风向的平面上的投影面积计算。

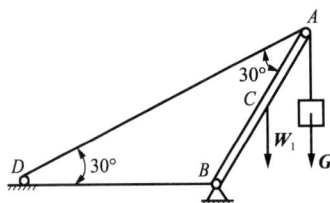

题 3-7 图

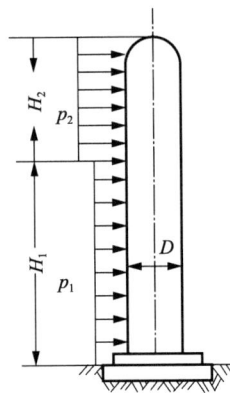

题 3-8 图

3-9 组合梁 AC 及 CE 用铰链在 C 连结而成,支承情况和载荷如题 3-9 图所示。已知:$l=8$ m,$F=5$ kN,均布载荷集度 $q=2.5$ kN/m,力偶的矩 $M=5$ kN·m。求支座 A,B 和 E 的反力。

3-10 某工作台的工作原理图如题 3-10 图所示。当油压筒 AB 伸缩时,可使工作台 DE 绕点 O 转动。如工作台连工件共重 $G=1.2$ kN,重心在点 C;油压筒可近似地看成均质杆,重 $W=100$ N,在图示位置时工作台 DE 成水平。已知支点 O 和 A 在同一铅直线上,且 $OB=OA=0.6$ m,$OC=0.2$ m。求支座 A 和 O 的反力。

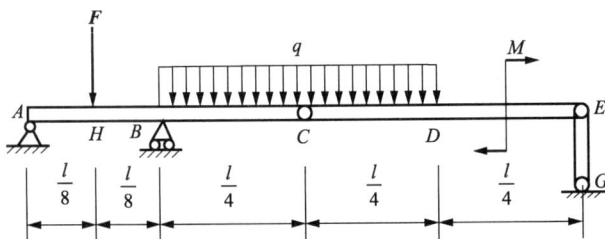

题 3-9 图

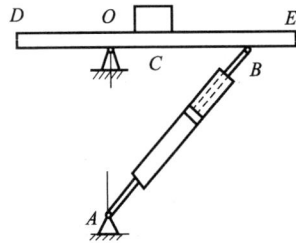

题 3-10 图

3-11 多跨梁如题 3-11 图所示,AB 梁和 BC 梁用中间铰 B 连接,A 端为固定端,C 端为斜面上活动铰链支座。已知 $F=20$ kN,$q=5$ kN/m,$\alpha=45°$,求支座 A,C 的反力。

3-12 如题 3-12 图所示,已知物块重 $G=100$ N,斜面的倾角 $\alpha=30°$,物块与斜面间和摩擦系数 $f=0.38$。求使物块沿斜面向上运动的最小力 **P**。

3-13 如题 3-13 图所示,梯子 AB 重为 $G=200$ N,靠在光滑墙上,已知梯子与地面间的摩擦系数为 0.25,今有重为 650 N 的人沿梯子向上爬,试问人达到最高点 A,而梯子保持平衡的最小角度 α 应为多少?

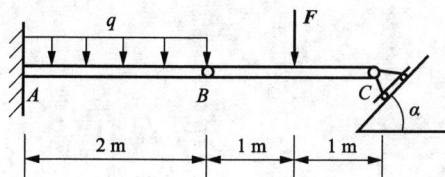

题 3-11 图

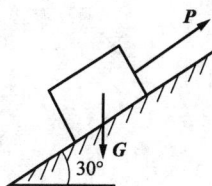

题 3-12 图

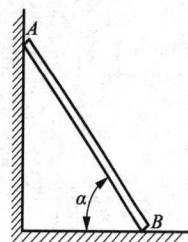

题 3-13 图

3-14　题 3-14 图所示为一铰车，其鼓轮半径 $r=15$ cm，制动轮半径 $R=25$ cm，$a=100$ cm，$b=50$ cm，$c=50$ cm，重物 $G=1\,000$ N，制动轮与制动块间摩擦系数 $f=0.5$。试求当铰车吊着重物时，为使重物不致下落，加在杆上的力 F 至少应为多少？

3-15　修理电线工人重为 G，攀登电线杆时所用脚上套钩如题 3-15 图所示，已知电线杆的直径 $d=30$ cm，套钩的尺寸 $b=10$ cm，套钩与电线杆之间的摩擦系数 $f=0.3$，套钩的自重略去不计。试求踏脚处到电线杆间的距离 a 为多少方能保证工人操作安全。

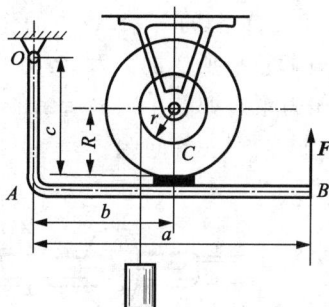

题 3-14 图

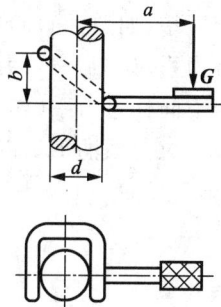

题 3-15 图

第4章
空间力系

在工程中,经常遇到物体所受各力的作用线不在同一平面内的情况,这种力系称为空间力系。根据力系中各力作用线的关系,空间力系又有各种形式:各力的作用线汇交于一点的力系称为空间汇交力系,如图 4-1(a)中作用于节点 A 上的力系;各力的作用线彼此平行的力系称为空间平行力系,如图 4-1(b)所示的三轮起重机所受的力系;各力的作用线在空间任意分布的力系称为空间任意力系(亦称空间一般力系),如图 4-1(c)所示的轮轴所受的力系。本章主要研究空间任意力系的平衡以及物体的重心、形心等问题。

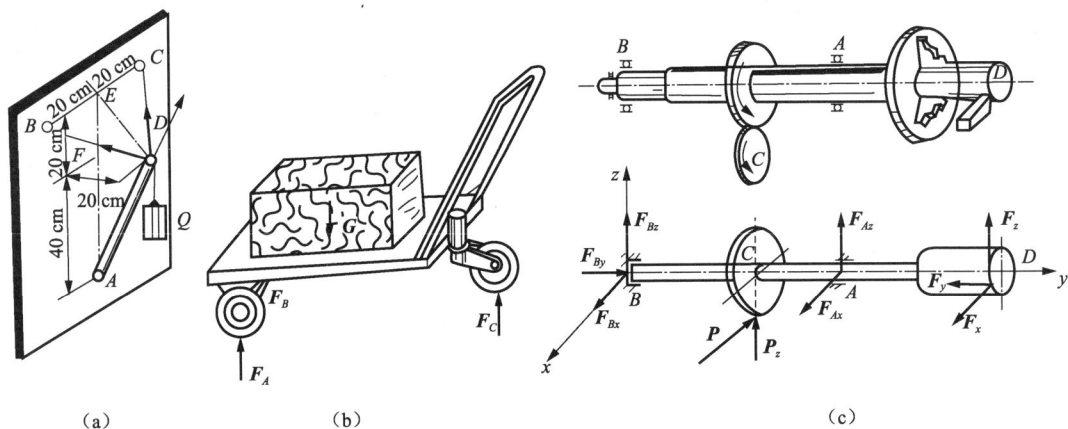

图 4-1 空间力系实例

4.1 力在空间直角坐标轴上的投影

4.1.1 直接投影法

有一空间力 F,取空间直角坐标系如图 4-2 所示。以 F 为对角线,作一正六面体,由图可知,如已知力 F 与 x,y,z 轴间的夹角分别为 α,β,γ,则力 F 在坐标轴上的投影为

$$F_x = \pm F\cos \alpha, \qquad F_y = \pm F\cos \beta, \qquad F_z = \pm F\cos \gamma \qquad (4\text{-}1)$$

力在轴上的投影是代数量,符号规定为:从投影的起点到终点的方向与相应坐标轴正向

一致的就取正号;反之,就取负号。

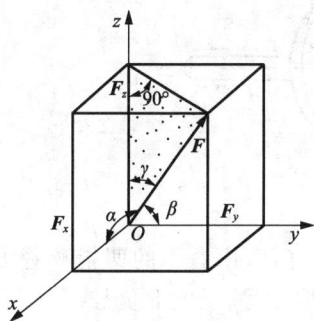

图 4-2　力在轴上的直接投影法

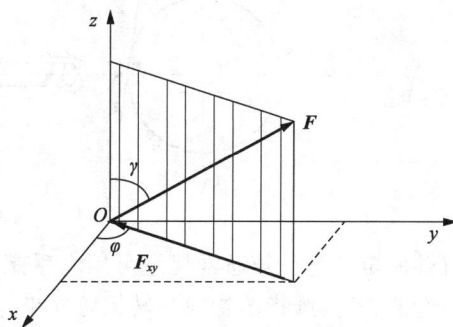

图 4-3　力在轴上二次投影法

4.1.2　二次投影法

当力与坐标轴的夹角不是全部已知时,可采用二次投影法。设已知力 F 与 z 轴的夹角为 γ 以及 F 与 z 轴所形成的平面与 x 轴的夹角为 φ,如图 4-3 所示。可将力 F 先投影到坐标平面 xOy 上,得到力 F_{xy},然后把这个力再投影到 x,y 轴上,则力 F 在三个轴上的投影分别为

$$F_x = F\sin\gamma\cos\varphi$$
$$F_y = F\sin\gamma\sin\varphi \qquad\qquad (4\text{-}2)$$
$$F_z = F\cos\gamma$$

反之,如果力 F 在坐标轴上的三个投影 F_x,F_y,F_z 是已知的,则可求得该力的大小和方向为

$$F = \sqrt{F_x^2 + F_y^2 + F_z^2} \qquad\qquad (4\text{-}3)$$

$$\cos\alpha = \frac{F_x}{F}, \qquad \cos\beta = \frac{F_y}{F}, \qquad \cos\gamma = \frac{F_z}{F}$$

4.2　力对轴的矩

在平面力系中,我们建立了力对点的矩的概念,如图 4-4(a)所示。

力 F 作用在圆轮的平面内,它产生使圆轮绕 O 点转动的效应,从而建立起力对点的矩的概念,即

$$M_O(F) = Fh$$

从图 4-4(b)可以看出,平面物体绕 O 点的转动,相应于在空间中物体绕通过 O 点且与该平面垂直的 z 轴的转动。我们用力对轴的矩来度量力使物体绕轴的转动效应,并用符号 $M_z(F)$ 来表示力 F 对 z 轴之矩。显然力 F 使圆轮绕 z 轴的转动效应,决定于力 F 的大小和方向,以及力的作用线与转轴 z 的垂直距离 d,这与力对点的矩是一致的,故有

$$M_z(F) = \pm Fd \qquad\qquad (4\text{-}4)$$

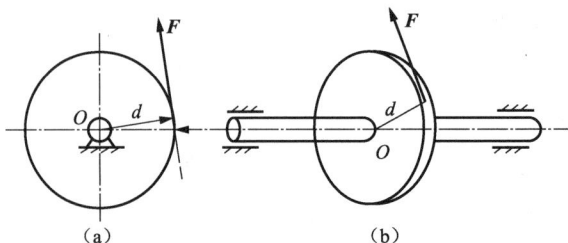

图 4-4 力对轴的矩

力对轴的矩的正负号通常规定可用右手螺旋规则确定，即用右手的四指顺着力对轴之矩的方向卷曲，若大姆指的指向与转轴正向坐标相同，则取正号；反之取负号。

在空间问题中，经常会遇到力 $\boldsymbol{F}$ 和转轴 z 不垂直的情形。例如图 4-5 中所示，用力 $\boldsymbol{F}$ 推门的情形，此时可把 $\boldsymbol{F}$ 分解为平行于 z 轴的力 $\boldsymbol{F}_z$ 和垂直于 z 轴的平面内的力 $\boldsymbol{F}_{xy}$。实践证明，分力 $\boldsymbol{F}_z$ 不产生使门绕 z 轴转动的效应，该力只是试图使门沿 z 轴方向移动，只有分力 $\boldsymbol{F}_{xy}$ 有使门绕 z 轴转动的效应。若 $\boldsymbol{F}_{xy}$ 所在平面与 z 轴交点为 O，则力 $\boldsymbol{F}_{xy}$ 对 z 轴的矩可用它对 O 点的矩来计算。设 O 点到 $\boldsymbol{F}_{xy}$ 作用线的距离为 d，则

$$M_z(\boldsymbol{F})=M_x(\boldsymbol{F}_{xy})=M_O(\boldsymbol{F}_{xy})=\pm Fd$$

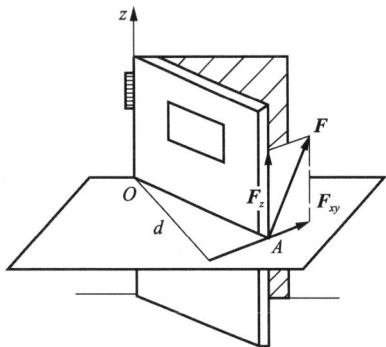

图 4-5 力 $\boldsymbol{F}$ 对 z 轴的矩

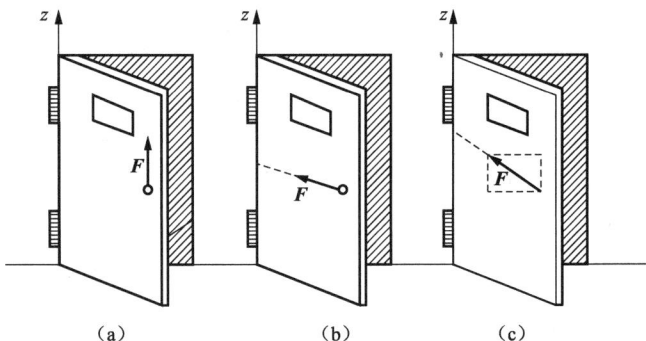

图 4-6 力 $\boldsymbol{F}$ 推门的效果

综上分析，可得如下结论：力对某轴之矩是力使物体绕该轴转动效应的度量，其大小等于力对垂直于某轴平面内力对 O 点（即某轴在该面的投影点）之矩。

根据上述结论可知，当力的作用线与转轴垂直或平行时该力对轴的矩为零。日常生活中，开门就是一个很好的例子，当施加于门上的力的作用线与门轴平行[图 4-6(a)]或垂直[图 4-6(b)]，也即力与转轴共面[图 4-6(c)]时都不能将门打开。空间力系也可以用求矢量和的方法求合力，即

$$\boldsymbol{R}=\boldsymbol{F}_1+\boldsymbol{F}_2+\cdots+\boldsymbol{F}_n=\sum \boldsymbol{F}_i$$

而空间力系也有合力矩定理，可以表示为

$$M_z(\boldsymbol{R})=M_z(\boldsymbol{F}_1)+M_z(\boldsymbol{F}_2)+\cdots+M_z(\boldsymbol{F}_n)=\sum M_z(\boldsymbol{F}_i)$$

即空间力系若有合力 $\boldsymbol{R}$，则合力对某轴的矩等于各分力对该轴的矩的代数和。

在实际计算力对轴的矩时，有时应用合力矩定理较为方便，即先将力按所取坐标轴进行分解，然后分别计算每一分力对这个轴的矩，最后再算出这些力矩的代数和，即为该力对该轴的矩。

例题 **4-1** 手柄 $ABCE$ 在平面 Axy 内的 D 处作用一个力 F,如图 4-7 所示,它在垂直于 y 轴的平面内偏离铅垂线的角度为 α。如果 $CD=a$,杆 BC 平行于 x 轴,杆 CE 平行 y 轴,AB 和 BC 的长度都等于 1。试求力 F 对 x,y 和 z 三轴的矩。

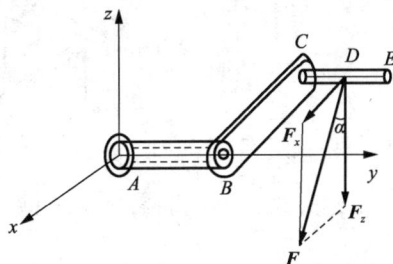

图 4-7 例题 4-1 图

解:将力 F 沿坐标轴分解为 F_z 和 F_x 两个分力,其中 $R=F_1+F_2+\cdots+F_n=\sum F_i$。根据合力矩定理,力 F 对轴的矩等于分力 F_x 和 F_z 对同一轴的矩的代数和。注意到力对平行自身的轴的矩为零,于是有:

$$M_x(\boldsymbol{F})=M_x(\boldsymbol{F}_z)=-F_z(AB+CD)=-F(1+a)\cos\alpha$$
$$M_y(\boldsymbol{F})=M_y(\boldsymbol{F}_z)=-F_z BC=-F\times 1\times\cos\alpha$$
$$M_z(\boldsymbol{F})=M_z(\boldsymbol{F}_x)=-F_x(AB+CD)=-F(1+a)\sin\alpha$$

4.3 空间任意力系的平衡方程

4.3.1 平衡基本方程

经过分析推导,可以得到空间任意力系平衡的必要与充分条件是:力系中各力在空间直角坐标系 $Oxyz$ 的各坐标轴上的投影的代数和分别等于零,各力对各坐标轴的矩的代数和分别等于零,即

$$\left.\begin{array}{l}\sum F_x=0,\ \sum F_y=0,\ \sum F_z=0\\[2mm]\sum M_x(\boldsymbol{F})=0,\ \sum M_y(\boldsymbol{F})=0,\ \sum M_z(\boldsymbol{F})=0\end{array}\right\} \tag{4-5}$$

空间任意力系有六个独立的平衡方程,可以求解六个未知量,它是解决空间任意力系平衡问题的基本方程式。从空间任意力系的平衡方程式,很容易导出空间汇交力系和空间平行力系的平衡方程。如图 4-1(a)所示,铰链 D 受空间汇交力系作用,选取空间汇交点 A 为坐标原点,则不论此力系是否平衡,各力的作用线都将通过原点。所以各力对 x,y 和 z 轴之矩恒等于零。因此,空间汇交力系的平衡方程仅剩下三个,即

$$\sum F_x=0,\ \sum F_y=0,\ \sum F_z=0 \tag{4-6}$$

这组方程可以求解三个未知量。

例题 **4-2** 图 4-8(a)所示水平轴上装有两个凸轮,凸轮上分别作用有已知力 $P=800$ N 和未知力 F,如图所示。如轴平衡,求力 F 和轴承反力。

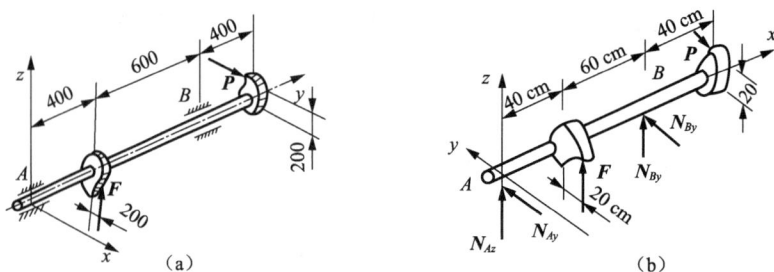

图 4-8 例题 4-2 图

解：取轴 AB 为研究对象，取坐标系 $Axyz$，并画受力图，如图 4-8(b)所示。由平衡方程求解如下：

$$\sum M_x(\boldsymbol{F}) = 0, \quad -20F + 20P = 0,$$

$$F = P = 800 \text{ N}$$

$$\sum M_y(\boldsymbol{F}) = 0, \quad -100N_{Bz} - 40F = 0,$$

$$N_{Bz} = -2F/5 = -320 \text{ N（反向）}$$

$$\sum M_z(\boldsymbol{F}) = 0, \quad 100N_{By} - 140P = 0,$$

$$N_{Bx} = 1\ 120 \text{ N}$$

$$\sum F_y = 0, \quad N_{Ay} + N_{By} - P = 0,$$

$$N_{By} = 320 \text{ N}$$

$$\sum F_z = 0, \quad N_{Az} + N_{Bz} + F = 0,$$

$$N_{Bz} = -480 \text{ N（反向）}$$

* **例题 4-3** 图 4-9(a)所示为起重绞车，已知 $\alpha = 20°$，$r = 10$ cm，$R = 20$ cm，$G = 10$ kN。试求重物匀速上升时支座 A 和 B 的反力及齿轮所受的力 $\boldsymbol{Q}$（力 $\boldsymbol{Q}$ 在垂直于轴的平面内与水平方向的切线成 α 角）。

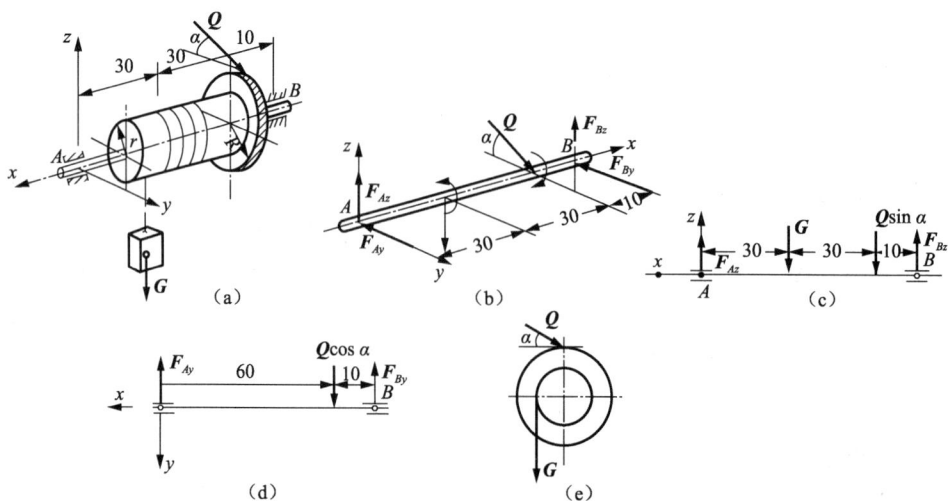

图 4-9 例题 4-3 图

注：图中尺寸单位为 cm。

解:重物匀速上升时,鼓轮(包括轴和齿轮)作匀速转动,即处于平衡状态。取整个起重吊车为对象,并将力 G 和 Q 平移到轴线上,如图 4-9(b)所示。在轴上作用的力有:G,Q,约束反力 R_{Az},R_{Bz},R_{Ay} 和 R_{By},这六个力组成一个空间任意力系。取坐标如图所示,由式(4-5)可列出五个平衡方程:

$$\sum F_y = 0, \quad Q \cdot \cos\alpha - R_{Ay} - R_{By} = 0 \tag{1}$$

$$\sum F_z = 0, \quad R_{Az} + R_{Bz} - Q \cdot \sin\alpha - G = 0 \tag{2}$$

$$\sum M_x(\boldsymbol{F}) = 0, \quad -Q \cdot R \cdot \cos\alpha + G \cdot r = 0 \tag{3}$$

$$\sum M_y(\boldsymbol{F}) = 0, \quad -30 \cdot G - 60 \cdot Q \cdot \sin\alpha + 70 \cdot R_{Bz} = 0 \tag{4}$$

$$\sum M_z(\boldsymbol{F}) = 0, \quad -60 \cdot Q \cdot \cos\alpha + 70 \cdot R_{By} = 0 \tag{5}$$

由(3)式得　　$Q = G \cdot r / (R \cdot \cos\alpha) = 10 \times 10 / (20 \cdot \cos 20°) \text{ kN} = 5.32 \text{ kN}$

由(4)式得　　$R_{Bz} = 5.85 \text{ kN}$

由(2)式得　　$R_{Az} = 5.97 \text{ kN}$

由(5)式得　　$R_{By} = 4.29 \text{ kN}$

由(1)式得　　$R_{Ay} = 0.71 \text{ kN}$

4.3.2　空间平衡力系的平面解法

在机械工程中,常把空间的受力图投影到三个坐标平面上,画出三个视图(主视、俯视、侧视图),这样,就得到三个平面力系,分别列出它们的平衡方程,同样可以解出所求的未知量。这种将空间平衡问题转化为三个平面平衡问题的讨论方法,就称为空间平衡力系的平面解法。其依据是物体空间力系作用处于静止平衡状态,那么该物体所受的空间力系在三个平面上的投影也是静止平衡的。

例题 4-4　某轴结构如图 4-10(a)所示,轴上装有半径分别为 r_1,r_2 两个齿轮 C 和 D。两端为轴承约束。

解:(1) 根据已知条件,画出受力图如图 4-10(b)所示。A 端为推力轴承,有 x,y,z 三个方向的约束,设约束反力分别为 $\boldsymbol{F}_{Ax}$,$\boldsymbol{F}_{Ay}$,$\boldsymbol{F}_{Az}$。B 端为径向轴承,有 x,z 两个方向的约束,设约束反力分别为 $\boldsymbol{F}_{Bx}$,$\boldsymbol{F}_{Bz}$。

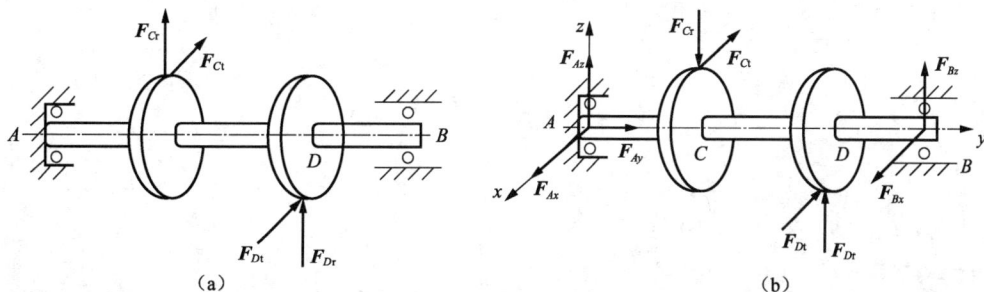

图 4-10　例题 4-4 图

(2) 将图 4-10(a)之空间力系向坐标平面投影,可分别求出三个坐标平面上的力。

由图 4-11(a)所示的 yOz 平面力系,可写出平衡方程

$$\sum F_y = F_{Ay} = 0$$

$$\sum F_z = F_{Az} + F_{Bz} - F_{Cr} + F_{Dr} = 0$$

$$\sum M_x(\boldsymbol{F}) = F_{Bz} \times AB - F_{Cr} \times AC + F_{Dr} \times AD = 0$$

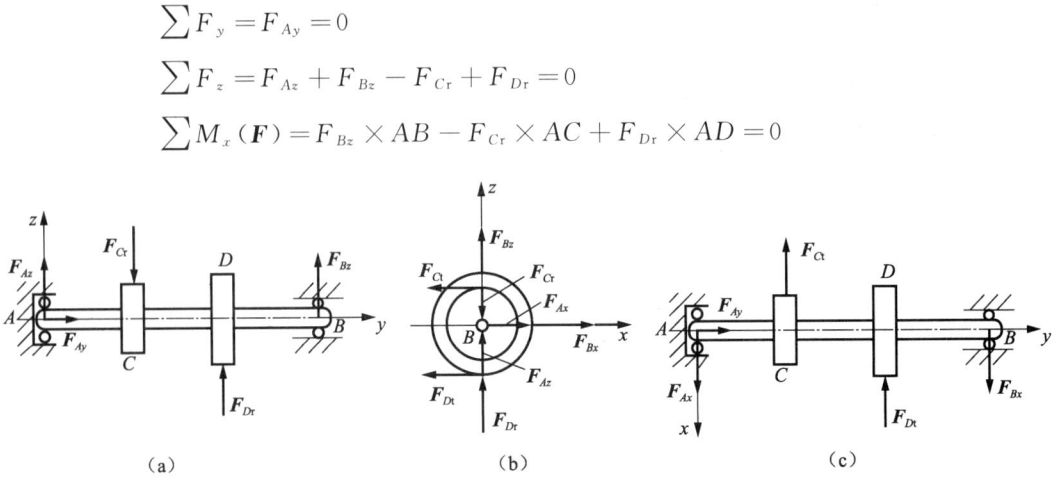

图 4-11　空间力系向坐标平面投影

（3）由图 4-11(a)所示，zy 平面力系，可写出平衡方程

$$\sum F_x = F_{Ax} + F_{Bx} - F_{Ct} - F_{Dt} = 0$$

$$\sum F_y = F_{Ay} = 0$$

$$\sum M_z(\boldsymbol{F}) = -F_{Bx} \times AB - F_{Ct} \times AC + F_{Dt} \times AD = 0$$

（4）由图 4-11(b)所示，xz 平面力系，可写出平衡方程

$$\sum F_y = F_{Ay} = 0$$

$$\sum F_z = F_{Az} + F_{Bz} - F_{Cr} + F_{Dr} = 0$$

$$\sum M_x(\boldsymbol{F}) = F_{Bx} \times AB - F_{Cr} \times AC + F_{Dr} \times AD = 0$$

（5）由图 4-11(c)所示，xz 平面力系，可写出平衡方程

$$\sum F_x = F_{Ax} + F_{Bx} - F_{Cr} - F_{Dr} = 0$$

$$\sum F_z = F_{Az} + F_{Bz} - F_{Cr} + F_{Dr} = 0$$

$$\sum M_y(\boldsymbol{F}) = -F_{Ct} \times r_1 + F_{Dt} \times r_2 = 0$$

这样写出的平衡方程，只有六个是独立的。

4.4　重心和形心

4.4.1　重心和形心的概念

1. 重心

在对工程实际中的物体进行分析研究时，经常需要确定研究对象的重力的中心，即重心。我们知道，重力是地球对物体的引力，也就是说，若将物体看作是由无穷多个质点所组成，则每个质点都会受到地球重力的作用，这些力均应汇交于地心，构成一空间汇交力系。

但物体在地面附近时,由于物体几何尺寸远小于地球,则组成物体的各质点所受的重力可近似看作是一平行力系。而这一同向的平行力系的中心即为物体的重心,且相对物体而言其重心的位置是固定不变的。

假设如图 4-12 所示一刚体是由 n 个质点所组成,C 点为刚体的重心。为研究该刚体的坐标,建立图示与刚体固定的空间直角坐标系 $Oxyz$,刚体内一质点 M_i 为组成刚体的 n 个质点中的任一质点。设刚体和该质点的重力分别为 G 和 G_i,且刚体的重心和质点的坐标分别为

$$C(x_C, y_C, z_C), \qquad M_i(x_i, y_i, z_i)$$

因为刚体的重力 G 等于组成刚体的各个质点的重力 G_i 的合力,即

$$G = \sum G_i$$

应用对 y 轴的合力矩定理,则有

$$Gx_C = G_1 x_1 + G_2 x_2 + \cdots + G_n x_n = \sum G_i x_i$$

所以

$$x_C = \frac{\sum G_i x_i}{G}$$

同理,若应用对 x 轴的合力矩定理,则有

$$Gy_C = \sum G_i y_i$$

即

$$y_C = \frac{\sum G_i y_i}{G}$$

因为物体的重心位置与物体如何放置无关,所以可将物体连同坐标系一起绕 x 轴转动 90°,如图 4-13 所示,再应用合力矩定理对 x 轴取矩,则可得

$$z_C = \frac{\sum G_i z_i}{G}$$

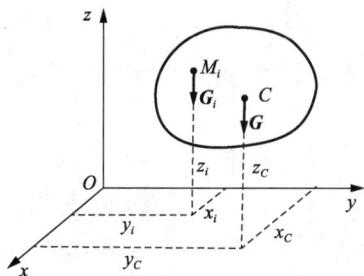

图 4-12　刚体的重心　　　　图 4-13　坐标系转换

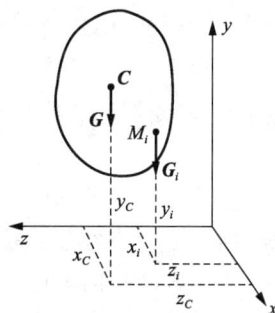

综上所述,可知物体重心坐标计算公式为

$$\left. \begin{array}{l} x_C = \dfrac{\sum G_i x_i}{G} \\[2mm] y_C = \dfrac{\sum G_i y_i}{G} \\[2mm] z_C = \dfrac{\sum G_i z_i}{G} \end{array} \right\} \tag{4-7}$$

2. 形心

如果物体是均质的,其单位体积的重量为 γ,各微小部分的体积为 ΔV_i,整个物体的体积 $V=\sum \Delta V_i$,则 $\Delta G_i = \gamma \Delta V_i$,$G=\gamma V$,代入式 (4-7) 得

$$x_C = \frac{\sum \Delta V_i x_i}{V}, \quad y_C = \frac{\sum \Delta V_i y_i}{V}, \quad z_C = \frac{\sum \Delta V_i z_i}{V} \qquad (4\text{-}8\text{a})$$

由此可见,均质物体的重心位置与物体的重量无关,而只取决于物体的几何形状,这时物体的重心就是物体几何形状的中心——形心。对于均质规则的刚体,其重心和形心在同一点上。

对于等厚薄壁物体,如双曲薄壳的屋顶、薄壁容器、飞机机翼等,若以 ΔA 表示微面积,A 表示整个面积,则其形心坐标为

$$x_C = \frac{\sum \Delta A_i x_i}{A}, \quad y_C = \frac{\sum \Delta A_i y_i}{A}, \quad z_C = \frac{\sum \Delta A_i z_i}{A} \qquad (4\text{-}8\text{b})$$

对于等截面细长杆,若以 Δl_i 表示曲杆的任一微段,以 l 表示曲杆总长度,则其形心坐标为

$$x_C = \frac{\sum \Delta l_i x_i}{l}, \quad y_C = \frac{\sum \Delta l_i y_i}{l}, \quad z_C = \frac{\sum \Delta l_i z_i}{l} \qquad (4\text{-}8\text{c})$$

4.4.2 重心和形心的确定

重心和形心可以利用相关计算公式(4-7)、(4-8)确定,但多数情况下可以凭经验判定。如若物体有对称中心、对称轴、对称面时,则该物体的重心和形心一定在对称中心、对称轴、对称面上。如均质球的重心和形心在球心上。一些简单形状的均质物体的重心或形心位置还可查阅有关工程手册确定。在本书的附录 1 中列出几种常见刚体的重心和形心。

1. 实验法

对于形状复杂而不便计算或非均质物体的重心位置,可采用实验方法测定。常用的实验方法有以下两种。

(1)悬挂法。如果需求一薄板的重心,可先将薄板悬挂于任一点 A,如图 4-14(a)所示。根据二力平衡原理,重心必在经过悬挂点 A 的铅垂线上,于是可在板上标出此线。然后,再将薄板悬挂于另一点 B,同样画出另一直线,两直线的交点 C 即为此薄板的重心,如图 4-14(b)所示。

(2)称重法。如图 4-15 所示的连杆,欲确定其重心,可采用称重法。先用磅秤称出物体的重量 W,然后将物体的一端支于固定点 A,另一端支于秤上,量出两支点间的水平距离 l,并读出磅秤上的读数 F_B。由于力 W 和 F_B 对 A 点力矩的代数和应等于零,因此物体的重心 C 至 A 支点的水平距离为

$$h = (F_B/W)l \qquad (4\text{-}9)$$

再比如图 4-16(a)所示的外形较复杂的小轿车,为确定汽车的重心,先用地磅秤称得小轿车重量 G,然后分别按图 4-16(a)(b)(c)所示,用磅秤称得 F_1,F_3 和 F_5 的大小,并量出轴距 l_1、轮距 l_2 及后轮抬高高度 h,则汽车重心 C 距后轮、右轮的距离 a,b 和高度 c,可由下列

的平衡方程求出：

$$\sum M_B = 0, 得\ a = \frac{F_1}{G}l_1;$$

$$\sum M_E = 0, 得\ b = \frac{F_3}{G}l_2;$$

$$\sum M_I = 0, 得\ -F_5 l_1 \cos\theta + Ga\cos\theta + Gc\sin\theta = 0$$

则有

$$c = \frac{1}{G}(F_5 l_1 - Ga)\cot a = \frac{1}{Gh}(F_5 l_1 - Ga)\sqrt{l_1^2 - h^2}$$

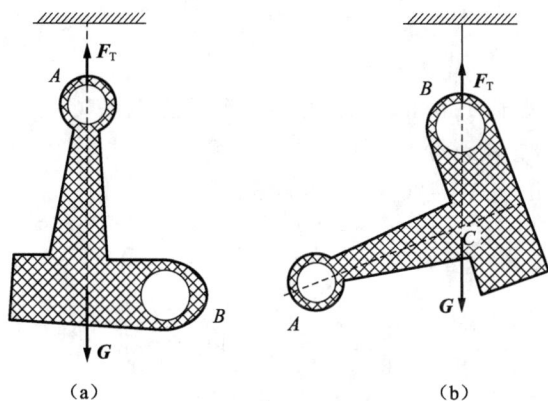

图 4-14　确定重心的悬挂法

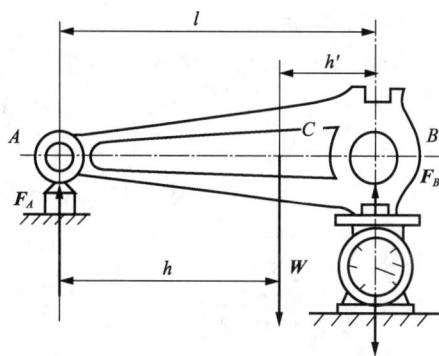

图 4-15　确定重心的称重法

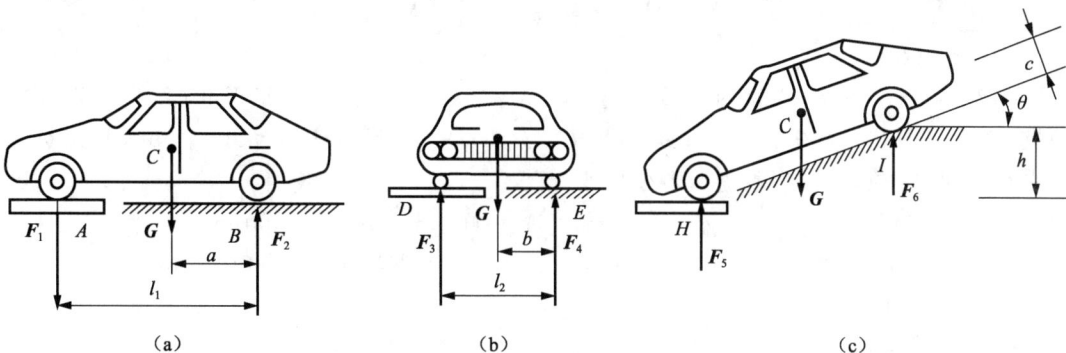

图 4-16　小轿车重心的确定

2. 简单形状均质组合体的形心计算

有些均质物体可以看成是由几个简单形状的均质物体组成的组合体，计算时可将组合体分割成几个简单形状的物体，并确定每个简单形状物体的形心（或重心），再应用有关的公式，就可确定整个物体的重心或形心。下面举例说明。

例题 4-5　试求图 4-17(a)所示平面图形的形心位置（单位：mm）。

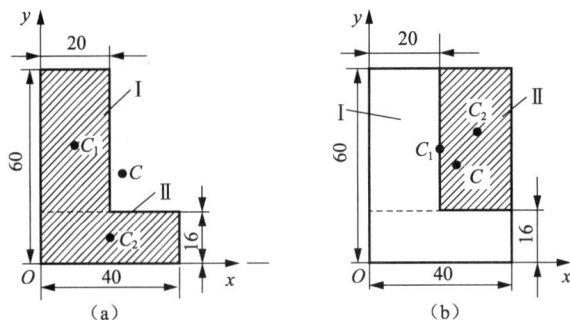

图 4-17　例题 4-5 图

解:该题可用两种方法求解。

(1) 分割法。

如图 4-17(a)所示将该图形分解成两个矩形Ⅰ和Ⅱ,它们的形心位置分别为 $C_1(x_1,y_1)$,$C_2(x_2,y_2)$,其面积分别为 A_1 和 A_2。根据图形分析可知

$$x_1 = 10 \text{ mm}, \quad y_1 = 38 \text{ mm}, \quad A_1 = 20 \times 44 = 880 \text{ mm}^2$$
$$x_2 = 20 \text{ mm}, \quad y_2 = 8 \text{ mm}, \quad A_2 = 16 \times 40 = 640 \text{ mm}^2$$

根据公式(4-8)则有

$$x_C = \frac{\sum A_i x_i}{\sum A_i} = \frac{A_1 x_1 + A_2 x_2}{A_1 + A_2} = \frac{880 \times 10 + 640 \times 20}{880 + 640} \text{ mm} = 14.21 \text{ mm}$$

$$y_C = \frac{\sum A_i y_i}{\sum A_i} = \frac{A_1 y_1 + A_2 y_2}{A_1 + A_2} = \frac{880 \times 38 + 640 \times 8}{880 + 640} \text{ mm} = 25.37 \text{ mm}$$

(2) 负面积法。

如图 4-17(b)所示,将该图形看成是一个大矩形Ⅰ切去一个小矩形Ⅱ(图中阴影线部分)。它们的形心位置分别为 $C_1(x_1,y_1)$,$C_2(x_2,y_2)$。其面积分别为 A_1 和 A_2,只是切去部分的面积 A_2 应取负值,根据图形分析可知

$$x_1 = 20 \text{ mm}, \quad y_1 = 30 \text{ mm}, \quad A_1 = 40 \times 60 \text{ mm}^2 = 2\,400 \text{ mm}^2$$
$$x_2 = 30 \text{ mm}, \quad y_2 = 38 \text{ mm}, \quad A_2 = -20 \times 44 \text{ mm}^2 = -880 \text{ mm}^2$$

根据公式(4-8)得

$$x_C = \frac{\sum A_i x_i}{\sum A_i} = \frac{A_1 x_1 - A_2 x_2}{A_1 - A_2} = \frac{2\,400 \times 20 - 880 \times 30}{2\,400 - 880} \text{ mm} = 14.21 \text{ mm}$$

$$y_C = \frac{\sum A_i y_i}{\sum A_i} = \frac{A_1 y_1 - A_2 y_2}{A_1 - A_2} = \frac{2\,400 \times 30 - 880 \times 38}{2\,400 - 880} \text{ mm} = 25.37 \text{ mm}$$

通过以上计算分析可知,两种方法求得的结果一致。

本 章 小 结

在工程中,经常遇到物体(如机器里面的轴)受空间力系的作用。本章主要讨论了空间

力直角坐标轴上的投影,力对轴之矩的概念,引出了空间力系的平衡方程。重点是空间力系的平衡方程的应用。

空间平衡力系的平面解法是机械工程设计中常用的简捷计算方法,文中做了较详细的介绍,应予掌握。

物体的重心和形心的计算实际上是空间力系求合力中心的计算,其中物体截面的形心计算要重点掌握。

思 考 题

1. 什么是空间力系? 举例说明。

2. 空间力系的平衡方程有几个? 各是什么? 最多能解几个未知数?

3. 试分析以下两种力系各有几个平衡方程。

(1) 空间力系中各力的作用线平行于某一固定平面;

(2) 空间力系中各力的作用线分别汇交于两个固定点。

4. 空间力系的平衡问题可转化为三个平面任意力系的平衡问题,根据一个平面任意力系的平衡方程可解三个未知数,那么三个平面任意力系是否可求出九个未知数?

5. 物体的重心是否一定在物体上?

6. 计算同一物体重心时,如选取坐标系位置不同,则重心坐标是否改变? 物体的重心位置是否改变? 计算方法不同,则重心位置是否改变?

7. 一容器中盛水部分,水平放置与倾斜放置,其重心位置是否发生改变? 为什么? 当容器中盛有固体时,重心位置发生改变吗?

8. 当物体质量分布不均匀时,重心和几何中心还重合吗? 为什么?

效 果 测 验

(1) 力在空间直角坐标轴上的投影法有_____法和_____法。

(2) 简化空间力对坐标轴(如 x 轴)的力矩,就等于力在_____的平面上的投影,对轴与平面交点的力矩,用公式表示为 $M_O(\boldsymbol{F}) =$ _____。

(3) 空间力系中,合力对某轴的力矩等于各分力对_____的代数和。

(4) 力对轴的矩是代数量,用_____法则判断其正负。

(5) 空间力系有_____个独立的平衡方程,最多只能解出_____个未知数。

(6) 从空间任意力系平衡方程可推出空间汇交力系有_____个独立的平衡方程,空间力偶系有_____个独立的平衡方程,空间平行力系有_____个独立的平衡方程。

(7) 空间固定端约束有_____个约束力和_____个约束力偶矩。

(8) 均质物体的重心与物体的_____无关,只取决于物体的_____,即均质物体的重心就是其几何形体的形心。

习　题

4-1　如题 4-1 图所示已知 $F_1=3$ kN, $F_2=2$ kN, $F_3=1$ kN。F_1 于轴边长 3、4、5 的正六面体前棱边, F_2 在此六面体顶面对角上, F_3 则处于正六面体的斜角线上。试计算 F_1, F_2, F_3 三力在 x,y,z 轴上的投影。

4-2　如题 4-2 图所示, 设在图中水平轮上 A 点作用一力 F, 其作用线与过 A 点的切线成 $60°$ 角, 且在过 A 点而与 z 轴平行的平面内, 而点 A 与圆心 O 的连线与通过 O 点平行于 y 轴的直线成 $45°$ 角。设 $F=1\,000$ N, $h=r=1$ m。试求力 F 在三个坐标轴上投影及其对三个坐标轴的力矩。

4-3　如题 4-3 图所示挂物架如图所示, 三杆的重量不计, 用铰链连结于 O 点, 平面 BOC 是水平的, 且 $BO=CO$, 角度如图。若在 O 点挂一重物, 其重为 $G=1\,000$ N, 求三杆所受的力。

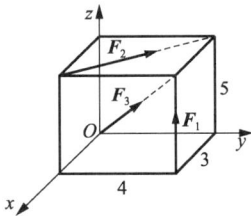
题 4-1 图

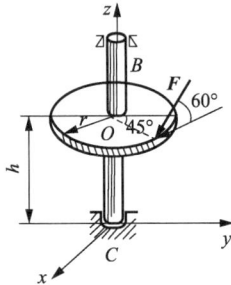
题 4-2 图

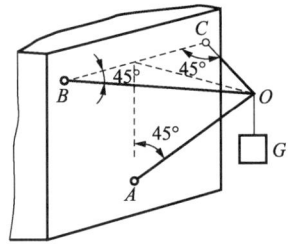
题 4-3 图

4-4　简易起重机如题 4-4 图所示, 已知 $AD=BD=1$ m, $CD=1.5$ m, $CM=1$ m, $ME=4$ m, $MS=0.5$ m, 机身的重力 $G_1=100$ kN, 起吊重物的重力 $G_2=10$ kN。试求 A、B、C 三轮对地面的压力。

4-5　如题 4-5 图所示三轮平板车上作用有图示的三个载荷, 求三个车轮的法向反力。

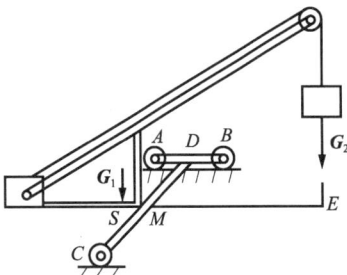
题 4-4 图

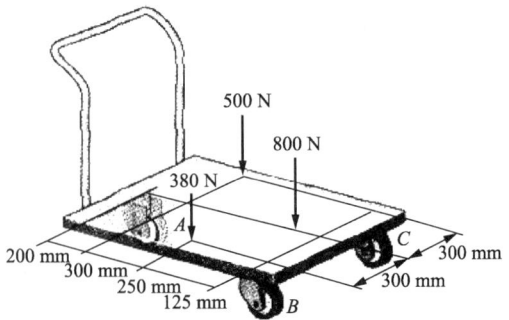
题 4-5 图

4-6　如题 4-7 图所示电动机通过链条传动将重物匀速提起, 已知 $r=10$ cm, $R=20$ cm, $G=10$ kN, 链条与水平线成角 $\alpha=30°$, 紧边链条拉力为 T_1, 松边链条拉力为 T_2, 且 $T_1=2T_2$。求轴承反力及链条的拉力。

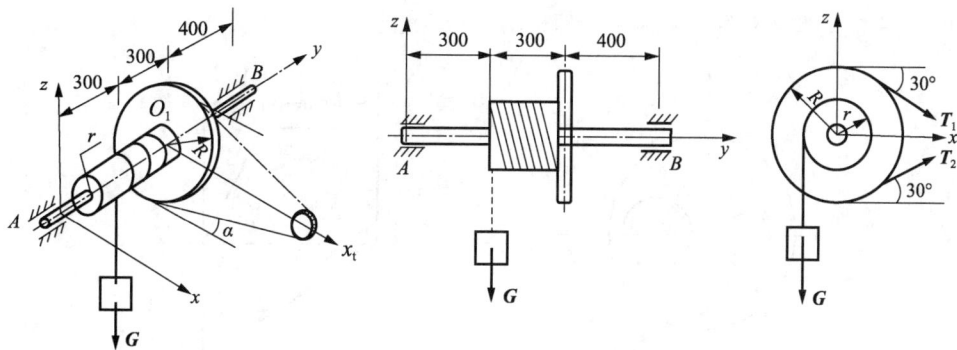

题 4-6 图

4-7　AB 轴上装有两个直齿轮，分度圆半径 $r_1=100$ mm，$r_2=72$ mm，啮合点分别在两齿轮最低与最高位置，如图所示。在齿轮 1 上的径向力 $F_1=0.575$ kN，圆周力 $F_1=1.58$ kN。在齿轮 2 上的径向力 $F_2=0.799$ kN，试求当轴平衡时作用于齿轮 2 上的圆周力 F_2 及两轴承支反力。

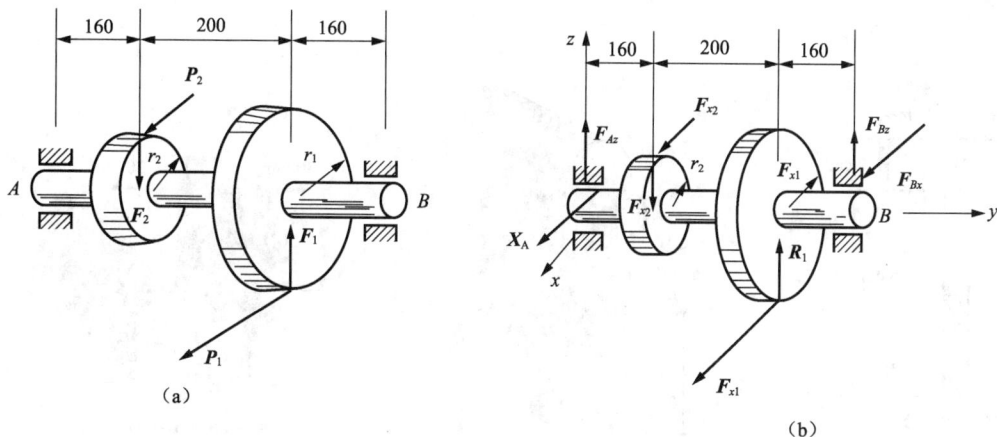

（a）　　　　　　（b）

题 4-7 图

提示：该题既可用空间任意力系平衡方程求解［画出受力如题 4-7(b)图所示］，也可用空间力系平衡的平面解法求解（参见本书中例题 4-4）。建议读者对两种方法自行练习求解。可以发现后一种解法较易掌握，而且也是在机械设计中最常用的对轴的设计方法。

4-8　如题 4-8 图所示的截面图形。试求该图形的形心位置（图中单位为 mm）。

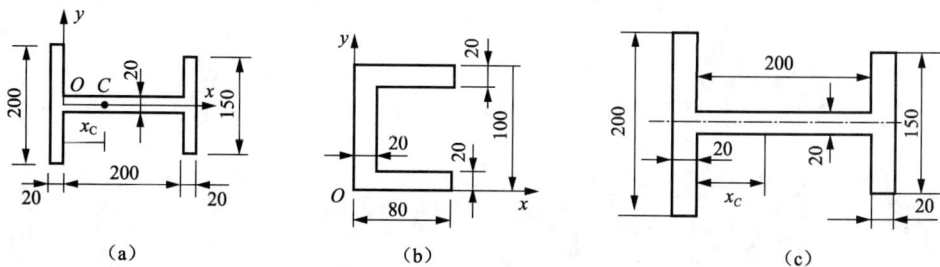

（a）　　　　　　（b）　　　　　　（c）

题 4-8 图

4-9　试确定题 4-9 图所示的平面图形的形心位置。

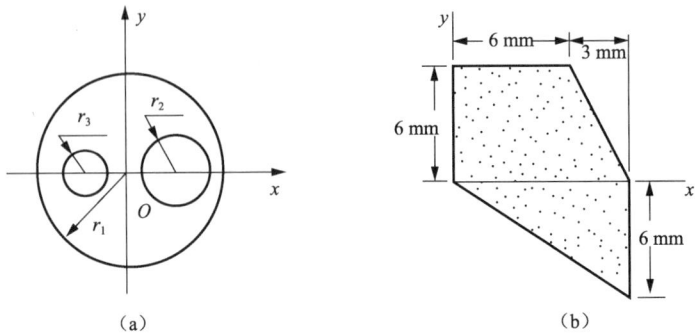

（a）　　　　　　　　　　　　　　（b）

题 4-9 图

4-10　题 4-10 图所示的 丁 形，求其形心坐标。

* 4-11　忽略拐角焊缝 A 和 B 的尺寸，确定题 4-11 图所示的截面形心坐标 $\bar{y}$。

* 4-12　题 4-12 图所示为铝支柱的横截面，每一部分的厚度均为 10 mm，确定横截面形心置。

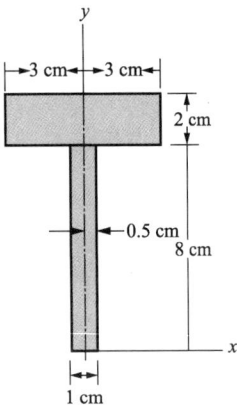

题 4-10 图

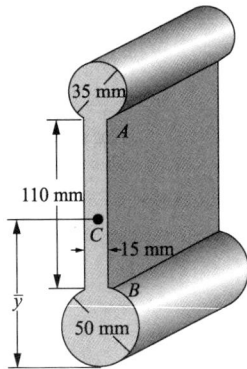

题 4-11 图

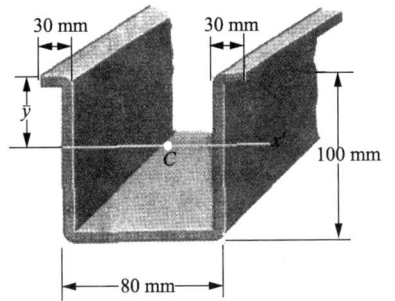

题 4-12 图

第二篇

材料力学 》

在前面的静力学研究中,主要是研究力对物体作用的外效应。我们把物体假设为不变形的刚体,并对其进行了外力分析(画受力图)和计算,搞清了作用在物体上所有外力的大小和方向。但在这些外力作用下,构件是否破坏,是否产生大于允许的变形,以及能否保持原有的平衡状态等问题,则需要利用材料力学的理论来解决。本篇我们将进行材料力学的研究。

一、材料力学的研究对象

1. 变形(固)体

机器和工程结构都由构件组成,亦即构件是组成机器和工程结构的最小单元。构件一般是用固体材料制成,当机器或工程结构工作时,构件受到力的作用。任何构件受力后其形状和尺寸都会改变,并在力增加到一定程度时发生破坏。材料力学正是进一步研究构件的变形、破坏与作用在构件上的外力之间的关系。这里,变形是一个重要的研究内容,因此我们在材料力学所研究的问题中,必须把构件如实地看成是"变形固体",简称为变形体。也正因为如此,"刚体"这一理想模型在材料力学中已不再适用。

2. 变形(固)体的两种变形

变形体的变形可分为两种:一种是除去外力后自行消失的变形,称为弹性变形;另一种是除去外力后不能消失的变形,称为塑性变形或永久性变形。例如,将一根弹簧拉长,当拉力不太大时,将拉力除去,弹簧可恢复到原有长度;但若拉力过大,则拉力除去后,弹簧的长度就不能完全恢复到原有长度,这时弹簧就产生了塑性变形。

3. 变形固体的基本假设

为便于理论分析和简化计算,在材料力学中对变形固体作了四个基本假设:

(1)连续性假设,即认为在物体的整个体积内毫无空隙地充满了构成该物体的物质。

（2）均匀性假设，即认为物体内各点的材料性质都相同，不随点的位置变化而改变。

（3）各向同性假设，即认为物体受力后在各个方向上都具有相同的性质。

（4）小变形假设，即认为构件受力后所产生的变形与构件的原始尺寸相比小得多。

显然，这样的变形固体是理想化的。然而采用这些基本假设，可使问题的分析和计算得到简化。例如，图Ⅱ-1所示的尺寸和角度的变形量很小，根据小变形的假设，在进行平衡计算时不必考虑这种小变形的影响，仍然用原尺寸和角度。

实践证明，这些假设是符合实际的。

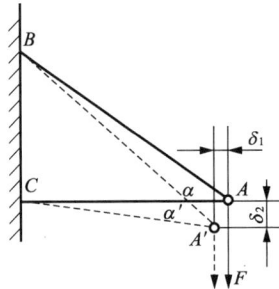

图Ⅱ-1　小变形假设

二、材料力学的任务

构件受力后，为确保能安全正常地工作，构件必须满足以下要求：

（1）有足够的强度。这样可以保证构件在外力作用下不发生破坏。这就要求构件在外力作用下具有一定的抵抗破坏的能力，称为构件的强度。

（2）有一定的刚度。这样可以保证构件在外力作用下不产生影响其工作的变形。构件抵抗变形的能力即为构件所具有的刚度。

（3）有足够的稳定性。有的构件，如某些细长构件，在压力达到一定数值时，会失去原有形态的平衡而丧失工作能力，这种现象称为构件丧失了稳定。因此，对这一类构件还要考虑具有一定的维持原有平衡状态的能力，这种能力称为稳定性。

综上所述，为了确保构件正常工作，一般必须满足三方面要求，即构件应具有足够的强度、刚度和稳定性。

在构件设计中，除了上述要求外，还需要满足经济要求。构件的安全与经济即是材料力学要解决的一对主要矛盾。

由于构件的强度、刚度和稳定性与构件材料的力学性能有关，而材料的力学性能必须通过实验来测定；此外，还有很多复杂的工程实际问题，目前尚无法通过理论分析来解决，必须依赖于实验。因此，实验研究在材料力学研究中是一个重要的方面。

由上可见，材料力学的任务是：在保证构件既安全又经济的前提下，为构件选择合适的材料，确定合理的形状和尺寸，提供必要的计算方法和实验技术。

另外，在材料力学的研究中，通常把力 F，P 等不再用黑体字，而用白体字 F，P 等表达。

三、弹性体的分类

根据几何形状以及各个方向上尺寸的差异,弹性体大致可分为杆、板、壳、体四大类。如图Ⅱ-2 所示。

杆:如图图Ⅱ-2(a)所示,一个方向的尺寸远大于其他两个方向的尺寸,这种弹性体称为杆。杆的各横截面形心的连线称为杆的轴线,轴线为直线的杆称为直杆;轴线为曲线的杆称为曲杆。按各截面相等与否,杆又分为等截面杆和变截面杆。工程上最常见的等截面直杆,简称等直杆。

板:如图Ⅱ-2(b)所示,一个方向的尺寸远小于其他两个方向的尺寸,且各处曲率均为零,这种弹性体称为板。

壳:如图Ⅱ-2(c)所示,一个方向的尺寸远小于其他两个方向的尺寸,且至少有一个方向的曲率不为零,这种弹性体称为壳 。

注意:板与壳的区别就在于"平""曲"二字,平的为板,曲的为壳。

体:如图Ⅱ-2(d)所示,三个方向具有相同量级的尺寸,这种弹性体称为体。

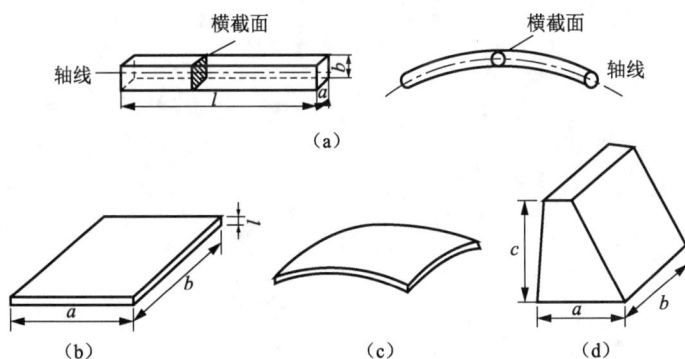

图Ⅱ-2　杆、板、壳、体

材料力学的主要研究对象是杆,以及由若干杆组成的简单杆系,同时也研究一些形状与受力均比较简单的板、壳、块。至于一般较复杂的杆系与板壳问题,则属于结构力学与弹性力学的研究范畴。工程中的大部分构件属于杆件,杆件分析的原理与方法是分析其他形式构件的基础。

四、杆件变形的基本形式

杆件在外力作用下,将发生各种各样的变形,但基本变形有四种形式(图Ⅱ-3):

(1) 轴向拉伸及轴向压缩[图Ⅱ-3(a)(b)];

(2) 剪切[图Ⅱ-3(c)];

(3) 扭转[图Ⅱ-3(d)];

(4) 弯曲[图Ⅱ-3(e)]。

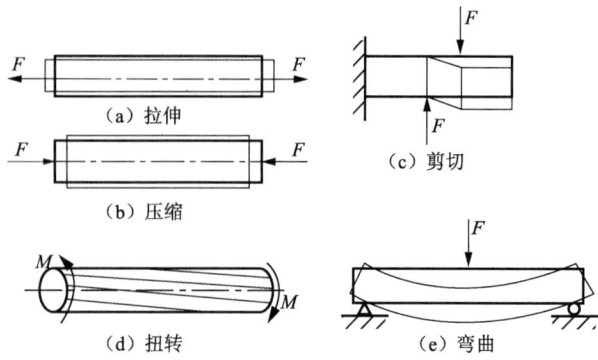

图Ⅱ-3　杆件基本变形形式

第5章
拉伸与压缩

本章主要讨论拉(压)的强度和变形计算问题,通过拉伸或压缩变形的应力和变形计算及材料在拉伸和压缩时的力学性能的研究,提出了杆件在拉伸和压缩时的强度条件。初步研究了静不定问题的解法。本章和上章的绪论所涉及的概念和研究方法,是材料力学的学习基础,因此,阐述分析较详细。本章思考题也较多,目的都是为了打好基础,应予高度重视。

5.1 轴向拉伸与压缩的概念与实例

工程实际中,经常遇到因外力作用产生拉伸或压缩变形的杆件。例如,简易起重机(图5-1)起吊重物 G 时,钢丝绳受拉力,斜杆 AB、水平杆 BC 受拉力或压力。又如,内燃机的连杆在燃气爆炸冲程中受压(图5-2)。再如紧固的螺栓受拉,螺旋千斤顶的螺杆在顶着重物时受到压缩。这些受拉或受压杆件的结构形式各有差异,加载方式也各不相同,但若将这些杆件的形状和受力情况进行简化,都可得到如图5-3所示的受力简图。图中用实线表示受力前杆件的外形,双点划线表示受力变形后的形状。拉伸或压缩杆件的受力特点是:作用在杆件上的外力合力作用线与杆的轴线重合。杆件的变形特点是:杆件产生沿轴线方向的伸长或缩短。这种变形形式称为轴向拉伸[图5-3(a)]或轴向压缩[图5-3(b)],简称为拉伸或压缩。

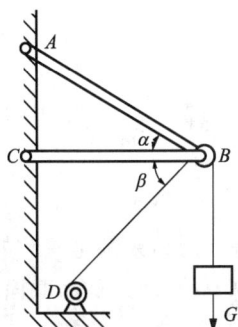

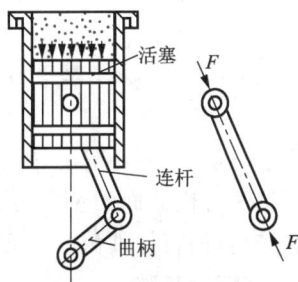

图 5-1　简易起重机　　　　　图 5-2　连杆冲程中受压

图 5-3　拉伸或压缩

5.2　轴向拉伸或压缩时横截面上的内力

5.2.1　物体内力的概念

物体在未受外力作用时,内部各质点之间就已有相互作用的内部力,正因为这种内力的作用,使得各质点之间保持一定的相对位置,物体保持一定的形状和尺寸。当物体受到外力作用后 ,伴随着物体的变形,其内部各质点之间的相互位置就将发生改变。这时,物体的内力也有变化,即在原有的内力基础上又增添了新的内力,这种由于外力作用后引起的内力改变量(附加内力),称为内力。内力的分析计算是解决杆件的强度和刚度等问题的基础。

5.2.2　确定杆件（物体）内力的方法——截面法

如图 5-4(a)所示杆件,在杆的两端沿轴线方向受到一对拉力 F 的作用,使杆件产生拉伸变形。为了求得拉杆的任一横截面 $m—m$ 上的内力,可假想将此杆沿该横截面"截开",分为左、右两部分[图 5-4(a)],将其内力"暴露"出来。由于对变形固体作了连续性假设,所以杆件左、右两段在横截面 $m—m$ 上相互作用的内力是一个分布力系[图 5-4(b)(c)],其合力为 F_N。在图中用 $F_N(F_N')$ 表示被移去的右（左）段对留下的左（右）段的作用。由于原来的直杆处于平衡状态,所以截开后的各段仍然保持平衡,即作用于横截面 $m—m$ 上的内力的合力(简称内力)应与外力平衡。因此,可根据静力学平衡条件算出横截面 $m—m$ 上的内力。

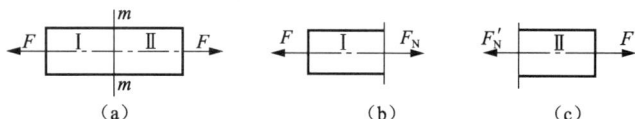

图 5-4　求杆件内力的截面法

如果考虑左段杆[图 5-4(b)],由该部分的平衡方程 $\sum F=0$,可得

$$F_N-F=0$$

即
$$F_N=F$$

如果考虑右段杆[图 5-4(c)],则可由该部分的平衡方程 $\sum F=0$,得到

$$F-F_N'=0$$

即
$$F_N'=F$$

由此可见,不论考虑横截面的左侧还是右侧部分,得到的结果都是一致的。

这种假想地用一截面将杆件截开从而揭示和确定内力的方法,称为截面法。

截面法包括下述三个步骤:

(1) 假想截开:在需要求内力的截面处,假想用一平面将杆件截成两部分。

（2）保留代换：将两部分中的任一部分留下，而将另一部分移去，并以作用在截面上的内力代替移去部分对留下部分的作用。

（3）平衡求解：对留下部分写出静力学平衡方程，即可确定作用在截面上的内力大小和方向。

由以上的讨论可知，用截面法求任一横截面上的内力，实质上与前面用平衡方程求杆件未知约束力的方法是一致的，只不过此处的约束力是内力。

5.2.3　拉（压）杆的内力——轴力及轴力图

1. 轴力

由图 5-4(a)可知，该杆两端受到一对外力 F 作用时，由于 $F_N(F_N')$ 和该杆受到的外力 F 的作用线与杆的轴线重合，故称为轴力。不过 F_N 和 F_N' 的方向却是相反的（因为它们是作用力与反作用力的关系），若还沿用静力学对于力的正负号的规定，则 F_N 为正号，F_N' 为负号。显然，在确定某一截面的内力时，仅仅因保留不同的侧面而出现符号的矛盾是不妥的。在材料力学的研究中往往对内力的正负符号根据杆件变形情况作了人为规定。轴力正负号规定是：杆件被拉伸时，轴力的指向"离开"横截面，规定为正；杆件被压缩时，轴力则"指向"横截面，规定为负。有了这样的规定，不论考虑横截面的哪一侧，同一个截面上求得的轴力的正负号都相同。

轴力的单位为牛顿(N)或千牛顿(kN)。

2. 轴力图

下面利用截面法来分析较为复杂的拉压杆的轴力。如图 5-5(a)所示的拉压杆，由于在截面 C 上有外力，因而 AC 段和 CB 段的轴力将不相同，为此必须逐段分析。利用截面法，沿 AC 段的任一截面 1—1 将杆件切成两部分，取左部分来研究，其受力图如图 5-5(b)所示，由平衡方程

$$\sum F_x = 0, \quad F_{N1} + 2F = 0$$

得

$$F_{N1} = -2F$$

结果为负值，表示所设 F_{N1} 的方向与实际受力方向相反，即为压力。

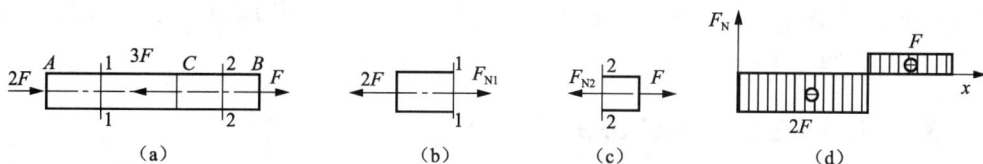

图 5-5　拉压杆的轴力图

沿 CB 段的任一截面 2—2 将杆截开成两部分，取右部分来研究，其受力图如图 5-5(c)所示，由平衡方程得

$$F_{N2} = F$$

结果为正，表示假设 F_{N2} 为拉力是正确的。

由上例分析可见，杆件在受力较为复杂的情况下，各横截面的轴力是不相同的，为了更

直观、形象地表示轴力沿杆轴线的变化情况,常采用图线表示法。作图时以沿杆轴线方向的坐标 x 表示横截面的位置,以垂直于杆轴线的坐标 F_N 表示轴力,这样,轴力沿杆轴的变化情况即可用图线表示,这种图线称为轴力图。从该图上即可确定最大轴力的数值及所在截面的位置。习惯上将正值的轴力画在上侧,负值的轴力画在下侧。上例的轴力图如图 5-5 (d)所示。由图可见,绝对值最大的轴力在 AC 段内,其值为

$$|F_N|_{max} = 2F$$

由此例可看出,在利用截面法求某截面的轴力或画轴力图时,我们总是在切开的截面上设出轴向拉力,即正轴力 F_N,这种方法称为求轴力(或内力)的"设正法"。然后由 $\sum F_x = 0$ 求出轴力 F_N,如 F_N 得正号,说明轴力是正的(拉力),如得负号,则说明轴力是负的(压力)。计算各段杆的横截面轴力时采用"设正法"不易出现符号上的混淆。

还需注意,画轴力图时一般应与受力图对正,当杆件水平放置或倾斜放置时,正值应画在与杆件轴线平行的横坐标轴 x 的上方或斜上方,而负值则画在下方或斜下方,并且标出正负号。当杆件竖直放置时,正负值可分别画在不同侧面并标出正负号;轴力图上可以适当地画一些纵标线,纵标线必须垂直于坐标轴 x,旁边应标注轴力的名称 F_N(或 N)。

5.3　轴向拉伸(压缩)时横截面上的应力

5.3.1　应力的概念

应用截面法仅能求得横截面上分布内力的合力,如拉(压)时,求出轴力 F_N 以后,还不能判断杆件会不会被拉断或被压坏,也就是说还不能断定杆件的强度是否满足要求。因为,对于用同一材料制成的杆件,如果轴力 F_N 虽大,但杆件横截面积较大,则不一定破坏;反之,如果轴力 F_N 虽不很大,但若杆件很细(即横截面积很小),也有可能被破坏。这是因为两杆横截面上内力的分布集度并不相同。因此,在研究拉(压)杆的强度问题时,应该同时考虑轴力 F_N 和横截面积 A 两个因素,这就需要引入应力的概念。

所谓应力,就是指作用在截面上各点的内力值,或者简单地说,单位面积上的内力称为应力。应力的大小反映了内力在截面上的集聚程度。应力的基本单位为牛顿/米²(N/m^2),又称为帕斯卡(简称帕,代号 Pa)。工程中,Pa 这个单位太小,往往取 10^6 Pa(即 MPa),有时也可用 10^9 Pa(即 1 GPa)表示。

5.3.2　拉(压)杆横截面上的应力

为了确定杆件拉(压)变形时内力在横截面上的分布,现取一等截面直杆,在其表面画许多与轴线平行的纵线和与轴线垂直的横线[图 5-6(a)],在两端施加一对轴向拉力 F 之后,我们发现,所有纵线的伸长都相等,而横线保持为直线,并仍与纵线垂直[图 5-6(b)]。据此现象,如果把杆设想为无数纵向纤维,根据各纤维的伸长都相同,可知它们所受的力也相等[图 5-6(c)]。于是,我们可作出如下假设:直杆在轴向拉(压)时横截面仍保持为平面,通常称为平面假设。根据平面假设可知,内力在横截面上是均匀分布的,若杆轴力为 F_N,横截面积

为 A,则单位面积上的内力为

$$\sigma = F_N / A \tag{5-1}$$

这就是横截面上的应力计算式。

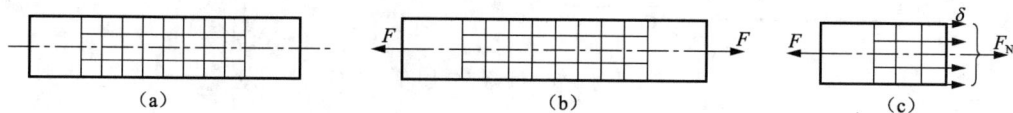

图 5-6

由于轴力是垂直于横截面的,故应力 σ 也必垂直于横截面,这种垂直于横截面的应力称为正应力。其正负号的规定和轴的符号一样,拉伸正应力为正号,而压缩正应力为负号。

**5.3.3 圣维南原理

应该指出,受作用于杆端的轴向外力作用方式的影响,在杆端附近的截面上的应力实际上并非是平均分布的。但圣维南原理指出,作用于杆端的外力的分布方式只会影响杆端局部区域的应力分布,影响区至杆端的距离大致等于杆的横向尺寸。该原理已被大量实验所证实。例如,两端承受集中力作用的拉杆的横向尺寸为 h(图 5-7),在距杆端分别为 $h/4$,$h/2$ 的横截面 1—1、2—2 上,应力非均匀分布,但在距杆端为 h 的横截面 3—3 上,应力分布已趋向均匀。因此,工程中都采用式(5-1)来计算拉(压)杆横截面上的应力。

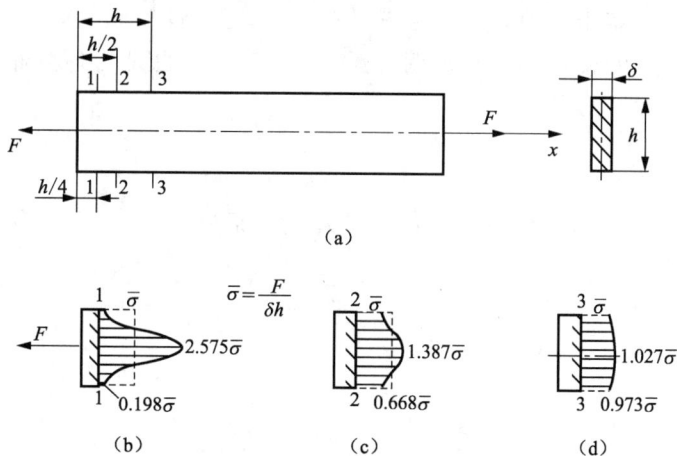

图 5-7 圣维南原理

例题 5-1 阶梯形钢杆受力如图 5-8(a)所示,已知 $F_1 = 20 \text{ kN}$,$F_2 = 30 \text{ kN}$,$F_3 = 10 \text{ kN}$,AC 段横截面积为 400 mm^2,CD 段横截面积为 200 mm^2。试绘制杆的轴力图,并求各段杆横截面上的应力。

解 (1)绘制轴力图,如图 5-7(b)所示。

(2)计算应力。由于杆件为阶梯形,各段横截面尺寸不同,且从轴力图中又知杆件各段横截面上的轴力也不相等,所以为使每一段杆件内部各个截面上的横截面积都相等,轴力都相同,应将杆分成 AB,BC 和 CD 三段分别进行计算。

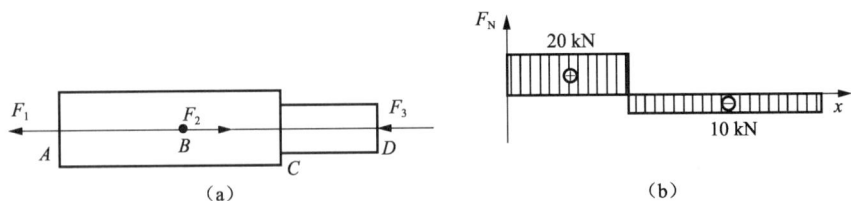

图 5-8 例题 5-1 图

AB 段 $\sigma_{AB}=\dfrac{F_{NAB}}{A_{AB}}=\dfrac{20\times10^{3}}{400}\,\text{MPa}=50\,\text{MPa（拉应力）}$

BC 段 $\sigma_{BC}=\dfrac{F_{NBC}}{A_{AB}}=\dfrac{-100\times10^{3}}{400}\,\text{MPa}=-25\,\text{MPa（压应力）}$

CD 段 $\sigma_{CD}=\dfrac{F_{NCD}}{A_{CD}}=\dfrac{-10\times10^{3}}{200}\,\text{MPa}=-50\,\text{MPa}$

5.3.4 拉(压)杆斜截面上的应力

前面讨论了轴向拉伸(压缩)杆件横截面上的正应力,可作为今后强度计算的依据。但不同材料的实验表明,拉(压)杆的破坏并不总是沿横截面发生,有时也沿斜截面发生。为了能够全面了解杆件的强度,还需要进一步研究斜截面上的应力。

以拉杆为例,现分析与横截面夹角为 α 的任意斜截面 m—m 上的应力 [图 5-9(a)]。由截面法求得 m—m 截面上的轴力[图 5-9(b)]$F_{N\alpha}=F$,可见斜截面 m—m 上的轴力 $F_{N\alpha}$ 与横截面上的轴力 F_{N} 数值相等。实验证明,应力在斜截面上也是均匀分布的。以 p_{α} 表示 m—m 斜截面上的应力,则有

$$p_{\alpha}=\frac{F_{N\alpha}}{A_{\alpha}} \tag{5-2}$$

式中,A_{α} 为斜截面 m—m 的面积,与横截面积 A 的关系为

$$A_{\alpha}=\frac{A}{\cos\alpha} \tag{5-3}$$

将式(5-3)代入式(5-2),并考虑到 $F_{N\alpha}=F_{N}$,可得

$$p_{\alpha}=\frac{F_{N}}{A}\cos\alpha=\sigma\cos\alpha \tag{5-4}$$

式中,$\sigma=\dfrac{F_{N}}{A}$ 为横截面上 K 点的正应力。

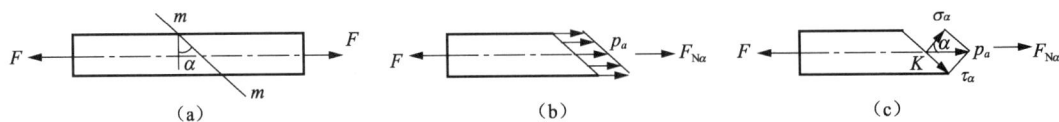

图 5-9 斜截面上的应力

把 p_{α} 分解为垂直于斜截面的正应力 σ_{α} 及切于斜截面的切应力 τ_{α}[图 5-9(c)]。利用式(5-4)可得 m—m 斜截面上 K 点的正应力 σ_{α} 及切应力 τ_{α} 的计算表达式

$$\begin{cases} \sigma_\alpha = p_\alpha \cos \alpha = \sigma \cos^2 \alpha \\ \tau_\alpha = p_\alpha \sin \alpha = \dfrac{\sigma}{2} \sin 2\alpha \end{cases} \tag{5-5}$$

对于压杆,式(5-5)也同样适用,只是式中的 σ_α 和 σ 为压应力。

由式(5-5)可以看出:

(1)该式即为拉压杆斜截面上的应力计算公式。只要知道横截面上的正应力 σ 及斜截面与横截面的夹角 α,就可以求出该斜截面上的正应力 σ_α 和切应力 τ_α。

(2) σ_α 和 τ_α 都是夹角 α 的函数,即在不同角 α 的斜截面上,正应力与切应力是不同的。

(3)当 $\alpha = 0$ 时,$\sigma_0 = \sigma_{max} = \sigma$,$\tau_0 = 0$;

当 $\alpha = 45°$ 时,$\tau_{45°} = \tau_{max} = \dfrac{\sigma}{2}$,$\sigma_{45°} = \dfrac{\sigma}{2}$;

当 $\alpha = 90°$ 时,$\sigma_{90°} = 0$,$\tau_{90°} = 0$。

由此表明:在拉压杆中,斜截面上不仅有正应力还有切应力;在横截面上正应力最大;与横截面夹角为 45° 的斜截面上切应力最大,其值等于横截面上正应力的一半;与横截面垂直的纵向截面上不存在任何应力,说明杆的各纵向"纤维"之间无牵拉也无挤压作用。

例题 5-2 一钢制阶梯状杆如图 5-10 所示。各段杆的横截面积为 $A_{AB} = 1\,600 \text{ mm}^2$,$A_{BC} = 625 \text{ mm}^2$ 和 $A_{CD} = 900 \text{ mm}^2$;载荷 $F_1 = 120 \text{ kN}$,$F_2 = 220 \text{ kN}$,$F_3 = 260 \text{ kN}$,$F_4 = 160 \text{ kN}$。求:(1)各段杆内的轴力。(2)杆的最大工作应力。

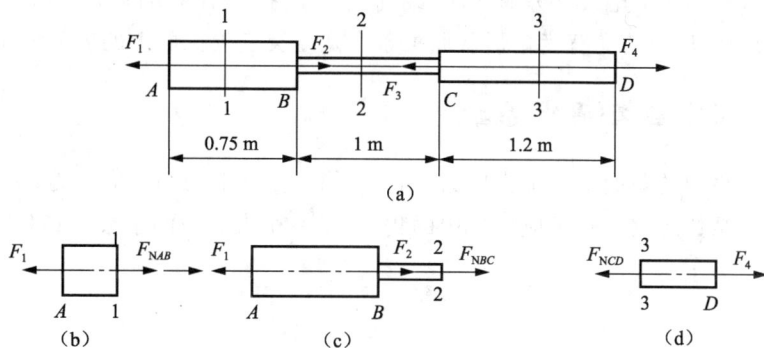

图 5-10 例题 5-2 图

解 (1)求轴力。

首先求 AB 段任一截面上的轴力。应用截面法,将杆沿 AB 段内任一横截面 1—1 截开,研究左段杆的平衡。由平衡方程

$$\sum F_x = 0, \quad F_{NAB} - F_1 = 0$$

得

$$F_{NAB} = F_1 = 120 \text{ kN}$$

同理,截开各段杆可求得 BC 段和 CD 段内任一横截面的轴力

$$F_{NBC} = -100 \text{ kN}, \quad F_{NCD} = 160 \text{ kN}$$

(2)求最大工作应力。

由于杆是阶梯状的,各段的横截面积不相等,则

$$\sigma_{AB} = \frac{F_{NAB}}{A_{AB}} = \frac{120 \times 10^3}{1\,600 \times 10^{-6}} = 75 (\text{MPa})$$

$$\sigma_{BC}=\frac{F_{NBC}}{A_{AB}}=\frac{-100\times10^3}{625\times10^{-6}}=-160(\text{MPa})$$

$$\sigma_{CD}=\frac{F_{NCD}}{A_{CD}}=\frac{160\times10^3}{900\times10^{-6}}=178(\text{MPa})$$

由此可见,杆的最大工作应力在 CD 段内,其值为 178 MPa。

5.4　应力集中的概念

5.4.1　应力集中现象

前面通过截面法揭示出杆件的内力,并由此计算出横截面上分布的正应力,在前面计算正应力时,假设杆件是均匀分布的。对于等截面直杆或者截面变化缓和的杆件,这个结论是正确的。但由于实际需要,有些零件必须有切口、切槽、油孔、螺纹、轴肩等,以致在这些部位上截面尺寸发生突然变化。对于截面尺寸急剧变化的杆件,在截面突变处横截面上的应力则不再均匀分布,存在局部区域应力突然增大的现象。但在离开这一区域稍远处,应力就迅速降低而趋于均匀。这种因杆件外形突然变化而引起局部应力急剧增大的现象称为应力集中。

图 5-11(a)所示为开孔板条承受轴向载荷时通过孔中心线的截面上的应力分布,图 5-11(b)所示为轴向加载的变宽度矩形截面板条在宽度突变处截面上的应力分布。

5.4.2　理论应力集中系数

设发生应力集中的截面上的最大应力为 σ_{max},同一截面上的平均应力为 σ_m,则比值 k 称为理论应力集中系数。它反映了应力集中的程度,是一个大于 1 的系数。其公式为

$$k=\frac{\sigma_{max}}{\sigma_m} \tag{5-6}$$

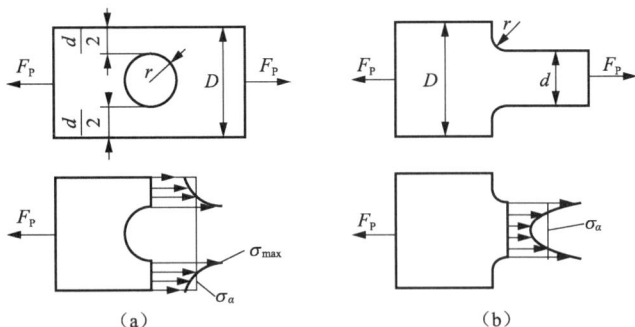

图 5-11　应力集中

5.4.3　应力集中的利弊及其应用

应力集中有利也有弊。例如在生活中,若想打开金属易拉罐装饮料,只需用手拉住罐顶

的小拉片,稍一用力,随着"砰"的一声,易拉罐便被打开了,这便是应力集中在帮忙。注意一下易拉罐顶部,可以看到在小拉片周围有一小圈细长卵形的刻痕,正是这一圈刻痕,使得我们在打开易拉罐时,轻轻一拉便在刻痕处产生了很大的应力(产生了应力集中)。如果没有这一圈刻痕,要打开易拉罐就不容易了。

在切割玻璃时,先用金刚石刀在玻璃表面划一刀痕,再把刀痕两侧的玻璃轻轻一掰,玻璃就沿刀痕断开。这也是由于在刀痕处产生了应力集中。实践证明,不利用应力集中,目前还没用更好办法来切割玻璃。

再如在生产中,圆轴是我们几乎处处能见到的一种构件,如汽车的变速箱里便有许多根传动轴。一根轴通常有某一段较粗,有某一段较细,若在粗细段的过渡处有明显的台阶,如图 5-12(a)所示,则在台阶的根部会产生比较大的应力集中,根部越尖锐,应力集中系数愈大。所以在轴的粗、细过渡台阶处,尽可能做成光滑的圆弧过渡,如图 5-12(b)所示,这样可明显降低应力集中系数,提高轴的使用寿命。

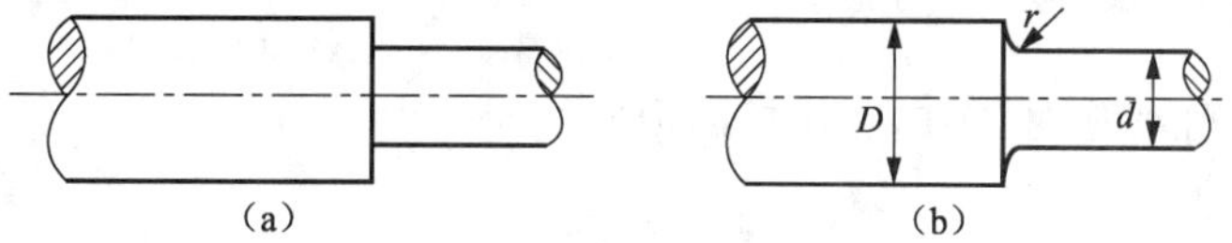

图 5-12　台阶轴

材料的不均匀和材料中微裂纹的存在,也会导致应力集中,导致宏观裂纹的形成、扩展,直至构件损坏。如何生产均匀、致密的材料,一直是材料学科学家的奋斗目标之一。

在构件设计时,为避免几何形状的突然变化,尽可能做到光滑、逐渐过渡。构件中若有开孔,可对孔边进行加强(例如增加孔边的厚度),开孔、开槽尽可能做到对称等,都可以有效地降低应力集中,各行业的工程师们在长期的实践中积累了丰富的经验。但由于材料中的缺陷(夹杂、微裂纹等)不可避免,应力集中也总是存在,对结构进行定时检测或跟踪检测,特别是对结构中应力集中的部位进行检测,对发现的裂纹部位进行及时加强修理,消灭隐患于未然,在工程中十分重要。例如机械设备要进行定期的检测与维修就是这个道理。

总之,应力集中是一把双刃剑,利用它可以为我们的生活、生产带来方便;避免它或降低它,可使我们制造的构件、用具为我们服务的时间更长;扬应力集中之"善",抑应力集中之"恶",是我们不懈的追求。

5.5　轴向拉伸或压缩时的变形

在轴向拉力作用下,杆沿轴向会伸长,横向尺寸会缩小,如图 5-13 所示。反之,在轴向压力作用下,杆沿轴向会缩短并横向膨胀。

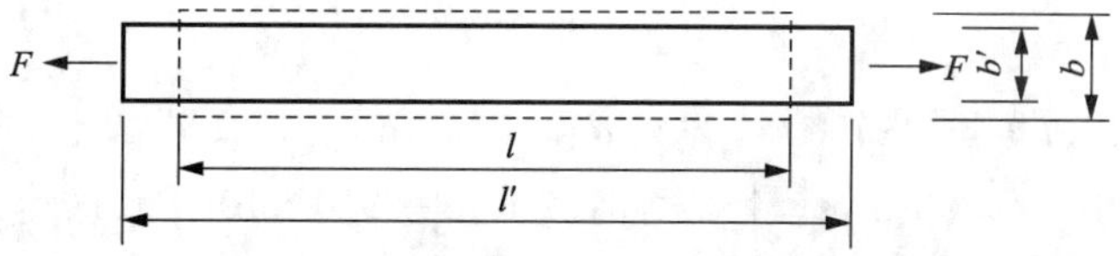

图 5-13　杆轴向横向变形量

5.5.1 轴向变形

在轴向拉力作用下,杆沿轴向的变形限于弹性变形时,由杆件的轴向线应变 $\varepsilon = F_N/EA$ 可得到杆的轴向变形量 Δl_{AB} 段的变形量记为

$$\Delta l_{AB} = \int_{x_A}^{x_B} \varepsilon \, dx = \int_{x_A}^{x_B} \frac{F_N(x)}{EA(x)} dx \tag{5-7}$$

若 AB 段轴力 F_N 及横截面积 A 均不变,则式(5-7)可改写为

$$\Delta l_{AB} = \frac{F_N l_{AB}}{EA} \tag{5-8}$$

其中,弹性模量 E 表示材料抵抗弹性变形的能力,对于钢材(不论是高强度钢还是低碳钢),E 在 2×10^5 MPa 左右。EA 表示构件抵抗弹性变形的能力,EA 越大,变形量 Δl 越小。

5.5.2 横向变形

在变形限于弹性变形时,轴向拉压杆的横向线应变为

$$\varepsilon' = -\nu \frac{F_N}{EA} \tag{5-9}$$

$$\Delta l' = \varepsilon' b = -\nu \frac{F_N b}{EA}$$

常用材料的弹性模量 E 和泊松比 ν 值见表 5-1。

表 5-1　几种常见材料的 E, ν 值

	E/GPa	ν
碳　钢	196~216	0.25~0.33
合金钢	186~216	0.24~0.33
灰铸铁	113~157	0.23~0.27
铜及其合金	73~128	0.31~0.42
橡　胶	0.007 85	0.47

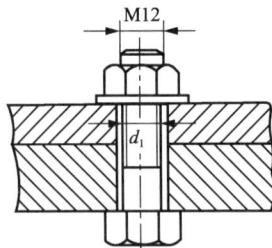

图 5-14　例题 5-3 图

例题 5-3　M12 的螺栓(图 5-14),内径 $d_1 = 10.1$ mm,拧紧时在计算长度 $l = 80$ mm 上产生的总伸长量为 $\Delta l = 0.03$ mm。钢的弹性模量 $E = 210\times10^9$ Pa,试计算螺栓内应力及螺栓的预紧力。

解 拧紧后螺栓的应变为

$$\varepsilon = \frac{\Delta l}{l} = \frac{0.03}{80} = 0.000\ 375$$

由胡克定律求出螺栓的拉应力为

$$\sigma = E\varepsilon = 210 \times 10^9 \times 0.000\ 375\ \text{Pa} = 78.8 \times 10^6\ \text{Pa}$$

螺栓的预紧力为

$$F = \sigma A = 78.8 \times 10^6 \times \frac{\pi}{4} \times (10.1 \times 10^{-3})^2\ \text{N} = 6.3\ \text{kN}$$

以上问题求解时,也可先由胡克定律的另一表达式$\left(\Delta l = \dfrac{Fl}{EA}\right)$求出预紧力 F,然后再由 F 计算应力 σ。

5.6 材料在拉伸或压缩时的机械性质

为了进行构件的强度计算,必须了解材料的机械性质。所谓材料的机械性质,就是材料在受力过程中在强度和变形方面所表现出的特性,也称为力学性质。

材料的机械性质是通过试验得出的,试验不仅是确定材料机械性质的唯一目的,而且也是建立理论和验证理论的重要手段。

材料的机械性质,首先由材料的内因来确定,其次还与外因有关,如温度、加载速度等。在此主要介绍材料在常温(就是指室温)、静载(就是指加载速度缓慢平稳)情况下由拉伸和压缩试验所获得的机械性质。

5.6.1 拉伸时材料的机械性质

拉伸试验一般是在万能试验机上进行的。试验时采用标准件,如图 5-15 所示。通常将圆截面标准件的工作长度(也称标距)l 与其截面直径 d 的比例规定为

$$l = 5d\,(短试件) \quad 或 \quad l = 10d\,(长试件)$$

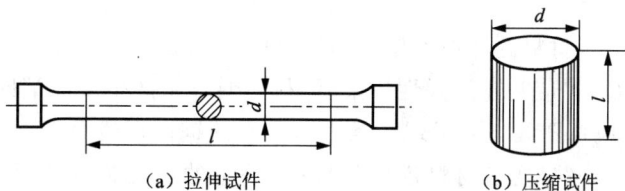

（a）拉伸试件　　　　（b）压缩试件

图 5-15

1. 低碳钢拉伸试验

低碳钢是指含碳量在 0.3% 以下的碳素结构钢。这类钢材在工程中使用较广,同时在拉伸试验中表现出的力学性能也最为典型。

低碳钢试件在拉伸试验过程中,标距范围内的伸长量 Δl 与试件抗力(常称为"荷载")之间的关系曲线如图 5-16(a)所示,该图习惯上被称为拉伸图。

拉伸图的横坐标和纵坐标均与试件的几何尺寸有关,用同一材料做成的尺寸不同的试件,由拉伸试验所得到的拉伸图存在着量的差别。为了消除试件尺寸的影响,把拉力 F 除以试件原始横截面积 A,得 $\sigma = \dfrac{F}{A}$;同时,把伸长量 Δl 除以标距的原始长度 l,得 $\varepsilon = \dfrac{\Delta l}{l}$,称此时的 σ 为名义正应力,ε 为名义线应变。经这种变换后,以 σ 为纵坐标,ε 为横坐标的曲线称为应力-应变图或 σ-ε 曲线[图 5-16(b)]。

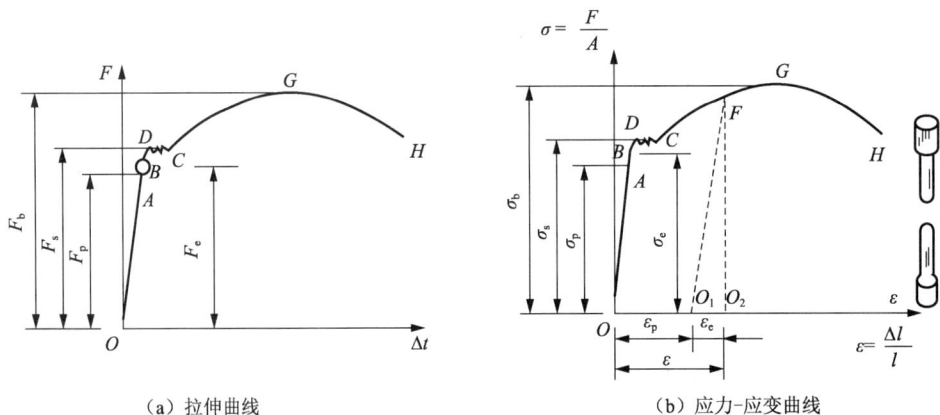

（a）拉伸曲线　　　　　　　（b）应力-应变曲线

图 5-16　低碳钢拉伸试验

根据应力应变图表示的试验结果,低碳钢拉伸过程可分成四个阶段:

(1) 弹性阶段 OB。在这一阶段如果卸去荷载,变形即随之消失。也就是说,在载荷作用下所产生的变形是弹性的。弹性阶段对应的最高应力称为弹性极限,以 σ_e 表示。精密的测量表明,低碳钢在弹性阶段内工作时,只有当应力不超过另一个称为比例极限的 σ_p 值时,应力与应变才呈线性关系,图 5-16(b)中的斜直线 OA 才服从胡克定律,有 $\sigma = E\varepsilon$。Q235 钢的比例极限 $\sigma_p = 200$ MPa。弹性极限 σ_e 与比例极限 σ_p 虽然意义不同,但它们的数值非常接近,工程上通常不加以区别。

图 5-16(b)中直线 OA 的斜率为

$$\tan \alpha = \frac{\sigma}{\varepsilon} = E$$

即直线 OA 的斜率等于材料的弹性模量,从而可测得材料的弹性模量。

(2) 屈服阶段 DC。应力超过弹性极限后,材料便开始产生不能消除的永久变形（塑性变形）,随后在应力-应变图线上便呈现一条大体水平的锯齿形线段 DC,即应力几乎保持不变而应变却大量增长,它标志着材料暂时失去了对变形的抵抗能力,这种现象称为屈服。材料在屈服阶段所产生的变形为不能消失的塑性变形。对应的应力称为屈服极限,以 σ_s 表示。Q235 钢的屈服极限 $\sigma_e = 235$ MPa。

(3) 强化阶段 CG。在试件内的晶粒滑移终了时,屈服现象便告终止,试件恢复了继续抵抗变形的能力,即发生强化。应力-应变(σ-ε)图[图 5-16(b)]中的曲线段 CG 所显示的便是材料的强化阶段。σ-ε 图曲线上的最高点 G 所对应的名义应力,即试件在拉伸过程中所产生的最大抗力 F_b 除以初始横截面积 A 的值称为材料的强度极限 σ_b。Q235 钢的 $\sigma_b = 400$ MPa。

（4）局部变形阶段 GH。名义应力达到强度极限后，试件便发生局部变形，即在某一横截面及其附近出现局部收缩即所谓"缩颈"的现象。在试件继续伸长的过程中，由于缩颈部分的横截面积急剧缩小，试件对于变形的抗力因而减小，于是按初始横截面积计算的名义应力随之减小。当缩颈处的横截面收缩到某一程度时，试件便断裂。

屈服极限 σ_s 和强度极限 σ_b 是低碳钢重要的强度指标。

2. 塑性指标

为了全面地衡量材料的力学性能，除了强度指标，还需要知道材料在拉断前产生塑性变形（永久变形）的能力。

工程上常用的塑性指标有断后伸长率 δ 和断面收缩率 φ。

断后伸长率 δ 表示试件拉断后标距范围内平均的塑性变形百分率，即

$$\delta = \frac{l_1 - l}{l} \times 100\% \tag{5-10}$$

称为延伸率。试件的塑性变形越大，δ 也就越大。因此，延伸率是衡量材料塑性的指标。Q235 钢的延伸率约为 26%。

工程材料按延伸率分成两大类：$\delta \geqslant 5\%$ 的材料为塑性材料，如碳钢、黄铜、铝合金等；$\delta < 5\%$ 的材料称为脆性材料，如灰口铸铁、陶瓷等。

3. 其他塑性材料拉伸时的力学性能

图 5-17 所示是一些塑性材料的拉伸试验的 σ-ε 曲线。这些材料的最大特点是，在弹性阶段后没有明显的屈服阶段，而是由直线部分直接过渡到曲线部分。对于这类能发生很大塑性变形而又没有明显屈服阶段的材料，通常规定取试件产生 0.2% 塑性应变所对应的应力作为屈服极限，称为名义屈服极限，用 $\sigma_{0.2}$ 表示（图 5-18）。

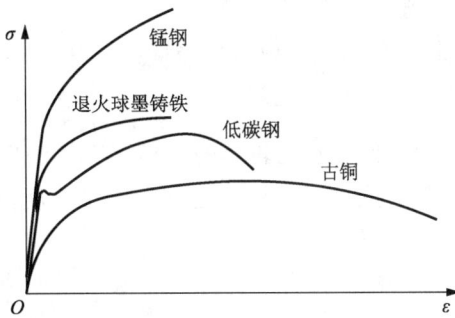

图 5-17　其他塑性材料拉伸试验的 σ-ε 曲线　　图 5-18　名义屈服极限

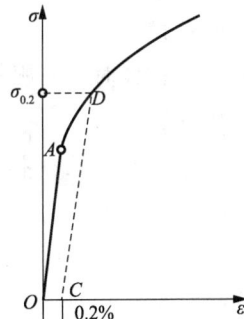

4. 铸铁拉伸时的力学性能

灰口铸铁是典型的脆性材料，其 σ-ε 曲线是一段微弯曲线，如图 5-19(a) 所示，没有明显的直线部分，没有屈服和颈缩现象，拉断前的应变很小，延伸率也很小。强度极限 σ_b 是其唯一的强度指标。铸铁等脆性材料的抗拉强度很低，所以不宜作为受拉零件的材料。

在低应力下铸铁可看作近似服从虎克定律。通常取 σ-ε 曲线的割线代替这段曲线［图 5-19(a)］中的虚线所示，并以割线的斜率作为弹性模量。

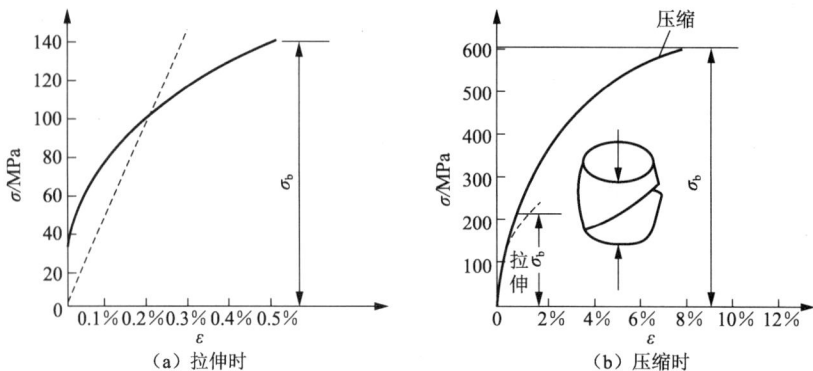

图 5-19　铸铁拉伸、压缩时的力学性能

5.6.2　压缩时材料的机械性质

金属材料的压缩实验试件一般制成很短的圆柱，以免被压弯。圆柱高度约为直径的 1.5 ～3 倍。

1. 低碳钢压缩

压缩时的 σ-ε 曲线如图 5-20 所示。实验表明：低碳钢压缩时的弹性模量 E 和屈服极限 σ_s 都与拉伸时大致相同。应力超过屈服阶段以后，试件越压越扁，呈鼓形，横截面积不断增大，试件抗压能力也继续增高，因而得不到压缩时的强度极限。因此，低碳钢的力学性能一般由拉伸实验确定，通常不必进行压缩实验。

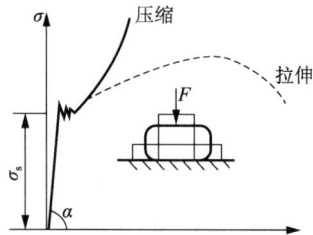

图 5-20　低碳钢压缩时的 σ-ε 曲线

大多数塑性材料也存在上述情况。少数塑性材料，如铬钼硅合金钢，压缩与拉伸时的屈服极限不相同，这种情况需做压缩实验。

2. 铸铁压缩

图 5-19(b)表示铸铁压缩时的 σ-ε 曲线。试件仍然在较小的变形下突然破坏，破坏断面的法线与轴线大致成 45°～55° 的倾角。铸铁的抗压强度极限比它的抗拉强度极限高 4～5 倍。因此，铸铁广泛用于机床床身，机座等受压零部件。

5.7　拉伸和压缩的强度计算

在对拉伸和压缩时的应力以及材料在拉伸与压缩时的力学性能两个方面进行了研究之后，就可以对拉伸和压缩时杆件的强度计算以及与之相关的许用应力和安全系数等进行具体的讨论了。

5.7.1　安全系数和许用应力

对拉伸和压缩的杆件，塑性材料以屈服为破坏标志，脆性材料以断裂为破坏标志，因此，

应选择不同的强度指标作为材料所能承受的极限应力 σ°,即

$$\sigma^\circ = \begin{cases} \sigma_s(\sigma_{0.2}) & \text{对塑性材料} \\ \sigma_b & \text{对脆性材料} \end{cases}$$

考虑到材料缺陷、载荷估计误差、计算公式误差、制造工艺水平以及构件的重要程度等因素,设计时必须有一定的强度储备。因此应将材料的极限应力除以一个大于1的系数,所得的应力称为许用应力,用$[\sigma]$表示,即

$$[\sigma] = \sigma^\circ / n \qquad (5\text{-}11)$$

式中 n 称作安全系数。安全系数的选取是个较复杂的问题,要考虑多方面的因素。一般机械设计中 n 的选取范围大致为

$$n = \begin{cases} 1.2 \sim 1.5 & \text{对塑性材料} \\ 2.0 \sim 4.5 & \text{对脆性材料} \end{cases}$$

脆性材料的安全系数一般取得比塑性材料要大一些。这是由于脆性材料的失效表现为脆性断裂,而塑性材料的失效表现为塑性屈服,两者的危险性显然不同。因此对脆性材料有必要多一些强度储备。

多数塑性材料拉伸和压缩时的 σ_s 相同,因此许用应力$[\sigma]$对拉伸和压缩可以不加区别。

对脆性材料,拉伸和压缩的 σ_b 不相同,因而许用应力亦不相同。通常用$[\sigma_s]$表示许用拉应力,用$[\sigma_y]$表示许用压应力。

5.7.2　拉伸和压缩时的强度条件

为保证轴向拉伸(压缩)杆件的正常工作,必须使杆件的最大工作应力不超过材料的许用应力。因此,杆件受轴向拉伸(压缩)时的强度条件为

$$\sigma_{max} = \frac{F_N}{A} \leqslant [\sigma] \qquad (5\text{-}12)$$

式(5-12)称为拉(压)杆的强度条件。σ_{max}所在的面称为危险截面。

利用强度条件,可以解决下列三种强度计算问题:

(1) 校核强度。已知杆件的尺寸、所受载荷和材料的许用应力,可根据式(5-12)校核杆件是否满足强度条件。

(2) 设计截面。已知杆件所承受的载荷及材料的许用应力,可由式(5-12)确定杆件所需的最小横截面积。

(3) 确定承载能力。已知杆件的横截面尺寸及材料的许用应力,可由式(5-12)确定杆件所能承受的最大轴力,然后由轴力即可求出结构的许用载荷。

例题 5-4　气动夹具如图 5-21(a)所示,已知气缸内径 $D = 140\ \text{mm}$,缸内气压 $p = 0.6\ \text{MPa}$。活塞杆材料为 20 钢,$[\sigma] = 80\ \text{MPa}$,试设计活塞杆的直径 d。

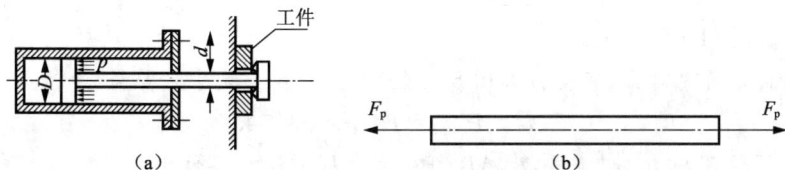

图 5-21　例题 5-4 图

解 （1）求轴力。活塞杆左端承受活塞上的气体压力,右端承受工件的反作用力,将发生轴向拉伸变形。拉力 F_P 可由气压乘活塞的受压面积求得[图 5-21(b)]。在尚未确定活塞杆的横截面积前,计算活塞的受压面积时,可将活塞杆横截面积略去不计。

$$F_p = p \times \frac{\pi}{4} D^2 = 0.6 \times 10^6 \times \frac{\pi}{4} \times 140^2 \times 10^{-6} \text{ kN} = 9.24 \text{ kN}$$

活塞杆的轴力为 $\qquad F_N = F_p = 9.24 \text{ kN}$

（2）确定活塞杆直径。根据强度条件,活塞杆的横截面积应满足

$$A = \frac{\pi}{4} d^2 \geqslant \frac{F_N}{[\sigma]} = \frac{9.24 \times 10^3}{80 \times 10^6} \text{ m}^2 = 1.16 \times 10^{-4} \text{ m}^2$$

由此可解出 $\qquad d \geqslant 0.012\ 2 \text{ m}$

最后取活塞的直径为 $d = 0.012 \text{ m} = 12 \text{ mm}$。

例题 5-5 如图 5-22(a)所示的双杠杆夹紧机构,需产生一对 20 kN 的夹紧力,试求水平杆 AB 及二斜杆 BC 和 BD 的横截面直径。已知:该三杆的材料相同,$[\sigma] = 100 \text{ MPa}$,$\alpha = 30°$。

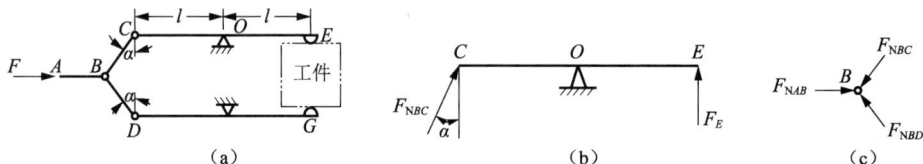

图 5-22　例题 5-5 图

提示: 这是由强度条件确定拉压杆横截面积的问题,首先要求出三杆的轴力,从而计算出三杆的工作应力,再根据强度条件,确定它们的直径。

解 因 AB,BC,BD 三杆都是二力杆,所以三杆都只受轴向力,取 CE 杆为受力体,受力图如图 5-22(b)所示,由平衡条件

$$\sum M_O = 0, \qquad F_{NBC} l \cos\alpha = F_E l$$

于是 $\qquad F_{NBC} = \dfrac{F_E}{\cos\alpha} = \dfrac{24 \text{ kN}}{\cos 30°} = 27.7 \text{ kN}$

由强度条件可得 BC 杆的工作应力满足

$$\sigma_{BC} = \frac{F_{NBC}}{A_{BC}} = \frac{4 F_{NBC}}{\pi d_{BC}^2} \leqslant [\sigma]$$

由此可确定 BC 杆的直径满足条件为

$$d_{BC} \geqslant \sqrt{\frac{4 F_{NBC}}{\pi [\sigma]}} = \sqrt{\frac{4 \times 27.7 \times 10^3}{\pi \times 100 \times 10^6}} \text{ m} = 18.8 \text{ m}$$

由对称性得 $d_{BD} \geqslant 18.8 \text{ mm}$

取 B 节点为研究对象,其受力如图 5-22(c)所示。由平衡条件易得

$$F_{NAB} = F_{NBC} = F_{NBD} = 27.7 \text{ kN}$$

同理,由于许用应力 $[\sigma]$ 相同,故 AB 杆的直径同样满足条件为

$$d_{AB} \geqslant 18.8 \text{ mm}$$

例题 5-6 一桁架受力如图 5-23（a）所示，各杆都由两个等边角钢组成。已知材料的许用应力 $[\sigma]=170$ MPa，试选择杆 AC 和 CD 的角钢型号。

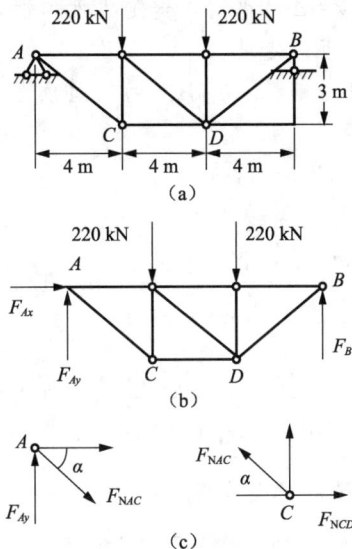

图 5-23 题 5-6 图

解 求约束反力。桁架受力如图 5-23(b)所示。由对称性知

$$F_{Ay}=F_{By}=220 \text{ kN}, \quad F_{Ax}=0$$

以节点 A 为研究对象，计算杆 AC 的轴力，受力如图 5-23(c)所示。图中

$$\sin \alpha=\frac{3}{5}, \quad \cos \alpha=\frac{4}{5}$$

$$\sum F_y=0, \quad F_{Ay}-F_{NAC}\sin \alpha=0$$

$$F_{NAC}=F_{Ay}/\sin \alpha=220\times\frac{5}{3} \text{ kN}=366.7 \text{ kN}$$

以节点 C 为研究对象，求杆 CD 的轴力，如图 5-23(d)所示。图中

$$\sum F_x=0, \quad F_{NCD}=F_{NAC}\cos \alpha=366.7\times\frac{4}{5} \text{ kN}=293.4 \text{ kN}$$

为了满足强度条件，杆 AC，CD 所需的横截面积分别为

$$A_{AC}\geqslant\frac{F_{NAC}}{[\sigma]}=\frac{366.7\times10^3}{170\times10^6} \text{ m}^2=2.157\times10^{-3} \text{ m}^2=21.57 \text{ cm}^2$$

$$A_{CD}\geqslant\frac{F_{NCD}}{[\sigma]}=\frac{293.4\times10^3}{170\times10^6} \text{ m}^2=1.726\times10^{-3} \text{ m}^2=17.26 \text{ cm}^2.$$

由型钢表查得，80 mm×7 mm 等边钢的横截面积为 10.86 cm²，因此杆 AC 可选用两根 80 mm×7 mm 等边角钢；75 mm×6 mm 等边钢横截面积为 8.797 cm²，故杆 CD 可选用两根 75 mm×6 mm 等边角钢。

例题 5-7 （1）刚性梁 AB 用两根钢杆 AC，BD 悬挂着，其受力如图 5-24 所示。已知钢杆 AC 和 BD 的直径分别为 $d_1=25$ mm 和 $d_2=18$ mm，钢的许用应力 $[\sigma]=170$ MPa，弹性模量 $E=210$ GPa。试校核钢杆的强度，并计算钢杆的变形 Δl_{AC}，Δl_{DB} 及 A，B 两点的竖直

位移 Δ_A，Δ_B。

(2) 若荷载 $F=100$ kN 作用于 A 点处，试求 F 点的竖直位移 Δ_F。（计算结果表明，$\Delta_F=\Delta_A$，事实上这是线性弹性体中普遍存在的关系，称为位移互等定理。）

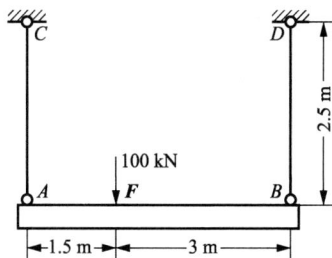

图 5-24　题 5.7 图

解　(1) 由平衡条件，可求得钢杆 AC，BD 的轴向拉力分别为

$$F_{NA}=66.67 \text{ kN}, \quad F_{NB}=33.33 \text{ kN}$$

由胡克定律计算钢杆的变形

$$\Delta l_{AC}=\frac{F_{NA}l_{AC}}{EA_{AC}}=\frac{66.67\times10^3\times2.5}{210\times10^9\times\frac{\pi}{4}\times(0.025)^2}\text{ m}=1.62\times10^{-3}\text{ m}=1.62\text{ mm}$$

$$\Delta l_{BD}=\frac{F_{NA}l_{BD}}{EA_{BD}}=\frac{33.33\times10^3\times2.5}{210\times10^9\times\frac{\pi}{4}\times(0.018)^2}\text{ m}=1.56\times10^{-3}\text{ m}=1.56\text{ mm}$$

由于是小变形，所以点 A 和点 B 的竖直位移分别为

$$\Delta_A=\Delta l_{AC}=1.62\text{ mm}$$

$$\Delta_B=\Delta l_{BD}=1.56\text{ mm}$$

校核钢杆的强度。

钢杆 AC 横截面内的应力

$$\sigma_{AC}=\frac{F_{NA}}{A_{AC}}=\frac{66.67\times10^3}{\frac{\pi}{4}\times(0.025)^2}\text{ Pa}=136\text{ MPa}<[\sigma]=170\text{ MPa}$$

故钢杆 AC 满足强度条件。

钢杆 BD 横截面内的应力

$$\sigma_{BD}=\frac{F_{NB}}{A_{BD}}=\frac{33.33\times10^3}{\frac{\pi}{4}\times(0.018)^2}\text{ Pa}=131\text{ MPa}<[\sigma]=170\text{ MPa}$$

钢杆 BD 也满足强度要求。

(2) 若荷载 $F=100$ kN 作用于 A 点处，则 BD 内的轴力为零，即 $F_{NB}=0$；杆 AC 力，$F_{NA}=100$ kN。此时，A 点的竖直位移就等于杆 AC 的伸长量，即

$$\Delta_A=\Delta l_{AC}=\frac{F_{NA}\cdot l_{AC}}{EA_{AC}}=\frac{100\times10^3\times2.5}{210\times10^9\times\frac{\pi}{4}\times(0.025)^2}\text{ m}=2.43\times10^{-3}\text{ m}=2.43\text{ mm}$$

由于 B 点的位移为零，由几何关系，可得

$$\Delta F=\frac{\overline{BF}}{\overline{AB}}\cdot\Delta_A=\frac{3}{4.5}\times2.43\text{ mm}=1.62\text{ mm}$$

即 ΔF 与第一种情况下 A 的位移相等。

例题 5-8　图 5-25(a) 所示杆 $ABCD$，$F_1=10$ kN，$F_2=18$ kN，$F_3=20$ kN，$F_4=12$ kN，AB 和 CD 段横截面积 $A_1=10$ cm^2，BC 段横截面积 $A_2=6$ cm^2，许用应力 $[\sigma]=15$ MPa，校核该杆强度。

解:(1) 计算内力:

$$F_{N_1} = F_1 = 10 \text{ kN}$$

$$F_{N_2} = F_1 - F_2 = 10 \text{ kN} - 18 \text{ kN} = -8 \text{ kN}$$

$$F_{N_3} = F_4 = 12 \text{ kN}$$

轴力图如图 5-25(b)所示。

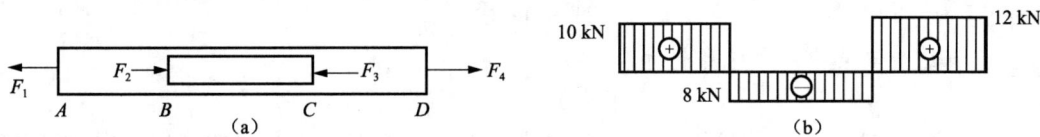

图 5-25 例题 5-8 图

(2) 判定危险面。BC 段因面积最小,有可能是危险面;CD 段轴力最大,也有可能是危险面,故需两段都校核。下面分段进行校核。

BC 段:$\sigma = \dfrac{F_{N_2}}{A_2} = \dfrac{8 \times 10^3}{6 \times 10^2} = 13.3 (\text{MPa}) < [\sigma]$

CD 段:$\sigma = \dfrac{F_{N_3}}{A_1} = \dfrac{12 \times 10^3}{10 \times 10^2} = 12 (\text{MPa}) < [\sigma]$

两段应力都小于许用应力值,故满足强度条件,安全。

* **例题 5-9** 图 5-26 所示为一钢木结构。AB 为木杆,其横截面积 $A_{AB} = 10 \times 10^3 \text{ cm}^2$,许用应力$[\sigma]_{AB} = 7 \text{ MPa}$,杆 BC 为钢杆,其横截面积 $A_{BC} = 600 \text{ mm}^2$,许用应力$[\sigma]_{BC} = 160 \text{ MPa}$。求 B 处可吊的最大许可载荷$[F_P]$。

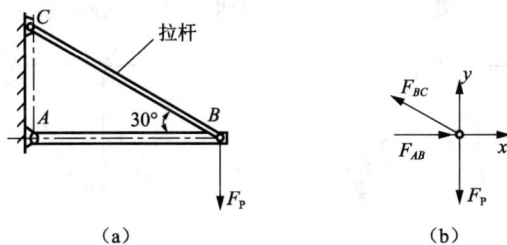

图 5-26 例题 5-9 图

解:(1) 求 AB,BC 轴力。取铰链 B 为研究对象进行受力分析,如图 5-26(b)所示,AB,BC 均为二力杆,其轴力等于杆所受的力。由平衡方程

$$\sum F_x = 0, \quad F_{AB} - F_{BC} \cos 30° = 0$$

$$\sum F_y = 0, \quad F_{BC} \sin 30° - F_P = 0$$

由此可解得

$$F_{BC} = \frac{F_P}{\sin 30°} = 2F_P$$

$$F_{AB} = F_{BC} \cos 30° = 2F_P \cdot \frac{\sqrt{3}}{2} = \sqrt{3} F_P$$

(2) 确定许可载荷。

根据强度条件,木杆内的许可轴力为

$$F_{AB} \leqslant A_{AB}[\sigma]_{AB}$$

即 $\sqrt{3}F_P \leqslant 10 \times 10^3 \times 10^{-6} \times 7 \times 10^6 \text{ N}$

解得 $F_P \leqslant 40.4 \text{ kN}$

钢杆内的许可轴力为 $F_{BC} \leqslant A_{BC}[\sigma]_{BC}$

即 $2F_P \leqslant 600 \times 10^{-6} \times 160 \times 10^6 \text{ N}$

解得 $F_P \leqslant 48 \text{ kN}$

因此，保证结构安全的最大许可载荷为

$$[F_P] = 40.4 \text{ kN} \approx 40 \text{ kN}$$

本例讨论：如 B 点承受载荷 40 kN，这时木杆的应力恰好等于材料的许用应力，但钢杆的强度则有富余。为了节省材料，同时减轻结构的质量，可重新设计：减小钢杆的横截面尺寸。

5.8　简单拉(压)超静定问题

5.8.1　拉(压)超静定问题的概念

在前面研究的杆件或杆系问题中，杆件或杆系的约束反力以及杆件的内力都能用静力平衡方程求得，这类问题称为静定问题。例如图 5-27(a)所示的构架，是由 AB 和 AC 两杆组成，节点 A 处有已知铅垂力 G 的作用。求两杆的未知内力，可以选节点 A 为研究对象，画出受力图，由汇交力系的两个静力平衡方程可解决，所以是静定问题。

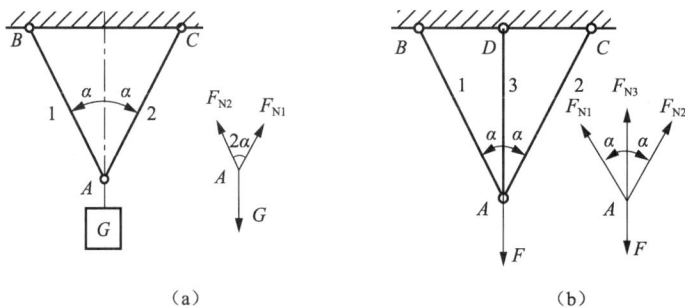

图 5-27　静定与静不定问题

有时为了提高结构的强度和刚度，往往需要增加一些约束或杆件。例如图 5-27(b)所示的构架，由于增加了一根杆 3，使整个系统得到加强。然而，这时的节点 A，其受力为四个力组成的平面汇交力系。平面汇交力系有效的平衡方程式只有两个，无法求出三根杆件中的未知力 F_{N1}，F_{N2} 和 F_{N3}。对于这类拉(压)未知力数目超过独立的静力平衡方程数目，仅用平衡方程不能求解的问题，称为拉(压)静不定问题或超静定问题。由此可见，在静不定问题中存在着多于维持静力平衡所必需的支座或杆件，习惯上称为多余约束。

静不定问题未知力的数目多于有效平衡方程的数目，二者之差称为静不定度。可见，图 5-27(b)所示为一度静不定结构。

5.8.2　简单拉(压)静不定问题的解法

求解静不定问题,除了根据静力平衡条件列出平衡方程外,还必须根据杆件变形之间的相互关系,即变形谐调条件,列出变形的几何方程,再由力和变形之间的物理条件(如胡克定律)建立所需的补充方程。

下面通过一个简单的例子说明静不定问题的解法。

例题 5-10　如图 5-28(a)所示一平行杆系 1,2,3 悬吊着横梁 AB(AB 梁可视为刚体),在横梁上作用着载荷 F,如果杆 1,2,3 的长度、横截面积、弹性模量均相同,分别设为 l,A,E。试求杆 1,2,3 的轴力。

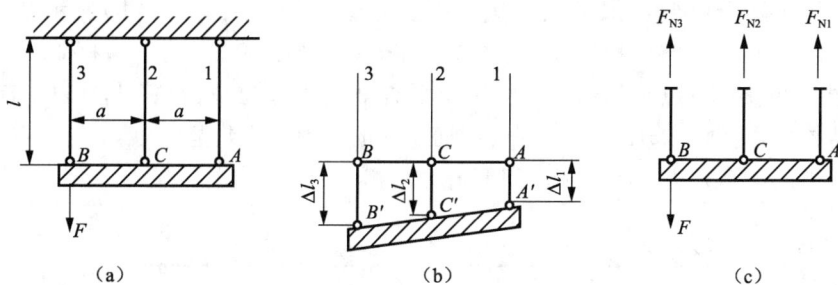

图 5-28　例题 5-10 图

解　在载荷 F 作用下,假设一种可能变形,如图 5-28(b)所示,则此时杆 1,2,3 均伸长,其伸长量分别为 $\Delta l_1,\Delta l_2,\Delta l_3$,杆 1,2,3 的轴力分别为拉力 F_{N_1},F_{N_2},F_{N_3},如图 5-28(c)所示。根据图 5-28(b)(c)可得:

(1) 平衡方程:

$$\sum F_y = 0,\quad F_{N_1} + F_{N_2} + F_{N_3} - F = 0 \tag{1}$$

$$\sum M_B = 0,\quad F_{N_1} \cdot 2a + F_{N_2} \cdot a = 0 \tag{2}$$

在式(1)、式(2)中包含着 F_{N1},F_{N2},F_{N3} 三个未知力,故为一次超静定。

(2) 变形几何方程:

$$\Delta l_1 + \Delta l_3 = 2\Delta l_2 \tag{3}$$

(3) 物理方程:

$$\Delta l_1 = \frac{F_{N_1} l}{EA},\quad \Delta l_2 = \frac{F_{N_2} l}{EA},\quad \Delta l_3 = \frac{F_{N_3} l}{EA} \tag{4}$$

将式(4)代入式(3)中,即得所需的补充方程

$$\frac{F_{N_1} l}{EA} + \frac{F_{N_3} l}{EA} = 2\,\frac{F_{N_3} l}{EA} \tag{5}$$

将式(1)、式(2)、式(5)三式联立求解,可得

$$F_{N_1} = -\frac{F}{6},\quad F_{N_2} = \frac{F}{3},\quad F_{N_3} = \frac{5F}{6} \tag{6}$$

由此例题可以看出,各杆的轴力是拉力还是压力,要以假设的变形关系图中所反映的杆是伸长还是缩短为依据,两者之间必须一致,即变形与内力的一致性。

上述的求解方法步骤,对一般超静定问题都是适用的,可总结如下:

（1）根据静力学平衡条件列出应有的平衡方程。

（2）根据变形的协调关系列出变形几何方程（是关键）。

（3）根据力与变形的物理关系建立物理方程（一般是胡克定律）。将几何方程与物理方程相结合,得所需的补充方程。

（4）补充方程与平衡方程联立求解即可得全部解。

*5.8.3 装配应力

在机械制造和结构工程中,零件或构件尺寸在加工过程中存在微小误差是难以避免的。这种误差在静定结构中,只不过会造成结构几何形状的微小改变,不会引起内力的改变[图 5-29(a)]。但对静不定结构,加工误差却往往会引起内力。如图 5-29(b)所示结构中,杆 3 比原设计长度短了 δ,若将三根杆强行装配在一起,必然导致杆 3 被拉长,杆 1,2 被压短,最终位置如图 5-29(b)所示点划线。这样,装配后杆 3 内引起拉应力,杆 1,2 内引起压应力。在静不定结构中,这种在未加载之前因装配而引起的应力称为装配应力。

装配应力的计算方法与解静不定问题的方法相同。

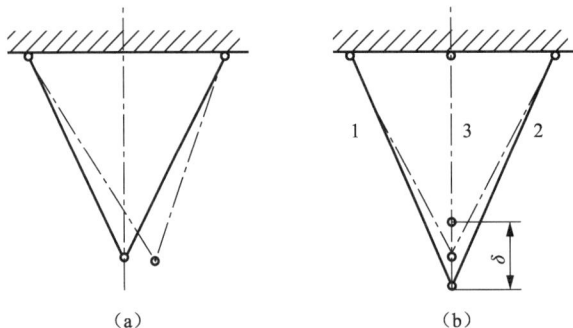

图 5-29 装配应力

*5.8.4 温度应力

温度变化将引起物体的膨胀或收缩。静定结构由于可以自由变形,温度均匀变化时不会引起构件的内力变化,也就不会引起应力。但对于静不定结构,由于它具有多余约束,温度变化将引起内力的改变,从而引起应力。在静不定结构中,这种由温度变化引起的应力称为温度应力或热应力。其值有时是很大的,因此,在工程中应足够重视。

温度应力的计算方法与静不定问题的计算方法相同。不同之处在于杆件的变形应包括弹性变形和由温度引起的变形两部分。

*例题 5-11 如图 5-30(a)所示,AB 为一装在两个刚性支承间的杆件。设杆 AB 长 l,横截面积为 A,材料的弹性模量为 E,线膨胀系数为 α。试求温度升高 ΔT 时杆内的温度应力。

解 温度升高以后,杆将伸长 Δl_T[图 5-30(b)],但因刚性支承的阻挡,使杆不能伸长,这就相当于在杆的两端加了压力。设两端的压力为 F_1 和 F_2。

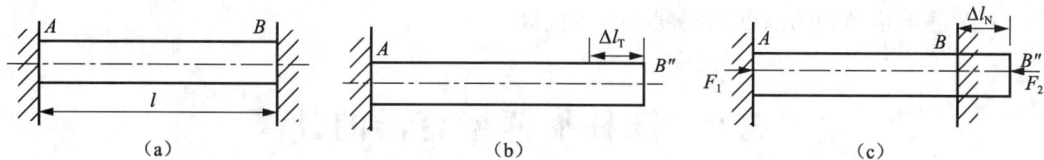

图 5-30 例题 5-11 图

(1) 平衡方程。有

$$F_1 = F_2 = F \tag{1}$$

两端压力虽相等，但 F 值未知，故为一次超静定。

(2) 变形几何方程。因为支承是刚性的，故与这一约束情况相适应的变形协调条件是杆的总长度不变，即 $\Delta l = 0$。但杆的变形包括由温度引起的变形和轴向压力引起的弹性变形两部分，故变形几何方程为

$$\Delta l = \Delta l_T - \Delta l_N = 0 \tag{2}$$

其中，Δl_T 表示由温度升高引起的变形；Δl_N 表示由轴力 $F_N (F_N = F)$ 引起的弹性变形。这两个变形都取绝对值。

(3) 物理方程。利用线膨胀定律和胡克定律，可得

$$\Delta l_T = \alpha \cdot \Delta T \cdot l, \quad \Delta l_N = \frac{F_N l}{EA} \tag{3}$$

将式(3)代入式(2)，可得温度内力为

$$F_N = \alpha \cdot E \cdot A \cdot \Delta T \tag{4}$$

由此得温度应力为

$$\sigma = \frac{F_N}{A} = \alpha \cdot E \cdot \Delta T \tag{5}$$

结果为正，说明假定杆受轴向压力是正确的。故该杆温度应力是压应力。

若杆的材料是钢，其 $\alpha = 12.5 \times 10^{-6} 1/℃$，$E = 200 \ \text{GPa}$，当温度升高 $\Delta T = 40 \ ℃$ 时，杆内温度应力由式(5)得

$$\sigma = \alpha \cdot E \cdot \Delta T = 12.5 \times 10^{-6} \times 200 \times 10^9 \times 40 \ \text{Pa}$$
$$= 100 \times 10^6 \ \text{Pa} = 100 \ \text{MPa} \quad (压应力)$$

由此数字可见温度应力是比较大的。

为了避免过大的温度应力，在钢轨铺设时必须留有空隙；在热力管道中有时要增加伸缩节，如图 5-31 所示。

然而事物总是有两面性，有时却又要利用它。这就要根据需要有意识地使其产生适当的热应力。如火车轮缘与轮毂在装配时需要配合，装配时将轮毂加热膨胀，使之内径增大，迅速压入轮缘中，这样轮缘与轮毂就紧紧抱在一起。工程上称之为热应力配合。

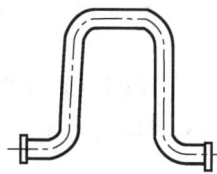

图 5-31 伸缩节

5.8.5 静不定结构的特点

(1) 在静不定结构中，各杆的内力与该杆的刚度及各杆的刚度的比值有关，任一杆件刚度的改变都将引起各杆内力的重新分配。

(2) 在静不定结构中温度变化或制造加工误差都将引起温度应力或装配应力。

（3）静不定结构的强度和刚度都有所提高。

*5.9　圆柱形薄壁容器的计算

圆柱形容器的壁厚小于半径的 1/20 时称为薄壁容器。储存气体和液体的容器,如锅炉、水塔、储气罐、输气(液)管道、油缸等都是圆柱形薄壁容器。本节只简单讨论这种薄壁容器强度的计算方法。

如图 5-32(a)所示为一圆柱形薄壁容器,其内直径为 D,壁厚为 δ,长度为 l。在内压 p(MPa)的作用下,容器的纵截面及横截面上都将产生拉伸应力。

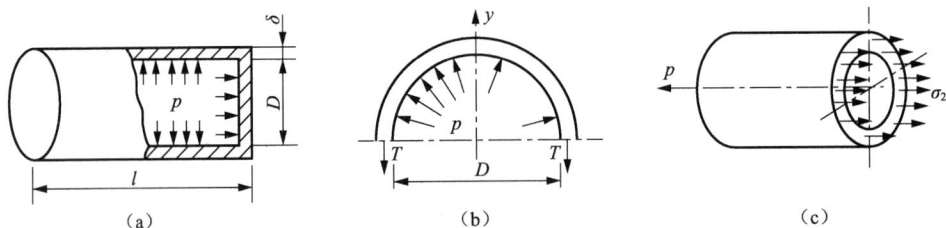

图 5-32　圆柱形薄壁容器的计算

5.9.1　纵截面上的应力

用截面法将容器沿纵截面截开,将下部移走,取纵向一个单位长度的单元体,如图 5-32(b)所示。设纵截面上每边的拉力为 T,由平衡方程式

$$\sum F_y = 0, \quad pD - 2T = 0$$
$$T = pD/2$$

所以
$$\sigma_1 = \frac{T}{A} = \frac{pD}{2\delta} \tag{5-13}$$

5.9.2　横截面上的应力

用截面法将容器沿横截面截开,如图 5-32(c)所示。设横截面上的应力为 σ_2,因壁厚很小,可以认为 σ_2 在横截面上是均匀分布的。压强 p 作用于筒底面的总作用力设为 P,有

$$\sum F_x = 0, \quad \pi D\delta\sigma_2 - p \cdot \frac{\pi}{4}D^2 = 0$$

则
$$\sigma_2 = PA_{底面} = \frac{pD}{4\delta} \tag{5-14}$$

由式(5-13)和(5-14)可以看出,纵截面上的应力比横截面上的应力大一倍,所以容器的纵截面是危险面,容器总是沿纵截面爆裂,故容器的强度条件为

$$\sigma_1 = \frac{pD}{2\delta} \leqslant [\sigma] \tag{5-15}$$

例题 5-12　设某轮船上的主压缩空气瓶,壁厚为 $\delta = 30$ mm,气瓶的内直径为

1 520 mm,材料的许用应力$[\sigma]=120$ MPa,气瓶的压强为 3×10^3 kPa。试校核气瓶的强度。

解：由强度条件式(5-15)得

$$\sigma_1=\frac{pD}{2\delta}=3\times10^3\times1.52/(2\times0.03)\ \text{Pa}=76\ \text{MPa}\leqslant[\sigma]=120\ \text{MPa}$$

所以安全。

本 章 小 结

本章及第二篇的引言,较全面地阐述了材料力学的基本概念、基本内容和基本方法,内容丰富,是材料力学的基础。这些知识的掌握情况将直接影响后面各章的学习,因此,对这部分知识的学习应予以高度重视。

1. 材料力学是研究构件的变形、破坏与作用在构件上的外力之间的关系。变形是一个重要的研究内容,因此在材料力学所研究的问题中,把构件看成变形固体,简称为变形体。

2. 材料力学研究中对变形固体做了四个基本假设。采用这些基本假设,可使问题的分析和计算得到简化。

3. 材料力学主要研究构件中的杆件问题,杆件由于外力作用方式不同将发生四种形式的基本变形——轴向拉伸或压缩、剪切、扭转和弯曲。

4. 拉伸与压缩基本概念。

受力特点:所有外力或外力的合力沿杆轴线作用。

变形特点:杆沿轴线伸长或缩短。

5. 内力。材料力学所研究的内力是指构件在受外力作用后引起的构件内力的改变量。

6. 轴力。轴向拉伸与压缩时横截面上的内力称为轴力,一般用 F_N 表示。

7. 应力。单位面积上的内力称为应力,它反映了杆件受力后内力在截面上的集聚程度。应力通常分解为垂直截面的正应力 σ 和沿截面的切应力 τ。

拉(压)杆件横截面上只有正应力,且正应力沿横截面均匀分布,截面上任意点的应力为

$$\sigma=\frac{F_N}{A}$$

8. 应变。应变为单位长度的伸长或缩短。杆轴向拉伸或压缩时,轴向的应变称为纵向线应变,横向的应变称为横向线应变。

纵向线应变

$$\varepsilon=\frac{\Delta l}{l}$$

横向线应变

$$\varepsilon'=\frac{\Delta b}{b}$$

9. 泊松比。对于同一种材料,当应力不超过比例极限时,横向线应变与纵向线应变之比的绝对值为常数。比值称为泊松比,即

$$\nu=\left|\frac{\varepsilon'}{\varepsilon}\right|$$

10. 胡克定律。当杆件横截面上的正应力不超过比例极限时，杆件的伸长量 Δl 与轴力 F_N 及杆原长 l 成正比，与横截面积 A 成反比，同时与材料的性能有关，即

$$\Delta l = \frac{F_N l}{EA}$$

胡克定律的另一种表达形式 $\qquad \sigma = \varepsilon E$

11. 轴向拉（压）杆的强度计算。

（1）强度条件：

$$\sigma_{max} = \frac{F_N}{A} \leqslant [\sigma]$$

（2）强度条件可解决工程中的三类问题：强度校核，设计截面尺寸，确定许可载荷。

12. 材料的力学性能。

材料通常分为塑性材料（$\delta \geqslant 5\%$）和脆性材料（$\delta < 5\%$）。塑性材料抗拉、抗压性能基本相同，而脆性材料抗压性能大大优于抗拉性能，因此常用作承压构件。

材料的主要力学性能指标：

（1）强度指标——屈服极限 $\sigma_s（\sigma_{0.2}）$、强度极限 σ_b；

（2）刚度指标——弹性模量 E、泊松比 ν；

（3）塑性指标——断后延伸率 δ。

13. 拉（压）静不定结构的概念及解法。拉（压）结构中，未知力数目超过结构独立的静力平衡方程数目，仅用平衡方程不能求解的问题，称为拉（压）超静定问题或静不定问题。求解静不定问题必须通过建立相应所需的补充方程，与原结构的静力平衡方程联立求解才能解决。

思 考 题

1. 什么是弹性变形？什么是塑性变形？

2. 在材料力学中对所研究的杆件作了哪些基本假设？有何意义？

3. 何谓杆件？杆件由于外力作用方式不同将发生哪些基本变形？

4. 轴向拉（压）的受力特点和变形特点是什么？什么叫内力？

5. 什么是弹性变形？什么是塑性变形？

6. 何谓截面法？用截面法求内力的方法和步骤如何？

7. 什么叫轴力？轴力的正负号是怎样规定的？

8. 若两根材料和截面积都不同的拉杆受相同的轴向拉力作用，它们的内力是否相同？

9. 轴力和截面积相等而截面形状和材料不同的拉杆，它们的应力是否相等？

10. 如何衡量材料的塑性指标？用什么指标来区分塑性材料和脆性材料？

11. 什么是材料的力学性能？塑性材料和脆性材料的力学性能有哪些不同？

12. 什么是应力集中现象？生产实际中常用哪些方法来减小应力集中？

13. 工作应力、许用应力和危险应力有什么区别？它们之间又有什么关系？

14. 根据轴向拉伸（压缩）时的强度条件，可以计算哪三种不同类型的强度问题？

效 果 测 验

(1) 轴向拉伸和压缩时,杆件的受力特点是作用在杆端的两个力(或外力的合力)的大小____、方向____,且作用线与杆的____重合;变形特点是杆沿____方向的伸长或缩短。

(2) 拉伸和压缩的正应力方向与它所在的截面相____,正应力在截面上是____分布的。正应力的计算公式是____;式中的____是杆件的横截面积;____是横截面上轴力的大小;____是横截面上的正应力,其单位是____。

(3) 轴向拉伸(压缩)时,杆件长度的____量,称为绝对变形,以符号____表示;而单位长度的____变形称为应变,以符号____表示。

(4) 当应力不超过某一极限时,____与____成正比,这就是拉(压)胡克定律。胡克定律的数学表达式有____和____两种。式中的比例常数____叫作材料的弹性模量,其单位是____,它的大小表示材料的性质和抵抗____的能力;式中的乘积____称为杆件的抗拉(压)刚度,它的大小表示杆件抵抗____的能力;____是横截面上轴力的大小;____是横截面上的正应力,其单位是____。

(5) 材料的强度指标主要有____和____,分别以____和____表示;材料的刚度指标是____,以符号____表示;材料的塑性指标主要有____和____,以符号____和____表示。

(6) 构件在____或产生较大的____时的应力叫作危险应力,以符号____表示。塑性材料的危险应力是____,脆性材料的危险应力是____。

(7) 许用应力是工程中规定的每一种____所能允许承受的应力,以符号____表示。

(8) 塑性材料的许用应力为____,脆性材料的许用应力为____和____。许用应力等于____和____。

(9) 构件轴向拉伸和压缩的强度条件是_____,根据这个条件可以求解强度计算中的____、____和____三种类型的问题。

习 题

5-1 试求题 5-1 图所示 1—1,2—2,3—3 截面上的轴力。

5-2 试求题 5-2 图所示各杆 1—1,2—2,3—3 截面上的轴力,并作轴力图。

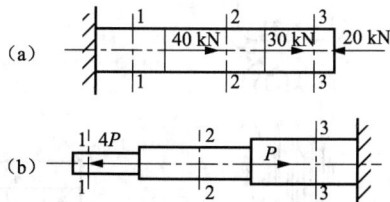

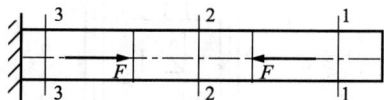

题 5-1 图   题 5-2 图

5-3 阶梯形钢杆如题 5-3 图所示,AC 段横截面积 $A_1=400\ \mathrm{mm}^2$,CD 段横截面积 $A_2=$

$200\ \text{mm}^2$，材料的弹性模量 $E=2\times10^5$ MPa。求该阶梯形钢杆在图示外力作用下的总变形量。

5-4　试求题 5-4 图所示钢杆各段内横截面上的应力和杆的总变形。设杆的横截面积等于 $1\ \text{cm}^2$，钢的弹性模量 $E=200\ \text{GN/m}^2$。

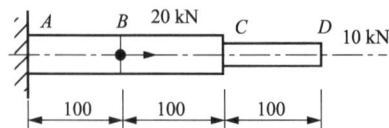

题 5-3 图

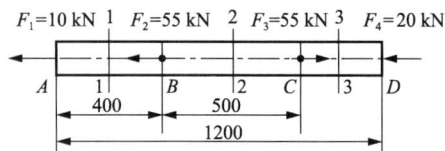

题 5-4 图

5-5　作用于题 5-5 图示零件上的拉力 $P=38$ kN，试问零件内最大拉应力发生于哪个截面上，并求其值。

5-6　链条由两层钢板组成，每层钢板厚度 $l=4.5$ mm，宽度 $H=65$ mm，$h=40$ mm，钢板材料许用应力 $[\sigma]=80$ MPa，若链条的拉力 $P=25$ kN，校核其拉伸强度。

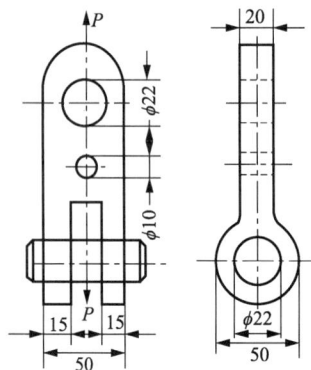

题 5-5 图

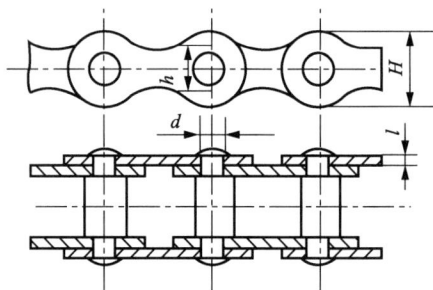

题 5-6 图

5-7　题 5-7 图所示滑轮最大起吊重量为 300 kN，材料为 20 钢，许用应力 $[\sigma]=44$ MPa，求上端螺纹内径 d。

5-8　题 5-8 图所示结构中，刚性杆 AC 受到均布载荷 $q=20$ kN/m 的作用。若钢制拉杆 AB 的许用应力 $[\sigma]=150$ MPa，试求其所需的横截面积。

5-9　题 5-9 图所示为一手动压力机，在物体 C 上所加最大压力为 150 kN，已知手动压力机的立柱 A 和螺杆 B 所用材料为 Q235 钢，许用应力 $[\sigma]=160$ MPa。

（1）试按强度要求设计立柱 A 的直径 D。

（2）若螺杆 B 的内径 $d=40$ mm，试校核其强度。

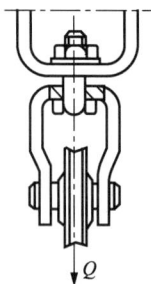

题 5-7 图

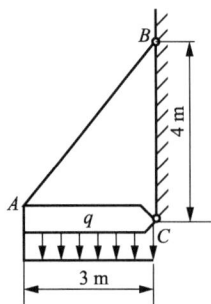

题 5-8 图

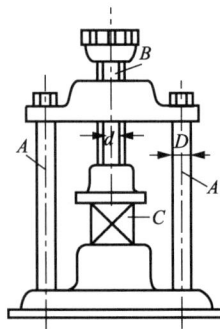

题 5-9 图

5-10　题5-10图所示为三角形构架,杆 AB 和 BC 都是圆截面的,杆 AB 直径 $d_1 =$ 20 mm,杆 BC 直径 $d_2 = 40$ mm,两者都由 Q235 钢制成。设重物的重量 $G = 20$ kN,钢的的许用应力 $[\sigma] = 160$ MPa,问此构架是否满足强度条件。

5-11　题5-11图所示简易吊车中,BC 为钢杆,AB 为木杆。木杆 AB 的横截面积 $A_1 =$ 100 cm²,许用应力 $[\sigma] = 7$ MPa,钢杆 BC 的横截面积 $A_2 = 6$ cm²,许用应力 $[\sigma] = 60$ MPa。试求许可吊重 F。

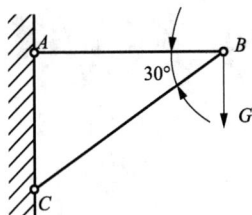
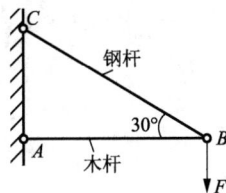

题 5-10 图　　　　　　　　题 5-11 图

第6章
剪切与挤压的实用计算

工程中,常需用螺栓、铆钉、键等连接件将几个构件连成一体。连接件以剪切和挤压为主要变形。连接件几何尺寸小,受力、变形一般较为复杂。本章介绍工程中常用的实用计算方法,对连接件进行强度计算。

6.1　剪切和挤压的概念

6.1.1　剪切的概念

工程中构件之间起连接作用的构件称为连接件,它们担负着传递力或运动的任务。如图 6-1(a)和(b)所示的铆钉和键。将它们从连接部分取出[图 6-1(c)(d)],加以简化便得到剪切的受力和变形简图[图 6-1(e)(f)]。由图可见,剪切的受力特点是:作用在杆件上的是一对等值、反向、作用线相距很近的横向力(即垂直于杆轴线的力);剪切的变形特点是:在两横向力之间的横截面将沿力的方向发生相对错动。杆件的这种变形称为剪切变形。剪切变形是杆件的基本变形之一,若此时外力过大,杆件就可能在两力之间的某一截面,如 m—m 处被剪断,m—m 截面称为剪切面,如图 6-1 中的 m—m 横截面。

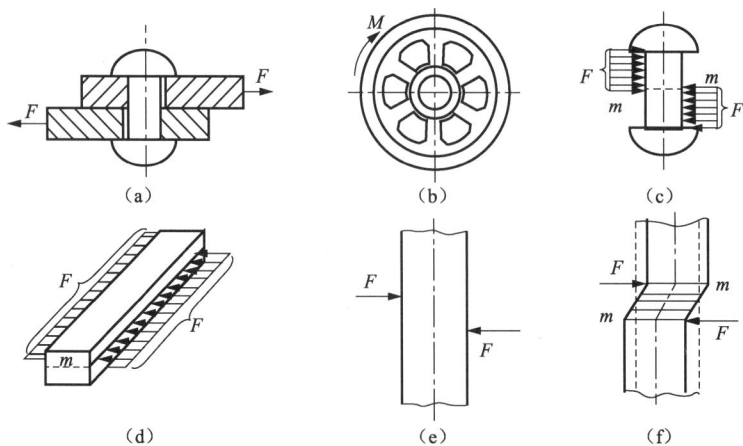

图 6-1　剪切与挤压变形

6.1.2 挤压的概念

杆件在发生剪切变形的同时,常伴有挤压变形。如图 6-1(a)所示的铆钉与钢板接触处,图 6-1(b)中的键与轮、键与轴的接触处,很小的面积上需要传递很大的压力,极易造成接触部位的压溃,构件的这种变形称为挤压变形。因此,在进行剪切计算的同时,也需进行挤压计算。

6.1.3 剪切和挤压的实用计算法

剪切变形或挤压变形只发生于连接构件的某一局部,而且外力也作用在此局部附近,所以其受力和变形都比较复杂,难以从理论上计算它们的真实工作应力。这就需要寻求一种反映剪切或挤压破坏实际情况的近似计算方法,即实用计算法。根据这种方法算出的应力只是一种名义应力。

下面通过铆钉连接的应力计算,来说明剪切和挤压的实用计算方法。

6.2 剪切强度条件

6.2.1 剪切的实用计算

1. 剪切面上的内力

现以图 6-2(a)所示铆钉连接为例,用截面法分析剪切面上的内力。选铆钉为研究对象,进行受力分析,画受力图,如图 6-2(b)所示。假想将铆钉沿 m—m 截面截开,分为上下两部分,如图 6-2(c)所示,任取一部分为研究对象,由平衡条件可知,在剪切面内必然有与外力 F 大小相等、方向相反的内力存在,这个作用在剪切面内部与剪切面平行的内力称为剪力,用 F_Q 表示[图 6-2(c)]。剪力 F_Q 的大小可由平衡方程求得

$$\sum F_x = 0, \quad F_Q = F$$

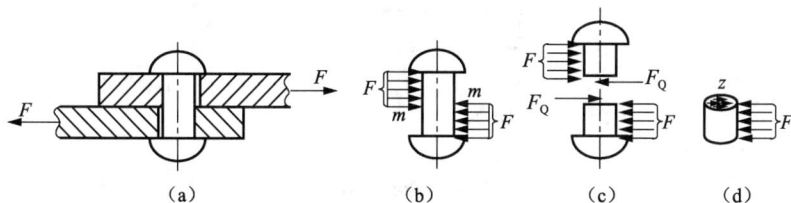

图 6-2 铆钉连接

2. 剪切面上的切应力

剪切面上内力 F_Q 分布的集度称为切应力,其方向平行于剪切面与 F_Q 相同,用符号 τ 表示,如图 6-2(d)所示。切应力的实际分布规律比较复杂,很难确定,工程上通常采用建立在实验基础上的实用计算法,即假定切应力在剪切面上是均匀分布的,故

$$\tau = \frac{F_Q}{A} \tag{6-1}$$

式中，F_Q 为剪切面上的剪力，单位为 N；A 为剪切面的面积，单位为 mm^2。

3. 剪切强度条件

为了保证构件在工作中不被剪断，必须使构件的工作切应力不超过材料的许用切应力，即

$$\tau = \frac{F_Q}{A} \leqslant [\tau] \tag{6-2}$$

式(6-2)称为剪切强度条件。

其中，$[\tau]$ 为材料的许用切应力，其大小等于材料的抗剪强度 τ_b 除以安全系数 n，即

$$[\tau] = \frac{\tau_b}{n}$$

这里的许用切应力 $[\tau]$ 可根据连接件实物或试件的剪切破坏实验测试得到，即测出连接件在剪切破坏时的极限剪力 F_{0b}，然后由 $\tau_{0b} = F_{0b}/A_0$ 算得极限切应力，再除以安全因数 n 得到 $[\tau]$。

工程中，常用材料的许用切应力可从有关手册中查取，也可按下列经验公式确定：

塑性材料：$[\tau] = (0.6 \sim 0.8)[\sigma]$

脆性材料：$[\tau] = (0.8 \sim 1.0)[\sigma]$

式中，$[\sigma]$ 为材料拉伸时的许用应力。

与拉伸(或压缩)强度条件一样，剪切强度条件也可以解决剪切变形的三类强度计算问题：强度校核、设计截面尺寸和确定许用载荷。

例题 6-1　图 6-3(a)所示吊杆的直径 $d = 20$ mm，其上部为圆盘。吊杆穿过一个直径为 $D = 40$ mm 的孔，当吊杆承受 $F = 20$ kN 的力作用时，试确定圆盘厚度 t 的最小值。已知吊杆上部圆盘的许用切应力 $[\tau] = 35$ MPa。

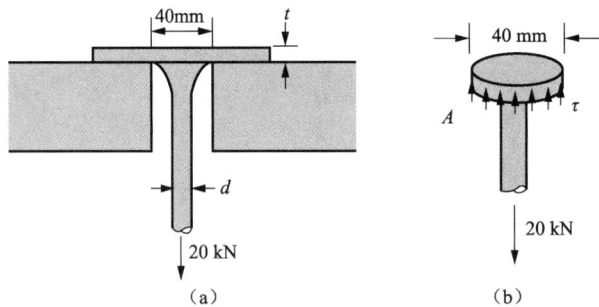

图 6-3　例题 6-1 图

解：吊杆圆盘中心部分的受力如图 6-3(b)所示，在直径为 $D = 40$ mm 的截面处有剪切力 F_Q，从而有切应力 τ 产生。材料必须能够承受切应力的作用，以防止盘从孔中脱出。假定该切应力沿剪切面均匀分布，已知载荷 $F = 20$ kN，由平衡条件得 $F_Q = F = 20$ kN，由式(6-1)有

$$A = F_Q/[\tau]$$

故

$$A = F_Q/[\tau] = \frac{20 \times 10^3 \, \text{N}}{35 \times 10^6 \, \text{N/m}^2} = 0.571\,4 \times 10^{-3} \, \text{m}^2$$

由于剪切面的面积 $A = 2\pi(0.04 \, \text{m}/2)t$，所以所需的圆盘厚度为

$$t = \frac{0.571\,4 \times 10^{-3} \, \text{m}^2}{2\pi \times 0.02 \, \text{m}} = 4.55 \times 10^{-3} \, \text{m} = 4.55 \, \text{mm}$$

6.3 挤压强度条件

6.3.1 挤压的实用计算

在连接件和被连接件的接触面上将产生局部承压的现象。如图 6-4 所示的铆钉连接中，在铆钉与钢板相互接触的侧面上将发生彼此间的局部承压现象。若外力过大，构件则发生挤压破坏。相互接触面称挤压面，其上的压力称为挤压力，并记为 F_{jy}。挤压力可根据被连接件所受的外力，由静力平衡条件求得。如图 6-5 所示，F_{jy} 的大小等于接触面所受外力的大小。

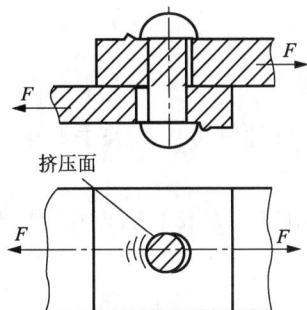

图 6-4 挤压的现象

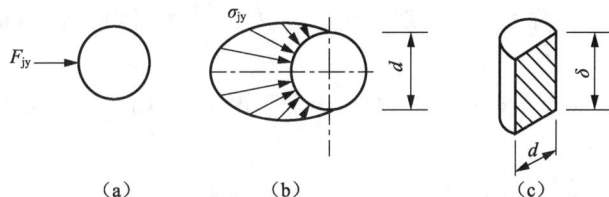

（a）　　　（b）　　　（c）

图 6-5 挤压力与挤压应力

1. 挤压应力 σ_{jy} 的实用计算

$$\sigma_{jy} = \frac{F_{jy}}{A_{jy}} \tag{6-3}$$

式中，F_{jy} 为接触面上的挤压力；A_{jy} 为挤压面积。

2. 挤压面积 A_{jy} 的计算

当连接件与被连接构件的接触面为平面，如图 6-6（a）所示，键连接中键与轴及轮毂间的接触面时，挤压面积 A_{jy} 即为实际接触面的面积，有

$$A_{jy} = lh/2$$

当接触面为圆柱面{如螺栓或铆钉连接中螺栓与钢板间的接触面[图 6-6（b）]}时，挤压面积 A_{jy} 取为实际接触面在直径平面上的投影面积 $A_{jy} = dt$，如图 6-6（c）所示。理论分析表明，这类圆柱状连接件与钢板孔壁间接触面上的理论挤压应力沿圆柱面的变化情况如图 6-6（b）所示，而按式（6-3）算得的名义挤压应力与接触面中点处的最大理论挤压应力值相近。

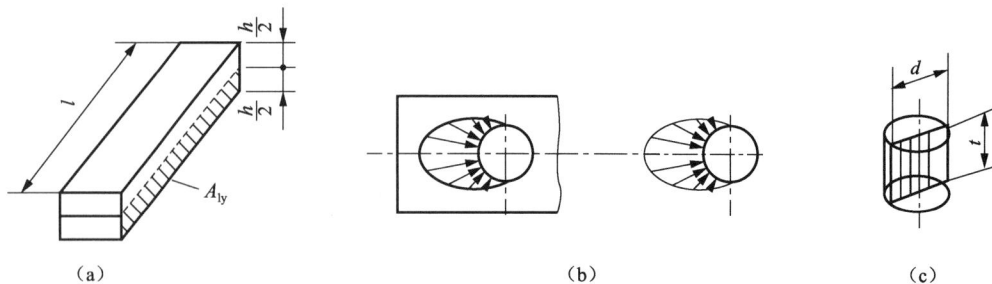

图 6-6 挤压面面积 A_{jy} 的计算

需要说明的是，挤压力是构件之间的相互作用力，是一种外力，它与轴力 F_N 和剪力 F_Q 这些内力在本质上是不同的。

6.3.2 挤压强度条件

为了保证构件不产生局部挤压塑性变形，必须使构件的工作挤压应力不超过材料的许用挤压应力。许用挤压应力是通过直接试验，并按名义挤压应力公式得到材料的极限挤压应力，再除以适当的安全系数，从而确定许用挤压应力 $[\sigma_{jy}]$。

于是，挤压的强度条件可表示为

$$\sigma_{jy} = \frac{F_{jy}}{A_{jy}} \leqslant [\sigma_{jy}] \tag{6-4}$$

式(6-4)称为挤压强度条件。式中，$[\sigma_{jy}]$ 为材料的许用挤压应力，设计时可由有关手册中查取。

根据实验积累的数据，一般情况下，许用挤压应力 $[\sigma_{jy}]$ 与许用拉应力 $[\sigma]$ 之间存在下述关系：

塑性材料：$[\sigma_{jy}] = (1.5 \sim 2.5)[\sigma]$

脆性材料：$[\sigma_{jy}] = (0.9 \sim 1.5)[\sigma]$

应当注意，当连接件和被连接件材料不同时，应对材料的许用应力低者进行挤压强度计算，这样才能保证结构安全可靠地工作。

应用挤压强度条件仍然可以解决三类问题，即强度校核，设计截面尺寸和确定许可载荷。由于挤压变形总是伴随剪切变形产生，因此在进行剪切强度计算的同时，也应进行挤压强度计算，只有既满足剪切强度条件又满足挤压强度条件的构件才能正常工作，既不会被剪断也不会被压溃。

需要说明的是，尽管剪切和挤压实用计算是建立在假设基础上的，但它以实验为依据，以经验为指导，因此剪切和挤压实用计算方法在工程中具有很高的实用价值，被广泛采用，并已被大量的工程实践证明是安全可靠的。

例题 6-2 齿轮用平键与传动轴连接，如图 6-7(a)所示。已知轴的直径 $d = 50$ mm，键的尺寸 $b \times h \times l = 16$ mm $\times 10$ mm $\times 50$ mm，键的许用切应力 $[\tau] = 60$ MPa，许用挤压应力 $[\sigma_{jy}] = 100$ MPa，作用在轴上的外力偶矩 $M = 0.5$ kN·m。校核键的强度。

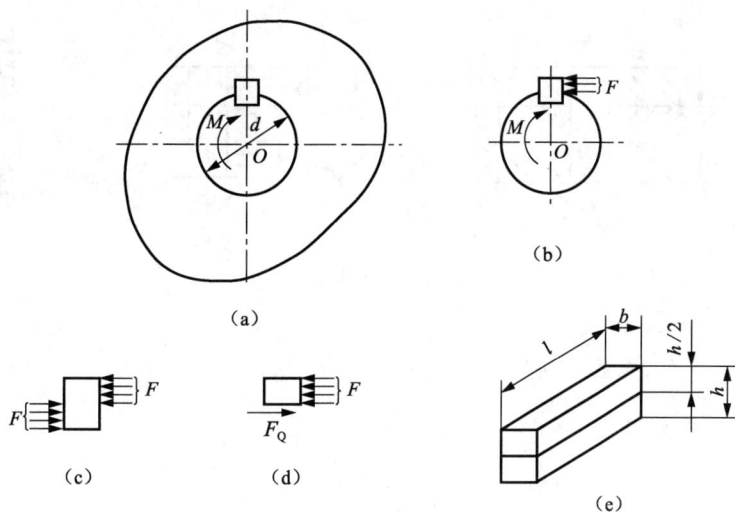

图 6-7 例题 6-2 图

解 (1)求作用在键上的外力 F。

选轴和键整体为研究对象,进行受力分析,画受力图,如图 6-7(b)所示。列平衡方程

$$\sum M_O(F) = 0 \quad F\frac{d}{2} - M = 0$$

得

$$F = \frac{M}{d/2} = \frac{0.5 \times 10^3}{50/2} \text{kN} = 20 \text{ kN}$$

(2)校核键的剪切强度。

选键为研究对象,进行受力分析,画受力图,如图 6-7(c)所示。用截面法求剪切面上的内力 F_Q,如图 6-7(d)所示,有

$$F_Q = F$$

由剪切强度条件得

$$\tau = \frac{F_Q}{A} = \frac{F}{bl} = \frac{20 \times 10^3}{16 \times 50} \text{MPa} = 25 \text{ MPa} < [\tau]$$

故键的剪切强度足够。

(3)校核键的挤压强度。

由图 6-7(c)可知挤压面有两个,它们的挤压面积相同,所受挤压力也相同,故产生的挤压应力相等,如图 6-7(e)所示挤压面为平面,故挤压面积按实际面积计算。由挤压强度条件得

$$\sigma_{jy} = \frac{F_{jy}}{A_{jy}} = \frac{F}{lh/2} = \frac{20 \times 10^3}{50 \times 10/2} \text{MPa} = 80 \text{ MPa} < [\sigma_{jy}]$$

故键的挤压强度足够。

例题 6-3 铆钉连接钢板如图 6-8(a)所示,已知作用于钢板上的力 $F = 15$ kN,钢板的厚度 $t = 10$ mm,铆钉的直径 $d = 15$ mm,铆钉的许用切应力 $[\tau] = 60$ MPa,许用挤压应力 $[\sigma_{jy}] = 200$ MPa。校核铆钉的强度。

解 (1)选铆钉为研究对象,进行受力分析,画受力图,如图 6-8(b)所示。由图可知铆钉受双剪,剪切面分别为 m—m 截面和 n—n 截面。

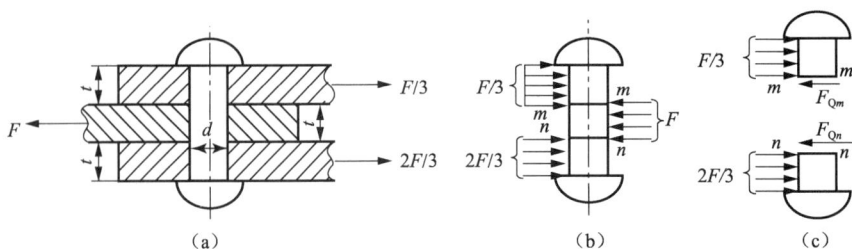

图 6-8　例题 6-3 图

（2）校核铆钉的剪切强度。

如图 6-8(c)所示，用截面法求剪切面上的内力 F_Q。

对于 m—m 截面：$F_{Qm}=\dfrac{F}{3}$

对于 n—n 截面：$F_{Qn}=\dfrac{2F}{3}$

所以危险截面为 n—n 截面，只需对 n—n 截面进行校核。由剪切强度条件得

$$\tau=\frac{F_{Qn}}{A}=\frac{2F/3}{\pi d^2/4}=\frac{2\times15\times10^3/3}{\pi\times15^2/4}\ \mathrm{MPa}=56.6\ \mathrm{MPa}<[\tau]$$

故铆钉的剪切强度足够。

（3）校核铆钉的挤压强度。

分析可知，挤压面为半个圆柱面，故挤压面积按圆柱体的正投影进行计算。由图 6-8(b)可见，挤压面有三个，挤压面积均相等，中间的挤压面（力 F 的作用面）所受挤压力最大，故此挤压面为危险挤压面，只需对中间的挤压面进行校核。由挤压强度条件得

$$\sigma_{jy}=\frac{F_{jy}}{A_{jy}}=\frac{F}{dt}=\frac{15\times10^3}{15\times10}\ \mathrm{MPa}=100\ \mathrm{MPa}<[\sigma_{jy}]$$

故铆钉的挤压强度足够。

例题 6-4　汽车与拖车之间用挂钩的销钉连接，如图 6-9(a)所示，已知挂钩的厚度 $t=8\ \mathrm{mm}$，销钉材料的许用切应力 $[\tau]=60\ \mathrm{MPa}$，许用挤压应力 $[\sigma_{jy}]=200\ \mathrm{MPa}$，机车的牵引力 $F=20\ \mathrm{kN}$。设计销钉的直径。

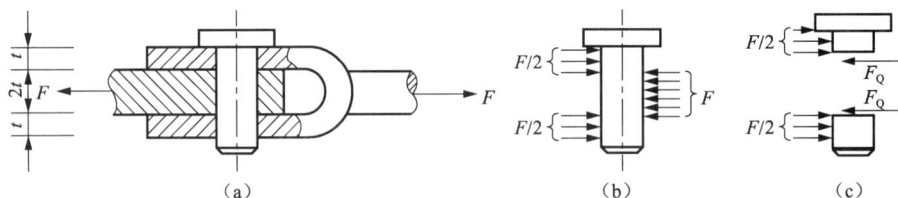

图 6-9　例题 6-4 图

解　（1）选销钉为研究对象，进行受力分析，画受力图，如图 6-9(b)所示。由图中可知销钉受双剪。

（2）根据剪切强度条件，设计销钉直径 d，如图 6-9(c)所示，用截面法求剪切面上的内力 F_Q，由图中可得两个剪切面上的内力相等，均为

$$F_Q=\frac{F}{2}$$

由剪切强度条件得

$$\tau = \frac{F_{Qn}}{A} = \frac{F/2}{\pi d_1^2 / 4} \leqslant [\tau]$$

故

$$d_1 \geqslant \sqrt{\frac{2F}{\pi [\tau]}} = \sqrt{\frac{2 \times 20 \times 10^3}{\pi \times 60}} \text{ mm} = 14.57 \text{ mm}$$

（3）根据挤压强度条件设计销钉直径 d。

由图 6-9(b) 可见，有三个挤压面，分析可得三个挤压面上的挤压应力均相等，故可取任意一个挤压面进行计算，这里取中间的挤压面（力 F 的作用面）进行挤压强度计算。由挤压强度条件得

$$\sigma_{jy} = \frac{F_{jy}}{A_{jy}} = \frac{F}{d_2 \times 2t} < [\sigma_{jy}]$$

故

$$d_2 \geqslant \frac{F}{[\sigma_{jy}] \times 2t} = \frac{20 \times 10^3}{200 \times 2 \times 8} \text{mm} = 6.25 \text{ mm}$$

因为 $d_1 > d_2$，销钉既要满足剪切强度条件又要满足挤压强度条件，故其直径应取大者，d_1 圆整，取 $d = 15$ mm。

6.4 综合强度计算及其他剪切计算

6.4.1 剪切、挤压与拉伸（或压缩）综合强度计算举例

在对连接结构的强度计算中，除了要进行剪切、挤压强度计算外，有时还应对被连接件进行拉伸（或压缩）强度计算，因为在连接处被连接件的横截面受到削弱，往往成为危险截面。在受到削弱的截面上存在着应力集中现象，故对这样的截面进行的拉伸（或压缩）强度计算也是必需的。通常也是用实用计算法。

例题 6-5 两块钢板用四只铆钉连接，如图 6-10(a) 所示，钢板和铆钉的材料相同，其许用拉应力 $[\sigma] = 175$ MPa，许用切应力 $[\tau] = 140$ MPa，许用挤压应力 $[\sigma_{jy}] = 320$ MPa，铆钉的直径 $d = 16$ mm，钢板的厚度 $t = 10$ mm，宽度 $b = 85$ mm。当拉力 $F = 110$ kN 时，校核铆接各部分的强度（假设各铆钉受力相等）。

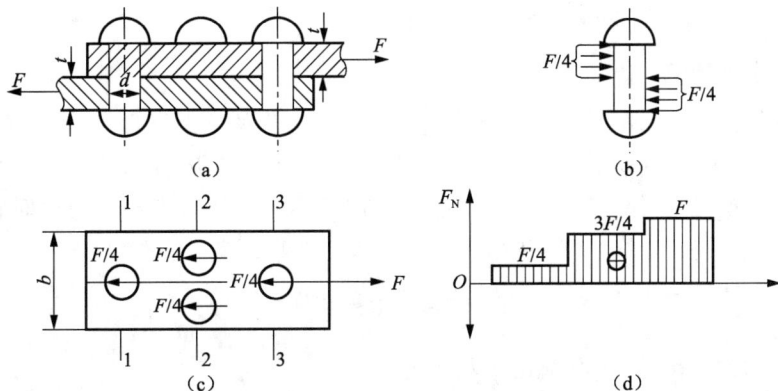

图 6-10 例题 6-5 图

解 选铆钉和钢板为研究对象，分别画受力图，如图 6-10(b)(c)所示。分析可知，此连接结构有三种可能的破坏形式：① 铆钉被剪断；② 铆钉与钢板的接触面上发生挤压破坏；③ 钢板被拉断。

(1) 校核铆钉的剪切强度。因为假定每个铆钉受力相同，所以每个铆钉受力均为 $F/4$，如图 7-10(b)所示。用截面法求得剪切面上的内力 F_Q，有

$$F_Q = \frac{F}{4}$$

由剪切强度条件得

$$\tau = \frac{F_Q}{A} = \frac{F/4}{\pi d^2/4} = \frac{F}{\pi d^2} = \frac{110 \times 10^3}{\pi \times 16^2} \text{MPa} = 136.8 \text{ MPa} < [\tau]$$

故铆钉的剪切强度足够。

(2) 校核铆钉的挤压强度。每个铆钉所受的挤压力为

$$F_{jy} = \frac{F}{4}$$

由挤压强度条件得

$$\sigma_{jy} = \frac{F_{jy}}{A_{jy}} = \frac{F/4}{dt} = \frac{110 \times 10^3}{4 \times 16 \times 10} \text{MPa} = 171.9 \text{ MPa} < [\sigma_{jy}]$$

故铆钉挤压强度足够。

(3) 校核钢板的拉伸强度。两块钢板的受力情况相同，故可校核其中任意一块，本例中校核上面一块。根据图 6-10(c)画出轴力图，如图 6-10(d)所示。图中可见，1—1 截面和 3—3 截面的面积相同，但后者轴力较大，故 3—3 截面比 1—1 截面应力大；2—2 截面的轴力较 3—3 截面小，但其截面积也小，所以此两截面都可能是危险截面，需同时校核。

由拉伸强度条件得

2—2 截面：$\sigma_2 = \dfrac{F_{N2}}{A_2} = \dfrac{3F/4}{(b-2d)l} = \dfrac{3 \times 110 \times 10^3/4}{(85-2 \times 16) \times 10} \text{MPa} = 155.7 \text{ MPa} < [\sigma]$

3—3 截面：$\sigma_3 = \dfrac{F_{N3}}{A_3} = \dfrac{F}{(b-d)l} = \dfrac{110 \times 10^3}{(85-16) \times 10} \text{MPa} = 159.4 \text{ MPa} < [\sigma]$

故钢板的拉伸强度足够。

6.4.2 其他剪切计算

1. 冲床冲力计算

以上所讨论的问题，都是保证连接结构安全可靠工作的问题。但是，工程实际中也会遇到与之相反的问题，即利用剪切破坏的特点来工作。例如，车床传动轴上的保险销，当超载时，保险销被剪断，从而保护车床的重要部件不被损坏。又如冲床冲压工件时，为了冲制所需的零部件必须使材料发生剪切破坏。此类问题所要求的破坏条件为

$$\tau = \frac{F_Q}{A} > \tau_b \tag{6-5}$$

式中，τ_b 为材料的抗剪强度，其值由实验测定。

例题 6-6 在厚度 $t = 8$ mm 的钢板上冲裁直径 $d = 25$ mm 的工件，如图 6-11 所示，已知材料的抗剪强度 $\tau_b = 314$ MPa。问最小冲裁力为多大？冲床所需冲力为多大？

解 冲床冲压工件时,工件产生剪切变形,其剪切面为冲压件圆柱体的外表面,如图 6-11 所示,其高为 t,直径为 d。剪切面积 $A = \pi dt$,剪切面上的内力为

$$F_Q = F$$

由式(6-5)得

$$\tau = \frac{F_Q}{A} = \frac{F}{\pi dt} > \tau_b$$

则最小冲裁力　　$F_{min} = \pi dt \tau_b = \pi \times 25 \times 8 \times 314 \ N = 1.97 \times 10^5 \ N = 197 \ kN$

为保证冲床工作安全,一般将最小冲裁力加大 30% 计算冲床所需冲。因此,冲床所需冲力为

$$F = 1.3 F_{min} = 256 \ kN$$

*2. 焊接焊缝的实用计算

对于主要承受剪切的焊接焊缝,如图 6-12 所示,假定沿焊缝的最小断面即焊缝最小剪切面发生破坏,并假定切应力在剪切面上是均匀分布的。若一侧焊缝的剪力 $F_Q = F/2$,于是,焊缝的剪切强度准则为

$$\tau_{max} = \frac{F_Q}{A_{min}} = \frac{F_Q}{\delta l \cos 45°} \leqslant [\tau] \tag{6-6}$$

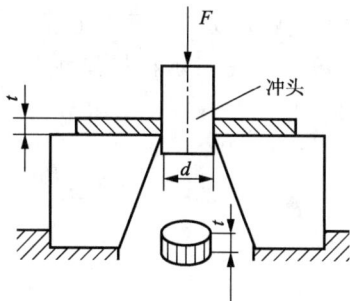

图 6-11　例 6-6 图

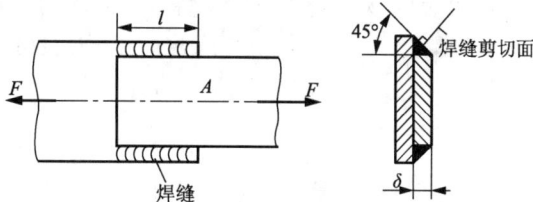

图 6-12　焊接焊缝的实用计算

6.5　剪切胡克定律与切应力互等定理

6.5.1　切应变与剪切胡克定律

如图 6-13 所示,在杆件受剪部分中的某一点 K 处,取一微小的正六面体放大,剪切变形时,剪切面发生相对错动,使正六面体 $abcdefgh$ 变为平行六面体 $ab'cd'ef'gh'$。

线段 bb' 为相距 dx 的两截面相对错动滑移量,称为绝对剪切变形。相距一个单位长度的两截面相对滑移量称为相对剪切变形,亦称为切应变,用 γ 表示。因剪切变形时 γ 值很小,所以 $bb'/dx = \tan \gamma \approx \gamma$。切应变 γ 是直角的微小改变量,用弧度(rad)度量。

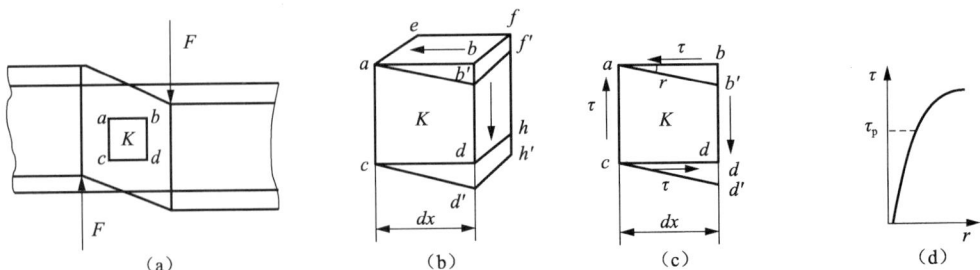

图 6-13　剪切胡克定律·切应力互等定理

实验表明：当切应力不超过材料的剪切比例极限 τ_p 时，剪切面上的切应力 τ 与该点处的切应变 γ 成正比[图 6-13(d)]，即

$$\tau = G\gamma \tag{6-7}$$

式中，G 称为材料的切变模量。常用碳钢 $G = 80$ GPa，铸铁 $G = 45$ GPa。其他材料的 G 值可从有关设计手册中查得。

6.5.2　切应力互等定理

实验表明，在构件内部任意两个相互垂直的平面上，切应力必然成对存在且大小相等，方向同时指向或同时背离这两个截面的交线[图 6-13(b)(c)]，这就是切应力互等定理。

材料的切变模量 G 与拉压弹性模量 E 以及横向变形系数 ν，都是表示材料弹性性能的常数。实验表明，对于各向同性材料，它们之间存在以下关系

$$G = E/2(1+\nu) \tag{6-8}$$

本 章 小 结

本章主要研究构件受剪切变形和挤压时的应力和强度计算问题，还简要介绍了剪切胡克定律。

1. 剪切变形。剪切变形指受剪构件变形时截面间发生相对错动的变形。发生相对错动的截面称为剪切面。

受剪构件的受力特点：作用在构件两侧面上的分布力的合力大小相等、方向相反，力的作用线垂直构件轴线，相距很近但不重合，并各自推着自己所作用的部分沿着力的作用线间的某一横截面发生相对错动。

在剪切面内有与外力 F 大小相等、方向相反的内力，称为剪力，用 F_Q 表示。单剪时剪力 $F_Q = F$，双剪时剪力 $F_Q = F/2$。剪切面上分布应力的集度，称为剪应力，即

$$\tau = \frac{F_Q}{A}$$

2. 挤压变形。两构件接触处，由于相互之间的压力过大而造成接触部位的压溃，构件的这种变形称为挤压变形。

挤压面：构件局部受压的接触面，用 A_{jy} 表示。

挤压力：挤压面上的压力，用 F_{jy} 表示。

挤压应力：挤压面上的压强，即 $\sigma_{jy}=\dfrac{F_{jy}}{A_{jy}}$。

3. 剪切强度条件

$$\tau=\dfrac{F_Q}{A}\leqslant[\tau]$$

4. 挤压应力：挤压面上的压强，即

$$\sigma_{jy}=\dfrac{F_{jy}}{A_{jy}}$$

5. 挤压强度条件

$$\sigma_{jy}=\dfrac{F_{jy}}{A_{jy}}\leqslant[\sigma_{jy}]$$

6. 剪切胡克定律。

当剪切力不超过材料的剪切比例极限 τ_p 时，剪切应力 τ 与切应变 γ 成正比，即当剪切力不超过材料的剪切比例极限 τ_p 时，剪切应力 τ 与切应变 γ 成正比，即

$$\tau=G\gamma$$

思 考 题

1. 说明机械中连接件承受剪切时的受力与变形特点。
2. 单剪与双剪，实际剪切应力与名义剪切应力之间有什么区别？
3. 何谓挤压应力？它与一般的轴向压缩应力有何区别？
4. 如何建立连接件的剪切强度条件和挤压强度条件？
5. 何谓切应变？何谓剪切胡克定律？该定律的应用条件是什么？
6. 切应力互等定理？

效 果 测 验

（1）杆件受剪切作用时的受力特点是作用于杆件上的两个外力大小____、方向____，作用线____，且相距很____。变形特点是使杆件的两部分沿____有发生____的趋势。

（2）杆件受剪切作用时，剪切面上的内力叫作____，以符号____表示；剪切面上的应力叫作____，以符号表示，其单位是____；它的计算公式是____，其中____是剪切面积。

（3）杆件受剪切时，剪切面上剪切力和切应力的方向都与剪切面相____，且在一般工程中，假设剪切力沿着剪切面____分布。

（4）杆件受剪切时，没有线应变，只有____，以符号____表示，其单位是____，它的大小表示____的大小。

（5）挤压是指两个_____的构件相互传递_____的受压现象，而这个使构件上产生____变形的表面就叫作挤压面，以符号____表示。作用于挤压面上的____叫作挤压作用

力,以符号____表示。挤压与压缩的区别在于____。

(6) 挤压作用引起的应力叫作_____应力,以符号_____表示,单位是_____,其计算公式是_____。

(7) 挤压面积计算一般分两种情况:① 当挤压面为平面时,其挤压面积按____的面积来计算;② 当挤压面为半圆柱面时,则其挤压面积按通过_____的面积来计算。

(8) 剪切强度条件的数学表达式是_____;挤压强度条件的数学表达是_____。与抗拉(压)强度计算一样,应用它们也可以求解强度计算中的_____、_____和_____三种类型的问题。

习　　题

6-1　题 6-1 图所示为夹剪,销子 C 的直径 $d=5$ mm。当用力 $P=200$ N 剪直径与销子直径相同的铜丝时,若 $a=30$ mm, $b=150$ mm,求铜丝与销子横截面上的平均剪应力各为多少。

6-2　题 6-2 图所示为两块钢板,用 3 个铆钉连接。已知 $F=50$ kN,板厚 $t=6$ mm,材料的许用应力为 $[\sigma]=100$ MPa, $[\tau]=280$ MPa。试求铆钉直径 d。若利用现有的直径 $d=12$ mm 的铆钉,则铆钉数 n 应该是多少?

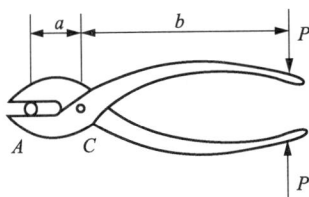

题 6-1 图

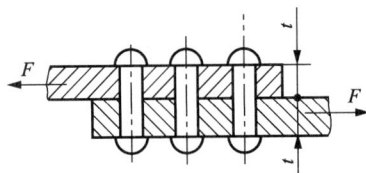

题 6-2 图

6-3　题 6-3 图所示为一个直径 $d=40$ mm 的拉杆,上端为直径 $D=60$ mm ,高为 $h=10$ mm 的圆头,受力 $P=100$ kN。已知 $[\tau]=50$ MPa, $[\sigma_{jy}]=90$ MPa, $[\sigma]=80$ MPa,试校核拉杆的强度。

6-4　如题 6-4 图所示为宽为 $b=0.1$ m 的两矩形木杆互相连接。若载荷 $P=50$ kN,木杆的许用剪应力为 $[\tau]=1.5$ MPa,许用挤压应力 $[\sigma_{jy}]=12$ MPa,试求尺寸 a 和 l。

6-5　销钉式安全联轴器如题 6-5 图所示,允许传递的力偶矩 $M=300$ N·m。销钉材料的剪切强度极限 $\tau_b=320$ MPa,轴的直径 $D=30$ mm。为保证 $M>300$ N·m 时销钉就被剪断,问销钉直径应为多少?

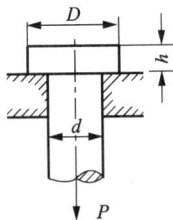

题 6-3 图

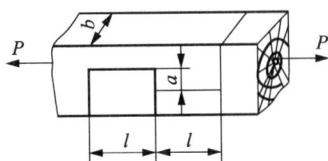

题 6-4 图

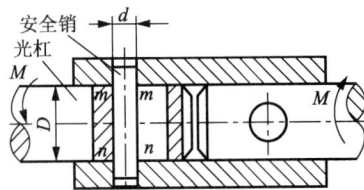

题 6-5 图

6-6　题 6-6 图所示为两根截面为矩形的木杆用两块钢板连接器连接，受拉力 $P=$ 40 kN。木杆横截面宽 $b=200$ mm，并有足够的高度。如木料顺纹许用剪应力$[\tau]=1$ MPa，许用挤压应力$[\sigma_{jy}]=8$ MPa，求接头的尺寸 l 及 t。

6-7　题 6-7 图所示为齿轮与轴通过平键连接。已知轴的直径 $d=70$ mm，所用平键的尺寸为：$b=20$ mm，$h=12$ mm，$t=100$ mm。传递的力偶矩 $M=2$ kN·m。平键材料的许用应力$[\tau]=80$ MPa，$[\sigma_{jy}]=220$ MPa。试校核平键的强度。

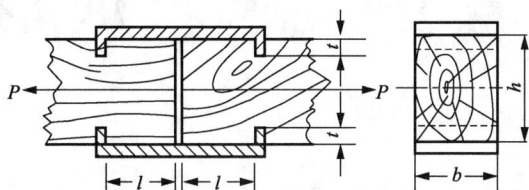
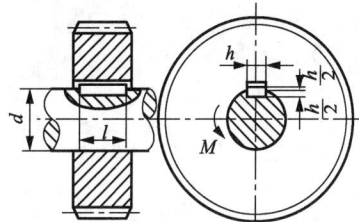

题 6-6 图　　　　　　　　　　　　　题 6-7 图

6-8　题 6-8 图所示为手柄与轴用平键连接，已知键的长度 $l=35$ mm，横截面为正方形，边长 $a=5$ mm，轴的直径 $d=20$ mm。材料的许用剪应力$[\tau]=100$ MPa，许用挤压应力$[\sigma_{jy}]=220$ MPa，试求作用在手柄上最大许可值。

6-9　题 6-9 图所示为一螺栓将拉杆与厚为 8 mm 的两块盖板相连接。各零件材料相同，其许用应力为$[\sigma]=80$ MPa，$[\tau]=60$ MPa，$[\sigma_{jy}]=160$ MPa。若拉杆的厚度 $t=15$ mm，拉力 $P=120$ kN。试设计螺栓直径 d 及拉杆宽度 b。

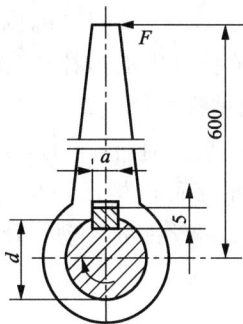
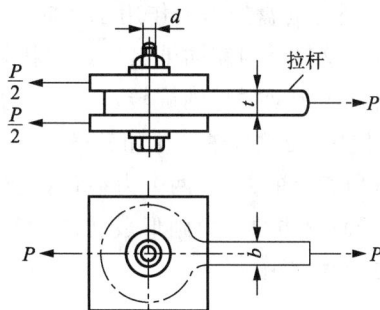

题 6-8 图　　　　　　　　　　　　　题 6-9 图

第7章
扭 转

扭转是杆的又一种基本变形形式。以扭转为主要变形的杆件,工程中常称作轴。本章主要讨论工程中最常见的圆杆(又称圆轴)的扭转问题。对于矩形截面轴与薄壁截面轴的扭转问题也作了简单介绍。

7.1 扭转概念和工程实例

先举几个工程实例来说明扭转变形的特点。例如汽车方向盘的转向轴 AB 为例(图 7-1)。驾驶员通过方向盘把力偶作用于转向轴的 A 端,在转向轴的 B 端,则受到来自转向器给它的反力偶,这样就使转向轴 AB 产生扭转。再如搅拌机中的搅拌轴(图 7-2),电动机施加一主动力偶 M 带动搅拌轴旋转,其上的搅拌翅受到被搅拌物料的一对大小相等、方向相反的阻力 F 作用,使搅拌轴产生扭转变形。又如用丝锥攻丝时(图 7-3),要在手柄两端加上大小相等、方向相反的力,这两个力在垂直于丝锥轴线的平面内构成一个矩为 M 的力偶,使丝锥转动。下面丝扣的阻力则形成转向相反的力偶,阻碍丝锥的转动。丝锥在这一对力偶的作用下将产生扭转变形。

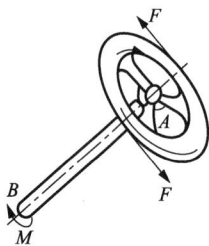

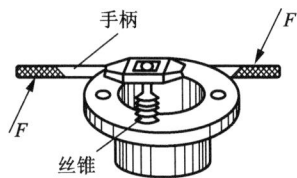

图 7-1 汽车方向盘转向轴　　　图 7-2 搅拌轴　　　图 7-3 丝锥攻丝

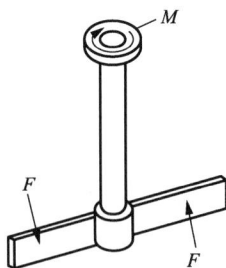

这些杆件的外力特征是:杆件受外力偶 M 作用,力偶作用面在与轴线垂直的平面内。其受力简图如图 7-4 所示。任意两横截面上相对转过的角度称为扭转角,用 φ 表示。图中的 φ_{AB} 表示截面 B 对截面 A 的相对扭转角。具有这种形式特征的变形形式称为扭转变形。轴的截面形状是圆形的称为圆轴,工程上大部分轴是圆轴。轴的截面形状非圆形的称为非

圆轴,如方轴(图7-5)、工字形轴等。

在工程实际中,有些发生扭转变形的杆件往往还伴随着其他形式的变形。例如图7-5所示的轴,轴上每个齿轮都承受圆周力 F_1,F_2 和径向力 F_{r1},F_{r2} 作用,将每个齿轮上的力向圆心简化,附加力偶 M_e 使各横截面绕轴线做相对转动,而横向力 F_1,F_{r1},F_2 和 F_{r2} 使轴产生弯曲。工程上将既有扭转又有弯曲的轴称为转轴,属于组合变形,将在第11章中讨论。

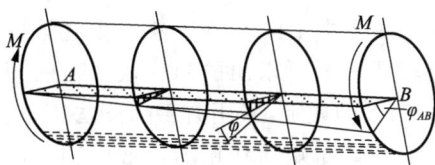

图 7-4 圆轴扭转变形图

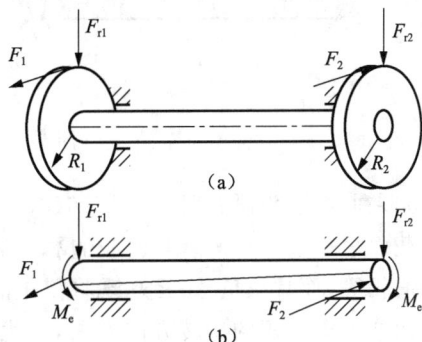

图 7-5 转轴

7.2 外力偶矩和扭矩的计算

研究圆轴扭转时的强度和刚度问题,首先必须计算作用于轴上的外力偶矩 M 及横截面上的内力。

7.2.1 外力偶矩的计算

工程实际中,常常不是直接给出作用于轴上的外力偶矩 M,而给出轴的转速和轴所传递的功率,它们的换算关系为

$$M = 9\,550\,\frac{P}{n} \tag{7-1}$$

式中,M 为外力偶矩(N·m);P 为轴传递的功率(kW);n 为轴的转速(r/min)。

在确定外力偶矩的方向时,应注意输入力偶矩为主动力矩,其方向与轴的转向相同;输出力偶矩为阻力矩,其方向与轴的转向相反。

当功率单位用马力时,外力偶矩 M 的计算方式为

$$M = 7\,024P/n \tag{7-2}$$

7.2.2 圆轴扭转时的内力——扭矩

1. 扭矩

求出作用于轴上的所有外力偶矩以后,就可运用截面法计算横截面上的内力。

以图7-6(a)所示圆轴扭转的力学模型为例,应用截面法,假想地用一截面 m—m 将轴截分为两段。取其左段为研究对象[图7-6(b)],由于轴原来处于平衡状态,则其左段也必然是平衡的,m—m 截面上必有一个内力偶矩与左端上的外力偶矩平衡。列力偶平衡方程可得

$$\sum M_x = 0, \quad T - M = 0$$
$$T = M$$

式中，T 为 m—m 截面的内力偶矩，称为扭矩（扭矩也可用 M_T 或 M_n 表示）。

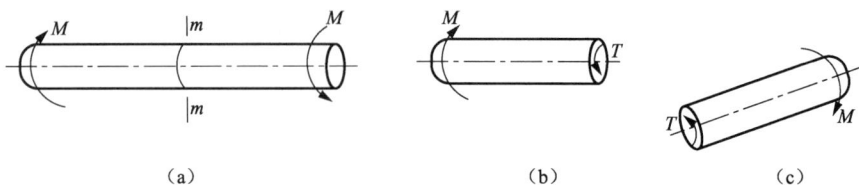

图 7-6　圆轴扭转时的内力

如果取右段为研究对象[图 7-6(c)]，则求得 m—m 截面上的扭矩 T 将与上述取左段求同一截面扭矩大小相等，但转向相反。为了使取左段或右段所求出的同一截面上的扭矩非但数值相等，而且正负号一致，现将扭矩的正负号作如下的规定：采用右手螺旋法则，若以右手的四指沿着扭矩的旋转方向卷曲，当大拇指的指向与该扭矩所作用的横截面的外法线方向一致时，则扭矩为正，反之为负。如图 7-7 所示，按照上述规定，图 7-6(b) 和图 7-6(c) 所示的 m—m 横截面上的扭矩 T 均为正号。

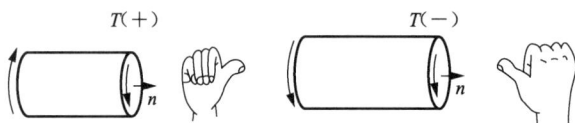

图 7-7　扭矩的正负号的规定

2. 扭矩图

从上述截面法求横截面扭矩可知，当圆轴两端作用一对外力偶矩使轴平衡时，圆轴各个横截面上的扭矩都是相同的。若轴上作用三个或三个以上的外力偶矩使轴平衡时，轴上各段横截面的扭矩将是不相同的。例如，图 7-8（a）所示的传动轴，受到三个外力偶 $\left(M_1, M_2 = \dfrac{1}{3}M_1, M_3 = \dfrac{2}{3}M_1 \right)$ 作用使轴平衡，则应分两

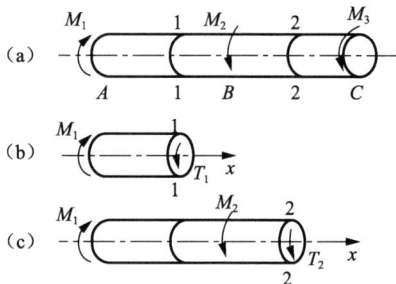

图 7-8　传动轴各段横截面的扭矩

段（AB 段和 BC 段），分别应用截面法求出各段横截面的扭矩。

在 AB 段用 1—1 截面将轴分为两段，取左段为研究对象[图 7-8(b)]，设此截面上有正向扭矩 T_1，由力偶平衡求出 AB 段截面的扭矩

$$T_1 = M_1$$

同理，在 BC 段由力偶平衡求出 2—2 截面的扭矩[图(7-8(c)]。同样设此截面上有正向扭矩 T_2，由力偶平衡方程，$T_2 + M_2 - M_1 = 0$，可得 BC 段轴上各截面的扭矩为

$$T_2 = M_1 - M_2 = \frac{2}{3}M_1$$

为了能够形象直观地表示出轴上各横截面扭矩的大小，用平行于杆轴线的 x 坐标表示横截面的位置，用垂直于 x 轴的坐标 T 表示横截面扭矩的大小，把各截面扭矩表示在 x-T

坐标系中,画出截面扭矩随截面坐标 x 的变化曲线,称为扭矩图。

现举例说明扭矩的计算和扭矩图的画法。

例题 7-1　传动轴如图 7-9(a)所示。已知主动轮 A 输入功率为 $P_A = 36\,000$ W,从动轮 B,C,D 输出功率分别为 $P_B = P_C = 11\,000$ W,$P_D = 14\,000$ W,轴的转速为 $n = 300$ r/min。试画出传动轴的扭矩图。

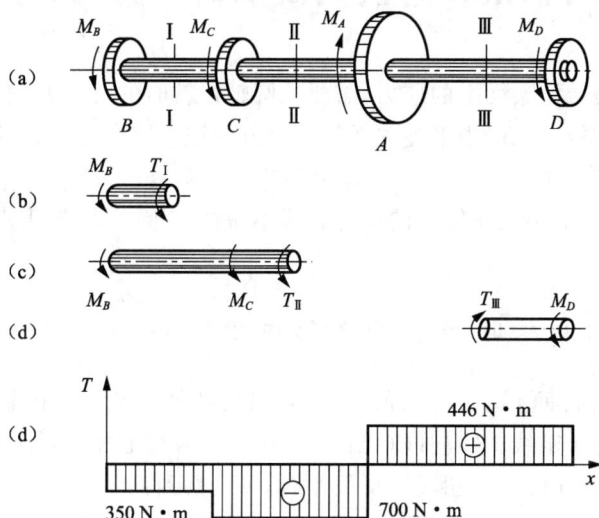

图 7-9　例题 7-1 图

解　先将功率单位换算成 kW,按式(7-1)算出作用于各轮上外力偶的力偶矩大小

$$M_A = 9\,550 \times \frac{P_A}{n} = 9\,550 \times \frac{36}{300}\ \text{N} \cdot \text{m} = 1\,146\ \text{N} \cdot \text{m}$$

$$M_B = M_C = 9\,550 \times \frac{P_B}{n} = 9\,550 \times \frac{11}{300}\ \text{N} \cdot \text{m} = 350\ \text{N} \cdot \text{m}$$

$$M_D = 9\,550 \times \frac{P_D}{n} = 9\,550 \times \frac{14}{300}\ \text{N} \cdot \text{m} = 446\ \text{N} \cdot \text{m}$$

将传动轴分为 BC,CA,AD 三段。先用截面法求出各段的扭矩。在 BC 段内,以 T_{I} 表示横截面 I—I 上的扭矩,并设扭矩的方向为正[图 7-9(b)]。由平衡方程

$$\sum M_x = 0, \quad T_{\text{I}} + M_B = 0$$

即得
$$T_{\text{I}} = -M_B = -350\ \text{N} \cdot \text{m}$$

式中,负号表示扭矩 T_{I} 的实际方向与假设方向相反。可以看出,在 BC 段内各横截面上的扭矩均为 T_{I}。在 CA 段内,设截面 II—II 的扭矩为 T_{II},由图 7-9(c)得

$$\sum M_x = 0, \quad T_{\text{II}} + M_C + M_B = 0$$

则
$$T_{\text{II}} = -M_C - M_B = -700\ \text{N} \cdot \text{m}$$

式中,负号表示扭矩 T_{II} 的实际方向与假设方向相反。

在 AD 段内,扭矩 T_{III} 由截面 III—III 右段的平衡[图 7-9(d)]求得,即

$$T_{\text{III}} = M_D = 446\ \text{N} \cdot \text{m}$$

为了能够形象直观地表示出轴上各横截面扭矩的大小,用平行于杆轴线的 x 坐标表示

横截面的位置，用垂直于 x 轴的坐标 T 表示横截面扭矩的大小，把各截面扭矩表示在 x-T 坐标系中，画出截面扭矩随截面坐标 x 的变化曲线[图 7-9e]。由图可见，该传动轴的绝对值最大扭矩 $|T_{max}|=|T_{Ⅱ}|=700\ \text{N·m}$。

7.3　圆轴扭转时横截面上的应力与强度计算

为了研究圆轴扭转横截面上的应力，需要从圆轴扭转时的变形几何关系、材料的应力应变关系（又称物理关系）以及静力平衡关系等三个方面进行综合考虑。这种研究方法也是材料力学中通用的研究方法。

为简单起见，本书对圆轴扭转时的应力公式不做详细推导，而把重点放在圆轴扭转应力计算与强度计算。

7.3.1　圆轴扭转时横截面上的应力简介

为了研究圆轴横截面上应力分布的情况，可进行扭转实验。在圆轴表面画若干垂直于轴线的圆周线和平行于轴线的纵向线（见图 7-10(a)），两端施加一对方向相反、力偶矩大小相等的外力偶，使圆轴扭转。当扭转变形很小时，可观察到：

(1) 各圆周线的形状、大小及两圆周线的间距均不改变，仅绕轴线做相对转动；各纵向线仍为直线，且倾斜同一角度，使原来的矩形变成平行四边形，如图 7-10(b)所示。

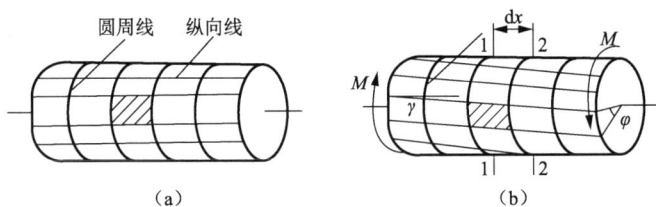

图 7-10　扭转变形观察

根据观察的现象，可做以下假设：圆轴的各横截面在扭转变形后保持为平面且形状、大小及间距都不变，这一假设称为圆轴扭转的平面假设。由于圆周线间的距离未发生变化，由此可以推论：圆轴扭转变形时横截面上不存在正应力。

(2) 任意两横截面间发生相互错动的变形时，其半径仍为直线且长度无任何变化。可视为任意两横截面为刚性平面间产生互相错动的变形，故圆轴扭转时横截面上有切应力。

进一步观察错动变形时横截面各点变形程度，发现变形不均匀：距离中心越远处的点变形越大，距离中心越近处的点变形越小，中心点处没有变形。由此可以推论：各点的切应变与该点至截面形心的距离有关。由剪切胡克定律可知，横截面上各点切应力也与该点至截面形心的距离有关。

理论推导可得，横截面上各点扭转切应力计算公式为

$$\tau_\rho=\frac{T\rho}{I_P} \tag{7-3}$$

式中，τ_ρ 为横截面上任意点扭转切应力；T 为该横截面上扭矩；ρ 为该任意点到转动中心 O

的距离；I_P 为该横截面对转动中心 O 的极惯性矩，是一个仅与截面形状和尺寸有关的几何量，单位为长度的 4 次方，常用 mm^4。

对于直径为 d 的实心圆截面，其 I_P 为

$$I_P = \frac{\pi d^4}{32} \tag{7-4}$$

对于内外径为 d 和 D 的空心圆截面，其 I_P 为

$$I_P = \frac{\pi D^4}{32} - \frac{\pi d^4}{32} = \frac{\pi}{32}(D^4 - d^4) = \frac{\pi D^4}{32}(1 - \alpha^4) \tag{7-5}$$

式中，α 为内、外径之比，$\alpha = d/D$。

由公式(7-3)可知，当横截面和该截面上的扭矩确定时，其上任意一点的切应力 τ 的大小与该点到圆心的距离 ρ 成正比。实心圆截面上的切应力分布规律如图 7-11 所示。由图可见，扭转切应力在横截面上的分布规律，与定轴转动刚体上速度的分布规律相同，即点到转动中心距离越远，切应力越大；点到转动中心距离越近，切应力越小；点在转动中心处，切应力为零；所有到转动中心距离相等的点，其切应力大小均相等。切应力的方向垂直于该点转动半径的方向，且与横截面上扭矩 T 的转向一致。

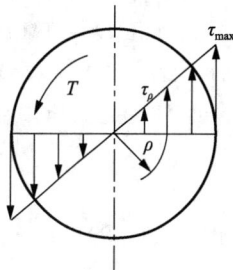

图 7-11

对于直径为 d 的圆轴，同一横截面边缘上各点到转动中心 O 的距离最大，即 $\rho = \rho_{max} = d/2$，因此在这些点上具有该横截面的最大切应力 τ_{max}。将 ρ_{max} 代入式(7-3)得

$$\tau_{max} = T\rho_{max}/I_P \tag{7-6}$$

在式(7-6)中若令 $W_P = I_P/\rho_{max}$，则最大切应力 τ_{max} 为

$$\tau_{max} = \frac{|T|}{W_P} \tag{7-7}$$

式中，W_P 为该横截面的抗扭截面系数，也是仅与截面的形状和尺寸有关的几何量，单位是长度的 3 次方，如 mm^3。

式(7-6)和式(7-7)均为圆轴产生扭转变形时其任意一横截面上最大切应力的计算公式。

对于直径为 d 的实心圆截面，其 W_P 为

$$W_P = \frac{I_P}{d/2} = \frac{1}{16}\pi d^2 \tag{7-8}$$

对于内外径为 d 和 D 的空心圆截面，其 W_P 为

$$W_P = \frac{\pi D^3}{16}(1 - \alpha^4) \tag{7-9}$$

7.3.2 圆轴扭转强度条件

对于等截面轴，最大工作应力 T_{max} 发生在最大扭矩 $|T_{max}|$ 所在截面的边缘上，最大扭矩 $|T_{max}|$ 可根据轴的受力情况用截面法或扭矩图确定。于是，对于等截面轴可以把强度条件写成

$$\tau_{max} = \frac{T_{max}}{W_P} \leqslant [\tau] \tag{7-10}$$

上式中的扭转许用剪应力$[\tau]$是根据扭转试验并考虑适当的安全系数确定的。在静载荷作用下，它与许用拉应力$[\sigma]$之间存在下列关系：

对于塑性材料：$[\tau] = (0.5 \sim 0.6)[\sigma]$

对于脆性材料：$[\tau] = (0.8 \sim 1.0)[\sigma]$

需要指出：对于工程中常用的阶梯圆轴，因为W_P不是常量，不一定发生于$|T_{max}|$所在的截面上，这时就要综合考虑扭矩$|T_{max}|$和抗扭截面模量W_P两者的变化情况来确定。

扭转强度条件同样可以用来解决强度校核、截面设计和确定许用载荷三类扭转强度问题。

例题 7-2 解放牌汽车主传动轴AB（图 7-12），传递的最大扭矩$T = 1\,930$ N·m，传动轴用外径$D = 89$ mm、壁厚$\delta = 2.5$ mm 的钢管制成，材料为 20 号钢，其许用剪应力$[\tau] = 70$ MN/m^2。试校核此轴的强度。

解 （1）计算扭矩截面模量。根据传动轴尺寸得

$$\alpha = \frac{d}{D} = \frac{8.9 - 2 \times 2.5}{8.9} = 0.944$$

代入式(7-9)，得

$$W_P = \frac{\pi \times 8.9^3}{16}(1 - 0.944^4) = 28.1\,(\text{cm}^3)$$

（2）强度校核。由式(7-10)，得

$$\tau_{max} = \frac{T}{W_P} = \frac{1\,930}{28.1 \times 10^{-6}} = 68.7\,(\text{MN/m}^2) < [\tau]$$

所以AB轴满足强度条件。

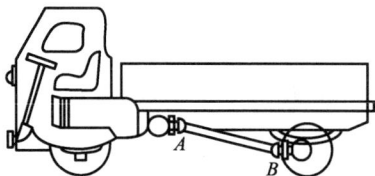

图 7-12　例题 7-2 图

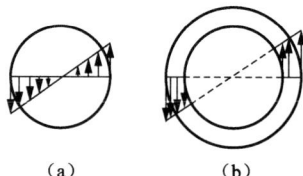

图 7-13　实心轴和空心轴截面应力比较

（3）讨论。此例中，如果传动轴不用钢管而采用实心圆轴，使其与钢管有同样的强度（即两者的最大应力相同），如图 7-13 所示。试确定其直径，并比较实心轴和空心轴的重量。

由

$$\tau_{max} = \frac{T}{W_P} = \frac{T}{\pi d^3/16} = 68.7 \times 10^6\ \text{N/m}^2$$

可得

$$d = \sqrt[3]{\frac{1\,930 \times 16}{\pi \times 68.7 \times 10^6}} = 0.052\,3\ \text{m}$$

实心轴横截面积为

$$A_{实} = \frac{\pi d^2}{4} = \frac{\pi \times 0.052\,3^2}{4} = 21.5 \times 10^{-4}\,(\text{m}^2)$$

空心轴横截面积为

$$A_{空} = \frac{\pi(D^2 - d^2)}{4} = \frac{\pi}{4}(89^2 - 84^2) \times 10^{-6} = 6.79 \times 10^{-4}\,(\text{m}^2)$$

在两轴长度相等,材料相同的情况下,两轴重量之比等于截面面积之比,得

$$\frac{G_{空}}{G_{实}}=\frac{A_{空}}{A_{实}}$$

由此可见,在材料相同、载荷相同的条件下,空心轴的重量只有实心轴的31.6%,其减轻重量、节约材料是非常明显的。

例题 7-3 图 7-14(a)所示为阶梯形圆轴。其中 AB 段为实心部分,直径为 40 mm;BD 段为空心部分,外径 $D=55$ mm,内径 $d=45$ mm。轴上 A,D,C 处为带轮,已知主动轮 C 输入的外力偶距为 $M_C=1.8$ kN·m,从动轮 A,D 传递的外力偶距分别为 $M_A=0.8$ N·m,$M_D=1$ kN·m,材料的许用切应力 $[\tau]=80$ MPa。试校核该轴的强度。

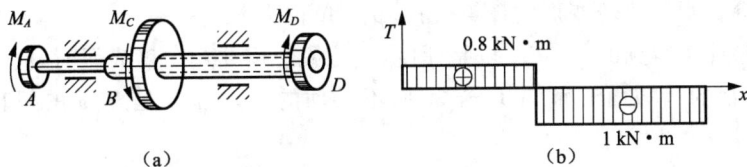

图 7-14 例题 7-3 图

解 (1)画扭矩图。用截面法可画出该阶梯形圆轴的扭矩图,如图 7-14(b)所示。

(2)强度校核。由于两段轴的横截面积和扭矩值不同,故要分别进行强校核。

AB 段的最大切应力为

$$\tau_{max}=\frac{T}{W_P}=\frac{0.8\times10^3}{\frac{\pi}{16}\times(40\times10^{-3})^3}Pa=63.7 \text{ MPa}<[\tau]$$

CD 段轴的内外径之比

$$\alpha=\frac{d}{D}=\frac{45}{55}=0.818$$

其最大切应力为

$$\tau_{max}=\frac{T}{W_P}=\frac{1\times10^3}{\frac{\pi}{16}\times(55\times10^{-3})^3\times(1-0.818^4)}Pa=55.5 \text{ MPa}<[\tau]$$

由强度条件知 AB 段和 CD 段强度足够,所以此阶梯形圆轴满足强度条件。

7.4 扭转变形和刚度条件

7.4.1 圆轴扭转时的变形计算

圆轴的扭转变形,是以两横截面间相对的扭转角来度量的,如图 7-15 所示的等截面直轴 AB,长为 l_{AB},两端受到外力偶 M 的作用,显然,圆轴 AB 要发生扭转变形。前面已提及,圆轴扭转时的变形可用相对转角 φ 来度量,有

$$d\varphi=\frac{T}{GI_P}dx$$

将上式沿轴线 x 积分，即可求得距离为 l 的两个横截面 A，B 之间的相对转角 φ_{AB} 为

$$\varphi_{AB}=\int_{x_A}^{x_B}\mathrm{d}\varphi=\int_{x_A}^{x_B}\frac{T}{GI_P}\mathrm{d}x \tag{7-11}$$

对等截面直轴 AB 来说，在 AB 段里若扭矩 T 是常数，且横截面形状也不变化，I_P 也是常数，可提到积分号外，此时长为 l_{AB}，轴的两端面的相对扭转角 φ_{AB} 可表示为

$$\varphi_{AB}=\frac{Tl_{AB}}{GI_P}$$

或写成一般式 $$\varphi=\frac{Tl}{GI_P} \tag{7-12}$$

式(7-12)就是等直圆轴扭转变形的计算公式，φ 的单位为 rad。

用式(7-12)计算得到的 φ，其单位是弧度，当工程上需要用角度表示时，应再乘 $180°/\pi$。

图 7-15 所示的等截面直轴 AB，若 A 面不转动的话，φ_{AB} 就是 B 面的扭转角 φ_B（角位移）。

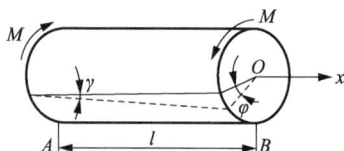

图 7-15　圆轴扭转时的变形计算

例题 7-4　一等直钢制传动轴（图 7-16），材料的剪切弹性模量 $G=80$ GPa。试计算扭转角 φ_{AB}、φ_{BC}、φ_{AC}。

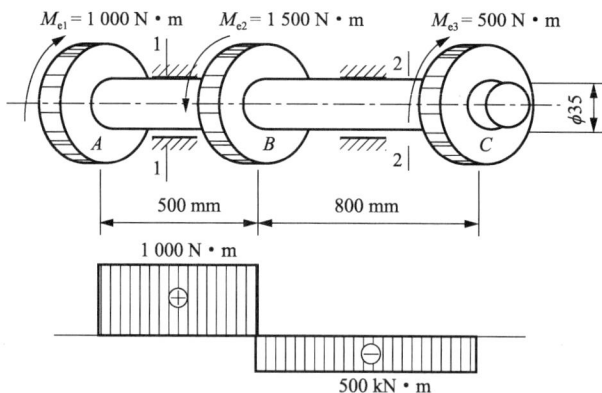

图 7-16　例题 8-4 图

解　在计算 φ_{AB} 和 φ_{BC} 时，可直接应用公式(7-12)，因为在 BC 段和 BA 段分别有常量的扭矩。但计算 φ_{AC} 时，就必须利用 φ_{AB} 和 φ_{BC} 来求得。

（1）计算扭矩。用截面法并按扭矩正、负号的规定，可算得 AB，BC 段任一横截面上的扭矩为

$$T_{AB}=+1\,000\text{ N}\cdot\text{m}$$
$$T_{BC}=-500\text{ N}\cdot\text{m}$$

由此可作扭矩图（图 7-16）。

（2）B 轮对 A 轮的扭转角

$$I_P = \pi d^4/32$$

$$\varphi_{AB} = \frac{T_{AB}l_{AB}}{GI_P} = \frac{1\ 000\ \text{N} \cdot \text{m} \times 500 \times 10^{-3}\ \text{m}}{80 \times 10^9\ \text{Pa} \times 1.47 \times 10^{-7}\ \text{m}^4} = 4.25 \times 10^{-2}\ \text{rad}$$

（3）C 轮对 B 轮的扭转角为

$$\varphi_{BC} = \frac{T_{BC}l_{BC}}{GI_P} = \frac{-500\ \text{N} \cdot \text{m} \times 800 \times 10^{-3}\ \text{m}}{80 \times 10^9\ \text{Pa} \times 1.47 \times 10^{-7}\ \text{m}^4} = -3.40 \times 10^{-2}\ \text{rad}$$

（4）C 轮对 A 轮的扭转角。计算 φ_{AC}，只需要将 φ_{BC}，φ_{BA} 代数相加即可求得 A 轮、C 轮之间的扭转角

$$\varphi_{AC} = \varphi_{AB} + \varphi_{BC} = 4.25 \times 10^{-2}\ \text{rad} - 3.40 \times 10^{-2}\text{rad} = 8.5 \times 10^{-3}\ \text{rad}$$

7.4.2　刚度条件

强度条件仅保证构件不破坏，要保证构件正常工作，有时还要求扭转变形不要过大，即要求构件必须有足够的刚度。通常规定受扭圆轴的最大单位扭转角 $|\theta_{max}|$ 不得超过规定的许用单位扭转角 $[\theta]$，因此刚度条件可写为

$$|\theta_{max}| = \left(\frac{T}{GI_P}\right)_{max} \leqslant [\theta] \tag{7-13}$$

式中，θ 的单位是弧度/米（rad/m），而工程上 $[\theta]$ 常用度/米（°/m）表示，因此刚度条件也可写为

$$|\theta_{max}| = \left(\frac{T}{GI_P}\right)_{max} \times \frac{180°}{\pi} \leqslant [\theta] \tag{7-14}$$

圆轴 $[\theta]$ 的数值，可根据轴的工作条件和机器的精度要求，按实际情况从有关手册中查得。这里列举常用的一般数据：

精密机械的轴：$[\theta] = (0.25° \sim 0.5°)/\text{m}$

一般传动轴：$[\theta] = (0.5° \sim 1.0°)/\text{m}$

精密较低传动轴：$[\theta] = (2° \sim 4°)/\text{m}$

这里仍需指出，式（7-14）是等截面轴的刚度条件，对于阶梯轴，其 θ_{max} 值还可能发生在较细的轴段上，要加以比较判断。

刚度条件可用于圆轴的刚度校核或截面选择。对于要求精密的轴，其 $[\theta]$ 值较小，故它的截面尺寸常常由刚度条件所决定。

例题 7-5　传动轴受到扭矩 $M_O = 2\ 300\ \text{N} \cdot \text{m}$ 的作用，若 $[\tau] = 40\ \text{MN/m}^2$，传动轴受到扭矩 $T = 2\ 300\ \text{N} \cdot \text{m}$ 的作用，若 $[\theta] = 0.8°/\text{m}$，$G = 80\ \text{GPa}$，试按强度条件和刚度条件设计轴的直径。

解　根据强度条件式（7-10）可得

$$d \geqslant \sqrt[3]{\frac{16 \times 2\ 300\ \text{N} \cdot \text{m}}{\pi \times 40 \times 10^6\ \text{N/m}^2}} = 0.066\ 4\ \text{m} = 66.4\ \text{mm}$$

根据刚度条件式（7-14）

$$\theta_{\max} = \frac{T}{GI_P} \times \frac{180}{\pi} \leqslant [\theta]$$

将 $I_P = \dfrac{\pi d^4}{32}$ 代入，得

$$d \geqslant \sqrt[3]{\frac{32T \times 180}{G\pi^2[\theta]}} = \sqrt[3]{\frac{32 \times 2\,300\ \text{N} \cdot \text{m} \times 180^\circ}{80 \times 10^9\ \text{Pa} \times \pi^2 \times 0.8^\circ / \text{m}}} = 0.067\,7\ \text{m} = 67.7\ \text{mm}$$

为了同时满足强度和刚度的要求，应在两个直径中选择较大者，即取轴的直径 $d = 68\ \text{mm}$。

例题 7-6 钢制空心圆轴的外径 $D = 100\ \text{mm}$，内径 $d = 50\ \text{mm}$。若要求轴在 2 m 长度内的最大相对扭转角不超过 1.5°，材料的剪切弹性模量 $G = 80.4\ \text{GPa}$。

（1）求该轴所能承受的最大扭矩。

（2）确定此时轴内的最大切应力。

解 （1）确定轴所能承受的最大扭矩。

由已知条件，单位长度的许用扭转角为

$$[\theta] = \frac{1.5^\circ}{2\ \text{m}} = \left(\frac{1.5^\circ}{2} \times \frac{\pi}{180^\circ}\right) \text{rad/m}$$

空心轴横截面的极惯性矩

$$I_P = \frac{\pi D^4}{32}(1 - \alpha^4), \quad \alpha = \frac{d}{D} = \frac{50\ \text{mm}}{100\ \text{mm}} = 0.5$$

由刚度条件

$$\theta = \frac{T}{GI_P} \leqslant [\theta]$$

得　　　$$T \leqslant [\theta] GI_P = \frac{1.5^\circ}{2} \times \frac{\pi}{180^\circ} \times 80.4 \times 10^9\ \text{Pa} \times \frac{\pi \times 100^4 \times 10^{-12}\ \text{m}^4}{32}(1 - 0.5^4)$$

即　　　$$T \leqslant (9.688 \times 10^3)\text{N} \cdot \text{m} = 9.688\ \text{kN} \cdot \text{m}$$

（2）轴承受最大扭矩时，横截面上的最大切应力

$$\tau_{\max} = \frac{T}{W_P} = \frac{T}{\pi D^3(1 - \alpha^4)/16} = \frac{16 \times 9.688 \times 10^3\ \text{N} \cdot \text{m}}{\pi \times 100^3 \times 10^{-9}\ \text{m}^3 \times (1 - 0.5^4)} = 52.6\ \text{MPa}$$

最后特别提醒，以上导出的扭转切应力公式和扭转变形公式等，仅适用于圆形截面的受扭构件，且最大切应力不超过材料剪切比例极限的情况。因非圆截面杆扭转时，横截面发生了翘曲，平面假设不再成立，所以以公式不再适用。

*7.5　矩形截面杆扭转理论简介

工程实际中也能遇到非圆截面杆的情况，其中较常见的是矩形截面。现在简要讨论矩形截面杆的自由扭转问题。

前面讨论圆截面杆的扭转时，注意到变形前和变形后其圆截面的平面特征并没有改变，半径仍保持为直线。对于图 7-17(a)，在扭转时其横截面不再保持为平面，而发生翘曲[图 7-17(b)]。因此，由圆截面杆扭转时根据平面假设导出的公式对于非圆截面杆扭转就不再

适用了。本节将对矩形截面杆在自由扭转时的应力及变形作一简单介绍。

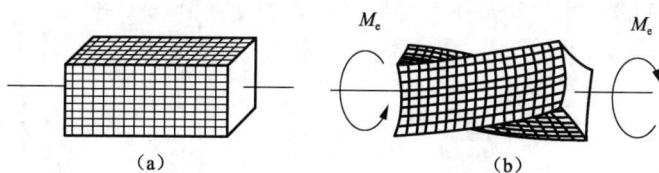

图 7-17 矩形截面杆的扭转

矩形截面杆自由扭转时,横截面上的切应力分布如图 7-18 所示,具有以下特点:

(1) 截面周边的切应力方向与周边平行。

(2) 角点的切应力为零。

(3) 最大的切应力发生在长边的中点处,其计算式为

$$\tau_{max} = \frac{M_e}{\alpha h t^2} \tag{7-15}$$

单位长度扭转角的计算公式为

$$\theta = \frac{M_e}{\beta G h t^3} \tag{7-16}$$

式中,t 为矩形截面短边长度;h 为矩形截面长边长度;G 为剪切弹性模量。

当矩形截面的 $h/t > 10$ 时(狭长矩形),由表 7-1 可查得 $\alpha = \beta = 0.333$,可近似地认为 $\alpha = \beta = 1/3$。于是横截面上长边中点处的最大切应力为

$$\tau_{max} = \frac{M_e}{\frac{1}{3} h t^2} \tag{7-17}$$

表 7-1 矩形截面杆扭转的系数 α,β

$\frac{h}{t}$	1.0	1.2	1.5	2.0	2.5	3.0	4.0	6.0	8.0	10.0	∞
α	0.208	0.219	0.231	0.246	0.258	0.267	0.282	0.299	0.307	0.313	0.333
β	0.141	0.166	0.196	0.229	0.249	0.263	0.281	0.299	0.307	0.313	0.333

这时,横截面周边上的切应力分布规律如图 7-19 所示。

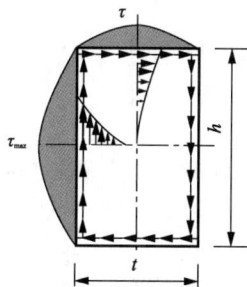

图 7-18 矩形横截面上的切应力分布

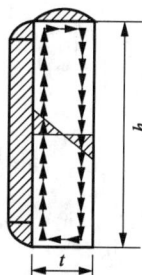

图 7-19 狭长矩形横截面上的切应力分布

杆件的单位扭转角则为

$$\theta = \frac{M_n}{\frac{1}{3} G h t^3} \tag{7-18}$$

*例题 7-7** 某柴油机曲轴的曲柄中,横截面 m—m 可认为是矩形(图 7-20)。其扭转切应力近似地按矩形截面杆受扭计算。若 $b=22$ mm, $h=102$ mm,且已知该截面上的扭矩为 $T=M_e=281$ N·m。试求该截面上的最大切应力。

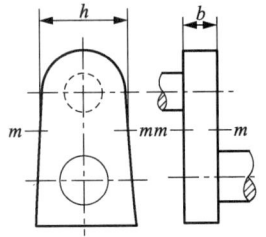

图 7-20　例题 7-7 图

解: 由截面 m—m 的尺寸求得

$$\frac{h}{b}=\frac{102\ \text{mm}}{22\ \text{mm}}=4.64$$

利用直线插值法和表 7-1 中的数值,求出

$$\alpha=0.287$$

于是由式(7-15)得

$$\tau_{\max}=\frac{T}{\alpha hb^2}=\frac{281\ \text{N·m}}{0.287\times102\times10^{-3}\,\text{m}\times(22\times10^{-3}\,\text{m})^2}=19.8\times10^6\ \text{Pa}=19.8\ \text{MPa}$$

本 章 小 结

本章主要讨论常见圆截面杆件的扭转问题:研究圆轴扭转的扭矩、切应力、变形、强度和刚度计算问题。

1. 圆轴扭转的概念。

在垂直于轴横向平面内的外力偶作用下,任意两个横截面将由于各自绕杆的轴线转的角度不相等而产生相对角位移,即相对扭转角。图 7-21 中 B 截面相对于 A 截面的角位移之 bb' 便是 B 截面相对于 A 截面的扭转角,即杆件发生扭转变形。

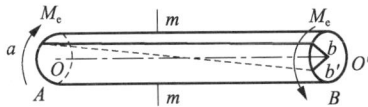

图 7-21　圆轴扭转变形

(1) 受力特点:圆轴受到一对等值、反向、作用面垂直于轴线的外力偶作用。

(2) 变形特点:圆轴各截面间有相对转动。

2. 外力偶矩计算。若已知轴所传递的功率 P 及转速 n,则扭矩

$$M=9\ 550\ \frac{P}{n}\ (\text{N·m})$$

3. 扭转的内力是扭矩,用截面法确定。扭矩正负:可用右手螺旋法则来判定。

4. 应力和强度计算。

(1) 圆轴扭转时横截面上任意点的切应力与该点到圆心的距离成正比。最大切应力发生在截面边缘各点处。

(2) 圆轴扭转的切应力强度条件为

$$\tau_{\max}=\frac{T_{\max}}{W_P}\leqslant[\tau]$$

应用强度条件可以校核强度、设计截面尺寸和确定许可载荷。

5. 变形和刚度计算。圆轴扭转的刚度条件为

$$\theta_{max} = \frac{T_{max}}{GI_P} \times \frac{180°}{\pi} \leq [\theta]$$

应用刚度条件可以校核刚度、设计截面尺寸和确定许可载荷。

6. 对于非圆截面的受扭杆件,横截面不再保持为平面而发生翘曲,情况要复杂得多,主要简介了有关矩形截面杆扭转时横截面上切应力的分布规律。

思 考 题

1. 扭转的受力和变形各有何特点?

2. 试判别如图 7-22 所示各圆杆分别发生什么变形。

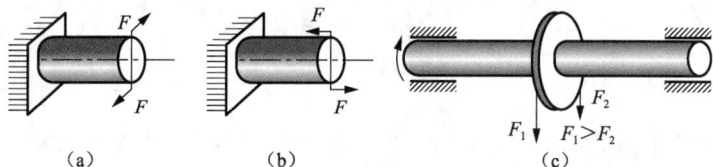

图 7-22　判别各圆杆发生什么变形

3. 轴的转速、传递功率和外力偶矩之间有何关系,各物理量应选取什么单位?

4. 何谓扭矩? 扭矩的正负号是如何规定的? 怎样计算扭矩? 怎样作扭矩图?

5. 圆轴扭转时横截面上的切应力是如何分布的? 圆轴扭转切应力公式是如何建立的? 其应用条件是什么?

6. 怎样计算圆截面的极惯性矩和抗扭截面系数? 两者的量纲各是什么?

7. 空心圆轴的外径为 D,内径为 d,抗扭截面模量能否用下式计算? 为什么?

$$W_P = \pi D^3/16 - \pi d^3/16$$

8. 从扭转强度考虑,为什么空心圆截面轴比实心轴更合理?

9. 何谓扭转角? 如何计算圆轴的扭转角? 扭转角的单位是什么?

10. 应用圆轴扭转刚度条件时应注意什么?

11. 矩形截面发生扭转时,横截面上的切应力分布有何特点? 最大切应力发生在什么地方? 其值如何计算?

效 果 测 验

(1) 用截面法求圆轴截面上的扭转内力时,得出的内力是_____,叫作扭矩,用符号_____表示。扭矩的单位与外力偶矩相同,是_____。

(2) 扭矩图表示整个圆轴上各横截面上扭矩沿_____变化的规律,_____是分析_____所在位置的依据。

(3) 圆轴扭转时,因为没有_____变形,所以截面上没有_____应力;但因为有

_____变形,所以截面上有_____力。这种由扭转作用而引起的_____应力方向与_____相垂直。

(4) 等直圆轴扭转时,圆轴上最大应力的发生在_____截面处,其计算公式有 $T_{max} =$ _____和 $T_{max} =$ _____两种表达式,式中的_____和_____分别叫作截面的极惯性矩和抗扭截面系数,单位分别是_____和_____,两者的关系是_____。

(5) 圆轴扭转时,强度条件的数学表达式是_____,该式表达的意义是_____,为了保证圆轴在扭转时安全可靠,必须使危险截面上的_____不超过材料的_____。应用该式可解决强度计算中的_____、_____和_____三种类型的实际问题。

(6) 圆轴扭转时,刚度条件的数学表达式是_____,该式表达的意义是_____。为了保证圆轴在扭转时安全可靠,必须使_____不超过圆轴的_____。应用该式可解决圆轴抗扭刚度计算中的_____、_____和_____三种类型的实际问题。

习　题

7-1　试求题 7-1 图所示各轴 1—1、2—2 截面上的扭矩,并在各截面上表示出扭矩的转向。

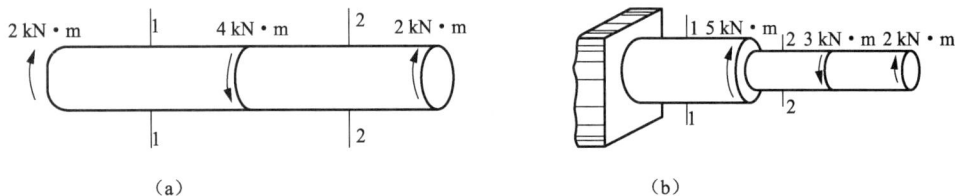

(a)　　　　　　　　　　　　(b)

题 7-1 图

7-2　试作题 7-2 图所示各轴的扭矩图。

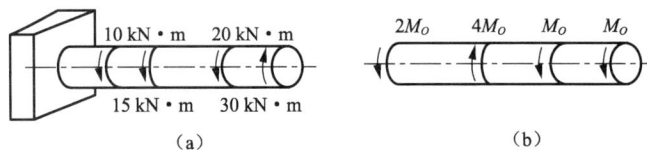

(a)　　　　　　　　　　　(b)

题 7-2 图

7-3　一直径为 $d = 20$ mm 的钢轴,若 $[\tau] = 100$ MN/m^2,求此轴能承受的扭矩。如转速为 100 转/分,求此轴能传递的功率是多少千瓦。

7-4　题 7-4 图所示为圆杆横截面上的扭矩,试画出截面上与 T 对应的切应力分布图。

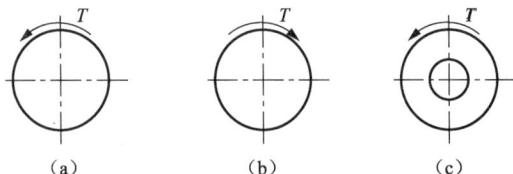

(a)　　　　　　(b)　　　　　　(c)

题 7-4 图

7-5　题 7-5 图所示粗、细两钢管通过一过渡连接器连接于 B 点。细管外径为 15 mm，内径为 13 mm；粗管外径为 20 mm，内径为 17 mm。若管在 C 处固定于墙上，试求在图示手柄力的作用下，每段管内的最大切应力。

7-6　题 7-6 图所示空心轴外径为 25 mm，内径为 20 mm，承受的外力偶矩如图示。假设 A，B 两处的支撑轴承不产生阻力偶矩。试求：(1) 该轴上的最大切应力；(2) 试绘出轴上 EA 沿径向的切应力分布图。

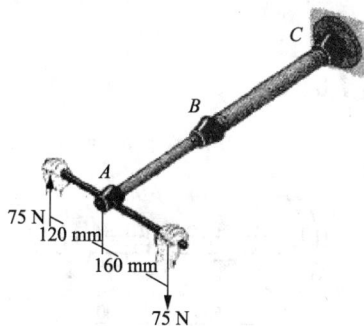

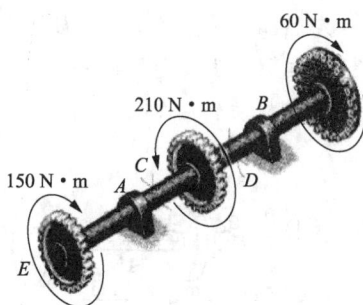

题 7-5 图　　　　　　　　题 7-6 图

7-7　题 7-7 图所示实心圆轴的直径 $d=100$ mm，长 $l=1$ m，两端受力偶矩 M 作用，设材料的切变模量 $G=80$ GPa。求：(1) 最大切应力及两端截面间的相对扭转角；(2) 图示截面上 A，B，C 三点切应力的数值及方向。

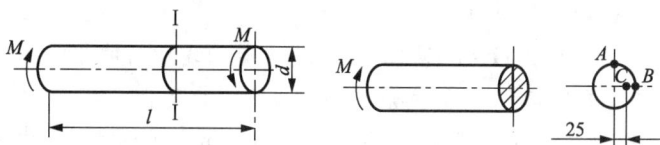

题 7-7 图

7-8　题 7-8 图所示的钢轴由空心轴 AB 和 CD 以及实心轴 BC 构成，光滑轴承允许其自由转动。若在 A，D 端作用 85 N·m 的力偶矩，试求实心部分 B 端相对于 C 端的扭转角。已知空心轴外径为 30 mm，内径为 20 mm，实心轴直径为 40mm，$G=75$ GPa。

7-9　题 7-9 图所示的实心钢轴 AB，与其相连的电动机上的传递功率 3 750 W。若轴转动的角速度 $\omega=18.33$ rad/s，钢的许用切应力 $[\tau]=100$ MPa，试确定该轴所需的直径。

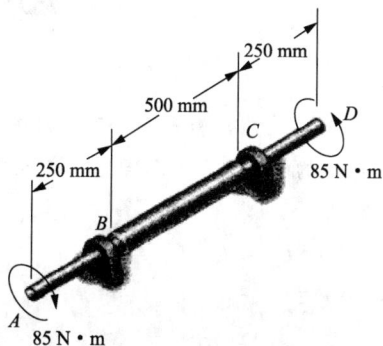

题 7-8 图　　　　　　　　题 7-9 图

7-10 题 7-10 图所示阶梯形圆轴直径 $d_1=4$ cm，$d_2=7$ cm。轴上装有 3 个皮带轮。已知由轮 3 输入的功率为 $P_3=30\ 000$ W，轮 1 输出的功率为 $P_3=13\ 000$ W，轴作匀速转动，转速 $n=200$ 转/分，材料的许用剪应力 $[\tau]=60$ MN/m²，$G=80$ GPa，许用单位扭转角 $[\theta]=2°/m$。试校核轴的强度和刚度。

7-11 如题 7-11 图所示的转轴，转速 $n=500$ r/min，主动轮 A 输入功率 $P_A=368$ kW，从动轮 B，C 分别输出功率 $P_B=147$ kW，$P_C=221$ kW。已知 $[\tau]=70$ MPa，$[\theta]=1°/m$，$G=80$ GPa。

(1)试确定 AB 段的直径 d_1 和 BC 段的直径 d_2。

(2)若 AB 和 BC 两段选用同一直径，试确定直径 d。

(3)主动轮和从动轮应如何安排才比较合理？

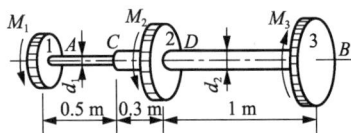

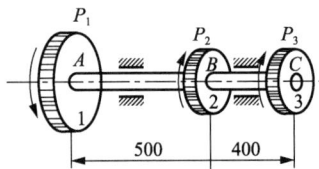

题 7-10 图   题 7-11 图

7-12 如题 7-12 图所示，在一直径为 75 mm 的等截面圆轴上，作用着外力偶矩：$M_1=1$ kN·m，$M_2=0.6$ kN·m，$M_3=0.2$ kN·m，$M_4=0.2$ kN·m。

（1）作轴的扭矩图。

（2）求出每段内的最大切应力。

（3）已知材料的切变模量 $G=80\times10^9$ N/m²，求轴两端截面的相对扭转角。

（4）若 M_1 和 M_2 的位置互换，试问最大切应力将怎样变化？

7-13 题 7-13 图所示铝棒的截面为 25 mm×25 mm 的正方形，长为 2 m，试求图示扭矩作用下棒上的最大切应力，以及一端相对于另一端的扭转角。已知 $G=26$ GPa。

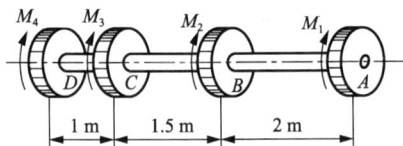

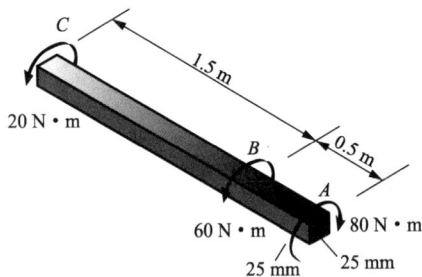

题 7-12 图   题 7-13 图

7-14 拖拉机通过方轴带动悬挂在后面的旋耕机。方轴转速 $n=720$ r/min，传递的最大功率 $P=25.7$ kW，截面为 30 mm×30 mm，材料的 $[\tau]=100$ MPa。试校核方轴的强度。

第8章
弯曲内力、应力及强度计算

弯曲是工程实际中最常见的一种基本变形。弯曲变形内容十分丰富。为方便研究,本书将弯曲变形分两章。本章主要介绍弯曲内力、应力及强度计算。

8.1 弯曲和平面弯曲的概念与实例

在日常生活和工程实际中,经常遇到发生弯曲变形的构件。例如桥式起重机的横梁在被吊物体的重力 G 和横梁自重 q 的作用下发生的变形(图 8-1),火车轮轴在车厢重量作用下发生的变形(图 8-2),悬臂管道支架在管道重物作用下发生的变形(图 8-3)等,都是弯曲的实例。这些构件尽管形状各异,加载的方式也不尽相同,但它们所发生的变形却有共同的特点,即所有作用于这些杆件上的外力都垂直于杆的轴线,这种外力称为横向力;在横向力作用下,杆的轴线将弯曲成一条曲线,这种变形形式称为弯曲。凡是以弯曲变形为主的杆件习惯上称为梁。工程中的梁包括结构物中的各种梁,也包括机械中的转轴和齿轮轴等。

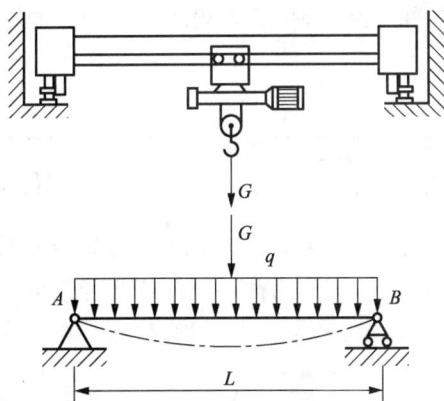

图 8-1 桥式起重机的横梁

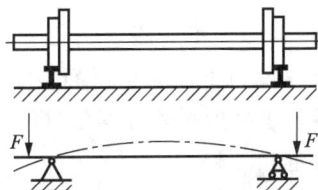

图 8-2 火车轮轴

工程中的梁一般都具有纵向对称平面[图 8-4(a)],当作用于梁上的所有外力(包括支座)都作用在此纵向对称平面[图 8-4(b)]内时,梁的轴线就在该平面内弯成一曲线,这种弯曲称为平面弯曲。平面弯曲是弯曲中较简单的情况。本章只讨论平面弯曲问题。

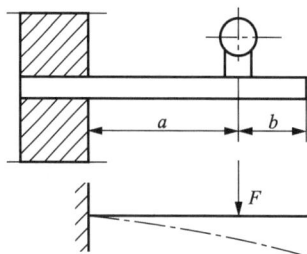

图 8-3　悬臂管道支架

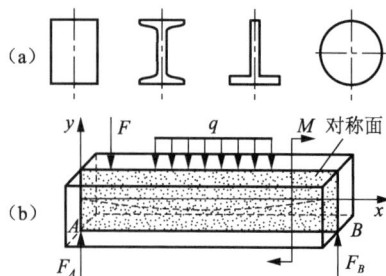

图 8-4　平面弯曲

8.2　梁的计算简图及分类

工程上梁的截面形状、载荷及支承情况都比较复杂，为了便于分析和计算必须对梁进行简化，包括梁本身的简化、载荷的简化以及支座的简化等。

对于梁的简化，不管梁的截面形状有多复杂，都简化为一直杆，如图 8-1～图 8-3 所示。并用梁的轴线来表示。

作用于梁上的外力（包括载荷和支座约束力），可以简化为集中力、分布载荷和集中力偶三种形式。若载荷的作用范围较小，则简化为集中力；若载荷连续作用于梁上，则简化为分布载荷；集中力偶可理解为力偶的两力分布在很短的一段梁上。

根据支座对梁约束的不同特点，支座可简化为静力学中的三种形式：活动铰链支座、固定铰链支座和固定端支座。因而简单的梁有三种类型：

（1）简支梁。梁的一端为固定铰支座，另一端为活动铰支座，如图 8-5 所示。

（2）外伸梁。梁有一个固定铰支座和一个活动铰支座，但梁的一端或两端伸出支座之外，如图 8-6 所示。

（3）悬臂梁。梁的一端固定，另一端自由，如图 8-7 所示。

简支梁或外伸梁的两个铰支座之间的距离称为跨度，用 l 来表示。悬臂梁的跨度是固定端到自由端的距离。

图 8-5　简支梁

图 8-6　外伸梁

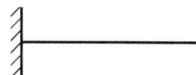

图 8-7　悬臂梁

以上三种梁，其支座反力皆可用静力学平衡方程来确定，故统称为静定梁图 8-5～图 8-7；支座反力不能完全由静力学平衡方程确定的，则称为静不定梁或超静定梁。梁的支反力数目多于静力平衡方程数目，支反力不能完全由静力平衡方程确定，这种梁称为静不定梁或超静定梁[图 8-8]。

（a）

（b）

图 8-8　静不定梁

8.3 梁的内力——剪力和弯矩

为了计算梁的应力和变形,首先应该确定梁在外力作用下任意横截面上的内力。为此,应先根据平衡条件求得静定梁在载荷作用下的全部约束力。当作用在梁上的全部载荷(包括外力和支座约束力)均为已知时,用截面法就可以求出任意截面上的内力。

8.3.1 剪力和弯矩的概念

如图 8-9(a)所示的简支梁,已知 $F_1 = 1$ kN,$F_2 = 2$ kN,$l = 5$ m,$a = 1.5$ m,$b = 3$ m。用平面平行力系的平衡方程求得两端支座的约束力 $F_{NA} = 1.5$ kN,$F_{NB} = 1.5$ kN。现欲求距 A 端 $x = 2$ m 处的横截面 m—m 上的内力。用截面法假想地将梁沿截面 m—m 截开,分为左右两部分。因为梁原来处于平衡状态,所以截开以后任意一部分也必然处于平衡状态。现取左部分为研究对象,画受力图,如图 8-9(b)所示。显然左部分梁在 F_1 和 F_{NA} 的作用下不能保持平衡。为了保持左部分梁的平衡,截面 m—m 上必然有力 F_Q 和力偶矩 M。其中,力 F_Q 作用在截面内部与截面相切,其作用线平行于外力,称为剪力;力偶矩 M 作用面垂直于横截面,称为弯矩。

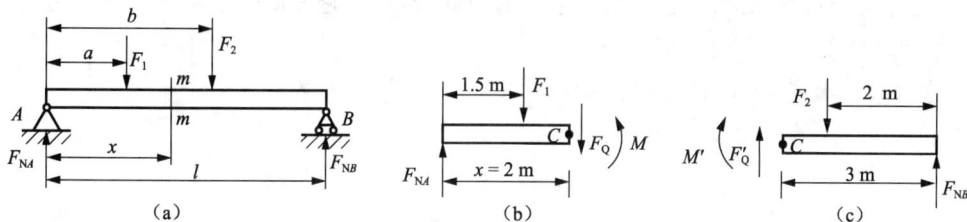

图 8-9 剪力和弯矩

8.3.2 用截面法求梁任意截面上的剪力和弯矩

剪力 F_Q 和弯矩 M 的大小和方向可根据平面平行力系的平衡方程确定。

由 $$\sum F_y = 0, \quad F_{NA} - F_1 - F_Q = 0$$

得 $$F_Q = F_{NA} - F_1 = 1.5 \text{ kN} - 1 \text{ kN} = 0.5 \text{ kN}$$

由 $$\sum M_C(F) = 0, \quad -F_{NA}x + F_1(x-a) + M = 0$$

得 $$M = F_{NA}x - F_1(x-a)$$
$$= 1.5 \times 2 \text{ kN} \cdot \text{m} - 1 \times (2-1.5) \text{ kN} \cdot \text{m} = 2.5 \text{ kN} \cdot \text{m}$$

如果取右侧梁为研究对象[图 8-9(c)],则 m—m 截面上的剪力和弯矩以 F_Q' 和 M' 表示,可以求得 $F_Q' = 0.5$ kN,$M' = 2.5$ kN·m,即它们大小相等、方向相反。这是因为它们之间是作用与反作用的关系。然而如还沿用理论力学对力和力矩的正负号规定,若取截面左侧梁为研究对象[图 8-9(b)]所解得 m—m 截面上的剪力和弯矩为正号;而若取截面右侧梁为研究对象[图 8-9(c)],所解得 m—m 截面上的剪力和弯矩却为负号。同一截面仅因取左侧梁或右侧梁的不同，使得所得剪力和弯矩大小相等、正负号不同，这显然是不合适的。

为了在使用截面法计算某截面上的剪力和弯矩时，无论"保左"，或"保右"，两种算法得到的同一截面上的剪力和弯矩不仅计算数值相同，而且符号也一致，在材料力学中，我们把剪力和弯矩的符号规则与梁的变形联系起来，规定如下：

(1) 剪力的符号规则。剪力 F_Q 绕保留部分顺时针方向为正[图 8-10(a)]，反之为负[图 8-10(b)]。

(2) 弯矩的符号规则。在截面 n—n 处弯曲变形向下凸(或使梁的上表面纤维受压时)，如图 8-10(c)所示，截面 n—n 上的弯矩规定为正；反之为负[图 8-10(d)]。

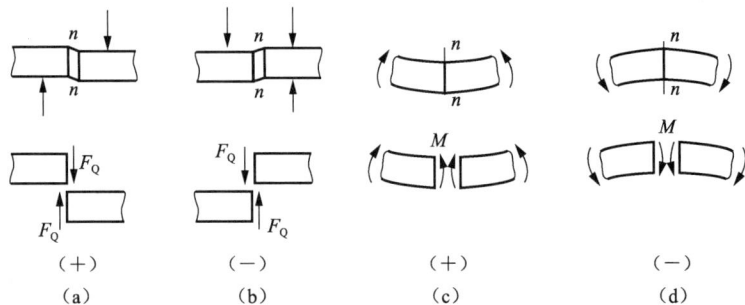

图 8-10 剪力和弯矩的符号规则

按上述关于符号的规定，任意截面上的剪力和弯矩，无论根据这个截面左侧还是右侧来计算，所得结果的数值和符号都是一样的。

例题 8-1 求图 8-11(a)所示简支梁截面 1—1 及 2—2 剪力和弯矩。

解 (1) 计算梁的支座约束力。由平衡方程

$$\sum M_A = 0, \quad F_B \times 10 - F \times 6 - q \times 10 \times 5 = 0$$

得
$$F_B = 34 \text{ kN}$$

$$\sum F_B = 0, \quad F_A + F_B - 40 \text{ kN} - 2 \times 10 \text{ kN} = 0$$

得
$$F_A = 26 \text{ kN}$$

(2) 求截面 1—1 的剪力 F_{Q1} 及弯矩 M_1。

截面 1—1 左侧梁上的外力及截面上正向剪力 F_{Q1} 和正向弯矩 M_1 如图 8-11(b)所示，由平衡方程可得

$$F_{Q1} = (26 - 2 \times 5)\text{kN} = 16 \text{ kN}$$

$$M_1 = \left(26 \times 5 - 2 \times 5 \times \frac{5}{2}\right)\text{kN} \cdot \text{m} = 105 \text{ kN} \cdot \text{m}$$

(3) 求截面 2—2 的剪力 F_{Q2} 及弯矩 M_2。

截面 2-2 右侧梁上外力较简单，故求截面 2—2 的剪力和弯矩时，取该截面的右侧梁为研究对象较适宜。设截面 2—2 上有正向剪力 F_{Q2} 和正向弯矩 M_2，如图 8-12(c)所示，由平衡方程可得

$$F_{Q2} = (2 \times 2 - 34)\text{kN} = -30 \text{ kN}$$

$$M_2 = (34 \times 2 - 2 \times 2 \times 1)\text{kN} \cdot \text{m} = 64 \text{ kN} \cdot \text{m}$$

F_{Q2} 得负值，说明与图示假设方向相反，即为为负剪力。

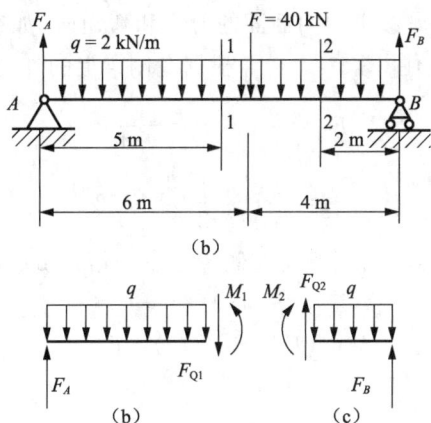

图 8-11 例题 8-1 图

讨论:用截面法计算梁截面内力(F_Q 和 M)的方法是求内力的基本方法。由上面的例题可以总结出用截面法计算梁的内力——剪力 F_Q 和弯矩 M 的一般步骤如下:

(1)用假想截面从被指定的截面处将梁截为两部分。

(2)以其中任意部分为研究对象,在截开的截面上按 F_Q 和 M 的符号规则先假设为正,画出未知的 F_Q 和 M 的方向。

(3)应用平衡方程 $\sum F_y = 0$ 和 $\sum M_O = 0$,计算 F_Q 和 M 的值,其中 O 点一般取截面的形心。

(4)根据计算结果,结合题意,判断 F_Q 和 M 的方向。

*8.3.3 直接由外力求剪力和弯矩的方法

用截面法求梁任意截面上的剪力和弯矩虽然是基本方法,但是一般比较烦琐。然而根据截面法求得任意截面上的剪力和弯矩的结果,可以得到下述两个规律:

(1)某一截面的剪力等于此截面一侧(左侧或右侧)所有外力(包括载荷和反力)沿着与杆轴垂直方向投影的代数和,即 $F_Q = \sum F_{-侧}$。

(2)某一截面的弯矩等于此截面一侧(左侧或右侧)所有外力(包括载荷和反力)对此截面形心的力矩的代数和,即 $M = \sum M_O(F)_{-侧}$。

这样我们就可以利用这两个规律直接写出任意截面上的剪力和弯矩。

为了使所求得的剪力和弯矩的正负号也符合上述规定,应注意:

(1)按此规律列剪力计算式时,"凡截面左侧梁上所有向上的外力,或截面右侧梁上所有向下的外力,都将产生正的剪力,故均取正号;反之为负"。

(2)在列弯矩计算式时,"凡截面左侧梁上外力对截面形心之矩为顺时针转向,或截面右侧外力对截面形心之矩为逆时针转向,都将产生正的弯矩,故均取正号;反之为负"。

上述这个规则可以概括为"左上右下,剪力为正;左顺右逆,弯矩为正"的口诀。

利用上述规律,在求弯曲内力时,可不再列出平衡方程,而是直接根据截面左侧或右侧梁上的外力来确定横截面上的剪力和弯矩,从而简化了求内力的计算步骤。

例如图 8-12(a)所示的简支梁,已知所受载荷为 F,并且已求得左、右端的支座反力分别

为 $3F/4$ 和 $F/4$。若用这一方法求中间截面的剪力和弯矩时,如欲取左侧梁为研究对象,只需假想用一张纸将右侧梁盖住[图 8-12(a)],根据左侧梁上的外力即可直接写出:

$$F_Q = \frac{3}{4}F - F = -\frac{1}{4}F$$

$$M = \frac{1}{4}F \times \frac{1}{2}l = Fl/8$$

如欲取右侧梁为研究对象,可假想将左侧梁盖住[图 8-12b)],也可直接得出

$$F_Q = F/4 - F = -F/4$$

$$M = (F/4) \times (l/2) = Fl/8$$

可见计算过程简化了不少。

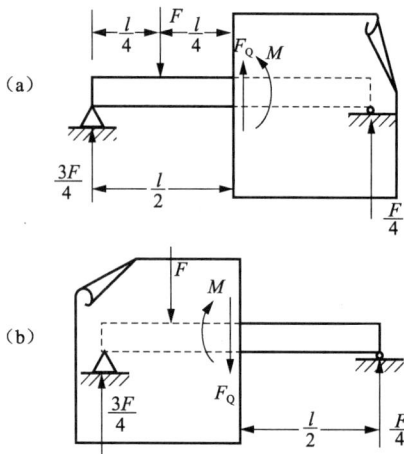

图 8-12　根据截面一侧的外力求横截面上的剪力和弯矩

* **例题 8-2**　外伸梁受载如图 8-13 所示,已知 q, a,试求图中各指定截面上的剪力和弯矩。图中截面 2—2,3—3 分别为约束反力(F_A)作用处的左、右邻截面(即面 2—2、3—3 间的间距趋于无穷小量),截面 4—4,5—5 亦为集中力偶矩 M_{TO} 的左、右邻截面。截面 6—6 为约束反力(F_B)作用处的左邻截面。

解　(1)求支反力。

设支反力 F_A 和 F_B 均向上,由平衡方程 $\sum M_B(F) = 0$ 和 $\sum M_A(F) = 0$ 得 $F_A = -5qa$, $F_B = qa$。F_A 为负值,说明其实际方向与假设方向相反。

(2)求指定截面上的剪力和弯矩。

考虑 1—1 截面左段上的外力,得

$$F_{Q1} = qa$$

$$M_1 = qa \times \frac{a}{2} = \frac{qa^2}{2}$$

考虑 2—2 截面左段上的外力,得

$$F_{Q2} = 2qa$$

$$M_2 = 2qa \times a = 2qa^2$$

考虑 3—3 截面左段上的外力,得

$$F_{Q3} = 2qa + F_A = 2qa + (-5qa) = -3qa$$

$$M_3 = 2qa \times a + F_A \times 0 = 2qa^2$$

考虑 4—4 截面右段上的外力，得

$$F_{Q4} = -qa - F_B = -qa - qa = -2qa$$

$$M_4 = F_B a + \frac{qa \times a}{2} - M_{T0} = qa^2 + \frac{qa^2}{2} - 2qa^2 = -\frac{1}{2}qa^2$$

考虑 5—5 截面右段上的外力，得

$$F_{Q5} = -qa - F_B = -qa - qa = -2qa$$

$$M_5 = F_B a + \frac{qa \times a}{2} - M_{T0} = qa^2 + \frac{qa^2}{2} = \frac{3}{2}qa^2$$

考虑 6—6 截面右段上的外力，得

$$F_{Q6} = -F_B = -qa$$

$$M_6 = 0$$

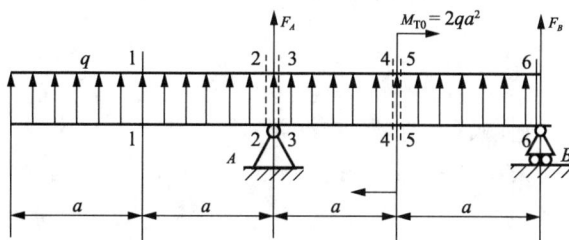

图 8-13 例题 8-2 图

8.4 剪力图和弯矩图

8.4.1 剪力图和弯矩图的概念

在得到剪力方程和弯矩方程后，根据剪力方程，以 x 为横坐标，以剪力 F_Q 为纵坐标，绘制所得的图形称为剪力图，或简称为 F_Q 图。根据弯矩方程，以 x 为横坐标，以弯矩 M 为纵坐标，绘制所得的图形称为弯矩图，或简称为 M 图。

与轴力图和扭矩图类似，剪力图和弯矩图直观地表达了剪力和弯矩随横截面的变化规律，是梁的强度计算和刚度计算的基础。

8.4.2 绘制剪力图和弯矩图的方法

绘制梁的剪力图和弯矩图方法很多，下面介绍两种方法。

1. 列梁的剪力方程和弯矩方程绘制剪力图和弯矩图

绘制剪力图和弯矩图的基本方法——列出梁的剪力和弯矩方程，按方程绘图。

剪力方程和弯矩方程的建立仍然是用截面法，或利用截面一侧所有外力直接写出任意梁段上的剪力方程和弯矩方程。

在列方程时，一般将坐标 x 的原点取在梁的左端。作图时，要选择一个适当的比例尺，以横截面位置 x 为横坐标，剪力 F_Q 和弯矩 M 值为纵坐标，并将正剪力和正弯矩画在 x 轴的上边，负的画在下面。

下面用例题来说明这个方法。

例题 8-3　如图 8-14(a)所示，一悬臂梁 AB 在自由端受集中力 F 作用。试作此梁的剪力图和弯矩图。

解　(1) 列剪力方程和弯矩方程。

以梁左端程点取为坐标原点，在求此梁距离左端为 x 的任意横截面上的剪力和弯矩时，不必求出梁支座约束力，可根据截面左侧梁的平衡求得

$$F_Q = -F \quad (0 < x < l) \tag{1}$$

$$M = -Fx \quad (0 \leqslant x < l) \tag{2}$$

式(1)和式(2)就是此梁的剪力方程和弯矩方程。

(2) 画剪力图和弯矩图。

式(1)表明，剪力 F_Q 与 x 无关，$|F|_{max} = F$，故剪力图是水平线[图 8-14(c)]；式(2)表明，弯矩 M 是 x 的一次函数，故弯矩图是一条倾斜直线，需要由图线的两个点来确定这条直线。当 $x = 0$ 时，$M = 0$；当 $x = l$ 时，$M = -Fl$[图 8-14(c)]。由此可画出梁的剪力图和弯矩图，分别如图 8-14(c)(d)所示。

由图 8-14(d)可见，此悬臂梁的弯矩的最大值出现在固定端 B 处，其绝对值为 $M|_{max} = Fl$。

可见，此弯矩在数值上等于梁固定端的约束力偶矩。

例题 8-4　如图 8-15(a)所示，简支梁 AB 受均布载荷 q 的作用。试作此梁的剪力图和弯矩图。

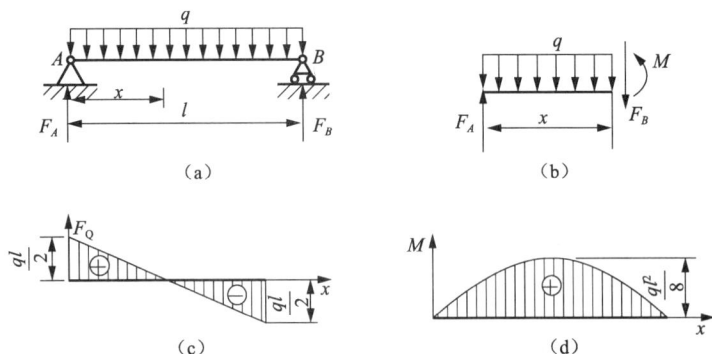

图 8-14　例题 8-3 图

图 8-15　例题 8-4 图

解　(1) 求支座约束力。

由载荷及支座约束力的对称性可知两个支座的约束力相等，故

$$F_A = F_B = \frac{ql}{2}$$

（2）列剪力方程和弯矩方程。

以梁左端 A 点为坐标原点，距左端为 x 的任意横截面［图 8-15(b)］上的剪力和弯矩为

$$F_Q = F_A - qx \quad (0 < x < l)$$

$$M = F_{Ax} - qx \times \frac{x}{2} = \frac{ql}{2}x - \frac{qx^2}{2} \quad (0 \leqslant x < l)$$

上式即为梁的剪力方程和弯矩方程。

（3）作剪力图和弯矩图。

由剪力方程知剪力 F_Q 是 x 的一次函数，故剪力图是一条斜直线，只需确定两点的剪力值（如截面 A 和 B），剪力分别为

$$F_{QA} = \frac{ql}{2}, \quad F_{QB} = -\frac{ql}{2}$$

由剪力图［图 8-15(c)］可知，最大剪力在 A，B 两截面处，则

$$|F_Q|_{max} = \frac{ql}{2}$$

由弯矩方程知弯矩 M 是 x 的二次函数，故弯矩图是一条二次抛物线。为了画出此抛物线，要适当地确定曲线上几个点的弯矩值，即

$$x = 0, \quad M = 0$$

$$x = \frac{l}{4}, \quad M = \frac{ql}{2} \times \frac{l}{4} - \frac{l}{2}\left(\frac{l}{4}\right)^2 = \frac{3}{32}ql^2$$

$$x = \frac{l}{2}, \quad M = \frac{ql}{2} \times \frac{l}{2} - \frac{l}{2}\left(\frac{l}{2}\right)^2 = \frac{1}{8}ql^2$$

$$x = \frac{3}{4}l, \quad M = \frac{ql}{2} \times \frac{3l}{4} - \frac{q}{2}\left(\frac{3}{4}l\right)^2 = \frac{3}{32}ql^2$$

$$x = l, \quad M = \frac{ql}{2}l = \frac{q}{2}l^2 = 0$$

通过这几个点，就可较准确地画出梁的弯矩图，如图 8-15(d) 所示。

由弯矩图可以看出，在跨度中点横截面上的弯矩最大，其值为

$$M_{max} = \frac{ql^2}{8}$$

讨论：从以上几个例题中可以看出：

（1）根据剪力图和弯矩图，既可了解全梁中剪力和弯矩的变化情况，又能很容易找出梁内最大剪力和弯矩所在的横截面及数值，知道了这些数据之后，才能进行梁的强度计算和刚度计算。

（2）在集中力作用截面两侧，剪力有一突然变化，变化的数值就等于集中力。在集中力偶作用截面两侧，弯矩有一突然变化，变化的数值就等于集中力偶矩。这种现象的出现，好像在集中力和集中力偶矩作用处的横截面上剪力和弯矩没有确定的数值，但事实上并非如此。这是因为：所谓集中力实际上不可能"集中"作用于一点，它实际上是分布于一个微段 Δx 内的分布力经简化后得出的结果［图 8-16(a)］。若在此范围内把载荷看作是均布的，则剪力将连续地从 F_{Q1} 变到 F_{Q2}［图 8-16(b)］。对集中力偶作用的截面，也可做同样的解释。

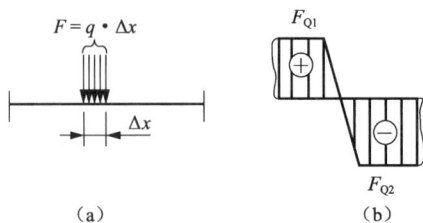

图 8-16　集中力偶作用弯矩变化

例 8-5　作如图 8-17(a)所示外伸梁的剪力图和弯矩图，并求 $|F_Q|_{max}$ 和 $|M|_{max}$，设 $M_e = ql^2$。

解　由静力平衡方程，求得支反力为

$$F_{Ay} = 2ql, \quad F_{By} = -2ql$$

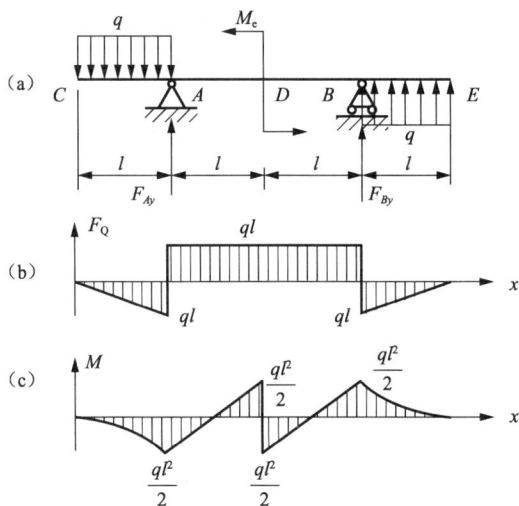

图 8-17　例题 8-5 图

根据梁所受的外力，将该梁分为四段，即 CA, AD, DB 和 BE。再根据图 8-17 可知：在 CA 和 BE 两段，剪力图为斜直线，弯矩图为二次抛物线；在 AD 和 DB 两段，剪力图为水平线，弯矩图为斜直线；在 A, B 两截面，有集中力 F_{Ay}, F_{By} 作用，故剪力图有突变；在 D 截面，有集中力偶矩 M_e 作用，故弯矩图有突变。各截面的坐标值可根据

$$F_Q(x_2) - F_Q(x_1) = \int_{x_1}^{x_2} q(x)\,dx$$

$$M(x_2) - M(x_1) = \int_{x_1}^{x_2} F_Q(x)\,dx$$

来确定。最后，从左至右，就可作出全梁的剪力图和弯矩图，如图 8-17(b)(c)所示。从图中可知，$|F_Q|_{max} = ql$，$|M|_{max} = ql^2/2$。

2. 弯矩图的叠加法

梁上同时有几个载荷作用时，可以分别求出各个载荷单独作用下的弯矩图，然后进行代数相加，从而得到各载荷同时作用下的弯矩图，这种方法称为绘制弯矩图的叠加法。

上述的叠加法也可以用于剪力图的绘制和$|F_Q|_{max}$的确定。

几种受单一载荷作用梁的剪力图和弯矩图列入表 8-1 中。

表 8-1　几种受单一载荷作用梁的剪力图和弯矩图

例题 8-6 试用叠加法作图 8-18(a)所示悬臂梁的弯矩图。已知 $F = 3ql/8$。

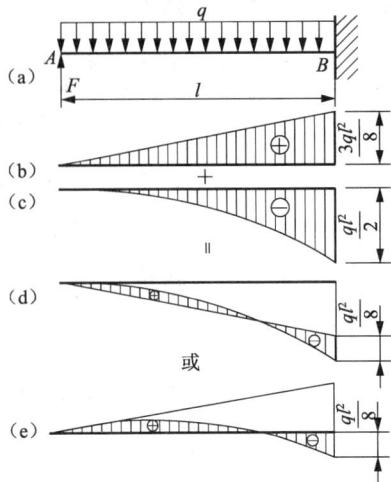

图 8-18　例题 8-6 图

解：查表 8-1，先分别作出梁只有集中载荷和只有分布载荷作用下的弯矩图［图 8-18(b)(c)］。两图的弯矩具有不同的符号，为了便于叠加，在叠加时可把它们画在 x 轴的同一侧，例如同画在坐标的下侧［图 8-18(d)］。于是，两图共同部分的正值和负值的纵坐标互相抵消，剩下的图形即代表叠加后的弯矩图。如将其改为以水平线为基线的图，即得通常形式的弯矩图［图 8-18(e)］。最大弯矩值为

$$|M|_{max} = ql^2/8$$

发生在根部截面上。

利用叠加法作弯矩图在以后研究的用能量法求变形的计算中有着更大的优越性。

*8.5　平　面　刚　架

8.5.1　刚架的概念

工程中，某些机器的机身或机架的轴线是由几段线段组成的折线，如压力机框架、轧钢机机架等，而组成机架的各部分在其连接处的夹角不能改变，即在连接处各部分不能相对转动。这种连接称为刚节点，如图 8-19 中的节点 C，与铰节点的区别在于刚节点可以抵抗弯矩。由刚节点连接成的框架结构称为刚架。刚架横截面上的内力一般有轴力、剪力和弯矩。

8.5.2　平面刚架弯矩图的绘制

下面我们用例题说明刚架弯矩图的绘制。其他内力图，如轴力图或剪力图，需要时也可按相似的方法绘制。

例题 8-7 图 8-19(a)所示刚架 ACB，设在 AC 段承受均布载荷 q 作用，试分析刚架的弯矩，画出弯矩图。

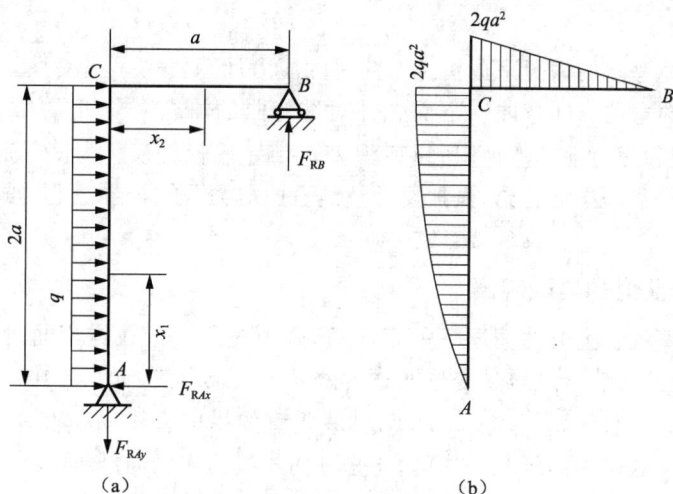

图 8-19　例题 8-7 图

解：(1) 利用平衡方程求出支反力，有

$$F_{RAx}=2qa,\quad F_{RAy}=2qa,\quad F_{RB}=2qa$$

支反力方向如图 8-19(a)所示。

(2) 计算各杆的弯矩。

计算竖杆 AC 中坐标为 x_1 的任意横截面的弯矩时，设想置身于刚架内，面向 AC 杆看过去，于是 AC 杆原来的左侧为上，原来的右侧为下。随后判定弯矩正负的方法与水平梁完全一样，即使弯曲变形凸向"下"(即向右)的弯矩为正，反之为负。用截面以"左"的外力来计算弯矩，则"向上"的 F_{RA} 引起正弯矩，"向下"的 q 引起负弯矩。

$$M(x_1)=F_{RAx}x_1-\frac{1}{2}qx_1^2=2qax_1-\frac{1}{2}qx_1^2$$

计算横杆 BC 中坐标为 x_2 的横截面的弯矩时，用截面右侧的外力来计算

$$M(x_2)=F_{RB}(a-x_2)=2qa(a-x_2)$$

(3) 绘制刚架的弯矩图。

绘弯矩图时，约定把弯矩图画在杆件弯曲变形凹入的一侧，亦即画在受压的一侧。例如 AC 杆的弯曲变形是左侧凹入，右侧凸出，故弯矩图画在左侧，如图 8-19(b)所示。

8.6　梁弯曲横截面上的正应力

8.6.1　纯弯曲时梁横截面上的正应力

在一般情况下，梁弯曲时其横截面上既有弯矩 M 又有剪力 F_Q，这种弯曲称为横力弯曲，也称剪切弯曲，如图 8-20(a)中梁上 AC 段和 DB 段。梁横截面上的弯矩是由正应力合成的，而剪力则是由切应力合成的，因此，在梁的横截面上一般既有正应力又有切应力。

如果某段梁内各横截面上弯矩为常量而剪力为零，则该段梁的弯曲称为纯弯曲。图 8-20(a)中梁上的 CD 段就属于纯弯曲，纯弯曲时梁的横截面上不存在切应力，仅有正应力，

153

比较简单。

下面先针对纯弯曲的情况来分析纯弯曲梁的应力计算公式。

显然该梁段的弯曲为纯弯曲。下面先针对纯弯曲的情况来分析应力，由于分析方法仍需考虑几何、物理和静力学等方面，所以应力公式推导比较复杂。为简单起见，本书对梁纯弯曲时的应力公式不作详细讨论，只扼要介绍纯弯曲应力公式推导过程，重点讨论弯曲应力的计算方法。

1. 梁在纯弯曲时的实验观察

为了分析计算梁在纯弯曲情况下的正应力，必须先研究梁在纯弯曲时的变形现象。为此，先作一个简单的实验。取容易变形的材料做成一根矩形截面的梁，在梁的表面上画出两条与轴线平行的纵向直线 aa 和 bb，以及与轴线垂直的横向直线 mm 和 nn，如图 8-21(a)所示。设想梁是由无数层纵向纤维组成的，于是纵向直线代表纵向纤维，横向直线代表各个横截面的周边。当梁发生纯弯曲变形时，可观察到下列一些现象[图 8-21(b)]：

(1) 两条纵线都弯成曲线 $a'a'$，和 $b'b'$，且靠近底面的纵线 $m'n'$ 伸长了，而靠近顶面的纵线 mn 缩短了。

(2) 两条横线仍保持为直线，只是相互倾斜了一个角度，但仍垂直于弯成曲线的纵线。

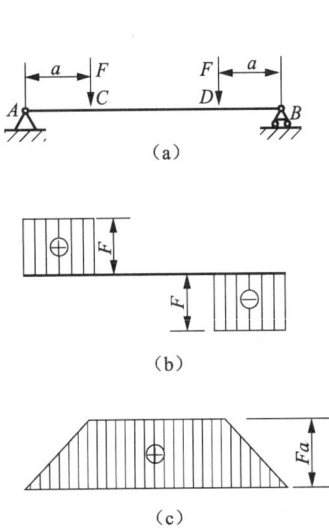

图 8-20 纯弯曲和剪力弯曲

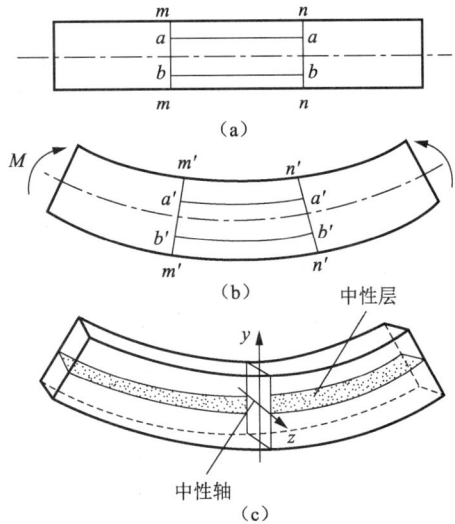

图 8-21 矩形截面的梁纯弯曲变形观察

2. 推断和假设

根据上述矩形截面梁的纯弯试实验，可以作出如下假设：

(1) 梁在纯弯曲时，各横截面始终保持为平面，并垂直于梁轴，此即弯曲变形的平面假设。

(2) 纵向纤维之间没有相互挤压，每根纵向纤维只受到简单拉伸或压缩。

根据平面假设，当梁弯曲时其底部各纵向纤维伸长，顶部各纵向纤维缩短。而纵向纤维的变形沿截面高度应该是连续变化的。所以，从伸长区到缩短区，中间必有一层纤维既不伸长也不缩短，这一长度不变的过渡层称为中性层[图 8-21(c)]，中性层与横截面的交线称为中性轴。显然在平面弯曲的情况下，中性轴必然垂直于截面的纵向对称轴，而且可以证明中性轴必是通过截面形心(证明略)。

概括地说,在纯弯曲的条件下,所有横截面仍保持平面,只是绕中性轴做相对转动,横截面之间并无互相错动的变形,而每根纵向纤维则处于简单的拉伸或压缩的受力状态。

3. 纯弯曲时梁的正应力

根据上述实验的观察、推断与假设,再进一步分析得:

(1)由于直梁纯弯曲时,横截面绕中性轴的转动使得梁内的纤维只发生了伸长和缩短的变形,因此横截面上必定只有正应力 σ 而无切应力。

(2)由于直梁纯弯曲时,横截面绕中性轴转动,从图 8-21(b)(c)可以看出,m—m 和 n—n 截面转到 m'—m' 和 n'—n' 处,m'—n' 便是上下边缘处 mn 变形后的长度,该两处变形最大,此时上边缘有最大压缩变形,下边缘有最大拉伸变形,中性层处长度没有变化。因为纵向纤维伸长或缩短的大小与该纵向纤维到中性层的距离成正比,由此可以推论出正应力的分布规律[图 8-22(a)]。横截面上各点产生的正应力 σ 与该点到中性轴的距离成正比。在中性轴处正应力为零,离中性轴最远的截面上、下边缘正应力最大。当横截面上、下对称(即中性轴同时是截面的对称轴)时,上、下边缘的最大正应力在数值上相等。弯曲时截面上的弯矩 M 可以看成是由整个截面上各点的内力对中性轴的力矩所组成[图 8-22(b)]。

综合考虑梁的变形几何条件、物理条件和平衡条件,可以推导梁在纯弯曲时横截面上任一点的正应力计算公式(推导过程略),即

$$\sigma=\frac{My}{I_z} \tag{8-1}$$

式中,σ 为横截面上任一点处的正应力;M 为横截面上的弯矩;y 为横截面上任一点到中性轴的距离;I_z 为横截面对中性轴 z 的惯性矩。与 I_p 一样,I_z 也是一个与横截面形状和尺寸有关的几何性质的量,单位是长度的 4 次方,如 cm^4。

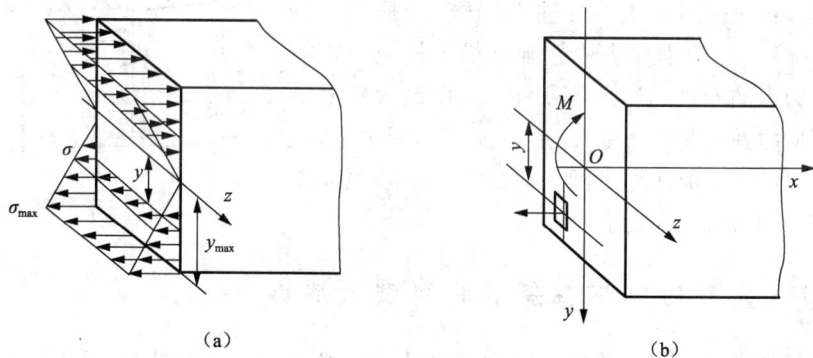

图 8-22 正应力的分布规律

应用公式(8-1)时,应以弯矩 M 和坐标 y 的代数值代入。但在实际计算中,可以用 M 和 y 的绝对值计算正应力 σ 的数值,再根据梁的变形情况直接判断 σ 是拉应力还是压应力,即以中性轴为界,靠凸边一侧为拉应力,靠凹边一侧为压应力。也可根据弯矩的正负来判断,当弯矩为正时,中性轴以下部分受拉;当弯矩为负时,情况则相反。

8.6.2　纯弯曲梁正应力公式的推广

如上所述,公式(8-1)是以平面假设为基础,在直梁受纯弯曲的情况下求得的,但梁一般为剪切弯曲,这是工程实际中最常见的情况。此时,梁的横截面不再保持为平面,同时在与中性层平行的纵截面上还有横向力引起的挤压应力。但由弹性力学证明,对长与横截面高度之比 $l/h > 5$ 的梁,虽有上述因素,但横截面上的正应力分布规律与纯弯曲的情况几乎相同。这就是说,剪力和挤压的影响甚少,可以忽略不计。因而平面假设和纤维之间互不挤压的假设,在剪切弯曲的情况下仍可适用。工程实际中常见的梁的 l/h 的值远大于 5,因此,纯弯曲时的正应力公式可以足够精确地计算直梁在剪切弯曲时横截面上的正应力,对曲梁也可应用。

8.6.3　梁弯曲时任一截面上弯曲正应力的最大值

由公式(8-1)可以看出,对于横截面对称于中性轴的梁,当 $y = y_{max}$,即在横截面上离中性轴最远的上、下边缘各点弯曲正应力最大,其值为

$$\sigma_{max} = \frac{M y_{max}}{I_z} \tag{8-2}$$

若令

$$\frac{I_z}{y_{max}} = W_z$$

则有

$$\sigma_{max} = \frac{M}{I_z / y_{max}} = \frac{M}{W_z} \tag{8-3}$$

式中,W_z 是仅与截面形状和尺寸有关的几何量,称为抗弯截面系数,单位为长度的 3 次方,如 mm^3。

若梁的横截面不对称于中性轴,如图 8-23 所示的 T 形截面,y_1 和 y_2 分别代表中性轴到最大拉应力点和最大压应力点的距离,且 y_1 不等于 y_2,则最大拉应力和最大压应力并不相等。令 $y_1 = y_{1max}$ 和 $y_2 = y_{2max}$,利用公式(8-2),可分别计算出图示弯矩情况下该截面的最大拉应力和最大压应力。

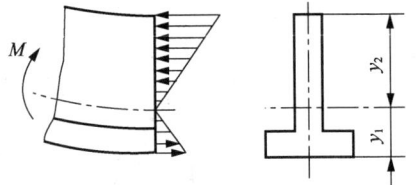

图 8-23　T 形截面应力分布

8.6.4　截面的轴惯性矩和抗弯截面系数

截面的轴惯性矩和抗弯截面系数是衡量截面抗弯能力的几何参数,可以用积分法和有关定理推导出的公式计算。如直径为 d 的实心圆截面,其对中性轴 z 的惯性矩和抗弯截面系数分别为

$$I_z = \frac{\pi}{64} d^4 \tag{8-4}$$

$$W_z = \frac{I_z}{y_{max}} = \frac{\frac{\pi}{64} d^4}{\frac{d}{2}} = \frac{\pi}{32} d^3 \tag{8-5}$$

常见简单几何形状截面的惯性矩和抗弯截面系数等几何参数列于附录 2.1。型钢的这些几何参数载于附录 3 中。

例题 8-8 一矩形截面梁如图 8-24(单位:mm)所示。计算 1—1 截面上 A,B,C,D 各点处的正应力,并指明是拉应力还是压应力。

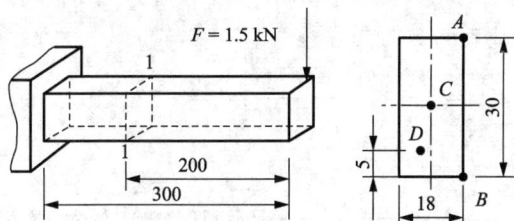

图 8-24 例题 8-8 图

解 (1) 计算 1—1 截面上弯矩:

$$M_1 = -F \times 200 \text{ mm} = (-1.5 \times 10^3 \times 200 \times 10^{-3}) \text{N} \cdot \text{m} = -300 \text{ N} \cdot \text{m}$$

(2) 计算 1—1 截面惯性矩:

$$I_z = \frac{bh^3}{12} = \frac{1.8 \times 3^3}{12} \text{cm}^4 = 4.05 \text{ cm}^2 = 4.05 \times 10^{-8} \text{ m}^4$$

(3) 计算 1—1 截面上各指定点的正应力:

$$\sigma_A = \frac{M_1 y_A}{I_z} = \frac{300 \times 1.5 \times 10^{-2}}{4.05 \times 10^{-8}} \text{Pa} = 111 \text{ MPa} \quad (\text{拉应力})$$

$$\sigma_B = \frac{M_1 y_B}{I_z} = \frac{300 \times 1.5 \times 10^{-2}}{4.05 \times 10^{-8}} \text{Pa} = 111 \text{ MPa} \quad (\text{压应力})$$

$$\sigma_C = \frac{M_1 y_C}{I_z} = \frac{M_1 \times 0}{I_z} = 0$$

$$\sigma_D = \frac{M_1 y_D}{I_z} = \frac{300 \times 1 \times 10^{-2}}{4.05 \times 10^{-8}} \text{Pa} = 74.1 \text{ MPa} \quad (\text{压应力})$$

例题 8-9 一简支木梁受力情况如图 8-25(a)所示。已知 $q=2 \text{ kN/m}, l=2 \text{ m}$。试比较在竖放[图 8-25(b)]和平放[图 8-25(c)]时横截面 C 处的最大正应力。

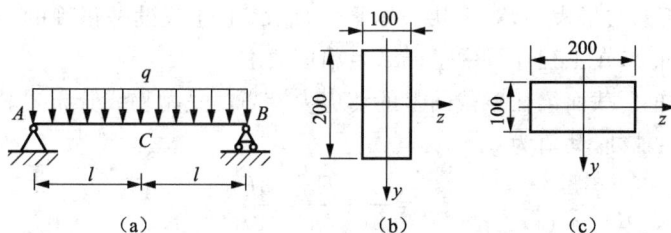

图 8-25 例题 8-9 图

解 首先计算横截面 C 处的弯矩,有

$$M_C = \frac{q(2l)^2}{8} = \frac{2 \times 10^3 \times 4^2}{8} \text{N} \cdot \text{m} = 4\,000 \text{ N} \cdot \text{m}$$

梁在竖放时,其抗弯截面系数为

$$W_{z1} = \frac{bh^2}{6} = \frac{0.1 \times 0.2^2}{8} \text{ m}^3 = 6.67 \times 10^{-4} \text{ m}^3$$

故横截面 C 处的最大正应力为

$$\sigma_{\max 1} = \frac{M_C}{W_{z1}} = \frac{4\,000}{6.67 \times 10^{-4}} \text{Pa} = 6 \times 10^6 \text{ Pa} = 6 \text{ MPa}$$

梁在平放时，其抗弯截面系数为

$$W_{z2} = \frac{bh^2}{6} = \frac{0.2 \times 0.1^2}{6} \text{ m}^3 = 3.33 \times 10^{-4} \text{ m}^3$$

故横截面 C 处的最大正应力为

$$\sigma_{\max 2} = \frac{M_C}{W_{z2}} = \frac{4\,000}{3.33 \times 10^{-4}} \text{Pa} = 12 \times 10^6 \text{ Pa} = 12 \text{ MPa}$$

*8.7 弯曲时的切应力

在剪力弯曲的情形下，梁的横截面上除了有弯曲正应力外，还有弯曲切应力。切应力在截面上的分布规律较正应力要复杂，本节不对其做详细讨论，仅对矩形截面梁、工字形截面梁、圆形截面梁和薄壁环形截面梁的最大切应力计算作一简单介绍，具体的推导过程可参阅其他较详细的材料力学教材。

8.7.1 矩形截面梁

一矩形截面梁的横截面如图 8-26(a)所示，其宽为 b，高为 h，截面上作用有剪力 F_Q 和弯矩 M。为了强调切应力，图中未画出正应力。对于狭长矩形截面，由于梁的侧面上没有切应力，故横截面上侧边各点处的切应力必然平行于侧边，z 轴处的切应力必然沿着 y 轴方向。考虑到狭长矩形截面上的切应力沿宽度方向的变化不大，于是可作假设如下：

(1) 横截面上各点处的切应力均平行于侧边。

(2) 距中性轴 z 轴等距离的各点处的切应力大小相等。

弹性理论分析的结果表明，对于狭长矩形截面梁，上述假设是正确的；对于一般高度大于宽度的矩形截面梁，在工程计算中也能满足精度要求。

经理论推导，矩形截面梁任意截面上的切应力沿高度呈抛物线分布，如图 8-26(b)所示。最大切应力在中性轴处，其值为

$$\tau_{\max} = \frac{3}{2} \times \frac{F_Q}{bh} = \frac{3F_Q}{2A} \tag{8-6}$$

即矩形截面梁任意截面上的最大切应力为其平均切应力(F_Q/A)的 1.5 倍。

8.7.2 工字形截面梁

在工程中经常要用到工字形截面梁。工字形截面可以简化为图 8-27(a)所示形状，由翼缘和腹板组成。在工字形截面的翼缘和腹板上的切应力分布如图 8-27(b)所示。研究表明，工字形截面梁任意截面上的最大切应力发生在腹板中部，其值为

$$\tau_{\max} = \frac{F_Q}{dh_1} = \frac{F_Q}{A_1} \tag{8-7}$$

式中，A_1 为腹板的面积。

工字形截面梁截面上的最大切应力为截面腹板上的平均切应力。

8.7.3　圆形截面梁

圆形截面梁的切应力分布规律如图 8-28 所示，截面上的最大切应力为

$$\tau_{\max} = \frac{4}{3}\tau_{均} \approx \frac{1.33 F_Q}{A} \tag{8-8}$$

亦即截面上平均切应力的 4/3 倍。

从上面的分析可以看出，对于等直梁而言，全梁中最大切应力发生在最大剪力所在横截面上，一般位于该截面的中性轴上。

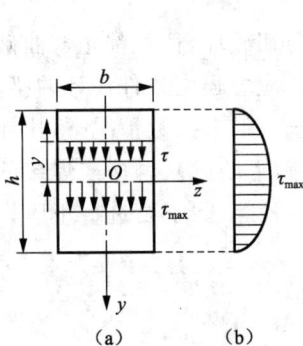

图 8-26　矩形截面梁　　　图 8-27　工字形截面梁　　　图 8-28　圆形截面梁

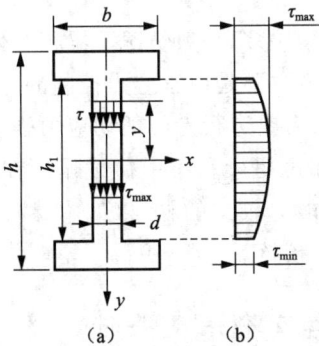

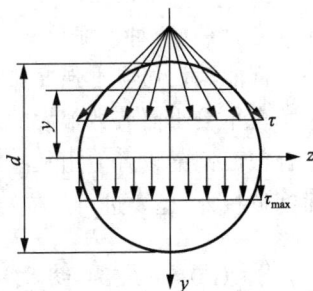

例题 8-10　图 8-29 所示简支梁由 56a 号工字钢制成，在中点处承受集中力 F 的作用，已知 $F = 150$ kN。试比较该梁中最大正应力和最大切应力的大小。

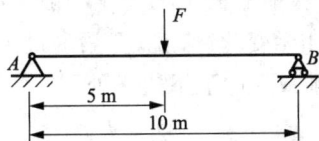

图 8-29　例题 8-10 图

解　查附表 3-1，已知由 56a 号工字钢制成的梁所承受的最大弯矩和最大剪力分别为

$$M_{\max} = 375 \text{ kN} \cdot \text{m}$$
$$F_{Q\max} = 75 \text{ kN}$$

现在来求梁内的最大正应力。查工字型钢规格表，可知 56a 号工字钢的 $W_z = 2\,342.31 \text{ cm}^3$。

于是可得梁内最大正应力为

$$\sigma_{\max} = \frac{M_{\max}}{W_z} = \frac{375 \times 10^3}{2\,342.31 \times 10^{-6}} \text{Pa} = 160.1 \text{ MPa}$$

最大切应力为

$$\tau_{\max} \approx \frac{F_{Q\max}}{dh_1} = 12.6 \text{ MPa}$$

最后进行比较，可得

$$\frac{\sigma_{\max}}{\tau_{\max}} = \frac{160.1}{12.6} = 12.7$$

由此可见，梁中的最大正应力比最大切应力要大得多。因此在校核梁的强度时，大部分情况下只需考虑正应力强度条件而忽略切应力强度条件。

8.8 梁的强度计算

前面已提到，梁在横力弯曲时其横截面上同时存在着弯矩和剪力。因此，应从正应力和切应力两个方面来考虑梁的强度计算。

实际工程中使用的梁以细长梁居多，一般情况下梁很少发生剪切破坏，往往都是弯曲破坏。也就是说，对于细长梁，其强度主要是由正应力控制的，按照正应力强度条件设计的梁，一般都能满足切应力强度要求，不需要进行专门的切应力强度校核。但在少数情况下，比如对于弯矩较小而剪力很大的梁（如短粗梁和集中荷载作用在支座附近的梁）、铆接或焊接的组合截面钢梁或者使用某些抗剪能力较差的材料（如木材）制作的梁等，除了要进行正应力强度校核外，还要进行切应力强度校核。

8.8.1 梁弯曲时的正应力强度条件

1. 弯曲时全梁的最大正应力

由梁弯曲时梁内正应力公式（8-1）可知，对梁上某一横截面来说，最大正应力位于距中性轴最远的地方。由于梁弯曲时各横截面上的弯矩一般是随截面的位置而变化的，对于等截面直梁（即梁的截面形状和尺寸无变化）来说，全梁的最大正应力必定发生在弯矩绝对值最大的危险截面上，且在距中性轴最远的上下边缘处，其计算式为

$$\sigma_{\max} = \frac{M_{\max} y_{\max}}{I_z} \tag{8-9}$$

或

$$\sigma_{\max} = \frac{M_{\max}}{W_z} \tag{8-10}$$

但是，公式（8-10）表明，最大弯曲正应力 $\sigma_{\max}$ 不仅与最大弯矩有关，而且还与截面形状有关，因而在某些情况下，$\sigma_{\max}$ 并不一定发生在弯矩最大的截面上，还可能发生在弯矩不是最大且截面却较小的截面上，故对于非等直梁要注意对 $\sigma_{\max}$ 要加以判断分析。还需注意的是式（8-9）和式（8-10）虽然写法一样，但其代表的含义是有区别的。

2. 弯曲时的正应力强度条件

求得全梁的最大弯曲正应力 $\sigma_{\max}$，若使其不超过材料的许用弯曲应力 $[\sigma]$，就可以保证安全。

对等截面直梁来说，梁弯曲时的正应力强度条件为

$$\sigma_{max} = \frac{M_{max}}{W_z} \leqslant [\sigma] \qquad (8\text{-}11)$$

对抗拉和抗压强度相等的塑性材料(如碳钢),只要使梁内绝对值最大的正应力不超过许用应力即可;对抗拉和抗压强度不相等的脆性材料(如铸铁),则要求最大拉应力不超过材料的弯曲许用拉应力$[\sigma_l]$,同时最大压应力也不超过弯曲许用压应力$[\sigma_y]$。

关于材料的许用弯曲正应力$[\sigma]$,一般可近似用拉伸(压缩)许用拉(压)应力来代替,或按设计规范选取。

8.8.2 梁的切应力强度条件

前面已提到,等直梁的最大正应力发生在最大弯矩所在横截面上距中性轴最远的各点处,该处的切应力为零;最大切应力则发生在最大剪力所在横截面的中性轴上各点处,梁的最大工作切应力不得超过材料的许用切应力,即切应力强度条件是:

$$\tau_{max} \leqslant [\tau] \qquad (8\text{-}12)$$

材料的许用切应力$[\tau]$在有关的设计规范中有具体的规定。

8.8.3 梁的强度条件计算举例

根据强度条件可以解决下述三类问题:

(1) 强度校核。验算梁的强度是否满足强度条件,判断梁的工作是否安全。

(2) 设计截面尺寸。根据梁的最大载荷和材料的许用应力,确定梁截面的尺寸和形状或选用合适的标准型钢。

(3) 确定许用载荷。根据梁截面的形状和尺寸及许用应力,确定梁可承受的最大弯矩,再由弯矩和载荷的关系确定梁的许用载荷。

在校核梁的强度时,先按正应力强度条件计算,必要时再进行切应力强度校核。

例 8-11 一吊车[图 8-30(a)]用 32c 工字钢制成,将其简化为简支梁[图 8-27(b)],梁长 $l = 10$ m,自重不计。若最大起重载荷为 $F = 35$ kN(包括葫芦和钢丝绳),许用应力为$[\sigma] = 130$ MPa,试校核梁的强度。

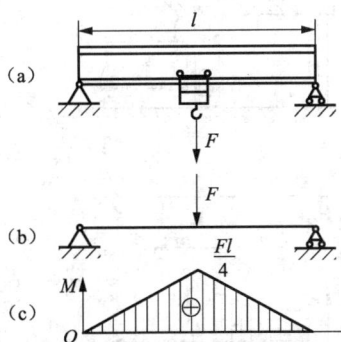

图 8-30 例题 8-11 图

解 (1) 求最大弯矩。当载荷在梁中点时,该处产生最大弯矩,即

$$M_{max} = \frac{Fl}{4} = \frac{35 \times 10}{4} \text{kN} \cdot \text{m} = 87.5 \text{ kN} \cdot \text{m}$$

（2）校核梁的强度。查型钢表得 32c 工字钢的抗弯截面系数 $W_z = 760$ cm³，则

$$\sigma_{max} = \frac{M_{max}}{W_z} = \frac{87.5 \times 10^3}{760 \times 10^{-6}} \text{Pa} = 115.1 \text{ MPa} < [\sigma]$$

说明梁的工作是安全的。

例 8-12 将某设备中一根支承物料重量的梁，简化为受均布载荷的简支梁（图 8-31）。已知梁的跨长 $l = 2.83$ m，所受均布载荷的集度 $q = 23$ kN/m，材料为 45 号工字钢，许用弯曲正应力 $[\sigma] = 140$ MPa，问该梁应该选用几号工字钢？

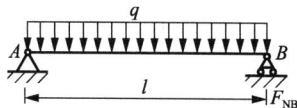

图 8-31 例题 8-12 图

解 这是一个设计梁的截面问题，应先求出梁所需的抗弯截面系数。在梁的中点横截面上的最大弯矩为

$$M_{max} = \frac{1}{8}ql^2 = \frac{23 \times (2.83)^2}{8} = 23 \text{ kN} \cdot \text{m}$$

所需的抗弯截面系数为

$$W_z = \frac{M_{max}}{[\sigma]} = \frac{23 \times 10^3}{140 \times 10^6} \text{m}^3 = 165 \text{ cm}^3$$

查型钢规格表，选用 18 号工字钢，$W_z = 185$ cm³。

例 8-13 如图 8-32(a)所示为一螺旋压板夹紧装置。已知压紧力 $F = 3$ kN，$a = 50$ mm，材料的许用弯曲应力 $[\sigma] = 150$ MPa。试校核压板的强度。

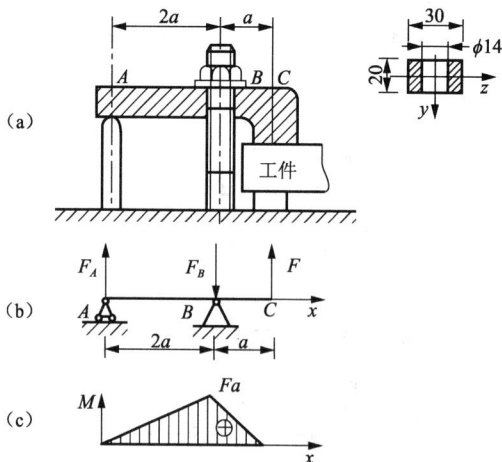

图 8-32 例题 8-13 图

解 压板可简化为一简支梁 [图 8-32(b)]，绘制弯矩图如图 8-32(c)所示。最大弯矩在截面 B 上

$$M_{max}=Fa=3\times10^3\times0.05\ \text{N}\cdot\text{m}=150\ \text{N}\cdot\text{m}$$

欲校核压板的强度,需计算 B 处截面对其中性轴的惯性矩

$$I_z=\frac{30\times20^3}{12}\text{mm}^4-\frac{14\times20^3}{12}\text{mm}^4=1.067\times10^{-9}\ \text{m}^4$$

抗弯截面系数为

$$W_z=\frac{I_z}{y_{max}}=\frac{10.67\times10^{-9}}{0.01}\ \text{m}^3=1.067\times10^{-6}\ \text{m}^3$$

最大正应力则为

$$\sigma_{max}=\frac{M_{max}}{W_z}=\frac{150\ \text{N}\cdot\text{m}}{1.067\times10^{-6}\ \text{m}^3}=141\times10^6\ \text{Pa}=141\ \text{MPa}<150\ \text{MPa}$$

故压板的强度足够。

例 8-14 图 8-33(a)所示为简支梁,材料的许用正应力 $[\sigma]=140$ MPa,许用切应力 $[\tau]=80$ MPa。试选择合适的工字钢型号。

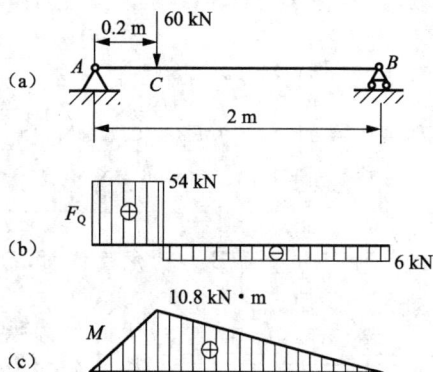

图 8-33 例题 8-14 图

解 (1)由静力平衡方程求出梁的支反力 $F_A=54$ kN,$F_B=6$ kN,并作剪力图和弯矩图如图 8-33(b)(c)所示,得 $F_{Qmax}=54$ kN,$M_{max}=10.8$ kN·m。

(2)选择工字钢型号。由正应力强度条件得

$$W_z\geq\frac{M_{max}}{[\sigma]}=\frac{10.8\times10^3}{140\times10^6}\ \text{m}^3=77.1\times10^3\ \text{mm}^3$$

查型钢表,选用 12.6 号工字钢,$W_z=77.529\times10^3$ mm³,$h=126$ mm,$t=8.4$ mm,$b=5$ mm。

(3)切应力强度校核。12.6 号工字钢腹板面积为

$$A=(h-2t)b=(126-2\times8.4)\times5\ \text{mm}^2=546\ \text{mm}^2$$
$$\tau_{max}=\frac{F_{Qmax}}{A}=\frac{54\times10^3}{546}\text{MPa}=98.9\text{MPa}>[\tau]$$

故切应力强度不够,需重选。

若选用 14 号工字钢,其 $h=140$ mm,$t=9.1$ mm,$b=5.5$ mm,则

$$A=(140-2\times9.1)\times5.5\ \text{mm}^2=669.9\ \text{mm}^2$$
$$\tau_{max}=\frac{F_{Qmax}}{A}=\frac{54\times10^3}{669.9}\text{MPa}=80.6\ \text{MPa}>[\tau]$$

应力不超过许用切应力的 5%，所以最后确定选用 14 号工字钢。

*例 8-15　T 形截面外伸梁尺寸及其受力情况如图 8-34（a）（b）所示，截面对形心轴 z 的惯性矩 $I_z=86.8$ cm^4，$y_1=38$ mm，材料为铸铁，其许用拉应力 $[\sigma_1]=23$ MPa，许用压应力 $[\sigma_y]=40$ MPa。试校核其强度。

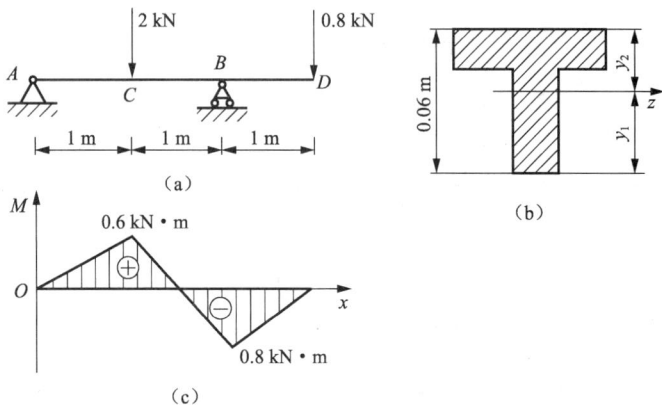

图 8-34　例题 8-15 图

解　（1）由静力平衡方程求出梁的约束力 $F_A=0.6$ kN，$F_B=2.2$ kN，并作弯矩图如图 8-34（c）所示，可知最大正弯矩在截面 C 处，$M_C=0.6$ kN·m，最大负弯矩在截面 B 处，$M_B=-0.8$ kN·m。

（2）校核梁的强度。显然截面 C 和截面 B 均为危险截面，都要进行强度校核。

截面 B 处：最大拉应力发生于截面上边缘各点处，得

$$\sigma_1=\frac{M_B y_2}{I_z}=\frac{0.8\times10^6\times2.2\times10}{86.8\times10^4}\text{MPa}=20.3\ \text{MPa}<[\sigma_1]$$

最大压应力发生于截面下边缘各点处，得

$$\sigma_y=\frac{M_B y_1}{I_z}=\frac{0.8\times10^6\times3.8\times10}{86.8\times10^4}\text{MPa}=35.2\ \text{MPa}<[\sigma_y]$$

截面 C 处：虽然 C 处的弯矩绝对值比 B 处的小，但最大拉应力发生于截面下边缘各点处，而这些点到中性轴的距离比上边缘处各点到中性轴的距离大，且材料的许用拉应力 $[\sigma_1]$ 小于许用压应力 $[\sigma_y]$，所以还需校核最大拉应力

$$\sigma_1=\frac{M_C y_1}{I_z}=\frac{0.6\times10^6\times38}{86.8\times10^4}\ \text{MPa}=26.4\ \text{MPa}<[\sigma_1]$$

所以梁的工作是安全的。

从此例题可以看出，对于中性轴不是截面对称轴且用脆性材料制成的梁，其危险截面不一定就是弯矩最大的截面。当出现与最大弯矩反向的较大弯矩时，如果此截面的最大拉应力边距中性轴较远，算出的结果就有可能超过许用拉应力，故此类问题考虑要全面。T 形截面梁是工程中常用的梁，应注意合理放置，尽量使最大弯矩截面上受拉边距中性轴较近。此外，在设计 T 形截面的尺寸时，为了充分利用材料的抗拉（压）强度，应该使中性轴至截面上、下边缘的距离之比恰好等于许用拉、压应力之比。

8.9 提高梁的弯曲强度的措施

由强度条件式(8-11)可知,降低最大弯矩$|M|_{max}$或增大抗弯截面模量W_z均能提高抗弯强度。

8.9.1 采用合理的截面形状

1. 采用I_z和W_z大的截面

在截面积和材料重量相同时,应采用I_z和W_z较大的截面形状,即截面积分布应尽可能远离中性轴。因为离中性轴较远处正应力较大,而靠近中性轴处正应力很小,这部分材料没有被充分利用。若将靠近中性轴的材料移到离中性轴较远处,如将矩形改成工字形截面[图 8-35(a)],则可提高惯性矩和抗弯截面模量,即提高抗弯能力。同理,实心圆截面改为面积相等的圆环形截面[图 8-35(b)],将矩形截面由平放改为立放[图 8-35(c)]等,也都可提高抗弯强度。

工程中金属梁的成型截面除了工字形以外,还有槽形、箱形[图 8-36(a)(b)]等,也可将钢板用焊接或铆接的方法拼接成上述形状的截面。建筑中常采用混凝土空心预制板[图 8-36(c)]。

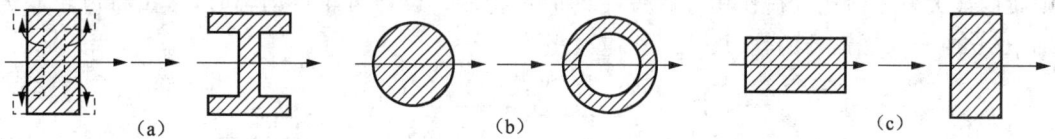

图 8-35　采用I_z和W_z大的截面

此外,合理的截面形状应使截面上最大拉应力和最大压应力同时达到相应的许用应力值。对于抗拉和抗压强度相等的塑性材料,宜采用对称于中性轴的截面(如工字形)。对于抗拉和抗压强度不等的材料,宜采用与中性轴不对称的截面,如铸铁等脆性材料制成的梁,其截面常做成 T 形或槽形,并使梁的中性轴偏于受拉的一边(图 8-37),即使$\sigma_{ymax}>\sigma_{lmax}$。

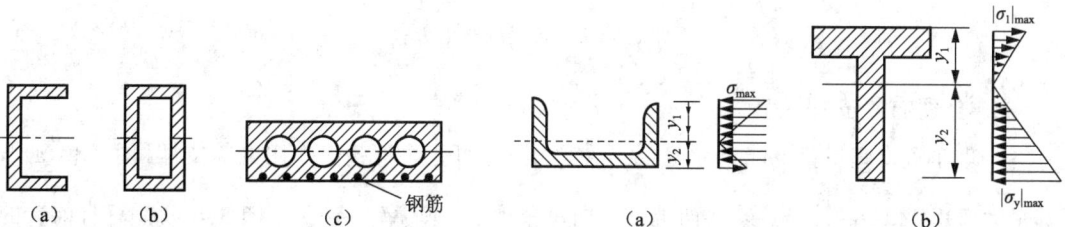

图 8-36　槽形、箱形、箱形、空心预制板

图 8-37　不对称于中性轴的截面

2. 采用变截面梁

除上述材料在梁的某一截面上如何合理分布的问题外,还有如何使材料沿梁的轴线合理安排的问题。

等截面梁的截面尺寸是由最大弯矩决定的,故除M_{max}所在的截面外,其余部分的材料未被充分利用。为节省材料和减轻重量，可采用变截面梁，即在弯矩较大的部位采用较大的截面，在弯矩较小的部位采用较小的截面。例如桥式起重机的大梁，两端的截面尺寸较小，中段部分的截面尺寸较大[图 8-38(a)]；铸铁托架[图 8-38(b)]；阶梯轴[图 8-38(c)]等，都是按弯矩分布设计的近似于变截面梁的实例。

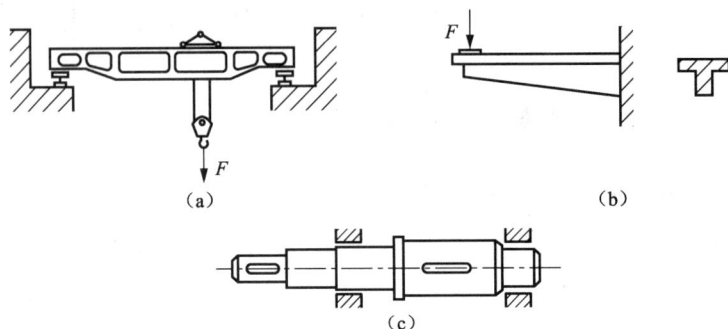

图 8-38　变截面梁

8.9.2　合理布置载荷和支座位置

1. 改善梁的受力方式，可以降低梁上的最大弯矩值

如图 8-39(a) 所示受集中力作用的简支梁，若使载荷尽量靠近一边的支座[图 8-39(b)]，则梁的最大弯矩值比载荷作用在跨度中间时小得多。设计齿轮传动轴时，尽量将齿轮靠近轴承(支座)，这样设计的轴，尺寸可相应减小。

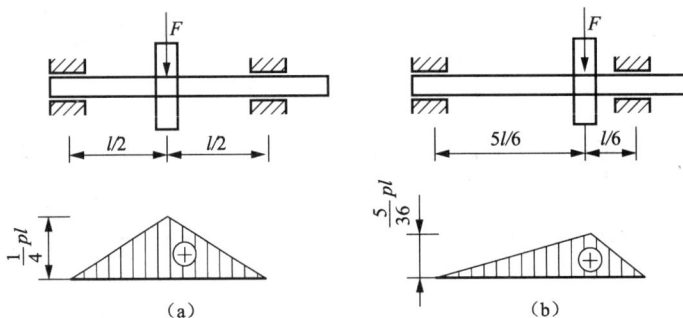

图 8-39　改善梁的受力方式

2. 合理布置支座位置

合理布置支座位置也能有效降低最大弯矩值，如受均布载荷作用的简支梁[图 8-40(a)]，其最大弯矩 $M_{max} = \dfrac{1}{8}ql^2$。若将两端支座向里移动 $\dfrac{1}{5}l$，则 $M_{max} = \dfrac{ql^2}{40}$[图 8-40(b)]只有前者的 $\dfrac{1}{5}$。因此，梁的截面尺寸也可相应减小，化工卧式容器的支承点向中间移一段距离[图(8-41)]，就是利用此原理降低了 M_{max}，减轻自重，节省材料。

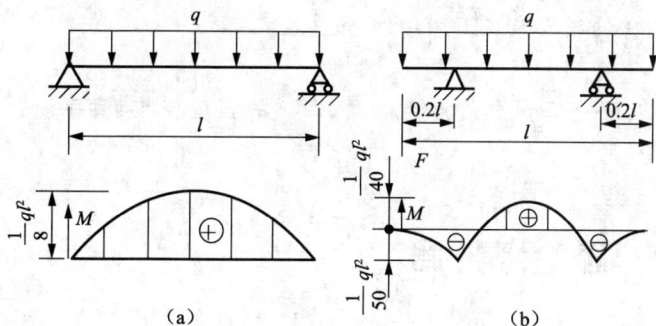

(a)

图 8-40 合理布置支座位置

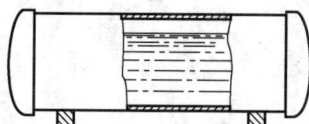

图 8-41 容器的支承点

本 章 小 结

弯曲变形是工程中最常见的变形形式。

本章主要研究直梁平面弯曲时的内力、应力、变形等问题。本章内容丰富、应用广泛,是材料力学的重点和难点。

1. 直梁平面弯曲。直梁平面弯曲的受力与变形特点是:外力沿横向作用于梁的纵向对称平面,梁的轴线弯成一条平面曲线。静定梁的常用力学模型是简支梁、外伸梁、悬臂梁。

2. 弯曲的内力——剪力和弯矩。截面法是求直梁弯曲时的内力基本方法。一般情况下,梁的横截面上既有弯矩又有剪力,但弯矩是主要的。

3. 剪力图和弯矩图。剪力图和弯矩图是分析梁危险截面的重要依据。正确地画出剪力图、弯矩图是本章的重点和难点。列剪力、弯矩方程是画剪力图、弯矩图的基本方法。应用查表法和叠加法画剪力图、弯矩图较简捷实用。

4. 弯曲应力。一般情况下,梁的横截面上既有弯矩,又有剪力,从而在有弯曲时产生了弯曲正应力和切应力。正应力是决定梁是否被破坏的主要因素,只有在特殊的情况下才需进行切应力强度校核。因此,弯曲正应力及其强度计算是本章重点。

弯曲正应力、平面弯曲梁的应力计算公式

$$\sigma = \frac{My}{I_z}$$

等截面梁的最大弯曲正应力

$$\sigma_{max} = \frac{M_{max}}{W_z}$$

强度条件

$$\sigma_{max} = \frac{M_{max}}{W_z} \leqslant [\sigma]$$

使用以上公式时应注意以下几点:

(1) 横截面上正应力的分布规律沿截面高度按直线变化,在中性轴上的正应力为零,梁的上、下边缘处正应力最大。

(2) 横截面的惯性矩 I_z 及抗抗弯截面系数 W_z 是截面的两个重要的几何特征量。为了

尽量增大截面的 I_z，通常将某些构件的截面做成工字形、矩形和空心等形状。

（3）中性轴通过截面形心。

（4）根据正应力强度条件，可以解决工程上的三类问题，即梁的强度校核、截面设计及确定许用载荷。

思 考 题

1. 弯曲变形的受力、变形特点是什么？

2. 对于具有纵向对称面的梁，其平面弯曲变形的受力、变形特点是什么？

3. 常见的载荷有哪几种？典型的支座有哪几种？相应的约束力各如何？

4. 何谓剪力？何谓弯矩？怎样计算剪力与弯矩？怎样规定它们的正负号？

5. 怎样建立剪力、弯矩方程？怎样绘制剪力、弯矩图？

6. 在无载荷作用与均布载荷作用的梁段，剪力、弯矩图各有何特点？

7. 在集中力与集中力偶作用处，梁的剪力、弯矩图各有何特点？

8. 剪力、弯矩与载荷集度之间的微分关系是如何建立的？它们的意义是什么？在建立上述关系时，对于载荷集度与坐标 x 的选取有何规定？

*9. 如何分析刚架的内力？在刚节点处，内力有何特点？

*10. 如何分析平面曲杆的内力？

11. 何谓中性层？何谓中性轴？其位置如何确定？

12. 截面形状及尺寸完全相同的两根静定梁，一根为钢材，另一根为木材，若两梁所受的载荷也相同，问它们的内力图是否相同？横截面上的正应力分布规律是否相同？两梁对应点处的纵向线应变是否相同？

13. 纯弯曲时的正应力公式的应用范围是什么？它可推广应用于什么情况？

14. 为什么一般情况下梁不必进行剪应力强度计算？什么情况下还需进行剪应力强度计算？

15. 设梁的横截面如图 8-42 所示，试问此截面对 z 轴的惯性矩和抗弯截面系数是否可按 $I_z=\dfrac{BH^3}{12}-\dfrac{bh^3}{12}$，$W_z=\dfrac{BH^2}{6}-\dfrac{bh^2}{6}$ 计算，为什么？

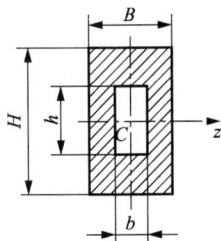

图 8-42

效 果 测 验

（1）杆件弯曲时的受力特点是外力的作用线_____、弯曲变形的特点是杆的轴线_____。在工程中，把以_____变形为主的杆件称为梁。

（2）按照支座的情况不同，可以将梁分为_____梁、_____梁和_____梁三种基本形式。

(3) 在外力的作用下，梁横截面上产生两个内力分量。因为一般情况下梁的跨度比较大，由_____产生的_____应力对梁的作用很小，所以_____的作用可以忽略不计，而只研究_____对梁的作用。

(4) 发生弯曲变形的梁截面上，既有_____又有_____称为横力弯曲（或剪切弯曲）；没有_____只有_____称为纯弯曲。

(5) 梁纯弯曲时，从实验观察和平面假设可以推知：梁的横截面绕_____转动了一个角度，使任意两截面间的_____伸长或缩短，梁内有一层既不伸长又不缩短的_____，称为_____。梁截面有_____应力。

(6) 中性轴是_____与_____的交线，必通过截面的_____。

(7) 梁弯曲时，横截面上的最大正应力计算公式有 $\sigma_{max} =$_____和 $\sigma_{max} =$_____两种表达式，其中_____叫作截面对中性轴的惯性矩，其单位是_____，_____叫作抗弯截面系数，单位是_____，它们之间的关系是_____。

(8) 梁弯曲时，强度条件的数学表达式是_____，其中_____是危险截面上的弯矩，_____是危险截面上的抗弯截面系数，_____是梁的最大正应力，_____是梁材料的许用应力。应用该式可以求解强度计算中的_____、_____和_____三种类型的问题。

(9) 梁的正应力分布公式表示，截面上任意点的应力与该点到_____的距离成正比。中性轴上各点的应力为_____。任一截面上的最大正应力发生在截面的_____。

(10) 圆截面的惯性矩 $I_z =$_____，抗弯截面系数 $W_z =$_____；矩形截面的惯性矩 $I_z =$_____，抗弯截面系数 $W_z =$_____。而工字型钢的 I_z 和 W_z 则要通过_____获得。

(12) 进行梁的正应力强度计算时，必须求出全梁的最大应力。对于等截面直梁，全梁的最大应力一般发生在_____截面的_____点上。

(11) 对于面积相同的圆形、竖放的矩形和工字形截面，它们的抗弯截面系数以_____形为最大，_____次之，_____形最小。

(12) 由梁的正应力强度准则可知，提高梁的弯曲强度可从_____和_____两方面采取措施。

(13) 若梁的材料是低碳钢时，通常选用_____的截面形状；若梁的材料是铸铁时，通常选用_____的截面形状。

(14) 简支梁受集中力作用时，要尽量避免把集中力作用在梁跨长的_____位置上，可以_____，提高梁的弯曲强度。

(15) 由梁的正应力强度准则可知，提高梁的弯曲强度可从_____、_____两方面采取措施。

(16) 若梁的材料是低碳钢时，通常选用_____的截面形状；若梁的材料是铸铁时，通常选用_____的截面形状。

(17) 简支梁受集中力作用时，要尽量避免把集中力作用在梁跨长的_____位置上，可以_____，提高梁的弯曲强度。

(18) 对于面积相同的圆形、竖放的矩形和工字形截面，它们的抗弯截面系数以_____形为最大，_____形次之，_____形最小。

习　　题

8-1　利用截面法求题 8-1 图所示 1—1,2—2,3—3 截面的剪力和弯矩(1—1、2—2 截面无限接近于截面 C,3—3 截面无限接近于 A 或 B)。

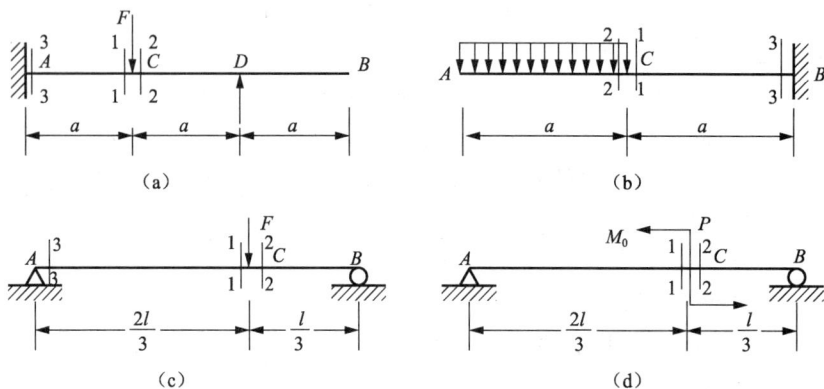

题 8-1 图

8-2　设已知题 8-2 图所示各梁的载荷 F,q,M_e 和尺寸 a。

(1) 列出梁的剪力方程和弯矩方程；

(2) 作剪力图和弯矩图；

(3) 确定 $|Q|_{max}$ 及 $|M|_{max}$。

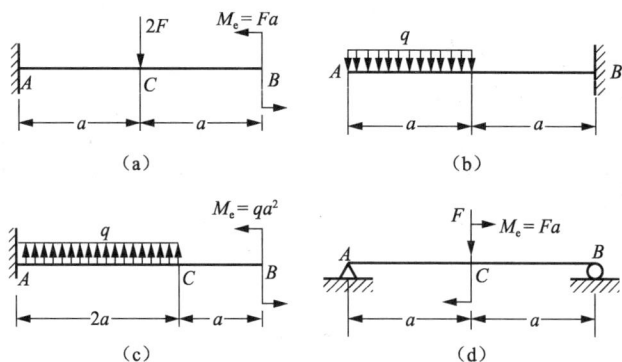

题 8-2 图

8-3　试用叠加法作题 8-3 图所示简支梁在集中载荷 F 和均布载荷 q 同时作用下的剪力图和弯矩图,并求梁的中间截面的弯矩。

8-4　如题 8-4 图所示,若梁的横截面为边长 100 mm 的正方形,试求梁中的最大弯曲正应力。

8-5　如题 8-5 图所示,轴的直径为 50 mm,试求轴中最大弯曲正应力。

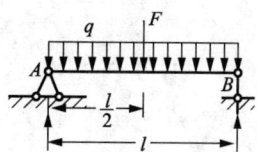

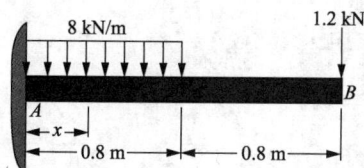

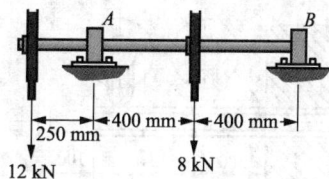

题 8-3 图 题 8-4 图 题 8-5 图

8-6 题 8-6 图所示为宽 200 mm、高 400 mm 的矩形横截面梁,试求梁中的最大弯曲应力。

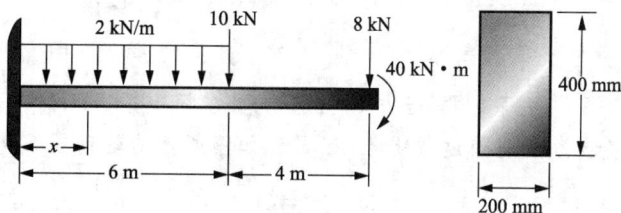

题 8-6 图

8-7 如题 8-7 图所示的横截面为矩形。若 $F = 1.5$ kN,试求梁中危险面上的最大弯曲正应力,并绘出危险面上的应力分布简图。

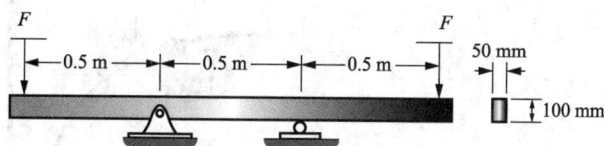

题 8-7 图

8-8 题 8-8 图所示为一矩形截面梁,已知 $F = 2$ kN,横截面的高宽度比 $h/b = 3$,材料为松木。其许用正应力 $[\sigma] = 8$ MN/m²,许用切应力 $[\tau] = 80$ MPa。试选择截面尺寸。

8-9 如题 8-9 图所示某车间需安装一台行车,行车大梁可简化为简支梁。设此梁选用 32a 工字钢,长为 $l = 8$ m,其单位长重量 29.4 kN,梁材料的许用应力 $[\sigma] = 120$ MN/m² 试按正应力强度条件校核该梁的强度。

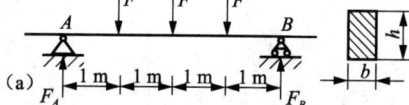

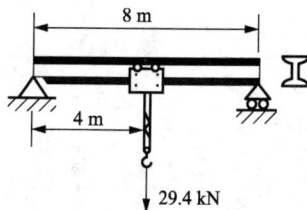

题 8-8 图 题 8-9 图

8-10 如题 8-10(a)图所示,一支承管道的悬臂梁用两根槽钢组成。设两根管道作用在悬臂梁上的重量为 $G = 5.39$ kN,尺寸如图所示,设槽钢材料的许用拉应力为 $[\sigma] = 130$ MPa。试选择槽钢的型号。

8-11 如题 8-11 图所示制动装置杠杆,在 B 处用直径 $d = 30$ mm 的销钉支承。若杠杆的许用正应力 $[\sigma] = 140$ MPa,销钉的许用切应力 $[\tau] = 100$ MPa。试求许可的 F_1 和 F_2。

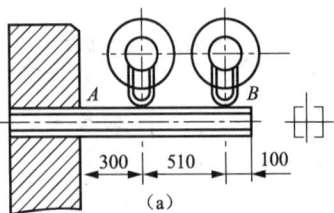

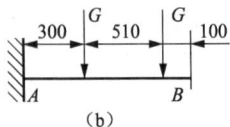

题 8-10 图

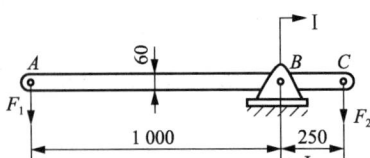

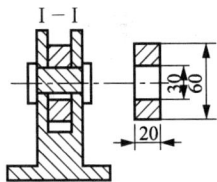

题 8-11 图

8-12　题 8-12 图所示为简支梁，当力 F 直接作用在简支梁 AB 的中点时，梁内的 $M_{\max}$ 超过许用应力值 30%。为了消除过载现象，配置了如图所示的辅助梁 CD。已知 $l=6$ m，试求此辅助梁的跨度 a。

*8-13　题 8-13 图所示为撑杆跳高用的撑杆，在杆弯曲过程中曲率半径的最小值约为 4.5 m，若撑杆的直径为 40 mm，由玻璃增强塑料制成，弹性模量为 $E=131$ GPa，试求撑杆中的最大弯曲正应力。

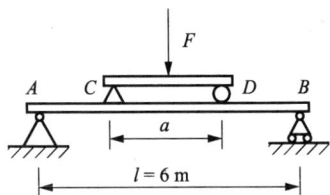

题 8-12 图

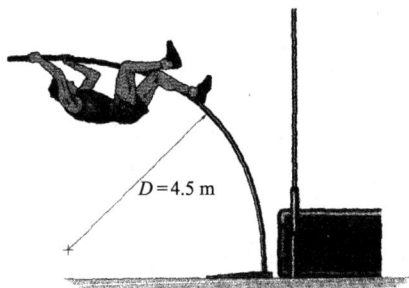

题 8-13 图

第9章

梁的弯曲变形计算和刚度校核

在前面第8章中研究了梁的弯曲强度问题。在实际工程中，某些受弯构件在工作中不仅需要满足强度条件以防止构件破坏，还要求其有足够的刚度。例如图9-1(a)所示的车床主轴，若弯曲变形过大会引起轴颈急剧地磨损，使齿轮间啮合不良，而且影响加工件的精度；又如起重机的大梁，起吊重物时，若其弯曲变形过大就会使起重机在运行时产生爬坡现象，引起较大的振动，破坏起吊工作中的平稳性。再如输液管道，若弯曲变形过大将影响管内液体的正常输送，出现积液、沉淀和管道连接处不密封等现象。因此必须限制构件的弯曲变形。但在某些情况下，也可利用构件的弯曲变形来为生产服务。例如汽车轮轴上的叠板弹簧[图9-1(b)]，就是利用其弯曲变形来缓和车辆受到的冲击和振动，这时就要求弹簧有较大的弯曲变形了。

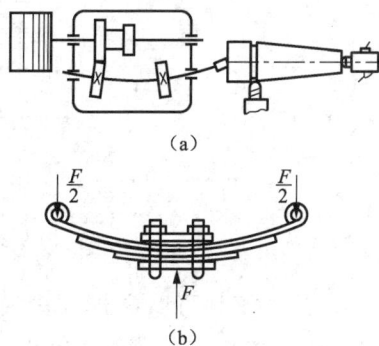

图 9-1　的弯曲变形的利弊

根据工程上的需要，为了限制或利用弯曲构件的变形，必须研究弯曲变形的规律。此外，在求解超静定梁的问题时，也需要用到梁的变形条件。

9.1　弯曲变形的计算

9.1.1　梁弯曲变形的概念

1. 梁变形的挠曲线方程

梁弯曲时，剪力对变形的影响一般都忽略不计。因此梁弯曲变形后的横截面仍为平面，且与变形后的梁轴线保持垂直，并绕中性轴转动，如图9-2所示。梁在弹性范围内弯曲变形后，其轴线变为一条光滑连续曲线，称为挠曲线。以梁的左端为原点取一直角坐标系 Oxw（图9-2），挠度 w 与以梁变形前的轴线建立的坐标的函数关系即为

$$w = w(x) \tag{9-1}$$

式(9-1)称为梁变形的挠曲线方程。

2. 梁的变形程度的度量

由图 9-2 可以看出,梁的变形程度可用两个基本量来度量:

(1) 挠度——梁上距离坐标原点 O 为 x 的截面形心,沿垂直于 x 轴方向的线位移 w 称为该截面的挠度。其单位为 mm。挠度一般用 w(或 y)表示。

(2) 转角——梁的任一横截面在弯曲变形过程中,绕中性轴转过的角位移 θ 称为该截面的转角。其单位为弧度(rad)。

尽管梁弯曲变形时其横截面形心沿轴线方向也存在位移,但在小变形的条件下,这一位移远小于垂直于梁轴线方向的位移,故不必考虑。挠度和转角的表示用代数量,其正负规定为:在图 9-2 所示的坐标系中,向上的挠度为正,向下的挠度为负;逆时针方向的转角为正,顺时针方向的转角为负。

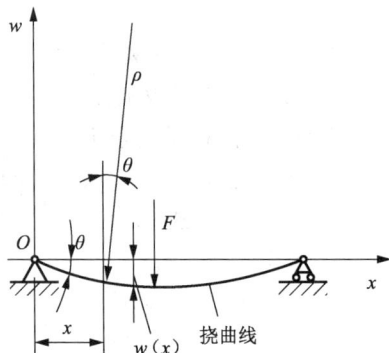

图 9-2　梁变形的挠曲线方程及变形度量

由图 9-2 还可以看出,梁的横截面转角 θ 等于挠曲线在该截面处点的切线与 x 轴的夹角。在工程实际中,梁的转角 θ 一般均很小,于是

$$\theta \approx \tan\theta = \frac{\mathrm{d}w(x)}{\mathrm{d}x} = w' \tag{9-2}$$

即横截面的转角近似等于挠曲线在该截面处的斜率。可见,只要得到梁变形后的挠曲线方程,就可通过微分得到转角方程,然后由方程计算梁的挠度和转角。

9.1.2　积分法求梁的变形

在第 8 章讨论梁的弯曲正应力时,曾建立了用中性层曲率表示的梁纯弯曲变形的基本公式(8-5),并指出此式也适用于横力弯曲。在这种情况下,梁弯曲的曲率半径和弯矩都是横截面位置 x 的函数,于是式(9-1)即写成

$$\frac{1}{\rho(x)} = \frac{M(x)}{EI_z} \tag{1}$$

由高等数学可知,对于一平面曲线 $\omega = \omega(x)$ 上任意一点的曲率又可写成

$$\frac{1}{\rho(x)} = \pm\frac{w''}{\left[1+(w')^2\right]^{\frac{3}{2}}} \tag{2}$$

在小变形的条件下,梁的转角 θ 一般都很小,因此式(2)中的 $(w')^2$ 远小于 1,略去不计。因图 9-2 所选坐标系规定 w 向上为正,弯矩 $M(x)$ 应与 $\mathrm{d}^2w/\mathrm{d}t^2$ 同号,故取式(2)左边为正

号,将式(2)代入式(1),得

$$w'' = \frac{\mathrm{d}^2 w(x)}{\mathrm{d}x^2} = \frac{M(x)}{EI_z} \tag{9-3}$$

上式称为梁的挠曲线近似微分方程。根据此方程得出的解用于计算梁的挠度和转角,在工程上已足够精确。对于等截面直梁,只要将弯矩方程代入挠曲线近似微分方程,先后积分两次,就可得到梁的转角方程和挠度方程为

$$\theta = \frac{\mathrm{d}w(x)}{\mathrm{d}x} = \int \frac{M(x)}{EI_z}\mathrm{d}x + C \tag{9-4}$$

$$w = \int\left(\int \frac{M(x)}{EI_z}\mathrm{d}x\right)\mathrm{d}x + Cx + D \tag{9-5}$$

式中的积分常数 C 和 D 可利用梁上某些截面的已知位移来确定。例如,在梁的固定端处挠度和转角均为零,在梁的固定铰链支座处挠度为零等,这些称为梁变形的边界条件。当弯矩方程在分段建立时,各梁段的挠度、转角方程会不同,但相邻梁段交接处截面的挠度和转角是相同的,也就是梁的变形曲线在梁段交接处应满足光滑、连续条件,此即为梁变形的连续条件,可求出该截面的挠度和转角。以上求梁弯曲变形的方法称为积分法。下面举例说明这种方法的应用。

例题 9-1 图 9-3(a)为镗刀对工件镗孔的示意图。为了保证镗孔的精度,镗刀杆的弯曲变形不能过大。已知镗刀杆的直径 $d=10$ mm,长度 $l=500$ mm,弹性模量 $E=210$ GPa,切削力 $F=200$ N。试用积分法求镗刀杆上安装镗刀处截面 B 的挠度和转角。

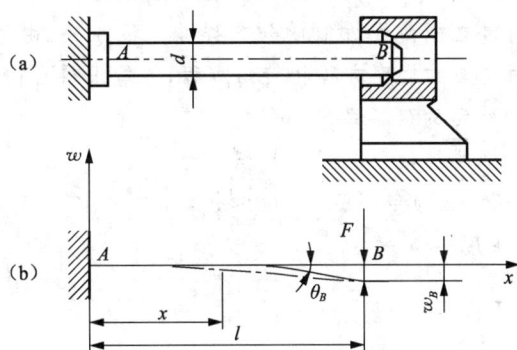

图 9-3 例题 9-1 图

解 将镗刀杆简化为悬臂梁[图 9-3(b)],选坐标系 Axw,梁的弯矩方程为

$$M(x) = -F(1-x)$$

由式(9-3),得梁的挠曲线近似微分方程为

$$EI_z w'' = M(x) = -F(1-x)$$

积分得

$$EI'_z w = \frac{F}{2}x^2 - Flx + C \tag{1}$$

$$EI_z w = \frac{F}{6}x^3 - \frac{Fl}{2}x^2 + Cx + D \tag{2}$$

在梁的固定端 A 处,转角和挠度均等于零,亦即边界条件为:当 $x=0$ 时,$w_A=0$,$\theta_A=$

0，把此边界条件代入式(1)和(2)，得

$$C = EI_z\theta_A = 0, \quad D = EI_z w_A = 0$$

把所得积分常数 C 和 D 代回式(1)和(2)，即得悬臂梁的转角方程和挠曲线方程分别为

$$EI_z w' = \frac{F}{2}x^2 - Flx$$

$$EI_z w = \frac{F}{6}x^3 - \frac{Fl}{2}x^2$$

以截面 B 处的横坐标 $x = l$ 代入以上两式，即得截面 B 的转角和挠度分别为

$$\theta_B = w'_B = -\frac{Fl^2}{2EI_z}, \quad w_B = -\frac{Fl^3}{3EI_z}$$

例题 9-2 试用积分法求解图 9-4(a)所示悬臂梁 AB 挠曲线微分方程及自由端 A 的挠度和转角。已知抗弯刚度 EI 为常量。

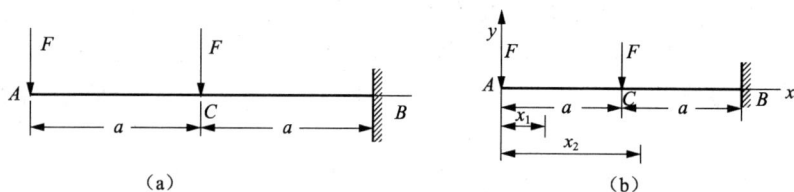

图 9-4 例题 9-2 图

分析：这一问题看似并不复杂，但由于在 C 处作用有集中力 F，致使左段和右段的弯矩不同。因此应分两段分别建立挠曲线近似微分方程并分段积分，由边界条件和连续性条件确定积分常数才能得到两段梁的挠度方程和转角方程，方能求得自由端 A 的挠度和转角。

解 选取如图 9-4(b)所示的坐标系 Axy。

(1) AC 段弯矩方程、挠曲线微分方程及其积分为

$$M_1(x_1) = -Fx_1 \quad (0 \leqslant x_1 \leqslant a)$$

$$EIw''_1 = -Fx_1$$

$$EIw'_1 = -F\frac{x_1^2}{2} + C_1$$

$$EIw_1 = -F\frac{x_1^3}{6} + C_1 x_1 + D_1$$

(2) CB 段弯矩方程、挠曲线微分方程及其积分为

$$M_2(x_2) = Fa - 2Fx_2 \quad (a \leqslant x_2 \leqslant 2a)$$

$$EIw''_2 = Fa - 2Fx_2$$

$$EIw'_2 = Fax_2 - Fx_2^2 + C_2$$

$$EIw_2 = Fa\frac{x_2^2}{2} - F\frac{x_2^3}{3} + C_2 x_2 + D_2$$

由边界条件和连续性条件确定积分常数：

由 $x_2 = 2a$，$w'_2 = 0$ 得 $C_2 = 2Fa^2$

由 $x_2 = 2a$，$w_2 = 0$ 得 $D_2 = -\frac{10}{3}Fa^3$

由 $x_1=x_2=a$，$w_1'=w_2'$ 得

$$-F\frac{a^2}{2}+C_1=Fa^2-Fa^2+2Fa^2 \tag{1}$$

由 $x_1=x_2=a$，$w_1=w_2$ 得

$$-F\frac{a^3}{6}+C_1a+D_1=Fa\frac{a^2}{2}-F\frac{a^3}{3}+2Fa^3-\frac{10}{3}Fa^3 \tag{2}$$

联立式(1)、式(2)求解，得

$$C_1=\frac{5}{2}Fa^2,\quad D_1=-\frac{7}{2}Fa^3$$

各段挠曲线方程和转角方程

$$w_1(x_1)=\frac{1}{EI}\left(-F\frac{x_1^3}{6}+\frac{5}{2}Fa^2x_1-\frac{7}{2}Fa^3\right)$$

$$w_2(x_2)=\frac{1}{EI}\left(-F\frac{x_2^3}{3}+\frac{1}{2}Fax_2^2+2Fa^2x_2-\frac{10}{3}Fa^3\right)$$

$$\theta_1(x_1)=w_1'(x_1)=\frac{1}{EI}\left(-\frac{F}{2}x_1^2+\frac{5}{2}Fa^2\right)$$

$$\theta_2(x_2)=w_2'(x_2)=\frac{1}{EI}(Fax_2-Fx_2^2+2Fa^2)$$

自由端的挠度和转角

$$w_A=w_1(x_1)\big|_{x_1=0}=-\frac{7Fa^3}{2EI},\qquad \theta_A=w_1'(x_1)\big|_{x_1=0}=\frac{5Fa^2}{2EI}$$

又如图 9-5 所示的变截面悬臂梁，由于 AC 段和 CB 段横断面尺寸不同，也要分两段分别建立挠曲线近似微分方程并分段积分，像图 9-4 一样处理。

至于如图 9-6 所示的外伸梁，应分三段分别建立挠曲线近似微分方程并分段积分，分别得到梁段的三个弯矩方程和三个转角方程（共六个方程）。显然，用积分法计算变形有时是十分冗长麻烦的。

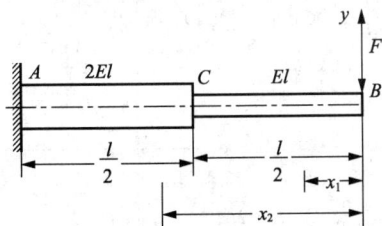

图 9-5 变截面悬臂梁   图 9-6 外伸梁

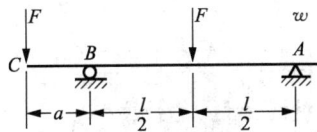

9.1.3 用查表法和叠加法求梁的变形

由以上分析可以看出，如梁上载荷情况愈复杂，写出弯矩方程时分段愈多，积分常数也愈多。积分法的优点是可以求得转角和挠度的普遍方程。但当只需确定某些特定截面的转角和挠度，而并不需求出转角和挠度的普遍方程时，积分法就显得累赘。为此，在一般设计手册中，已将常见梁的挠度方程、梁端面转角和最大挠度计算公式列成表格，以备查用。表 9-1 给出了几种简单载荷作用下梁的挠度和转角。

表 9-1　梁在简单载荷作用下的变形

序号	梁的简图	挠曲线方程	挠度和转角
(1)		$w=-\dfrac{Fx^2}{6EI}(3l-x)$	$w_B=-\dfrac{Fl^3}{3EI}$ $\theta_B=-\dfrac{Fl^2}{2EI}$
(2)		$w=-\dfrac{Fx^2}{6EI}(3a-x),(0\leqslant x\leqslant a)$ $w=-\dfrac{Fa^2}{6EI}(3x-a),(0\leqslant x\leqslant l)$	$w_B=-\dfrac{Fa^2}{6EI}(3l-a)$ $\theta_B=-\dfrac{Fa^2}{2EI}$
(3)		$w=-\dfrac{qx^2}{24EI}(x^2-4lx+6l^2)$	$w_B=-\dfrac{ql^4}{8EI}$ $\theta_B=-\dfrac{ql^3}{6EI}$
(4)		$w=-\dfrac{M_e x^2}{2EI}$	$w_B=-\dfrac{M_e l^2}{2EI}$ $\theta_B=-\dfrac{M_e l}{EI}$
(5)		$w=-\dfrac{M_e x^2}{2EI},(0\leqslant x\leqslant a)$ $w=-\dfrac{M_e a}{EI}\left(\dfrac{a}{2}-x\right),(a\leqslant x\leqslant l)$	$w_B=-\dfrac{M_e a}{2EI}(2l-a)$ $\theta_B=-\dfrac{M_e a}{EI}$
(6)		$w=-\dfrac{Fx}{48EI}(3l^2-4x^2),\left(0\leqslant x\leqslant \dfrac{l}{2}\right)$	$w_C=-\dfrac{Fl^3}{48EI}$ $\theta_A=-\theta_B=-\dfrac{Fl^2}{16EI}$
(7)		$w=-\dfrac{Fbx}{6EIl}(l^2-x^2-b^2),(0\leqslant x\leqslant a)$ $w=-\dfrac{Fa(l-x)}{6EIl}(x^2+a^2-2lx),$ $(a\leqslant x\leqslant l)$	$\delta=-\dfrac{Fb(l^2-a^2)^{3/2}}{9\sqrt{3}\,EIl}$ $\left(在\ x=\sqrt{\dfrac{l^2-b^2}{3}}\ 处\right)$ $\theta_A=-\dfrac{Fb(l^2-b^2)}{6EIl}$ $\theta_B=-\dfrac{Fa(l^2-a^2)}{6EIl}$
(8)		$w=-\dfrac{qx}{24EI}(x^3+l^3-2lx^2)$	$\delta=-\dfrac{5ql^4}{384EI}$ $\theta_A=-\theta_B=-\dfrac{ql^3}{24EI}$
(9)		$w=\dfrac{M_e x}{6EIl}(l^2-x^2)$	$\delta=\dfrac{M_e l^2}{9\sqrt{3}\,EI}$ （位于 $x=l/\sqrt{3}$ 处） $\theta_A=-\dfrac{M_e l}{6EI}$ $\theta_B=-\dfrac{M_e l}{3EI}$

续表

序号	梁的简图	挠曲线方程	挠度和转角
(10)		$$w=\frac{M_{\mathrm{e}}x}{6EIl}(l^2-3b^2-x^2)$$ $$(0\leqslant x\leqslant a)$$ $$w=\frac{M_{\mathrm{e}}(l-x)}{6EIl}(3a^2-2lx+x^2)$$ $$(a\leqslant x\leqslant l)$$	$$\delta_1=\frac{M_{\mathrm{e}}(l^2-3b^2)^{3/2}}{9\sqrt{3}EIl}$$ (在 $x=\sqrt{l^2-3b^2}/\sqrt{3}$ 处) $$\delta_2=-\frac{M_{\mathrm{e}}(l^2-3a^2)^{3/2}}{9\sqrt{3}EIl}$$ (位于距 B 端 $x=\sqrt{l^2-3a^2}/\sqrt{3}$ 端) $$\theta_A=\frac{M_{\mathrm{e}}(l^2-3b^2)}{6EIl}$$ $$\theta_B=\frac{M_{\mathrm{e}}(l^2-3a^2)}{6EIl}$$ $$\theta_C=-\frac{M_{\mathrm{e}}(l^2-3a^2-3b^2)}{6EIl}$$
(11)		$$w=\frac{Fax^2}{6EIl}(l^2-x^2),(0\leqslant x\leqslant l)$$ $$w=-\frac{F(x-l)}{6EI}\times[a(3x-l)-(x-l)^2]$$ $$(l\leqslant x\leqslant l+a)$$	$$w_C=-\frac{Fa^2}{3EI}(l+a)$$ $$\theta_A=-\frac{1}{2}\theta_B=\frac{Fal}{6EI}$$ $$\theta_C=-\frac{Fa}{6EI}(2l+3a)$$
(12)		$$w=\frac{Mx}{6EIl}(l^2-x^2),(0\leqslant x\leqslant l)$$ $$w=-\frac{M}{6EI}\times(3x^2-4xl+l^2)$$ $$(l\leqslant x\leqslant l+a)$$	$$w_C=-\frac{Ma}{6EI}(2l+3a)$$

　　由于梁的挠曲线近似微分方程是在其小变形且材料服从胡克定律的情况下推导出来的,因此梁的挠度和转角与载荷呈线性关系。当梁上同时作用有几个载荷时,可分别求出每一载荷单独作用下的变形,然后将各个载荷单独作用下的变形叠加,即得这些载荷共同作用下的变形,这就是求梁变形的叠加法。

　　用叠加法求梁的位移时应注意以下两点:一是正确理解梁的变形与位移之间的区别和联系,位移是由变形引起的,但没有变形不一定没有位移;二是正确理解和应用变形连续条件,即在线弹性范围内,梁的挠曲线是一条连续光滑的曲线。下面举例说明叠加法的应用。

　　例题 9-3 试用叠加法求图 9-7(a)所示悬臂梁截面 A 的挠度和自由端 B 的转角,已知 EI 为常数。

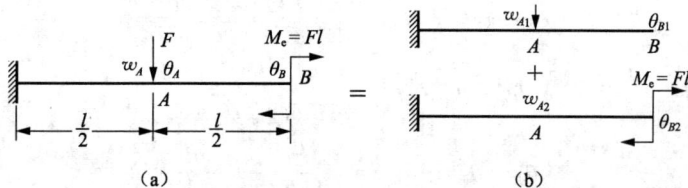

（a）　　　　　　　　　　　（b）

图 9-7 例题 9-3 图

解 将图 9-7(a)所示悬臂梁分解为单独在 F 和 M_e 作用下的悬臂梁，如图 9-7(b)所示。分别查表 9-1，可得

$$w_{A_1} = -\frac{Fl^3}{24EI}, \quad w_{A_2} = -\frac{M_e(l/2)^2}{2EI} = -\frac{Fl^3}{8EI}$$

$$\theta_{B_1} = \theta_A = -\frac{Fl^2}{8EI}, \quad \theta_{B_2} = -\frac{M_e l}{EI} = -\frac{Fl^2}{EI}$$

由叠加原理有 $\quad w_A = w_{A_1} + w_{A_2} = -\dfrac{Fl^3}{6EI}, \quad \theta_B = \theta_{B_1} + \theta_{B_2} = -\dfrac{9Fl^2}{8EI}$

例题 9-4 如图 9-8(a)所示，一个抗弯刚度 EI 为常量的简支梁，受到集中力 F 和均布载荷 q 的共同作用。试用叠加法求梁中点 C 的挠度和铰支端 A，B 的转角。

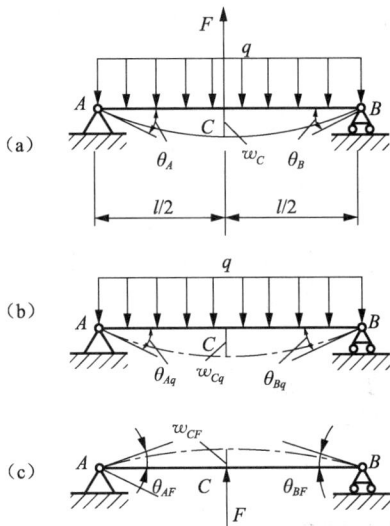

图 9-8 例题 9-4 图

解 简支梁的变形是由集中力 F 和均布载荷 q 共同作用而引起的。在集中力 F 单独作用时，由表 9-1 可查得梁中点 C 的挠度和铰支端 A，B 的转角为

$$w_{CF} = -\frac{Fl^3}{48EI_z}, \quad \theta_{AF} = \frac{Fl^2}{16EI_z}, \quad \theta_{BF} = -\frac{Fl^2}{16EI_z}$$

在均布载荷 q 单独作用时，由表 9-1 可查得梁中点 C 的挠度和铰支端 A，B 的转角为

$$w_{Cq} = -\frac{5ql^4}{384EI_z}, \quad \theta_{Aq} = -\frac{ql^3}{24EI_z}, \quad \theta_{Bq} = \frac{ql^3}{24EI_z}$$

叠加以上结果，即得梁中点 C 的挠度和铰支端 A，B 的转角为

$$w_C = w_{CF} + w_{Cq} = -\frac{Fl^3}{48EI_z} - \frac{5ql^4}{384EI_z}$$

$$\theta_A = \theta_{AF} + \theta_{Aq} = \frac{Fl^2}{16EI_z} - \frac{ql^3}{24EI_z}$$

$$\theta_B = \theta_{BF} + \theta_{Bq} = -\frac{Fl^2}{16EI_z} + \frac{ql^3}{24EI_z}$$

9.2 梁的刚度计算

9.2.1 梁的刚度条件

工程设计中,根据机械或结构物的工作要求,常对挠度或转角加以限制,对梁进行刚度计算。梁的刚度条件为

$$w_{max} \leqslant [w] \tag{9-6}$$

$$\theta_{max} \leqslant [\theta] \tag{9-7}$$

在各类工程设计中,对梁位移许用值的规定相差很大。在机械制造工程中,一般传动轴的许用挠度值$[w]$为计算跨度 l 的 3/10 000～5/10 000,对刚度要求较高的传动轴,$[w]$ 为计算跨度 l 的 1/10 000～2/10 000;传动轴在轴承处的许用转角$[\theta]$通常为 0.001～0.005 rad。土建工程中,许用挠度值$[w]$为梁计算跨度 l 的 1/200～1/800。

9.2.2 梁的刚度计算举例

例题 9-5 悬臂梁自由端受集中力 $F = 10$ kN,如图 10-9 所示。已知许用应力$[\sigma] = 170$ MPa,许用挠度$[w] = 10$ mm,若梁由工字钢制成,试选择工字钢型号。

解 (1)按照强度条件选择截面

$$M_{max} = Fl = 40 \text{ kN} \cdot \text{m}$$

故

$$W = \frac{M_{max}}{[\sigma]} = \frac{40 \times 10^3}{170 \times 10^6} \text{ m}^3 = 0.235 \times 10^{-3} \text{ m}^3 = 235 \text{ cm}^3$$

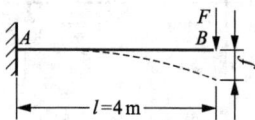

图 9-9 例题 9-5 图

查表选用 20a 工字钢,其 $W = 137 \text{ cm}^3$,$I = 2\ 370 \text{ cm}^4$。

(2)按照刚度条件选择截面

由刚度条件

$$w_{max} = Fl^3/3EI \leqslant [w]$$

计算可得

$$I = 1.105 \times 10^8 = 10\ 160 \text{ cm}^4$$

查表选用 32a 工字钢,$I = 11\ 075.5 \text{ cm}^4$,$W = 692.2 \text{ cm}^3$。综合强度条件和刚度条件,应选用 32a 工字钢,最大挠度 w_{max} 和最大应力为

$$w_{max} = \frac{10 \times 10^3 \times 4\ 000^3}{3 \times 2.1 \times 10^5 \times 1.108 \times 10^8} \text{ mm} = 9.17 \text{ mm} < [w] = 10 \text{ mm}$$

$$\sigma_{max} = \frac{40 \times 10^6}{692.2 \times 10^3} \text{ MPa} = 57.8 \text{ MPa} < [\sigma] = 170 \text{ MPa}$$

9.3 简单超静定梁的解法

9.3.1 超静定梁的概念

在前面所讨论的梁,其约束反力都可以通过静力平衡方程求得,这种梁称为静定梁。在工程实际中,有时为了提高梁的强度和刚度,除维持平衡所需的约束外,再增加一个或几个约束。这时,未知反力的数目将多于平衡方程的数目,仅由静力平衡方程不能求解,这种梁称为静不定梁或超静定梁。

例如安装在车床卡盘上的工件[图 9-10(a)],如果比较细长,切削时会产生过大的挠度[图 9-10(b)],影响加工精度。为减小工件的挠度,常在工件的自由端用尾架上的顶尖顶紧,在不考虑水平方向的支座反力时,这相当于增加了一个可动铰支座[图 9-11(a)]。这时工件的约束反力有四个：F_{Ax},F_{Ay},M_A 和 F_B[图 9-11(b)],而有效的平衡方程只有三个。未知反力数目比平衡方程数目多出一个,这是一次静不定梁。

又如厂矿中铺设的管道,一般需用三个以上的支座支承(图 9-12),属于静不定梁,而且可以看出,图 9-12 所示的管道是二次静不定梁。

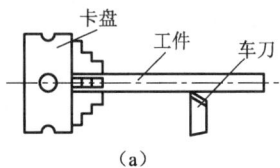

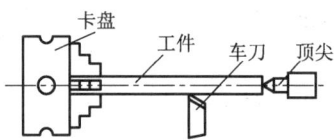

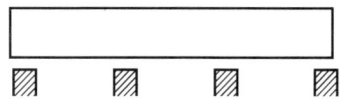

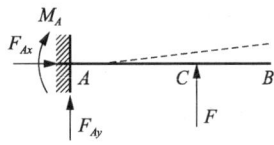

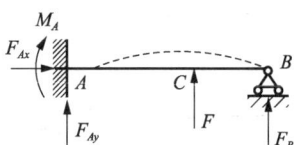

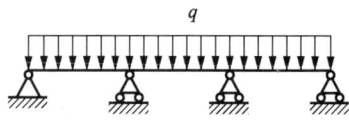

图 9-10 车床上切削细长工件　　图 9-11 一次静不定梁　　图 9-12 二次静不定梁

9.3.2 用变形比较法解超静定梁

解静不定梁的方法与解拉(压)静不定问题类似,也需根据梁的变形协调条件和力与变形间的物理关系建立补充方程,然后与静力平衡方程联立求解。如何建立补充方程,是解静不定梁的关键。

在静不定梁中,那些超过维持梁平衡所必需的约束,习惯上称为多余约束;与其相应的支座反力称为多余约束反力或多余支座反力。可以设想,如果撤除静不定梁上的多余约束,则此静不定梁又将变为一个静定梁,这个静定梁称为原静不定梁的基本静定梁。例如图 9-13(a)所示的静不定梁,

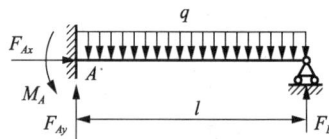

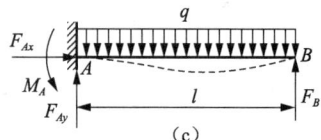

图 9-13 用变形比较法解超静定梁

如果以 B 端的可动铰支座为多余约束，将其撤除后而形成的悬臂梁[图 9-13(b)]即为原静不定梁的基本静定梁。

为使基本静定梁的受力及变形情况与原静不定梁完全一致，作用于基本静定梁上的外力除原来的载荷外，还应加上多余支座反力，同时，还要求基本静定梁满足一定的变形协调条件。例如，上述的基本静定梁的受力情况如图 9-13(c)所示，由于原静不定梁在 B 端有可动铰支座的约束，因此，还要求基本静定梁在 B 端的挠度为零，即

$$w_B = 0$$

此即应满足的变形协调条件(简称变形条件)。这样，就将一个承受均布载荷的静不定梁变换为一个静定梁来处理，这个静定梁在原载荷和未知的多余支座反力作用下，B 端的挠度为零。

根据变形协调条件及力与变形间的物理关系，可建立补充方程。由图 9-13(c)可见，B 端的挠度为零，可将其视为均布载荷引起的挠度 w_{Bq} 与未知支座反力 F_B 引起的挠度 w_{BF_B} 的叠加结果，即

$$w_B = w_{Bq} + w_{BF_B} = 0$$

由表 9-1 查得：

$$w_{Bq} = -\frac{ql^4}{8EI}$$

$$w_{BF_B} = \frac{F_B l^3}{3EI}$$

$$-\frac{ql^4}{8EI} + \frac{F_B l^3}{3EI} = 0$$

这就是所需的补充方程。由此可解出多余支座反力为

$$F_B = \frac{3}{8}ql$$

多余支座反力求得后，再利用平衡方程，其他支座反力即可迎刃而解。由图 9-13(c)可得，梁的平衡方程为

$$\sum F_x = 0, \quad F_{Ax} = 0$$

$$\sum F_y = 0, \quad F_{Ay} - ql + F_B = 0$$

$$\sum M_A = 0, \quad M_A + F_B l - \frac{ql^2}{2} = 0$$

以 F_B 之值代入上述各式，解得

$$F_x = 0, \quad F_y = \frac{5}{8}ql, \quad M_A = \frac{1}{8}ql^2$$

这样，就解出了静不定梁的全部支座反力。所得结果均为正值，说明各支座反力的方向和反力偶的转向均与假设的一致。支座反力求得后，即可进行强度和刚度计算。

由以上的分析可见，解静不定梁的方法是：选取适当的基本静定梁，利用相应的变形协调条件和物理关系建立补充方程，然后与平衡方程联立解出所有的支座反力。这种解静不定梁的方法称为变形比较法。求解静不定问题的方法还有多种，以力为未知量的方法称为力法，变形比较法属于力法中的一种。

解静不定梁时，选择哪个约束为多余约束并不是固定的，可根据解题时的方便而定。选取的多余约束不同，相应的基本静定梁的形式和变形条件也随之不同。例如上述的静不定梁[图 9-14(a)]也可选择阻止 A 端转动的约束为多余约束，相应的多余支座反力则为力偶矩 M_A。解除这一多余约束后，固定端 A 将变为固定铰支座；相应的基本静定梁则为一简支梁，其上的载荷如图 9-14(b)所示。这时要求此梁满足的变形条件则是 A 端的转角为零，即

$$\theta_A = \theta_{Aq} + \theta_{AM} = 0$$

由表 9-1 查得，因 q 和 M_A 而引起的截面 A 的转角分别为

$$\theta_{Aq} = -\frac{ql^3}{24EI}, \quad \theta_{AM} = \frac{M_A l}{3EI}$$

图 9-14　多余约束的选择

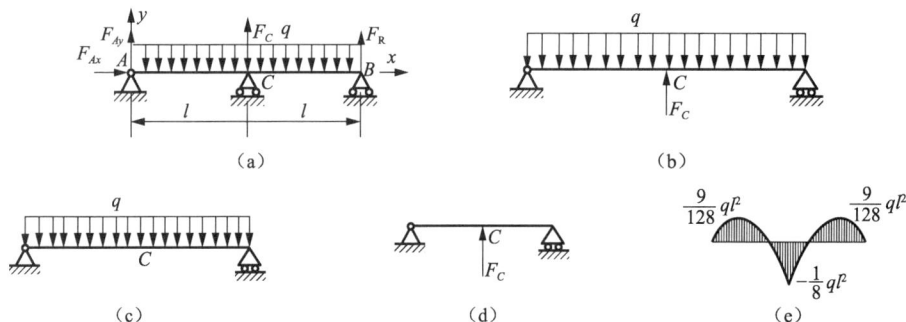

例题 9-6　某管道可简化为有三个支座的连续梁[图 9-15(a)]，受均布载荷 q 作用。已知跨度为 l，求支座反力，并绘弯矩图。

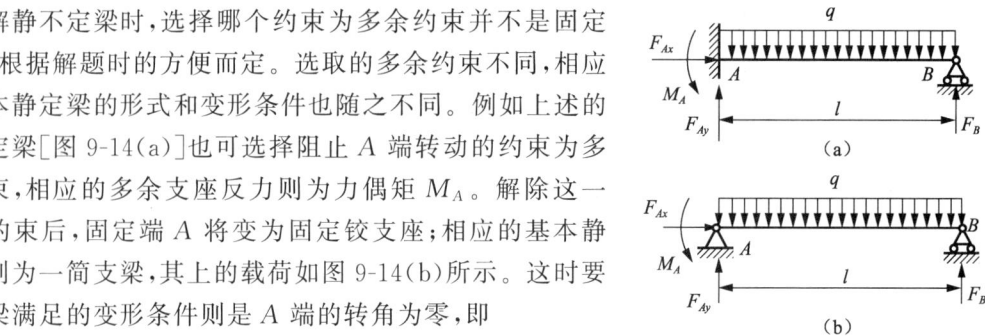

图 9-15　例题 9-6 图

解　该梁可看作在简支梁 AB 上增加一个活动铰支座 C，这样就有一个多余约束反力 F_C，因此是一次静不定问题。解除支座 C 并用约束反力 F_C 代之，得到基本静定梁如图 9-15(b)所示。变形协调条件为：在载荷 q 和多余约束反力 F_C 的共同作用下，基本静定系上 C 截面处的挠度为零。根据叠加原理，C 截面挠度为 q 单独作用下[图 9-15(c)]的挠度 w_{Cq} 与多余约束反力 F_C 单独作用下[图 9-15(d)]挠度 w_{CC} 之和，故变形协调条件为

$$w_C = w_{Cq} + w_{CC} = 0$$

由表 9-1 查得

$$w_{Cq} = -\frac{5q(2l)^4}{384EI}, \quad w_{CC} = +\frac{F_C(2l)^3}{48EI}$$

代入上式解得

$$F_C = \frac{5}{4}ql$$

再由平衡方程，求得其余反力

$$F_{Ax} = 0, \qquad F_{By} = F_{Ay} = \frac{3}{8}ql$$

弯矩图如图 9-15(e)所示。

9.4　提高梁刚度的措施

从表9-1可见,梁的变形量与跨度 l 的高次方成正比,与截面轴惯性 I_z 成反比。由此可见,为提高梁的刚度应从增大 I_z 和 W_z 方面采取措施,以使梁的设计经济合理。

9.4.1　改善结构形式以减小弯矩

引起弯曲变形的主要因素是弯矩,减小弯矩也就减小了弯曲变形,这往往可以用改变结构形式的方法来实现。例如对图9-16中的轴,应尽可能地使带轮和齿轮靠近支座,以减小传动力 F_1 和 F_2 引起的弯矩。缩小跨度也是减小弯曲变形的有效方法。如例9-5悬臂梁自由端受集中力作用下,挠度 $w_{max}=(Fl^3/3EI)$ 与跨度 l 的三次方成正比。如跨度缩短,则挠度的减小亦即刚度的提高必然是非常明显的。

在跨度不能缩短的情况下,可采取增加支座的方法来提高梁的刚度。例如图9-17所示镗床加工图中零件的内孔时,镗刀杆外伸部分过长时,可在端部加装尾架,由原来的静定梁变为超静定梁,减小了镗刀杆的弯曲变形。

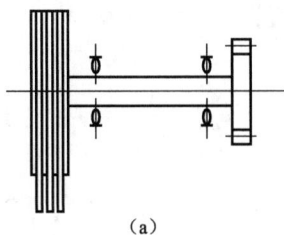

（a）

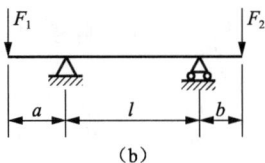

（b）

图9-16　带轮和齿轮靠近支座

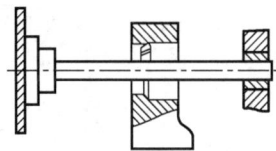

图9-17　静定梁变为超静定梁

9.4.2　选择合理的截面形状

不同形状的截面,即使面积相等,惯性矩也不一定相等。如选取的截面形状合理,便可增大截面惯性矩的数值,也是减小弯曲变形的途径,例如工字形、槽形、T形截面都比面积相等的矩形截面有更大的惯性矩。所以起重机大梁一般采用工字形或箱形截面,而机器的箱体也采用加筋的办法以提高箱壁的刚度。

最后指出,弯曲变形还与材料的弹性模量 E 有关。对 E 值不同的材料,E 越大弯曲变形越小。但是由于各种钢材的弹性模量大致相等,所以使用高强度钢材并不能明显提高弯曲刚度。

本 章 小 结

1. 前一章讨论了梁的内力与强度计算,本章主要讲授梁的变形与刚度计算。

工程中对某些受弯杆件除有强度要求以外,往往还有刚度要求,即要求它变形不能过大。若变形超过允许数值,即使仍然是弹性的,也被认为是一种破坏现象。弯曲变形计算除用于解决弯曲刚度问题外,还用于求解超静定系统和振动问题。

2. 梁弯曲变形计算。梁弯曲后的轴线称为挠曲线,各截面相对原来的位置转过的角度称为转角。挠曲线方程为 $w = w(x)$,转角方程为 $\theta = \dfrac{\mathrm{d}w}{\mathrm{d}x}$。

利用梁在简单载荷作用下的变形公式和叠加法,可以比较方便地解决一些较复杂的弯曲变形问题,从而进行刚度计算。

3. 提高梁的刚度的措施。措施有:① 合理布置梁的支撑;② 合理布置梁的载荷;③ 采用变截面的梁;④ 合理选择梁的截面形状;⑤ 缩短跨距长,增加支座;⑥ 合理选用材料。

思 考 题

1. 何谓挠曲线? 何谓挠度与转角? 挠度与转角之间有何关系? 该关系成立的条件是什么?

2. 挠曲线近似微分方程是如何建立的? 应用条件是什么? 该方程与坐标轴 x 和 w 的选取有何关系?

3. 如何绘制挠曲线的大致形状? 根据是什么? 如何判断挠曲线的凹、凸与拐点的位置?

4. 如何利用积分法计算梁位移? 如何根据挠度与转角的正负判断位移的方向? 最大挠度处的横截面转角是否一定为零?

5. 何谓叠加法? 成立的条件是什么? 如何利用该方法分析梁的位移?

6. 何谓多余约束与多余支反力? 如何求解静不定梁? 如何分析静不定梁的应力与位移?

7. 试述提高弯曲刚度的主要措施有哪些? 提高梁的刚度与强度的措施有何不同?

效 果 测 验

(1) 直梁平面弯曲变形时,梁的截面形心产生了_____,称为_____;梁的截面绕_____转动了一个角度,称为_____。梁的轴线由原来的直线弯成了一条_____,称为_____。

(2) 当梁上同时作用几种载荷时,梁任一截面产生的变形等于各个载荷作用时该截面变形的_____,这种求梁变形的方法称为_____。

(3) 约束力能用静力学平衡方程全部求解的梁称为_____,约束力不能用静力学平衡方程全部求解的梁称为_____。

（4）求解静不定梁时，需要去掉多余约束，得到一个静定梁，称为_____；在其上作用已知外力和多余约束力后，比较它们的_____，并列出补充方程，然后求解出_____约束力。

<h1 style="text-align:center">习 题</h1>

9-1 试写出题 9-1 图所示各梁的边界条件。

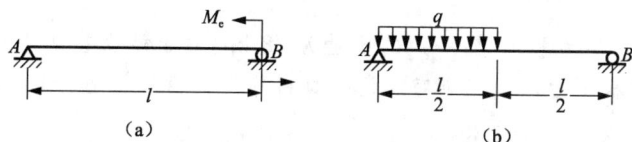

题 9-1 图

9-2 用积分法求题 9-2 图所示各梁的挠曲线方程、端截面转角 θ_A 和 θ_B、跨度中点的挠度和最大挠度。设 EI 为常量。

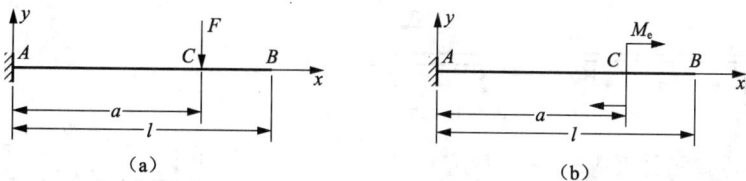

题 9-2 图

9-3 用积分法求题 9-3 图所示各梁的转角方程、挠曲线方程以及指定的转角和挠度。已知抗弯刚度 EI 为常数。

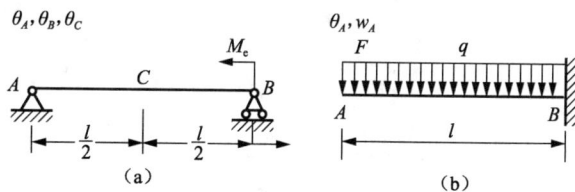

题 9-3 图

9-4 如题 9-4 图所示梁，EI 已知。试用叠加法求：
（1）B 点挠度和中点 C 截面转角（EI 已知）；
（2）A 点挠度和截面转角。

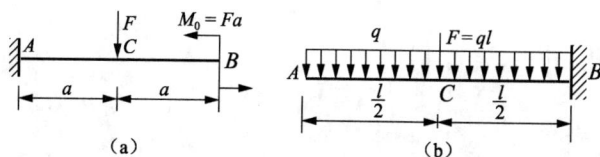

题 9-4 图

9-5 题 9-5 图所示简支梁，$l=4$ m，$q=9.8$ kN/m，若许可挠度$[\omega]=l/1\,000$，截面由两根槽钢组成，试选定槽钢的型号，并对自重影响进行校核。

9-6 如题 9-6 图所示梁的 A 端固定，B 端安放在活动铰链支座上。已知外力 F 及尺寸 a 和 l。试求支座 A 处的反力。

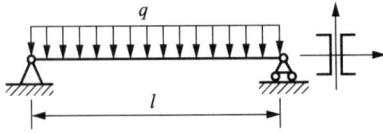

题 9-5 图

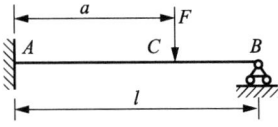

题 9-6 图

9-7 题 9-7 图所示为跳水板，一人的质量为 78 kg，静止站立在跳水板的一端。板的横截面如图所示，试求板中的最大正应变。已知材料的弹性模量为 $E=125$ GPa，并假定 A 处为销钉，B 处为活动铰支座轴约束。

*9-8 如题 9-8 图所示，试求梁的约束反力，并作梁的剪力图和弯矩图。设 EI 常量。

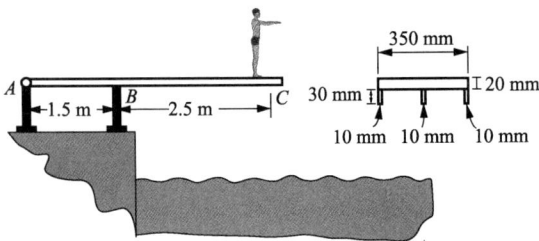

题 9-7 图

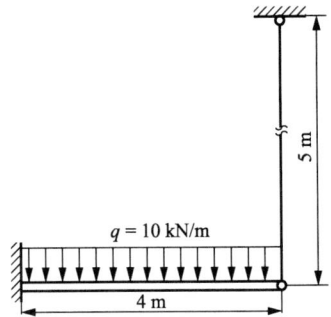

题 9-8 图

第10章
组合变形的强度计算

10.1　组合变形的概述

10.1.1　组合变形的概念

第6～9章我们所研究过的杆件限于有一种基本变形（即拉伸或压缩、剪切、扭转和弯曲）时的强度和刚度计算。但在工程实际中，一些杆件往往同时产生两种或两种以上的基本变形，例如图10-1所示的塔器，除了受到自重作用和发生轴向压缩变形外，还受到了水平方向风载荷的作用，产生横向弯曲变形，因此塔器的变形是压弯组合变形；如图10-2(a)所示有吊车的厂房柱子，由屋架和吊车传给柱子的荷载 F_1，F_2 的合力一般不与柱子的轴线重合，而是有偏心的，如图10-2(b)所示，所以这种情况是轴向压缩和弯曲的共同作用；又如反应釜中的搅拌轴（图10-3），除了在搅拌物料时叶片受到阻力的作用而发生扭转变形外，同时还受到搅拌轴和浆叶的自重作用，而发生轴向拉伸变形；再如机器的转轴（图10-4），除了扭转变形外，同时还有弯曲变形等，都是杆件产生组合变形的例子。

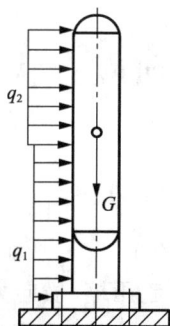

图 10-1　塔器

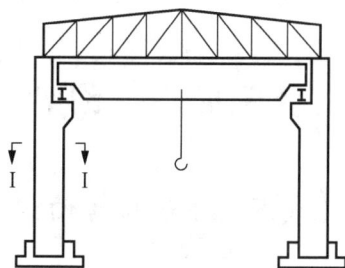

（a）

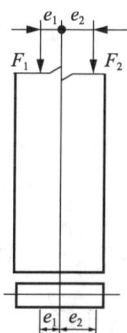

1—1
（b）

图 10-2　厂房柱子

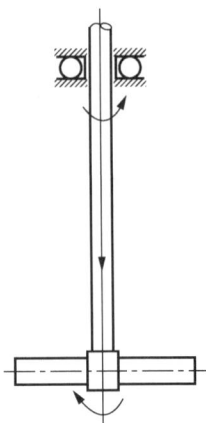

图 10-3　搅拌轴

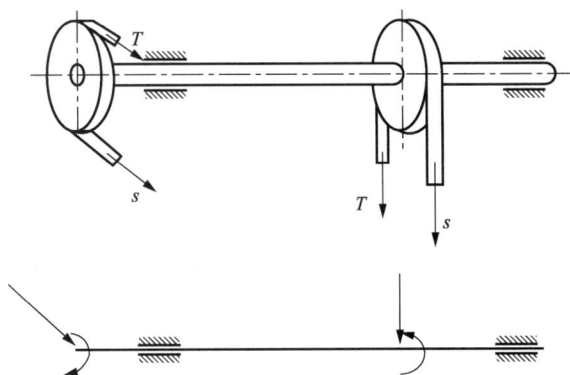

图 10-4　机器的转轴

可见组合变形是工程中常见的变形形式。

本章主要研究工程中常见的组合变形时杆件的强度计算问题。

10.1.2　组合变形的强度计算

杆件在组合变形下的应力一般可用叠加原理进行计算。实践证明，如果材料服从胡克定律，并且是在小范围内变形，那么杆件上各个载荷的作用彼此独立，每一载荷所引起的应力或变形都不受其他载荷的影响，而杆件在几个载荷同时作用下所产生的效果，就等于每个载荷单独作用时产生的效果的总和，此即叠加原理。这样，当杆件在复杂载荷作用下发生组合变形时，只要把载荷分解为一系列引起基本变形的载荷，分别计算杆在各个基本变形下在同一点所产生的应力，然后叠加起来，就得到原来的载荷所引起的应力。叠加后，应力状态一般有两种可能：一种是仍为"单向应力状态"，本书中称之为第一类组合变形，这种情形只需按单向应力状态下的强度条件进行强度计算；另一种是"复杂应力状态"，本书中称之为第二类组合变形，这种情形必须进行应力状态分析，再按适当的强度理论进行强度计算（略，必要时详见第 11 章）。

本章将主要讨论弯曲与拉伸（或压缩）以及弯曲与扭转的组合变形。这是工程中最常遇到的两种情况。至于其他形式的组合变形，应用同样的方法也不难解决。

10.2　第一类组合变形——组合后为单向应力状态

10.2.1　杆件拉伸（或压缩）与弯曲的组合变形

拉伸（或压缩）与弯曲的组合变形是工程中常见的基本情况，以图 10-5（a）所示的起重机横梁 AB 为例，其受力简图如图 10-5（b）所示。轴向力 F_{Ax} 和 F_{Bx} 引起压缩，横向力 F_{Ay}，F，F_{By} 引起弯曲；所以 AB 杆既产生压缩又产生弯曲，其变形是压缩与弯曲的组合变形。

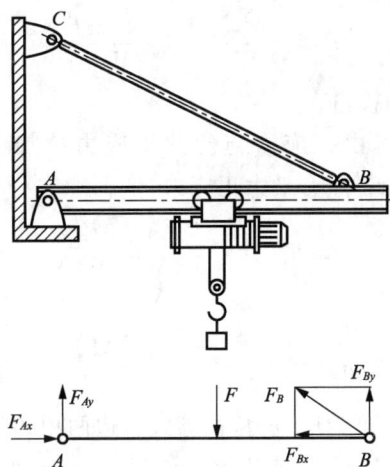

图 10-5　压缩与弯曲的组合变形

10.2.2　拉伸(压缩)与弯曲的组合变形强度计算

设有一矩形截面悬臂梁,如图 10-6(a)所示,在自由端的截面形心处受到一集中外力 F 作用,其作用线位于梁的纵向对称面内,与梁轴线的夹角为 θ。将力 F 向与梁轴线重合的 x 方向以及与轴线垂直的 y 方向分解为两个分量 F_x 和 F_y($F_x = F\cos\theta, F_y = F\sin\theta$),轴向力 F_x 使梁发生轴向拉伸变形,横向力 F_y 使梁发生弯曲变形,故梁在力 F 作用下将产生轴向拉伸与弯曲的组合变形。作出梁的内力图如图 10-6(b)所示。

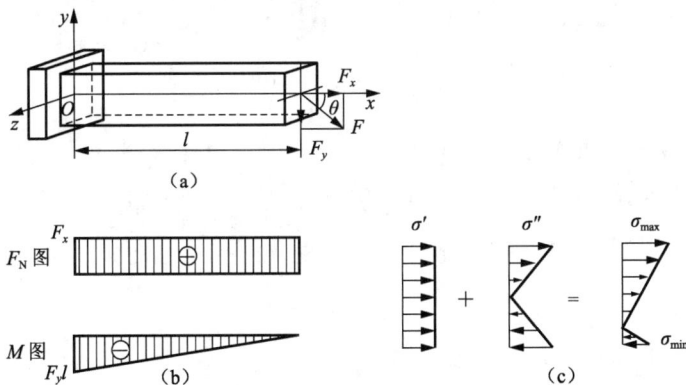

图 10-6　拉伸与弯曲的组合变形

在轴向力 F_N 的作用下,梁各横截面上的内力 $F_N = F\cos\theta$,它在横截面上产生均匀分布的正应力,其值为

$$\sigma' = \frac{F_N}{A} = \frac{F\cos\theta}{A}$$

式中,A 为横截面积。

在横向力 F_y 的作用下,梁在固定端截面有最大弯矩,因而该截面是梁的危险截面,且 $M_{max} = F_y l = Fl\sin\theta$,由此产生的最大弯曲正应力为

191

$$\sigma'' = \pm \frac{M_{\max}}{W_z} = \pm \frac{Fl\sin\theta}{W_z}$$

式中，W_z 为横截面的抗弯截面模量。

危险截面上总的正应力可由拉应力与弯曲正应力叠加而得，其应力分布情况如图 10-6(c) 所示。在截面的上边缘各点有最大正应力

$$\sigma_{\max} = \sigma' + \sigma'' = \frac{F_N}{A} + \frac{M_{\max}}{W_z} \qquad (10\text{-}1a)$$

而下边缘各点则有最小正应力

$$\sigma_{\max} = \sigma' - \sigma'' = \frac{F_N}{A} - \frac{M_{\max}}{W_z} \qquad (10\text{-}1b)$$

按上式所得 $\sigma_{\min}$ 可为拉应力，也可为压应力，视等式右边两项的代数值大小而定。

对于压缩与弯曲的组合，完全可以应用上述计算方法，区别仅在于轴力引起压应力。

求得危险点的应力后，给出材料的许用应力，可建立杆件拉(压)-弯组合变形的强度条件：取 $\sigma = \{|\sigma_{\max}|, |\sigma_{\min}|\}_{\max}$，强度条件为 $\sigma \leq [\sigma]$。如果材料的许用拉、压应力不等，应分别校核拉、压强度：$\sigma_{\max} \leq [\sigma_1]$，$|\sigma_{\min}| \leq [\sigma_y]$。建立了强度条件，可解决三类强度计算问题。

例题 10-1 图 10-7 所示为 25a 工字钢简支梁，受均布荷载 q 及轴向压力 F_N 的作用。已知 $q = 10$ kN/m，$l = 3$ m，$F_N = 20$ kN。试求最大正应力。

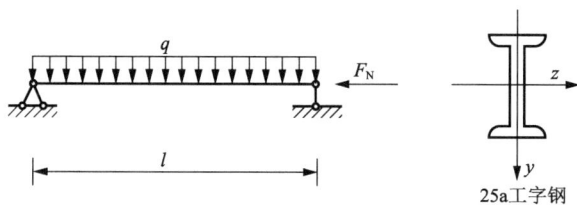

图 10-7 例题 10-1 图

解：(1) 求出最大弯矩 $M_{\max}$。
它发生在跨中截面，其值为

$$M_{\max} = \frac{1}{8}ql^2 = \frac{1}{8} \times 10 \times 10^3 \text{ N/m} \times 3^2 \text{ m}^2 = 11\,250 \text{ N}\cdot\text{m}$$

(2) 分别求出最大弯矩 $M_{\max}$ 及轴力 F_N 所引起的最大应力。
由弯矩引起的最大正应力为

$$\sigma_{\text{ben,max}} = \frac{M_{\max}}{W_z}$$

由型钢表查得 $W_z = 402$ cm³，则

$$\sigma_{\text{ben,max}} = \frac{11\,250 \text{ N}\cdot\text{m}}{402 \times 10^{-6} \text{ m}^3} = 28 \text{ MPa}$$

由轴力引起的压应力为

$$\sigma_y = \frac{F_N}{A}$$

$$\sigma_y = \frac{20 \times 10^3 \text{ N}}{48.5 \times 10^{-4} \text{ m}^2} = -4.14 \text{ MPa}$$

由型钢表查得 $A=48.5\ \mathrm{cm}^2$。

（3）求最大总压应力，其值为

$$\sigma_{y,\max}=-\sigma_{\mathrm{ben},\max}+\sigma_y=(-28-4.12)\mathrm{MPa}=-32.12\ \mathrm{MPa}\quad（压应力）$$

例题 10-2　如图 10-8(a)所示吊车由 18 号工字钢梁 AB 及拉杆 BC 组成。已知作用在梁中点的载荷 $F=25\ \mathrm{kN}$，梁长 $l=2.6\ \mathrm{m}$，材料的许用应力 $[\sigma]=100\ \mathrm{MPa}$。试校核梁 AB 的强度。

解：（1）求支座反力。取梁 AB 为研究，其受力如图 10-8(b)所示。建立平衡方程：

$$\sum M_A(F)=0,\qquad F_B\times\sin30°\times2.6-F\times1.3=0$$
$$F_B=25\ \mathrm{kN}$$
$$\sum F_y=0,\qquad F_{Ay}-F+F_B\times\sin30°=0$$
$$F_{Ay}=12.5\ \mathrm{kN}$$
$$\sum F_x=0,\qquad F_{Ax}-F_B\times\cos30°=0$$
$$F_{Ax}=21.6\ \mathrm{kN}$$

（2）将载荷分组，作内力图。F_{Ay}，F，F_{By} 使梁弯曲，F_{Ax}，F_{Bx} 使梁压缩，故梁 AB 发生压-弯组合变形。内力图如图 10-8(c)所示。

（3）建立强度条件。由图 10-8(c)可见，梁的中截面为危险截面，该截面的上边缘点正应力最大，为压应力

$$\sigma_{y\max}=\frac{F_N}{A}-\frac{M_{\max}}{W}$$

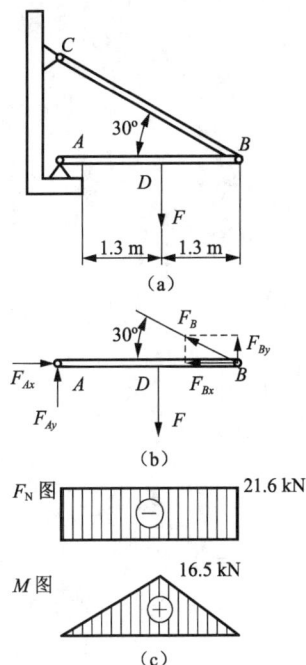
图 10-8　例题 10-2 图

查型钢表，18 号工字钢：$A=30.6\ \mathrm{cm}^2$，$W=185\ \mathrm{cm}^3$，带入上式计算，得

$$\sigma_{y\max}=\frac{F_N}{A}-\frac{M_{\max}}{W}=\left(\frac{-21.6\times10^3}{30.6\times10^{-4}}-\frac{16.25\times10^3}{185\times10^{-6}}\right)\mathrm{Pa}=-94.9\ \mathrm{MPa}$$

由强度条件 $|\sigma_{\max}|=94.9\ \mathrm{MPa}<[\sigma]$ 可知梁强度符合要求。

10.2.3　偏心拉压的应力计算

当构件受到作用线与轴线平行但不通过横截面形心的拉力（或压力）作用时，此构件受到偏心载荷，称为偏心拉伸（或偏心压缩）。例如钻床立柱[图 10-9(a)]受到的钻孔进刀力，即为偏心拉伸。又如前面已分析的厂房中支承吊车梁的柱子（图 10-2），其受力简图如图 10-9(b)所示，亦为偏心压缩。

杆件受到平行于轴线但不与轴线重合的力作用时，引起的变形称为偏心拉伸（压缩）。

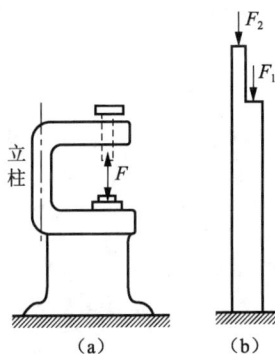
图 10-9　偏心拉压

单向偏心拉伸杆件相当于弯曲与轴向拉伸组合的杆件[图 10-9(a)]。上述公式（10-1）仍然成立，只需将式中的最大弯矩 $M_{\max}$ 改为因载荷偏心而产生的弯矩 $M=Fe$ 即可。若外力 F 的轴向分力 F_x 为单向偏心压缩时（图 10-9b），上述公式中的第一项 F_N/A 则应取负号。

例题 10-3 图 10-10(a)所示钻床的立柱用铸铁制作,已知 $F=15$ kN,$e=0.4$ m,材料的许用拉应力$[\sigma_1]=35$ MPa、许用压应力 $[\sigma_y]=100$ MPa,试计算立柱所需直径 d。

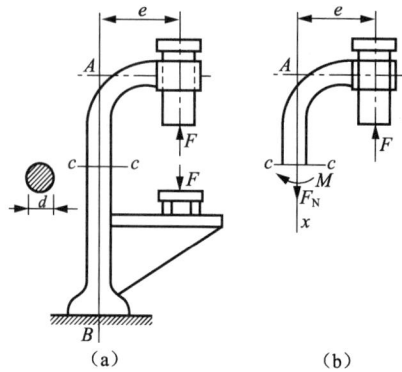

图 10-10　例题 10-2 图

由题可得

$$d\geqslant\sqrt[3]{\frac{32M}{\pi[\sigma_1]}}=\sqrt[3]{\frac{32\times6\times10^3\ \text{N}\cdot\text{m}}{\pi\times35\times10^6\ \text{Pa}}}=120.4\times10^{-3}\ \text{m}=120.4\ \text{m}$$

初选 $d=121$ mm。

再按照实际弯曲与拉伸组合进行强度校核,即

$$\sigma_{1max}=\frac{M}{W_z}+\frac{F_N}{A}=\frac{6\times10^3\ \text{N}\cdot\text{m}}{\frac{\pi}{32}\times121^3\times10^{-9}\ \text{m}^3}+\frac{15\times10^3\ \text{N}}{\frac{\pi}{4}\times121^2\times10^{-6}\ \text{m}^2}=35.8\ \text{MPa}>[\sigma_1]$$

但$\frac{\sigma_{1max}-[\sigma_1]}{[\sigma_1]}=2.3\%<5\%$,依据符合强度要求,故可取立柱直径为 121 mm。

例题 10-4 带有缺口的钢板如图 10-11(a)所示,已知钢板宽度 $b=8$ cm,厚度 $d=1$ cm,上边缘开有半圆形槽,其半径 $t=1$ cm,已知拉力 $F=80$ kN,钢板许用应力$[\sigma]=140$ MN/m²。试对此钢板进行强度校核。

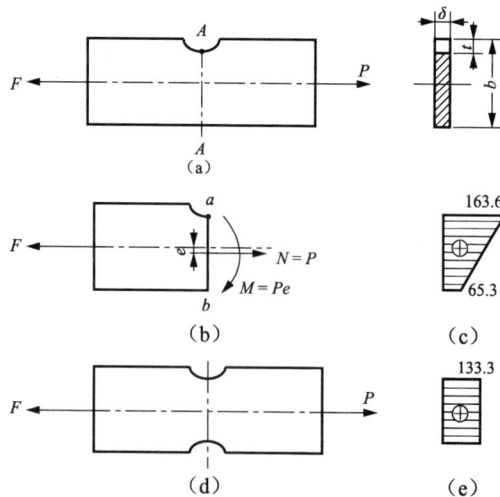

图 10-11　例题 10-3 图

解：由于钢板在截面 A 处有一半圆槽，因而外力 F 对此截面为偏心拉伸，其偏心距为

$$e=\frac{b}{2}-\frac{b-t}{2}=\frac{t}{2}=\frac{1}{2}\,\text{cm}=0.5\,\text{cm}$$

截面 A—A 的轴力和弯矩分别为

$$N=F=80\,\text{kN}$$

$$M=Fe=80\times10^{3}\,\text{N}\times0.5\times10^{-2}\,\text{m}=400\,\text{N}\cdot\text{m}$$

轴力 F_N 和弯矩 M 在半圆槽底的 a 处都引起拉应力[图 10-11(c)(b)]，故最大应力为

$$\sigma_{\max}=\frac{80\times10^{3}\,\text{N}}{0.01\,\text{m}\times(0.08-0.01)\,\text{m}}+\frac{6\times400\,\text{N}\cdot\text{m}}{0.01\,\text{m}\times(0.08\,\text{m}-0.01\,\text{m})^{2}}$$

$$=(114\times10^{6}+49\times10^{6})\,\text{N/m}^{2}=163.3\,\text{MN/m}^{2}\geqslant[\sigma]$$

A—A 截面的 b 处将产生最小拉应力为

$$\sigma_{\min}=F_N/A-M_{\max}/W=(114.3\times10^{6}-49\times10^{6})\,\text{N/m}^{2}=65.3\,\text{MN/m}^{2}$$

A—A 截面上的应力分布如图 10-11(c)所示。由于 a 点最大应力大于拉应力 σ，所以钢板的强度不够。

从上面分析可知，造成钢板强度不够的原因，是由于偏心拉伸而引起的弯矩 Fe 使截面 A—A 的应力增加了 49 MPa，为了保证钢板具有足够的强度，在允许的条件下，可在下半圆槽的对称位置再开一半圆槽[图 10-11(d)]，这样就避免了偏心拉伸，而使钢板仍为轴向拉伸，此时截面 A—A 上的应力为

$$\sigma_{\text{lmax}}=\frac{F}{\delta(b-2t)}=\frac{80\,\text{kN}}{0.01\,\text{m}\times(0.08-2\times0.01)\,\text{m}}=133.3\,\text{MPa}<[\sigma]=140\,\text{MPa}$$

由此可知，虽然钢板 A—A 处横截面是被两个半圆槽所削弱，但由于避免了载荷的偏心，因而使截面 A—A 的实际应力比仅有一个槽时反而保证了钢板强度。通过此例说明，避免偏心载荷是提高构件的一项重要措施。

*10.2.4　斜弯曲

在第 8 章的弯曲问题中已经介绍，若梁所受外力或外力偶均作用在梁的纵向对称平面内，则梁变形后的挠曲线亦在其纵向对称平面内，将发生平面弯曲。但在工程实际中，也常常会遇到梁上的横向力并不在梁的纵向对称平面内，而是与其纵向对称平面有一夹角的情况，这种弯曲变形称为斜弯曲。例如图 10-12 中所示木屋架上的矩形截面檩条就是斜弯曲的实例。下面我们只讨论具有两个互相垂直对称平面的梁发生斜弯曲时的应力计算和强度条件。

以图 10-13 所示矩形截面悬臂梁为例，其自由端受一作用于 zOy 平面并与 y 轴夹角为 φ 的集中力 F 作用。可将力 F 先简化为平面弯曲的情况，即将力 F 沿 y 轴和 z 轴进行分解，即

$$F_y=F\cos\varphi,\quad F_z=F\sin\varphi \tag{1}$$

在分力 F_y，F_z 作用下，梁将分别在铅锤纵向对称平面(xOy 面)内和水平纵向对称平面(xOz 面)内发生平面弯曲，则在距左端点为 x 的截面上，由 F_z 和 F_y 引起的截面上的弯矩值分别为

$$M_y=F_z(l-x),\quad M_z=F_y(l-x) \tag{2}$$

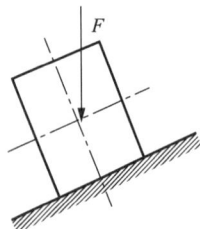

图 10-12 木屋架檩条的斜弯曲

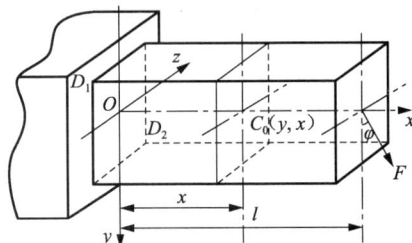

图 10-13 斜弯曲的计算

若设 $M=F(l-x)$，并将式(1)代入式(2)中，则

$$M_y=M\sin\varphi，\quad M_z=M\cos\varphi \tag{3}$$

在截面的任一点 $C(y,z)$ 处，由 M_y 和 M_z 引起的正应力分别为

$$\sigma'=-\frac{M_y\cdot z}{I_y}，\quad \sigma''=-\frac{M_z\cdot y}{I_z} \tag{4}$$

其中负号表示均为压应力。对于其他点处的正应力的正负可由实际情况确定。所以，C 点处的正应力为

$$\sigma=\sigma'+\sigma''=-\frac{M_y\cdot z}{I_y}-\frac{M_z\cdot y}{I_z}$$

将式(3)代入上式可得

$$\sigma=-M\left(\frac{\sin\varphi}{I_y}z+\frac{\cos\varphi}{I_z}y\right) \tag{10-2}$$

由上面分析及式(10-2)可知，梁上固定端截面上有最大弯矩，且其顶点 D_1 和 D_2 点为危险点，分别有最大拉应力和最大压应力。而拉压应力的绝对值相等，可知危险点的应力状态均为单向应力状态，所以，梁的强度条件为

$$\sigma_{max}=\left|M\left(\frac{\sin\varphi}{I_y}z_{max}+\frac{\cos\varphi}{I_z}y_{max}\right)\right|\leqslant[\sigma]$$

即

$$\sigma_{max}=\left|\frac{M_y}{W_y}+\frac{M_z}{W_z}\right|\leqslant[\sigma] \tag{10-3}$$

同平面弯曲一样，危险点应为离截面中性轴最远的点。而对于这类具有棱角的矩形截面梁，其危险点的位置均应在危险截面的顶点处，所以较容易确定。但对于图 10-14 所示没有棱角的截面，要先确定出截面的中性轴位置才能确定出危险点的位置。本书对此不作讨论。

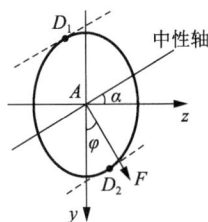

图 10-14 没有棱角的截面

* **例题 10-5** 图 10-15 所示为跨长 $l=4$ m 的简支梁，由 32a 工字钢制成。在梁跨度中点处受集中力 $F=30$ kN 的作用，力 F 的作用线与截面铅垂对称轴间的夹角 $\varphi=15°$，而且通过截面的形心。已知材料的许用应力 $[\sigma]=160$ MPa，试按正应力校核梁的强度。

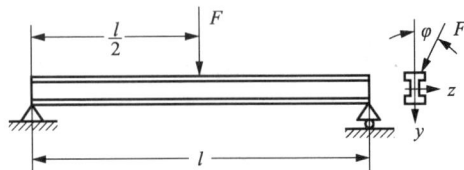

图 10-15 例题 10-4 图

解　把集中力 F 分解为 y,z 方向的两个分量,其数值为

$$F_y = F \cos \varphi, \quad F_z = F \sin \varphi$$

这两个分量在危险截面(集中力作用的截面)上产生的弯矩数值是

$$M_y = \frac{F_z}{2} \cdot \frac{l}{2} = \frac{Fl}{4} \sin \varphi = \frac{30 \times 10^3 \text{ N} \times 4 \text{ m}}{4} \sin 15° = 7\ 760 \text{ N} \cdot \text{m}$$

$$M_z = \frac{F_y}{2} \cdot \frac{l}{2} = \frac{Fl}{4} \cos \varphi = \frac{30 \times 10^3 \text{ N} \times 4 \text{ m}}{4} \cos 15° = 29\ 000 \text{ N} \cdot \text{m}$$

从梁的实际变形情况可以看出,工字形截面的左下角具有最大拉应力,右上角具有最大压应力,其值均为

$$\sigma_{\max} = \frac{M_y}{W_y} + \frac{M_z}{W_z}$$

对于 32a 工字钢,由附录型钢表查得

$$W_y = 70.8 \text{ cm}^3, \quad W_z = 692 \text{ cm}^3$$

代入得

$$\sigma_{\max} = \frac{7\ 760 \text{ N} \cdot \text{m}}{70.8 \times 10^{-6} \text{ m}^3} + \frac{29\ 000 \text{ N} \cdot \text{m}}{692 \times 10^{-6} \text{ m}^3} = 1.516 \times 10^8 \text{ Pa} = 151.6 \text{ MPa} < [\sigma]$$

$$\sigma_{\max} = \frac{M_{\max}}{W_z} = \frac{\dfrac{Fl}{4}}{W_z} = \frac{30 \times 10^3 \text{ N} \times 4 \text{ m}}{4 \times 692 \times 10^{-6} \text{ m}^3} = 4.34 \times 10^7 \text{ Pa} = 43.4 \text{ MPa}$$

由此可知,对于用工字钢制成的梁,当外力偏离 y 轴一个很小的角度时,就会使最大正应力增加很多。产生这种结果的原因是工字钢截面的 W_z 远大于 W_y。对于这一类截面的梁,由于横截面对两个形心主惯性轴的抗弯截面系数相差较大,所以应该注意使外力尽可能作用在梁的形心主惯性平面 xy 内,避免因斜弯曲而产生过大的正应力。

10.3　第二类组合变形——组合后为复杂应力状态

弯曲与扭转的组合变形是机械工程中常见的情况,具有广泛的应用。如图 10-16(a)所示,圆轴的左端固定、右端自由,自由端横截面内作用一个矩为 M_e 的外力偶和一个过轴心的横向力 F 的作用。现以此圆轴为例,说明杆件弯曲与扭转组合变形时的强度计算方法。

(1)外力分析:力偶矩 M_e 使轴发生扭转变形,而横向力 F 使轴发生弯曲变形,故杆件产生弯曲与扭转组合变形。

(2)内力分析:分别作轴的扭矩图和弯矩图[图 10-16(b)(c)],可知固定端截面为该圆轴的危险截面,其内力数值为

$$T = M_e, \quad M = Fl$$

(3)应力分析:根据危险截面上相应于扭矩 T 的切应力分布规律和相应于弯矩 M 的正应力分布规律[图 10-16(d)]可知,上、下边缘的 C_1 点和 C_2 点的切应力和正应力同时达到最大值,其值为

$$\sigma = \frac{M}{W_z} \tag{10-4}$$

$$\tau = \frac{T}{W_p} \tag{10-5}$$

可知固定端截面上、下边缘的 C_1 点和 C_2 点是危险点。

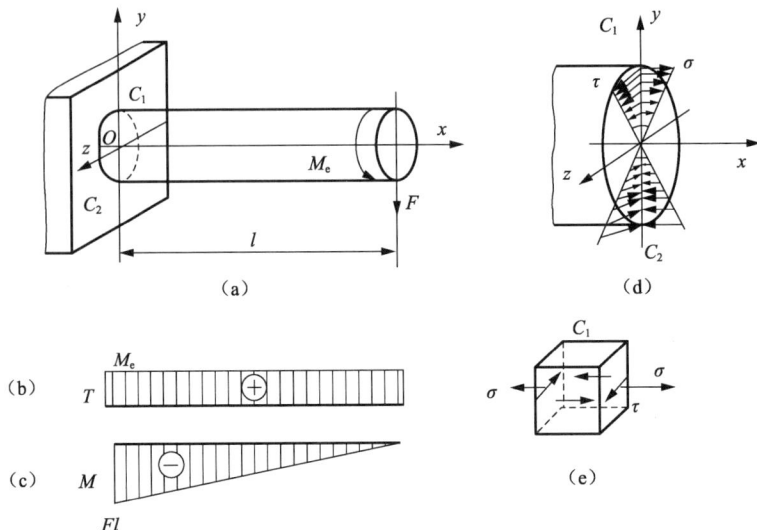

图 10-16　弯曲与扭转的组合变形

（4）强度条件：如图 10-16(e)所示，圆轴危险截面上的危险点 C_1 点和 C_2 点处同时存在扭转切应力 τ 和弯曲正应力 σ，由于 τ 和 σ 的方向不同，使得危险点的应力状态比较复杂，对其进行强度计算时，既不能采用应力的简单叠加，也不能按弯曲强度条件和扭转强度条件分别校核，而必须考虑它们的综合作用。只有对危险点的应力状态和材料破坏原因进行研究分析，提出不同的强度理论，才能建立起弯曲与扭转组合变形时的强度条件。人们通过长期的生产实践和科学实验，提出了许多不同的强度理论，根据这些强度理论可以得出不同的强度条件（危险点的应力分析和强度理论详见本书第 11 章）。

目前，对于低碳钢类的塑性材料，工程上普遍采用第三或第四强度理论。根据第三强度理论，弯曲与扭转组合变形的强度条件为

$$\sigma_3 = \sqrt{\sigma^2 + 4\tau^2} \leqslant [\sigma] \tag{10-6}$$

根据第四强度理论，弯曲与扭转组合变形的强度条件为

$$\sigma_4 = \sqrt{\sigma^2 + 3\tau^2} \leqslant [\sigma] \tag{10-7}$$

式中，σ_3 为第三强度理论的相当应力；σ_4 为第四强度理论的相当应力；σ 为危险截面上危险点的弯曲正应力；τ 为危险截面上危险点的扭转切应力；$[\sigma]$ 为材料的许用应力。

将式(10-4)、式(10-5)代入式(10-6)和式(10-7)得

$$\sigma_3 = \sqrt{\left(\frac{M}{W_z}\right)^2 + 4\left(\frac{T}{W_p}\right)^2} \leqslant [\sigma] \tag{10-8}$$

$$\sigma_4 = \sqrt{\left(\frac{M}{W_z}\right)^2 + 3\left(\frac{T}{W_p}\right)^2} \leqslant [\sigma] \tag{10-9}$$

对于圆形截面轴，抗弯截面系数和抗扭截面系数分别为

$$W_z = \frac{\pi d^3}{32}, \qquad W_p = \frac{\pi d^3}{16} = 2W_z$$

将 $W_p = 2W_z$ 代入式(10-8)、式(10-9),得到用内力表达的第三、第四强度理论的强度条件分别为

$$\sigma_3 = \frac{\sqrt{M^2 + T^2}}{W_z} \leqslant [\sigma] \tag{10-10}$$

$$\sigma_4 = \frac{\sqrt{M^2 + 0.75\,T^2}}{W_z} \leqslant [\sigma] \tag{10-11}$$

式中,M 为危险截面上的弯矩;T 为危险截面上的扭矩;W_z 为危险截面的抗弯截面系数。

应用式(10-6)~式(10-11)计算弯曲与扭转组合变形的强度时,应注意以下两点:

(1) 式(10-10)、式(10-11)只适用于圆形截面轴产生弯曲和扭转组合变形时的强度计算,且 M 和 T 必须是同一截面(危险截面)上的弯矩和扭矩。

(2) 式(10-10)、式(10-7)也可用于计算拉(或压)与扭转组合变形的强度。

例题 10-6 如图 10-17(a)所示,电动机带动轴 AB 转动,在轴的中点安装一带轮,已知带轮的重力 $G = 3$ kN,直径 $D = 500$ mm,带的紧边拉力 $F_{T1} = 6$ kN,松边拉力 $F_{T2} = 4$ kN,$l = 1.2$ m。若轴的许用应力 $[\sigma] = 80$ MPa,试按第三强度理论设计轴。

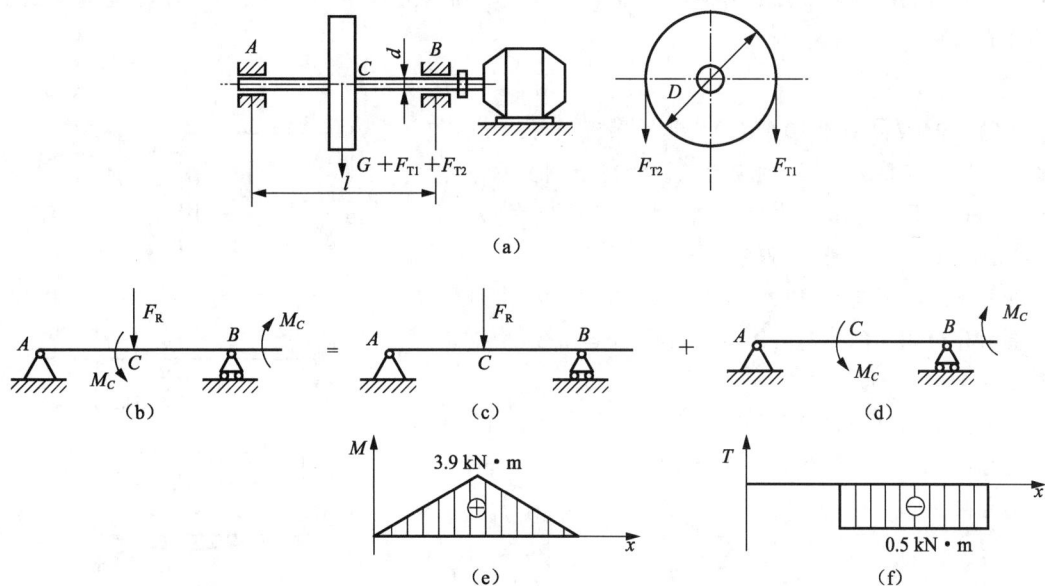

(a)

图 10-17 例题 10-5 图

解 (1) 外力分析。将带的紧边拉力 F_{T1}、松边拉力 F_{T2} 分别向带轮的中心平移,简化后得到一个作用于轴中点的横向力 $F_R = F_{T1} + F_{T2}$ 和附加力偶 M_C,其计算简图如图 10-17(b)所示。其中

$$F_R = G + F_{T1} + F_{T2} = 3\ \text{kN} + 6\ \text{kN} + 4\ \text{kN} = 13\ \text{kN}$$

$$M_C = F_{T1}\frac{D}{2} - F_{T2}\frac{D}{2} = (6-4)\ \text{kN} \times 0.25\ \text{m} = 0.5\ \text{kN} \cdot \text{m}$$

显然，在横向力 F_R 的作用下，轴产生弯曲变形，如图 10-17(c)所示；在力偶 M_C 的作用下，轴产生扭转变形，如图 10-17(d)所示，所以轴产生弯曲与扭转的组合变形。

（2）内力分析。根据图 10-17(c)绘制轴的弯矩图，如图 10-17(d)所示；根据图 10-17(d)绘制轴的扭矩图，如图 10-17(f)所示。由图可见，轴 CB 段各横截面上的扭矩相同，弯矩不同；轴 AB 的中点 C 截面上的弯矩最大，所以 C 截面为危险截面，其上弯矩值和扭矩值分别为

$$M = \frac{F_R l}{4} = \frac{13 \times 1.2}{4} \text{kN} \cdot \text{m} = 3.9 \text{ kN} \cdot \text{m}$$

$$T = M_C = 0.5 \text{ kN} \cdot \text{m}$$

（3）按第三强度理论确定轴的直径 d 由式(10-10)得

$$\sigma_3 = \frac{\sqrt{M^2 + T^2}}{W_z} = \frac{\sqrt{M^2 + T^2}}{\frac{\pi d^3}{32}} \leqslant [\sigma]$$

则有

$$d \geqslant \sqrt[3]{\frac{32\sqrt{M^2 + T^2}}{\pi[\sigma]}} = \sqrt[3]{\frac{32\sqrt{(3.9 \times 10^6)^2 + (0.5 \times 10^6)^2}}{\pi \times 80}} \text{ mm} = 79.4 \text{ mm}$$

取轴的直径为 $d = 80$ mm。

有时，作用在轴上的横向力很多且方向各不相同，这时可将每一个横向力向水平和竖直两个方向进行分解，分别画出构件在水平和竖直平面内的弯矩图，再按下式计算危险截面上的合成弯矩

$$M_合 = \sqrt{M_{水平}^2 + M_{竖直}^2} \tag{10-12}$$

例题 10-7 如图 10-18(a)所示圆轴直径为 80 mm，轴的右端装有重为 5 kN 的皮带轮。带轮上侧受水平力 $F_T = 5$ kN，下侧受水平力为 $2F_T$，轴的许用应力 $[\sigma] = 70$ MPa。试按第三强度理论校核轴的强度。

解 轴的计算简图如图 10-18(b)所示，则作用于轴上的外力偶 $M_e = 2$ kN·m。因此，各截面的扭矩图如图 10-18(c)所示。

由图 10-18(d)、(e)可知，铅直平面最大弯矩 $M_v = 0.75$ kN·m，水平平面最大弯矩 $M_t = 2.25$ kN·m，且均发生在 B 截面。应用公式(10-12)可见

$$M_B = \sqrt{0.75^2 + 2.25^2} \text{ kN} \cdot \text{m} = 2.37 \text{ kN} \cdot \text{m}$$

对此轴危险点的应力状态，应用第三强度理论公式得

$$\sigma_3 = \frac{\sqrt{M_B^2 + M^2}}{W} = \frac{32\sqrt{2.37^2 + 2^2}}{\pi \times (0.08 \text{ m})^3} \text{ kN} \cdot \text{m}$$
$$= 61.7 \text{ MPa} < [\sigma]$$

故圆轴满足强度条件。

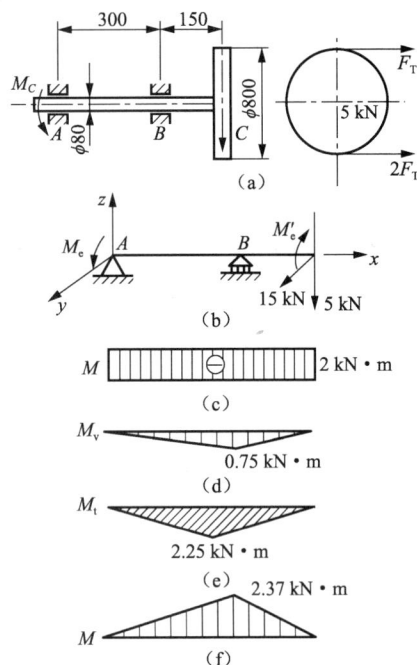

图 10-18 例题 10-6 图

本 章 小 结

本章主要介绍组合变形的相关知识。

1. 杆件在载荷作用下产生的变形是两种或两种以上基本变形的组合,称为组合变形。

2. 求解组合变形问题的基本方法是叠加法。运用叠加法的条件是满足小变形和应力应变为线性关系,每一种基本变形都是各自独立,互不影响。叠加法步骤如下:

(1) 外力分析。将外力进行平移或分解,使简化或分解后的每一种载荷对应着一种基本变形。

(2) 内力分析。确定危险截面。

(3) 应力分析。确定危险点,并围绕危险点取出危险点处的单元体。

(4) 建立强度条件。根据危险点的应力状态及构件材料,选择强度理论,建立强度条件,进而进行强度计算。

3. 弯曲与拉伸(或压缩)组合变形,对于塑性材料,强度条件为

$$\sigma_{max} = \frac{|M_{max}|}{W} + \frac{|F_N|}{A} \leqslant [\sigma]$$

对于脆性材料,应分别按最大拉应力和最大压应力进行强度计算。

4. 扭转与弯曲的组合。

弯曲与扭转组合变形是机械工程中常见的变形形式。以截面为圆形的传动轴为重点,圆形截面杆件在扭转和弯曲组合变形下的强度条件如下:

(1) 若根据第三强度理论,强度条件为

$$\sqrt{\sigma^2 + 4\tau^2} \leqslant [\sigma], \quad \frac{\sqrt{M^2 + T^2}}{W_z} \leqslant [\sigma]$$

(2) 若按第四强度理论,强度条件为

$$\sqrt{\sigma^2 + 3\tau^2} \leqslant [\sigma], \quad \frac{\sqrt{M^2 + 0.75T^2}}{W_z} \leqslant [\sigma]$$

按第三强度理论计算偏于安全,按第四强度理论计算更接近于实际情况。

思 考 题

1. 何谓组合变形? 组合变形构件的应力计算是依据什么原理进行的?

2. 试分析图 10-19 所示的杆件各段分别是哪几种基本变形的组合。

3. 用叠加原理处理组合变形问题,将外力分组时应注意些什么?

4. 为什么弯曲与拉伸组合变形时只需校核拉应力的强度条件,而弯曲与压缩组合变形时,脆性材料要同时校核压应力和拉应力的强度条件?

5. 由塑性材料制成的圆轴在弯曲与扭转组合变形时怎样进行强度计算?

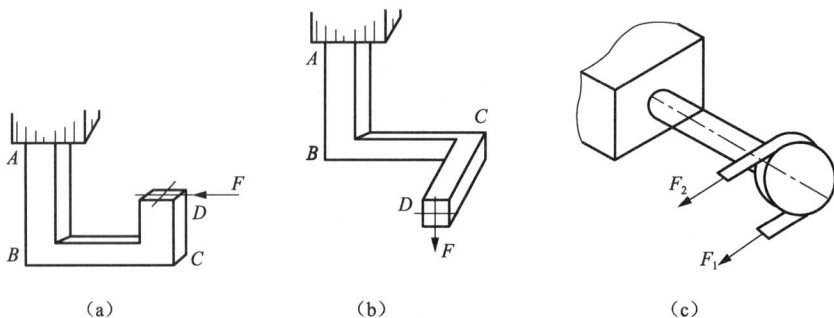

图 10-19

效 果 测 验

（1）构件受外力作用后，往往同时发生____的基本变形，这种变形形式叫作组合变形。常见的组合变形有____组合变形和____组合变形两种类型。

（2）图 10-20 所示为铰接构架，杆件的自重不计，试分析 B 端作用力 F 后构件发生的变形：AC 段____变形，CB 段____变形；CD 杆____变形；AD 段____变形，DE 段____变形。

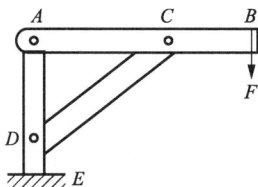

图 10-20

（3）拉（压）与弯曲组合变形时，构件横截面上既有拉（压）的_____应力，又有弯曲的_____应力。

（4）弯-扭组合变形时，构件横截面上既有弯曲的____应力，又有扭转的_____应力。弯曲时的正应力强度准则和扭转时的切应力强度准则已_____，需要建立新的_____。

（5）塑性材料圆轴弯-扭组合变形时，截面的最大相当应力 $\sigma_3 =$ _____。

习   题

10-1 试求题 10-1 图中折杆 $ABCD$ 上 A，B，C 和 D 截面上的内力。

10-2 梁式吊车如题 10-2 图所示。吊起的重量（包括电动葫芦重）$F = 40$ kN，横梁 AB 为 18 号工字钢，当电动葫芦走到梁中点时，试求横梁的最大压应力。

10-3 如题 10-3 图所示一直径为 40 mm 的木棒，承受图示 800 N 的力，试求 B 点的应力，并用单元体表示。

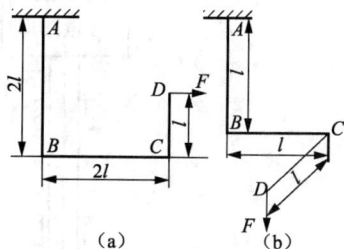

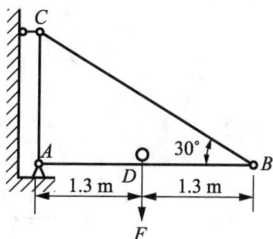

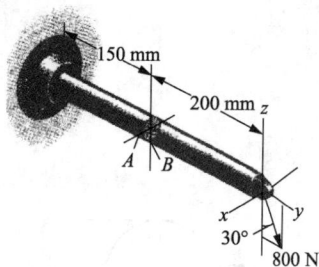

题 10-1 图　　　　　　　题 10-2 图　　　　　　　题 10-3 图

10-4　如题 10-4 图所示钻床的立柱由铸铁制成，$F=15$ kN，许用拉应力$[\sigma]=35$ MPa。试确定立柱所需直径 d。

10-5　一夹具如题 10-5 图所示。已知 $F=2$ kN，偏心距 $e=6$ cm，竖杆为矩形截面，$b=1$ cm，$h=2.2$ cm，材料为 Q235，其屈服极限 $\sigma_s=240$ MPa，安全系数为 1.5，试校核竖杆的强度。

10-6　如题 10-6 图所示的开口链环，由直径 $d=50$ mm 的钢杆制成，链环中心线到两边杆中心线尺寸各为 60 mm，试求链环中段（即图中下边段）的最大拉应力。若将链环开口处焊住，使链环成为完整的椭圆形时，其中段的最大拉应力又为多少？从而可得什么结论？

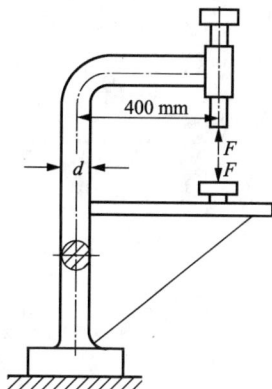

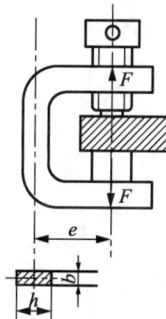

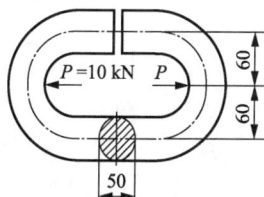

题 10-4 图　　　　　　　题 10-5 图　　　　　　　题 10-6 图

10-7　如题 10-7 图所示为道路标的圆信号板，装在外径 $D=60$ mm 的空心圆柱上，若信号板上作用的最大风载的压强 $p=2$ kN/m²，已知材料的许用应力$[\sigma]=60$ MPa，试选定壁厚 δ。

10-8　题 10-8 图所示电动机外伸轴上安装一带轮，带轮的直径 $D=250$ mm，轮重忽略不计。套在轮上的带张力是水平的，分别是 $2F$ 和 F。电动机轴的外伸轴臂长 $l=120$ mm，直径 $d=40$ mm。轴材料的许用应力$[\sigma]$为 60 MPa。若电动机传给轴的外力矩 $M=120$ N·m，试按第三强度理论校核此轴的强度。

10-9　水轮机主轴的示意图如题 10-9 图所示。水轮机组的输出功率为 $P=37\,500$ kW，转速 $n=150$ r/min。已知轴向推力 $F_x=4\,800$ kN，转轮重 $W_1=390$ kN；主轴内径 $d=340$ mm，外径 $D=750$ mm，自重 $W=285$ kN。主轴材料为 45 钢，许用应力$[\sigma]=80$ MPa。试按第四强度理论校核主轴的强度。

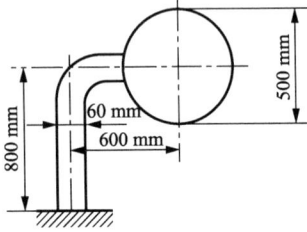

题 10-7 图

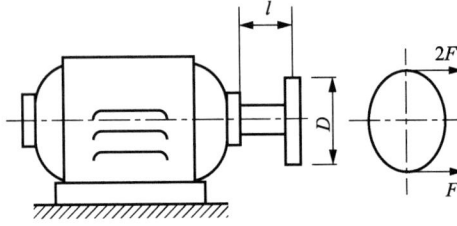

题 10-8 图

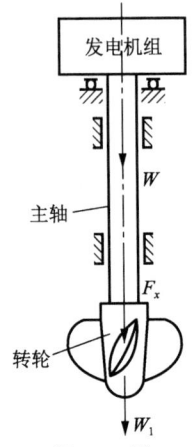

题 10-9 图

**第11章

应力状态理论和强度理论

11.1 问题的提出

在前面各章中,已经讨论了杆件的拉伸与压缩、剪切、圆轴的扭转和梁的弯曲基本变形。这类变形研究问题的基本方法都是以力的平衡方程、变形的几何协调方程及力与变形间的物理方程为主线,得到构件的内力,进而讨论截面的应力,并由此写出强度条件来控制设计的。承受拉伸与压缩的杆件,横截面上是由轴力引起的正应力;承受扭转的圆轴,横截面上是由扭矩引起的切应力(最大值在外圆周处);承受弯曲的梁,横截面上是由弯矩引起的正应力(最大值在离中性轴最远处)及由剪力引起的切应力(最大值在中性轴上)。所建立的强度条件,都是由单一的最大应力(最大正应力或最大切应力)小于或者等于相应的许用应力描述的。然而当某危险点处于既有正应力又有切应力的复杂状态时,如何判断其强度是否足够?

事实上,构件在拉压、扭转、弯曲等基本变形情况下,并不都是沿构件的横截面破坏的,构件的危险点处于更复杂的受力状态。这是一些更加复杂的强度问题。

为了分析各种破坏现象,建立组合变形情况下构件的强度条件,还必须研究构件各个不同斜截面上的应力,即危险点的应力状态。所谓一点的应力状态就是受力构件内任一点处不同方位的截面上应力的分布情况。

研究构件内任一点处的应力状态,通常采用分析单元体的方法。这种方法是在研究的构件某点处,用三对互相垂直的截面切取一个极其微小的正立方体代表该点,该立方体称为单元体。由于单元体的尺寸极其微小,可认为单元体各面上的应力分布均匀,并可认为两个平行面上的应力大小相等。

显然,要解决这类构件的强度问题,除应全面研究危险点处各截面的应力外,还应研究材料在复杂应力作用下的破坏规律,探讨解决强度问题的途径。这就是本章所要研究的主要内容。

11.2 应力状态理论

11.2.1 平面应力状态的一般分析

若构件只在 xy 平面内承受载荷,在 z 轴方向无载荷作用,则构件中沿坐标平面任取的面体微元在垂直于 z 轴的前后两个面上无内力、应力作用。其余四个面上作用的应力都在 xy 平面内,此即平面应力状态。图 11-1 示出了平面应力状态的最一般情况。

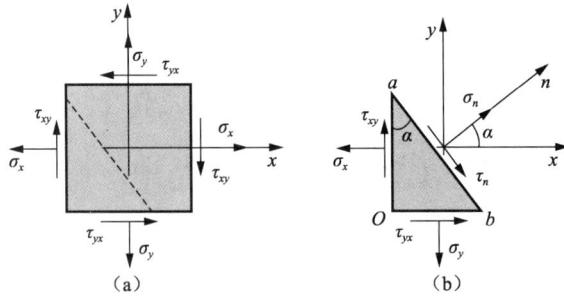

图 11-1 平面应力状态

在垂直于 x 轴的左右两平面上作用有正应力 σ_x 和切应力 τ_{xy},在垂直于 y 轴的上、下两平面上作用有正应力 σ_y 和切应力 τ_{yx}。由切应力互等定理可知必有 $\tau_{xy} = \tau_{yx} = \tau_0$。

现在讨论图中虚线所示任一斜截面上的应力,设截面正法向 n 与 x 轴的夹角为 α。

单位厚度的微元 Oab 如图 11-1(b)所示,截面 Oa 上作用的应力为 σ_x 和 τ_{xy},沿 x,y 方向的内力分别为 $\sigma_x \cdot \overline{ab}\cos\alpha$ 和 $\tau_{xy} \cdot \overline{ab}\cos\alpha$;截面 Ob 上作用的应力为 σ_y 和 τ_{yx},沿 x,y 方向的内力分别为 $\tau_{yx} \cdot \overline{ab}\sin\alpha$ 和 $\sigma_y \cdot \overline{ab}\sin\alpha$;设斜截面 ab 上作用的应力为 σ_n 和 τ_n,则斜截面上沿法向、切向的内力则为 $\sigma_n \cdot \overline{ab}$ 和 $\tau_n \cdot \overline{ab}$。将上述各力投影到 x,y 轴上,有平衡方程:

$$\sum F_x = \sigma_n \cdot \overline{ab}\cos\alpha + \tau_n \cdot \overline{ab}\sin\alpha - \sigma_x \cdot \overline{ab}\cos\alpha + \tau_{yx} \cdot \overline{ab}\sin\alpha = 0$$

$$\sum F_y = \sigma_n \cdot \overline{ab}\sin\alpha - \tau_n \cdot \overline{ab}\cos\alpha - \sigma_y \cdot \overline{ab}\sin\alpha + \tau_{xy} \cdot \overline{ab}\cos\alpha = 0$$

注意到 $\tau_{yx} = \tau_{xy}$,有

$$\sigma_n = \sigma_x\cos^2\alpha + \sigma_y\sin^2\alpha - 2\tau_{xy}\sin\alpha\cos\alpha$$

$$\tau_n = (\sigma_x - \sigma_y)\sin\alpha\cos\alpha + \tau_{xy}(\cos^2\alpha - \sin^2\alpha)$$

利用三角关系 $\cos^2\alpha = (1+\cos 2\alpha)/2$,$\sin^2\alpha = (1-\cos 2\alpha)/2$,$\sin 2\alpha = 2\sin\alpha\cos\alpha$,上述结果可以得到平面应力状态下斜截面上应力的一般公式为

$$\sigma_n = \frac{\sigma_x + \sigma_y}{2} + \frac{\sigma_x - \sigma_y}{2}\cos 2\alpha - \tau_{xy}\sin 2\alpha \tag{11-1}$$

$$\sigma_n = \frac{\sigma_x - \sigma_y}{2}\sin 2\alpha + \tau_{xy}\cos 2\alpha \tag{11-2}$$

斜截面上的应力是角 α 的函数,角 α 是 x 轴与斜截面外法向 n 的夹角,从 x 轴到 n 轴逆时针转动时 α 为正。

11.2.2 极限应力与主应力

现在讨论角 α 变化时,斜截面上法向正应力的极值。

将式(11-1)对 α 求导数,并令 $d\sigma_n/d\alpha = 0$,得

$$\frac{\sigma_x - \sigma_y}{2}\sin 2\alpha + \tau_{xy}\cos 2\alpha = 0 \qquad (11\text{-}3)$$

解得

$$\tan 2\alpha = \tan 2\alpha_0 = -\frac{2\tau_{xy}}{\sigma_x - \sigma_y} \qquad (11\text{-}4)$$

即在 $\alpha = \alpha_0$ 的斜截面上,σ_n 取得极值。

再利用三角函数变换关系,当 $\tan\alpha = x$ 时,有 $\sin\alpha = \pm x/(1+x^2)^{1/2}$,$\cos\alpha = \pm 1/(1+x^2)^{1/2}$,将式(11-4)代入式(11-1),可以得到在 $\alpha = \alpha_0$ 的斜截面上正应力 σ_n 的极值为

$$\left.\begin{array}{c}\sigma_{\max}\\ \sigma_{\min}\end{array}\right\} = \frac{\sigma_x + \sigma_y}{2} \pm \sqrt{\left(\frac{\sigma_x - \sigma_y}{2}\right)^2 + \tau_{xy}^2} \qquad (11\text{-}5)$$

由式(11-4)可知,σ_n 取得极值的 α_0 角有两个,两者相差 $90°$,即最大正应力 $\sigma_{\max}$ 和最小正应力 $\sigma_{\min}$,分别作用在两个相互垂直的截面上。注意到当 $\alpha = \alpha_0$,σ_n 取得极值时,比较式(11-3)与式(11-2)可知,该斜截面上的切应力 $\tau_n = 0$,即正应力取得极值的截面上切应力为零。切应力为零的平面称为主平面,主平面上只有法向正应力,此正应力称为主应力,主应力是极值应力。在平面应力状态下,式(11-5)给出的就是平行于 z 轴的 $\alpha = \alpha_0$ 截面的主应力。

再讨论平面应力状态下斜截面上切应力的极值。

将式(11-2)对 α 求导数,并令 $d\tau_n/d\alpha = 0$,得

$$(\sigma_x - \sigma_y)\cos 2\alpha - 2\tau_{xy}\sin 2\alpha = 0$$

解得

$$\tan 2\alpha = \tan 2\alpha_1 = \frac{\sigma_x - \sigma_y}{2\tau_{xy}} \qquad (11\text{-}6)$$

即在 $\alpha = \alpha_1$ 的斜截面上,切应力 τ_n 取得极值。类似之前,利用三角函数变换关系,将式(11-6)代入式(11-2),同样可以得到斜截面上切应力 τ_n 的极值为

$$\left.\begin{array}{c}\tau_{\max}\\ \tau_{\min}\end{array}\right\} = \pm\sqrt{\left(\frac{\sigma_x - \sigma_y}{2}\right)^2 + \tau_{xy}^2} \qquad (11\text{-}7)$$

由式(11-6)可知,τ_n 取得极值的角 α_1 也有两个,两者相差 $90°$,即两个正交的截面,若其中一个面上有最大切应力 $\tau_{\max}$,则在与其正交的另一截面上作用着最小切应力 $\tau_{\min}$。$\tau_{\max}$ 与 $\tau_{\min}$ 两者大小相等、符号相反,分别作用在两个相互垂直的截面上,这一结论与切应力互等定理也是一致的。

更进一步,由式(11-4)和式(11-6)可知

$$\tan 2\alpha_1 = -\frac{1}{\tan 2\alpha_0}$$

上式表明,α_0 与 α_1 之间有下述关系

$$2\alpha_1 = 2\alpha_0 + \pi/2 \quad \text{或} \quad \alpha_1 = \alpha_0 + \pi/4$$

可见,切应力取得极值的平面与主平面之间的夹角为 $45°$。

综上所述可知,切应力为零的平面是主平面,主平面上的正应力是主应力,主平面相互

垂直,其大小和方位由式(11-5)及式(11-4)给出。在与主平面夹角为45°的平面上,切应力取得极值。

在图11-2所示之六面体微元中,垂直于 z 轴的前后两面上无切应力作用,因此也是主平面,且该平面上的主应力为 $\sigma_0 = 0$。

用主应力描述一点的应力状态,按主应力代数值的大小排列,分别记作 $\sigma_1, \sigma_2, \sigma_3$。若三个主应力均不为零,是最一般的三向应力状态;若三个主应力中有两个不为零,则是二向应力状态或称平面应力状态;若三个主应力中只有一个不为零,则称单向(或单轴)应力状态,如图11-2所示。例如,轴向拉压时,各点的应力状态为单向应力状态;薄壁压力容器中,各点的应力状态为二向应力状态;流体中任一点受压,为三向应力状态。

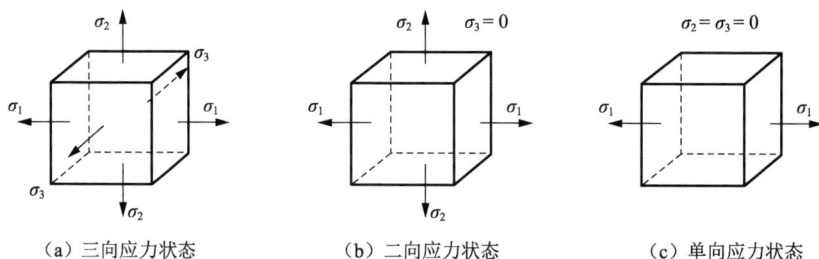

（a）三向应力状态 　　（b）二向应力状态 　　（c）单向应力状态

图 11-2　应力状态

例题 11-1　某点的应力状态如图 11-3 所示,已知 $\sigma_x = 30$ MPa, $\sigma_y = 10$ MPa, $\tau_{xy} = 20$ MPa。试求:

(1) 主应力及主平面方向;

(2) 最大、最小切应力。

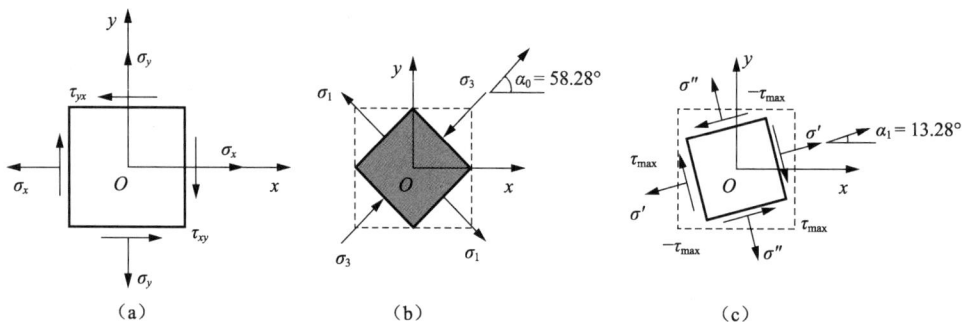

（a）　　　　　　　（b）　　　　　　　（c）

图 11-3　例题 11-1 图

解:(1) 主应力与主方向。

主应力由式(11-5)给出,有

$$\left.\begin{array}{r}\sigma_{\max} \\ \sigma_{\min}\end{array}\right\} = \left[\frac{30+10}{2} \pm \sqrt{\left(\frac{30-10}{2}\right)^2 + 20^2}\right]\text{MPa} = \begin{cases} 42.36 \text{ MPa} \\ -2.36 \text{ MPa} \end{cases}$$

主方向角由式(11-4)确定,有

$$\tan 2\alpha_0 = -\frac{2 \times 20}{30-10} = -2$$

解得　$2\alpha_0 = -63.43°$,　$\alpha_0 = -31.72°$

故两个主平面外法向与 x 轴的夹角为 $58.28°$ 和 $148.28°$。

在 $\alpha_0 = 58.28°$ 的主平面上，由式(11-1)有

$$\sigma_n = \left(\frac{30+10}{2} + \frac{30-10}{2}\cos 116.56° - 20 \times \sin 116.56°\right)\text{MPa} = -2.36 \text{ MPa} = \sigma_{\min}$$

可见，在 $\alpha_0 = 58.28°$ 的主平面上主应力是 $\sigma_{\min}$；在 $\alpha_0 = 148.28°$ 的主平面上主应力是 $\sigma_{\max}$；在垂直于 z 轴的前后两面上无切应力，也是主平面，且 $\sigma = 0$。三个主应力按代数值的大小排列，有 $\sigma_1 = 42.36 \text{ MPa}$，$\sigma_2 = 0$，$\sigma_3 = -2.36 \text{ MPa}$。用主应力表示的应力状态如图 11-3(b)所示。

（2）最大、最小切应力。

将图 11-3(a)中各应力 σ_x，σ_y，τ_{xy} 代入式(11-7)，即可求得最大、最小切应力。

若应力状态由主应力表示，则式(11-7)为

$$\left.\begin{array}{c}\tau_{\max}\\\tau_{\min}\end{array}\right\} = \pm\frac{\sigma_1 - \sigma_3}{2} \tag{11-8}$$

对于本题即有

$$\tau_{\max} = [42.36 - (-2.36)]\text{MPa}/2 = 22.36 \text{ MPa}$$

$$\tau_{\min} = 22.36 \text{ MPa}$$

讨论：最大、最小切应力作用平面与主平面间的夹角为 $45°$，故 $\alpha_1 = 13.28°$ 或 $103.28°$。

在 $\alpha_1 = 13.28°$ 的平面上，切应力由式(11-2)给出，有

$$\tau_n = \left(\frac{30-10}{2}\sin 26.56° + 20 \times \cos 26.56°\right)\text{MPa} = 22.36 \text{ MPa} = \tau_{\max}$$

注意，在 $\alpha_1 = 13.28°$ 的平面上还有正应力，且由式(11-1)可知

$$\sigma_n = \left(\frac{30+10}{2} + \frac{30-10}{2}\cos 26.56° - 20 \times \sin 26.56°\right)\text{MPa} = 20 \text{ MPa}$$

故在 $\alpha_1 = 13.28°$ 的平面上，$\sigma' = 20 \text{ MPa}$，$\tau = 22.36 \text{ MPa}$；同样可求得在 $\alpha_1 = 103.28°$ 的平面上，$\sigma' = 20 \text{ MPa}$，$\tau = -22.36 \text{ MPa}$。如图 11-3(c)所示。

最后值得指出的是，由上例可知有

$$\sigma_x + \sigma_y = \sigma_1 + \sigma_3 = \sigma' + \sigma''$$

即讨论一点的应力时，过该点任意两个相互垂直平面上的正应力之和是不变的。在平面应力状态下，这一结论可由式(11-5)直接得到。在三向应力状态下，可以进一步写为

$$J_1 = \sigma_x + \sigma_y + \sigma_z = \sigma_1 + \sigma_2 + \sigma_3 \tag{11-9}$$

式中，J_1 称为表示一点应力状态的第一不变量，即过该点任意三个相互垂直平面上的正应力之和是不变的。

11.2.3 广义胡克定律与应变能

在单向拉压情况下，线弹性应力-应变关系可用胡克定律描述，即 $\sigma = E\varepsilon$。

现在考察在线弹性范围内，图 11-4 所示的最一般的三向应力状态下的应力-应变关系。

图 11-4 所示的微元中，沿主方向 x_1 的应变 ε_1（主应变）是沿 x_1

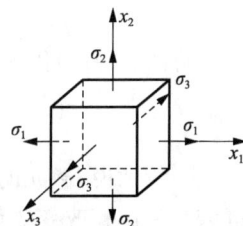

图 11-4 三向应力状态

方向的伸长。ε_1 由主应力 σ_1 引起的伸长 σ_1/E、主应力 σ_2 引起的缩短（考虑泊松效应）——$\nu\sigma_2/E$ 和主应力 σ_3 引起的缩短——$\nu\sigma_3/E$ 三部分组成，即

$$\varepsilon_1=\frac{1}{E}[\sigma_1-\nu(\sigma_2+\sigma_3)]$$

用类似的方法同样可写出沿主方向 x_2,x_3 的应变 ε_2 和 ε_3，即有

$$\left.\begin{array}{l}\varepsilon_1=\dfrac{1}{E}[\sigma_1-\nu(\sigma_2+\sigma_3)]\\[2mm]\varepsilon_2=\dfrac{1}{E}[\sigma_2-\nu(\sigma_3+\sigma_1)]\\[2mm]\varepsilon_3=\dfrac{1}{E}[\sigma_3-\nu(\sigma_1+\sigma_2)]\end{array}\right\} \tag{11-10}$$

这就是用主应力表达的广义胡克定律。

在上述各式右端方括号内，分别加上再减去 $\nu\sigma_1,\nu\sigma_2,\nu\sigma_3$，可以写成：

$$\varepsilon_1=\frac{1}{E}[(1+\nu)\sigma_1-\nu(\sigma_1+\sigma_2+\sigma_3)]$$

$$\varepsilon_2=\frac{1}{E}[(1+\nu)\sigma_2-\nu(\sigma_1+\sigma_2+\sigma_3)]$$

$$\varepsilon_3=\frac{1}{E}[(1+\nu)\sigma_3-\nu(\sigma_1+\sigma_2+\sigma_3)]$$

由于 $\sigma_1\geqslant\sigma_2\geqslant\sigma_3$，故可知有 $\varepsilon_1\geqslant\varepsilon_2\geqslant\varepsilon_3$，$\varepsilon_1$ 是最大正应变。

弹性体在单向拉伸情况下，若施加的力从零增加到 F，杆的变形相应地由零增大到 Δl，故外力所做的功为图 11-5 所示之 F-Δl 曲线下的面积，即 $F\Delta l/2$。

弹性体内储存的应变能在数值上应等于外力所做的功。单位体积的应变能即应变能密度 ν_ε 为

$$\nu_\varepsilon=\frac{V}{Al}=\frac{F\Delta l}{2Al}=\frac{1}{2}\sigma\varepsilon$$

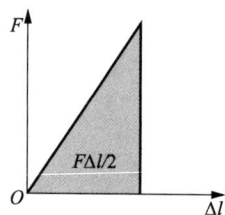

图 11-5　外力所做的功

在三向应力状态下，弹性体应变能在数值上仍应等于外力所做的功，且只取决于外力和变形的最终值而与中间过程无关。因为在外力和变形的最终值不变的情况下，若施力和变形的中间过程会使弹性体应变能不同，则沿不同路径加、卸载后将出现能量的多余或缺失，这就违反了能量守恒原理。因此，可以假定三个主应力按比例同时从零增加到最终值，于是弹性体应变能密度 ν_ε 可以写为

$$\nu_\varepsilon=\frac{1}{2}\sigma_1\varepsilon_1+\frac{1}{2}\sigma_2\varepsilon_2+\frac{1}{2}\sigma_3\varepsilon_3 \tag{11-11}$$

将式(11-10)代入上式，整理后可得

$$\nu_\varepsilon=\frac{1}{2E}[\sigma_1^2+\sigma_2^2+\sigma_3^2-2\nu(\sigma_1\sigma_2+\sigma_2\sigma_3+\sigma_3\sigma_1)] \tag{11-12}$$

一般地说，微元的变形包括体积改变和形状改变两部分，故弹性体的应变能密度 ν_ε 也可以写为体积改变的体积改变能密度 ν_v 和形状改变的畸变能密度 ν_d 两部分，即

$$\nu_\varepsilon=\nu_v+\nu_d$$

先讨论受 $\sigma_1=\sigma_2=\sigma_3=\sigma_m$ 作用的微元。在三向等拉的情况下，微元只有体积改变而不

发生形状改变,弹性体应变能密度即等于其体积改变能密度,且可由式(11-12)直接得到,有

$$\nu_\varepsilon = \nu_v = \frac{1}{2E}(3\sigma_m^2 - 2\nu \times 3\sigma_m^2) = \frac{3(1-2\nu)}{2E}\sigma_m^2 \qquad (11\text{-}13)$$

对于三个主应力不同的一般情况,可以将其应力状态变换成三个面上的正应力均为 $\sigma_m = (\sigma_1 + \sigma_2 + \sigma_3)/3$ 且各面上还有切应力的情况。其应变能密度 ν_ε 不因应力状态的等效变换而改变,仍然由式(11-12)给出。这样,三个正应力 σ_m 引起微元的体积改变,各面上的切应力则引起微元的形状改变。将 $\sigma_m = (\sigma_1 + \sigma_2 + \sigma_3)/3$ 代入式(11-13),得到其体积改变能密度 ν_v 为:

$$\nu_v = \frac{3(1-2\nu)}{2E} \times \frac{(\sigma_1 + \sigma_2 + \sigma_3)^2}{9} = \frac{(1-2\nu)}{6E}(\sigma_1 + \sigma_2 + \sigma_3)^2$$

由式(11-12)给出的 ν_ε 减去上式给出的 ν_v,经整理即可得到微元的畸变能密度 ν_d 为

$$\nu_d = \frac{1+\nu}{6E}[(\sigma_1 - \sigma_2)^2 + (\sigma_2 - \sigma_3)^2 + (\sigma_3 - \sigma_1)^2] \qquad (11\text{-}14)$$

11.3 强 度 理 论

11.3.1 强度理论的概念

由上节应力状态的分析可知,一点的应力状态可以用三个主应力描述。对于给定的材料或构件是否发生破坏或屈服,取决于其危险点的应力状态。在讨论轴向拉压的时候,杆中任意一点只有沿轴向的正应力,是单向应力状态,只有一个主应力不为零。由拉伸或压缩实验确定的极限应力就是杆中危险点处轴向正应力的临界值,由此给出了材料是否发生破坏或屈服的强度条件。

若材料中的危险点处于二向或三向应力状态,由于两个或三个主应力间的比例有多种不同的组合,故用实验直接测定其极限应力的方法就受到了限制,也难以直接给出破坏或屈服的强度条件。为此,人们从长期的工程实践中,从不同应力状态组合下材料破坏的试验研究和使用经验中,分析总结出了若干关于材料破坏或屈服规律的假说。这类研究复杂应力状态下材料破坏或屈服规律的假说,称为强度理论。

由于材料破坏主要有两种形式,相应地也存在两类强度理论。一类是断裂破坏理论,主要有最大拉应力理论和最大拉应变理论等;另一类是屈服破坏理论,主要是最大切应力理论和形状改变比能理论。根据不同的强度理论可以建立相应的强度条件,从而为解决复杂应力状态下构件的强度计算提供了依据。

虽已提出许多强度理论,但尚未十全十美,仍需坚持不懈地研究,不断提出新的强度理论(如莫尔强度理论)。

如前所述,强度理论是经过归纳、推理、判断而提出的假说,正确与否,必须受生产实践和科学实验的检验。工程中常用的有四个经典强度理论,按照强度理论提出的先后次序分述如下。

11.3.2 常用的四种强度理论

1. 最大拉应力理论（第一强度理论）

这一理论认为，引起材料断裂破坏的主要因素是最大拉应力。也就是说，不论材料处于何种应力状态，当其最大拉应力达到材料单向拉伸断裂时的抗拉强度时，材料就发生断裂破坏。因此，材料发生破坏的条件为

$$\sigma_1 = \sigma_b \tag{11-15}$$

相应的强度条件是

$$\sigma_1 \leqslant [\sigma] = \frac{\sigma_b}{n} \tag{11-16}$$

式中，σ_1 为构件危险点处的最大拉应力；$[\sigma]$ 为单向拉伸时材料的许用应力。

试验表明，这个理论对于脆性材料，如铸铁、陶瓷等，在单向、二向或三向受拉断裂时，最大拉应力理论与试验结果基本一致。而在有压应力的情况下，则只有当最大压应力值不超过最大拉应力值时，拉应力理论才是正确的。但这个理论没有考虑其他两个主应力对断裂破坏的影响，同时对于压缩应力状态，由于根本不存在拉应力，这个理论无法应用。

2. 最大伸长线应变理论（第二强度理论）

这一理论认为，最大伸长线应变是引起材料断裂破坏的主要因素。也就是说，不论材料处于何种应力状态，只要最大拉应变 ε_1 达到材料单向拉伸断裂时的最大拉应变值 ε_1^0，材料即发生断裂破坏。因此，材料发生断裂破坏的条件为

$$\varepsilon = \varepsilon_1^0 \tag{11-17}$$

对于铸铁等脆性材料，从受力到断裂，其应力、应变关系基本符合胡克定律，所以相应的强度条件为

$$\sigma_1 - \nu(\sigma_2 + \sigma_3) \leqslant [\sigma] \tag{11-18}$$

式中，ν 为泊松比。

试验表明，脆性材料，如合金铸铁、石料等，在二向拉伸-压缩应力状态下，且压应力绝对值较大时，试验与理论结果比较接近；二向压缩与单向压缩强度有所不同，但混凝土、花岗石和砂岩在两种情况下的强度并无明显差别；铸铁在二向拉伸时应比单向拉伸时更安全，而试验并不能证明这一点。

3. 最大切应力理论（第三强度理论）

这一理论认为，最大切应力是引起材料屈服的主要因素。也就是说，不论材料处于何种应力状态，只要最大切应力 τ_{max} 达到材料单向拉伸屈服时的最大切应力 τ_{max}^0，材料即发生屈服破坏。因此，材料的屈服条件为

$$\tau_{max} = \tau_{max}^0 \tag{11-19}$$

相应的强度条件为

$$\sigma_1 - \sigma_3 \leqslant [\sigma] \tag{11-20}$$

实验表明，对塑性材料，如常用的 Q235A、45 钢、铜、铝等，此理论与试验结果比较接近。

4. 形状改变比能理论（第四强度理论）

形状改变比能理论认为，使材料发生塑性屈服的主要原因，取决于其形状改变比能。只

要当其到达某一极限值时,就会引起材料的塑性屈服;而这个形状改变比能值,则可通过简单的拉伸试验来测定。在这里,我们略去详细的推导过程,直接给出按这一理论建立的在复杂应力状态下的强度条件

$$\sqrt{\frac{1}{2}\left[(\sigma_1-\sigma_2)^2+(\sigma_2-\sigma_3)^2+(\sigma_3-\sigma_1)^2\right]}\leqslant[\sigma] \tag{11-21}$$

式中,$[\sigma]$为材料的许用应力。

实验表明,对于塑性材料,例如钢材、铝、铜等,这个理论比第三强度理论更符合实验结果。因此,这也是目前对塑性材料广泛采用的一个强度理论。

11.3.3 四种强度理论的适用范围

为了简明方便地表达以上四个强度条件,可将其归纳为统一的表达形式:

$$\sigma_r\leqslant[\sigma] \tag{11-22}$$

式中,σ_r为在复杂应力状态下$\sigma_1,\sigma_2,\sigma_3$按不同强度理论而形成的某种组合(相当应力);$[\sigma]$为材料的许用应力。

大量的工程实践和实验结果表明,上述四种强度理论的有效性取决于材料的类别以及应力状态的类型。

(1)在三向拉伸应力状态下,不论是脆性材料还是塑性材料,都会发生断裂破坏,应采用最大拉应力理论。

(2)在三向压缩应力状态下,不论是塑性材料还是脆性材料,都会发生屈服破坏,适于采用形状改变比能理论或最大切应力理论。

(3)一般而言,对脆性材料宜用第一或第二强度理论,对塑性材料宜采用第三和第四强度理论。

例题 11-2 转轴边缘上某点的应力状态如图11-6所示。试用第三和第四强度理论建立其强度条件。

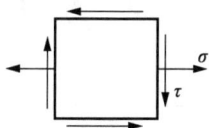

图11-6 例题11-2图

解 对于图11-6所示单元体,利用式(11-3)和式(11-4)可有

$$\sigma_1=\frac{\sigma_x+\sigma_y}{2}+\sqrt{\left(\frac{\sigma_x-\sigma_y}{2}\right)^2+\tau_x^2},\quad \sigma_2=0,\quad \sigma_3=\frac{\sigma_x+\sigma_y}{2}-\sqrt{\left(\frac{\sigma_x-\sigma_y}{2}\right)^2+\tau_x^2}$$

将它们代入式(11-14)式(11-21)得

$$\sigma_{r3}=\sigma_1-\sigma_3=\sqrt{\sigma^2+4\tau_x^2}$$

$$\sigma_{r4}=\sqrt{\frac{1}{2}\left[(\sigma_1-\sigma_2)^2+(\sigma_2-\sigma_3)^2+(\sigma_3-\sigma_1)^2\right]}=\sqrt{\sigma^2+3\tau_x^2}$$

所以强度条件分别为

$$\sigma_{r3}=\sqrt{\sigma^2+4\tau_x^2}\leqslant[\sigma] \tag{11-23}$$

$$\sigma_{r4}=\sqrt{\sigma^2+3\tau_x^2}\leqslant[\sigma] \tag{11-24}$$

* **例题 11-3**　如图 11-7 所示，已知 $\sigma_x=40$ MPa，$\sigma_y=40$ Mpa，$\tau_x=60$ MPa。材料的许用应力为 $[\sigma]=140$ MPa。试用第三强度理论和第四强度理论分别对其进行强度校核。

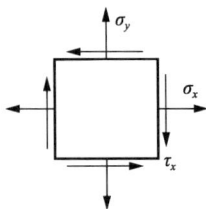

图 11-7　例题 11-3 图

解　对于如图所示的单元体，有

$$\sigma_2=0$$

$$\sigma_1=\frac{\sigma_x+\sigma_y}{2}+\sqrt{\left(\frac{\sigma_x-\sigma_y}{2}\right)^2+\tau_x^2}=\left(\frac{40+40}{2}+\sqrt{\left(\frac{40-40}{2}\right)^2+60^2}\right)\text{MPa}$$

$$=100\text{ MPa}$$

$$\sigma_3=\frac{\sigma_x+\sigma_y}{2}-\sqrt{\left(\frac{\sigma_x-\sigma_y}{2}\right)^2+\tau_x^2}=\left(\frac{40+40}{2}-\sqrt{\left(\frac{40-40}{2}\right)^2+60^2}\right)\text{MPa}$$

$$=-20\text{ MPa}$$

$$\sigma_{r4}=\sqrt{\frac{1}{2}\left[(\sigma_1-\sigma_2)^2+(\sigma_2-\sigma_3)^2+(\sigma_3-\sigma_1)^2\right]}=111.36\text{ MPa}<[\sigma]=140\text{ MPa}$$

$$\sigma_{r3}=\sigma_1-\sigma_3=120\text{ MPa}<[\sigma]=140\text{ MPa}$$

用两种强度理论校核，相当应力小于许用应力，所以安全，故其受力分析点强度可靠。

本 章 小 结

本章研究了材料力学的两个重要理论——应力状态理论、强度理论。内容比较丰富，概念比较抽象，应用比较灵活，系统性较强，是材料力学的难点之一。将其要点归纳如下：

1. 平面应力状态下，斜截面上正应力 σ 的极值为

$$\left.\begin{array}{c}\sigma_{max}\\\sigma_{min}\end{array}\right\}=\frac{\sigma_x+\sigma_y}{2}\pm\sqrt{\left(\frac{\sigma_x-\sigma_y}{2}\right)^2+\tau_{xy}^2}$$

2. 正应力取得极值的截面上切应力为零。切应力为零的平面称为主平面。主平面上的正应力称为主应力。

3. 一点的最大切应力为

$$\tau_{max}=(\sigma_1-\sigma_3)/2$$

4. 用主应力表达的广义胡克定律为

$$\varepsilon_1 = \frac{1}{E}\left[\sigma_1 - \nu(\sigma_2 + \sigma_3)\right]$$

$$\varepsilon_2 = \frac{1}{E}\left[\sigma_2 - \nu(\sigma_3 + \sigma_1)\right]$$

$$\varepsilon_3 = \frac{1}{E}\left[\sigma_3 - \nu(\sigma_1 + \sigma_2)\right]$$

5. 四个强度理论可以统一写成为

$$\sigma_r \leqslant [\sigma]$$

式中,相当应力 σ_r 为

$\sigma_{r1} = \sigma_1$	第一强度理论
$\sigma_{r2} = \sigma_1 - \nu(\sigma_2 + \sigma_3)$	第二强度理论
$\sigma_{r3} = \sigma_1 - \sigma_3$	第三强度理论
$\sigma_{r4} = \sqrt{\dfrac{1}{2}\left[(\sigma_1-\sigma_2)^2 + (\sigma_2-\sigma_3)^2 + (\sigma_3-\sigma_1)^2\right]}$	第四强度理论

第一、二强度理论用于脆性材料破坏,第三、四强度理论用于塑性材料屈服。

思 考 题

1. 什么叫一点的应力状态? 为什么要研究一点的应力状态?

2. 什么叫主平面和主应力? 主应力和正应力有什么区别? 如何确定平面应力状态的三个主应力及其作用平面?

3. 如何确定纯剪切状态的最大正应力与最大切应力,并说明扭转破坏形式与应力间的关系。与轴向拉、压破坏相比,它们之间有何共同之点?

4. 何谓单向、二向与三向应力状态? 何谓复杂应力状态? 图11-8所示各单元体分别属于哪一类应力状态?

应力单位:MPa
图 11-8 思考题 4

5. 如何画应力圆? 如何利用应力圆确定平面应力状态任一斜截面的应力? 如何确定最大正应力与最大切应力?

6. 单元体某方向上的线应变若为零,则其相应的正应力也必定为零;若在某方向的正应力为零,则该方向的线应变也必定为零。以上说法是否正确? 为什么?

7. 何谓广义胡克定律? 该定律是如何建立的? 有几种形式? 应用条件是什么?

8. 什么叫强度理论? 为什么要研究强度理论?

9. 为什么按第三强度理论建立的强度条件较按第四强度理论建立的强度条件进行强度计算的结果偏于安全?

效 果 测 验

(1) 某个实心圆形截面受到弯矩 M 和扭矩 T 的共同作用,则截面上_____应力为零,_____点处于单向应力状态,而____点处于平面应力状态,其中一点处于纯剪切应力状态。

(2) 矩形截面梁在横力弯曲下,梁的上、下边缘各点处于_____向应力状态,中性轴上各点处于_____应力状态。

(3) 二向等拉应力状态的单元体上,最大剪应力 $\tau=$_____。

(4) 第一强度理论和第二强度理论适用于_____类材料。

(5) 钢制圆柱形薄壁容器在内压力作用下发生破裂时,其裂纹形状及方向如图 11-9 所示。引起这种破坏的主要因素是_____。

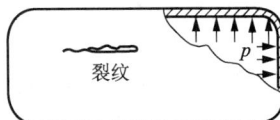

图 11-9

习 题

11-1 试定性地绘出题 11-1 图所示杆件中 A,B,C 点的应力单元体。

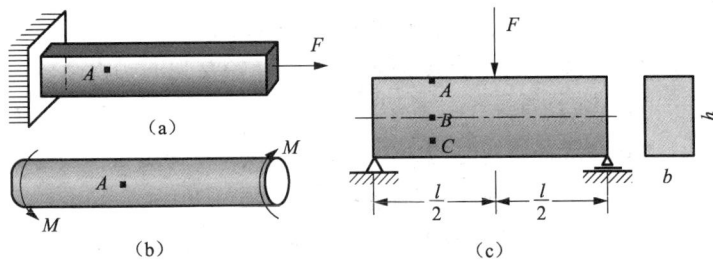

题 11-1 图

11-2 在题 11-2 图所示应力状态中,试求出指定斜截面上的应力(应力单位:MPa)。

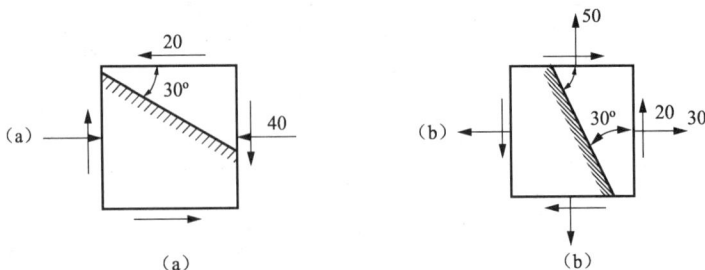

题 11-2 图

11-3 已知应力状态如题 11-3 图所示,图中应力单位皆为 MPa。试用解析法求:

(1) 主应力大小,主平面位置;

(2) 在单元体上绘出主平面位置及主应力方向;

（3）最大切应力。

11-4 如题 11-4 图所示，已知 $\sigma_x = 40$ MPa，$\sigma_y = 40$ MPa，$\tau_x = 90$ MPa。材料的许用应力为 $[\sigma] = 100$ MPa。试用第三强度理论和第四强度理论分别对其进行强度校核。已知某点处于平面应力状态，现在该点处测得 $\varepsilon_x = 500 \times 10^{-6}$，$\varepsilon_y = -469 \times 10^{-6}$。若材料的弹性模量 $E = 210$ GPa，泊松比 $\nu = 0.33$。试求该点处的正应力 σ_x 和 σ_y。

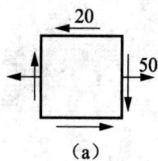
(a)

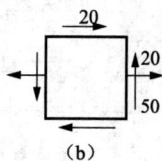
(b)

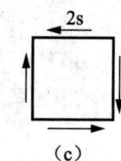
(c)

题 11-3 图

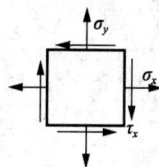
题 11-4 图

第12章
动荷问题

在前面的材料力学中所研究的构件所受到的载荷都是静载荷。所谓静载荷,就是指载荷的大小从零开始增加到最终值,以后不再随时间而变化的载荷。如果构件在载荷的作用下,其各部分的加速度相当显著,这种载荷即称为动载荷。

在实际问题中,许多构件,如高速旋转的部件或加速提升的构件,其内部各点存在加速度;用重锤打桩时,桩柱所受到的冲击载荷远大于锤的重力;大量的机械零件在周期性变化的载荷(称为交变载荷)下工作等,这些情况都属于动载荷问题。其特点是:加载过程中构件内各点的速度发生明显改变,或者构件所受的载荷明显随时间的变化而变化。

为了区别动、静载荷,对动载荷采用增加下标 d 的方式来表示,如用符号 σ_d 表示动应力。相应地,静载荷下的物理量则采用增加下标 st 的方式来表示,如用 σ_{st} 表示静应力等。

另外,试验研究表明,在动载荷下,金属和其他具有结晶结构的固体材料在弹性范围内仍服从胡克定律,弹性模量 E 等于静载荷下的弹性模量。

在本章中将简要讨论两类动载荷问题。

*12.1 动荷应力

构件在动载荷作用下产生的应力称为动应力,构件上的动应力有时会达到很高的数值,从而引起构件失效,因此必须充分重视载荷的动力效应。动载荷作用下的各物理量有内力、位移、应力和应变等。

动载荷比相应的静载荷产生的应力大,更易使构件发生破坏,且在动载荷作用下材料的性能也有所不同。本节对动荷应力做扼要的介绍。

12.1.1 构件做等加速直线运动时的动荷应力

如图 12-1 所示,起重机以等加速度 a 起吊一重量为 G 的重物。今不计吊索的重量,取重物为研究对象,用"动静法"(参见材料力学教材)在重物上施加"惯性力"(参见理论力学教材)Ga/g,列平衡方程,得吊绳的拉力 F_T 为

$$F_T = G + \frac{G}{g}a = G\left(1 + \frac{a}{g}\right)$$

若吊索的横截面积为 A，其动荷应力为

$$\sigma_d = \frac{F_T}{A} = \frac{G}{A}\left(1+\frac{a}{g}\right) = \sigma\left(1+\frac{a}{g}\right) = K_d\sigma \quad (12\text{-}1)$$

式中，σ 就是吊索在静载荷作用下的静荷应力；系数 K_d 表示动荷应力 σ_d 与静荷应力 σ 的比值，称为动荷系数，也就是

$$K_d = 1 + \frac{a}{g} \quad\quad\quad (12\text{-}2)$$

图 12-1 起重机以等加速度 a 起吊

由以上得出的动荷应力，写出其强度设计准则，即

$$\sigma_{dmax} = \sigma_{max}K_d \leqslant [\sigma] \quad 或 \quad \sigma_{max} \leqslant \frac{[\sigma]}{K_d} \quad\quad (12\text{-}3)$$

式中，$[\sigma]$ 为静载荷强度计算中的许用应力。

例题 12-1 起重机起吊一构件，已知构件重量 $G=20$ kN，吊索横截面积 $A=500$ mm²，提升加速度 $a=2$ m/s²，试求吊索的动荷应力（不计吊索自重）。

解 此为匀加速铅垂直线运动问题，这时吊索的静荷应力是构件重量所引起的应力，即

$$\sigma = \frac{G}{A} = \frac{20 \times 10^3}{500 \times 10^{-6}} \text{Pa} = 40 \times 10^6 \text{ Pa} = 40 \text{ MPa}$$

根据式(12-2)求得动荷系数 K_d 为

$$K_d = 1 + \frac{a}{g} = 1 + \frac{2}{9.8} = 1.204$$

所以，吊索的动荷应力为

$$\sigma_d = \sigma K_d = 40 \times 1.204 \text{ MPa} = 48.16 \text{ MPa}$$

12.1.2 构件做等角速度转动时的动荷应力

设某一机器飞轮的轮缘以等角速度 ω 转动[图 12-2(a)]。其轮缘的平均直径为 D，轮缘的横截面积为 A，轮缘的材料密度为 ρ，当飞轮的轮缘以等角速度转动时，可近似地认为轮缘内各点的向心加速度大小都相等且为 $\frac{D\omega^2}{2}$，方向指向圆心。根据达朗贝尔原理（参见材料力学教材），轮缘单位长度的惯性力集度 $q_d = A\rho a_n = \frac{A\rho D}{2}\omega^2$ 方向背离圆心[图 12-2(b)]。这里取半个轮缘为研究对象[图 12-2(c)]，有

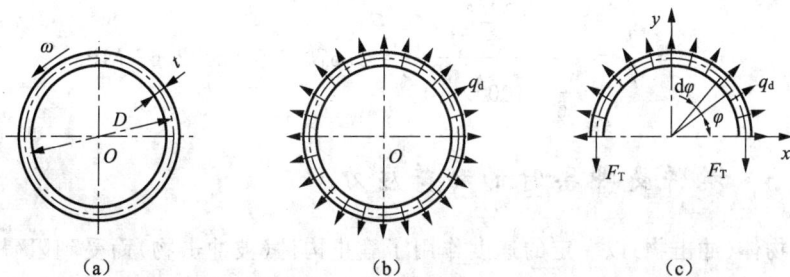

图 12-2 机器飞轮轮缘的强度设计

$$\sigma_{\mathrm{d}} = \frac{F_{\mathrm{T}}}{A} = \frac{\rho D^2 \omega^2}{4} = \rho v^2 \tag{12-4}$$

式中，$v = \dfrac{D\omega}{2}$ 为轮缘轴线上各点的线速度，由此写出其强度设计准则，即为

$$\sigma_{\mathrm{d}} = \rho v^2 \leqslant [\sigma] \tag{12-5}$$

例题 12-2 圆轴 AB 的质量可忽略不计，轴的 A 端装有刹车离合器，B 端装有飞轮（图 12-3）。飞轮转速 $n = 100 \text{ r/min}$，转动惯量 $J_x = 500 \text{ kg} \cdot \text{m}^2$，轴的直径 $d = 100 \text{ mm}$，刹车时圆轴在 10 s 内以匀减速停止转动，试求圆轴 AB 内的最大动荷应力。

解 飞轮与圆轴的角速度为

$$\omega_0 = \frac{\pi n}{30} = \frac{\pi \times 100}{30} \text{rad/s} = \frac{10\pi}{3} \text{rad/s}$$

刹车时，圆轴在 10 s 内减速运动的角加速度（用 ε 或 α 表示）为

$$\alpha = \frac{\omega_1 - \omega_0}{t} = \frac{0 - \omega_0}{t} = \frac{-\dfrac{10\pi}{3}}{10} = -\frac{\pi}{3} \ (1/\text{s}^2)$$

上式右边负号表明 α 与 ω_0 方向相反，如图 12-3 所示。

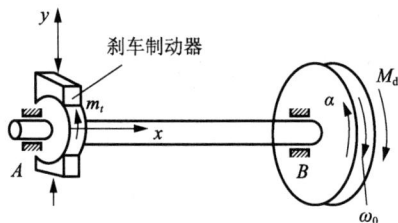

图 12-3 例题 12-2

根据达朗贝尔原理，将力偶矩为 M_{d} 的惯性力偶加在飞轮上，力偶矩 M_{d} 为

$$M_{\mathrm{d}} = -J_x \alpha = -500 \times \left(-\frac{\pi}{3}\right) \text{N} \cdot \text{m} = \frac{500\pi}{3} \text{ N} \cdot \text{m}$$

以作用到圆轴 A 端的摩擦力偶的力偶矩为 M_{f}，因圆轴 AB 两端有力偶矩为 M_{d} 和 M_{f} 的力偶作用，故扭矩为

$$T = M_{\mathrm{f}} = M_{\mathrm{d}} = \frac{500\pi}{3} \text{ N} \cdot \text{m}$$

由此得圆轴 AB 内的最大动荷应力为

$$\tau_{\mathrm{dmax}} = \frac{T}{W_{\mathrm{P}}} = \frac{\dfrac{500\pi}{3}}{\dfrac{\pi}{16} \times 100^3 \times 10^{-9}} = 2.67 \times 10^6 \text{ Pa} = 2.67 \text{ MPa}$$

12.1.3 构件受冲击时的动荷应力

当运动物体（冲击物）以一定的速度作用于静止构件（被冲击物）而受到阻碍时，其速度急剧下降，使构件受到很大的作用力，这种现象称为冲击。如汽锤锻造、落锤打桩、金属冲压加工、铆钉枪铆接、传动轴制动等，就是冲击的一些工程实例。因此，冲击问题的强度计算是

个重要的课题。此时,由于冲击物的作用,被冲击物中所产生的应力称为冲击动荷应力。一般的工程构件都要避免或减小冲击,以免受损。

由于冲击过程持续的时间极为短暂,且冲击引起的变形以弹性波的形式在弹性体内传播,有时在冲击载荷作用的局部区域内还会产生较大的塑性变形,因此冲击问题难以用"动静法"求解。工程中常采用能量法对冲击问题进行简便计算,该方法避开复杂的冲击过程,只考虑冲击过程的开始和终止两个状态的动能、势能以及变形能,通过能量守恒与转换原理计算终止状态时构件的变形能,然后根据终止状态时的变形能换算出动应力。

在冲击问题的工程简便计算中,通常做如下假定:① 冲击物为刚体,受冲击构件为不计质量的变形体,冲击过程中材料服从胡克定律;② 冲击过程中只有动能、势能和变形能之间的转换,无其他能量损耗;③ 不考虑受冲击构件内应力波的传播,假定在瞬间构件各处同时变形。

冲击主要有自由落体冲击(如自由锻)和水平冲击(如水平冲击钻)。本书仅介绍工程实际中常见的自由落体冲击。

1. 自由落体冲击问题

下面以自由落体对线弹性杆件的冲击为例,介绍冲击问题的简便计算方法。

工程中只需求冲击变形和应力的瞬时最大值,冲击过程中的规律并不重要。由于冲击是发生在短暂的时间内,且冲击过程复杂,加速度难以测定,所以很难用动静法计算,通常采用能量法。

如图 12-4 所示,物体重力为 G,由高度 h 自由下落,冲击下面的直杆,使直杆发生轴向压缩。根据前述假设和能量原理,可知在冲击过程中,冲击物所做的功 W 应等于被冲击物的变形能 U_d,即

$$W = U_d \tag{1}$$

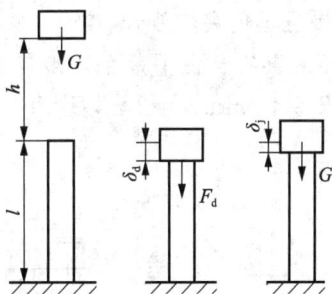

图 12-4 自由落体冲击

当物体自由落下时,其初速度为零;当冲击直杆后,其速度还是为零,而此时杆的受力从零增加到 F_d,杆的缩短量达到最大值 δ_d。因此,在整个冲击过程中,冲击物的动能变化为零,冲击物所做的功为

$$W = G(h + \delta_d) \tag{2}$$

杆的变形能为

$$U_d = \frac{1}{2} F_d \delta_d \tag{3}$$

又因假设杆的材料是线弹性的,故有

$$\frac{F_d}{\delta_d}=\frac{G}{\delta_j} \quad 或 \quad F_d=\frac{\delta_d}{\delta_j}G \tag{4}$$

式中，δ_j为直杆受静载荷作用时的静位移。

将式（4）代入式（3），有

$$U_d=\frac{1}{2}\frac{G}{\delta_j}\delta_d^2 \tag{5}$$

再将式（2）、式（5）代入式（1）得

$$G(h+\delta_d)=\frac{1}{2}\frac{G}{\delta_j}\delta_d^2$$

整理后得

$$\delta_d^2-2\delta_d\delta_j-2h\delta_j=0$$

解方程得

$$\delta_d=\delta_j+\sqrt{\delta_j^2+2h\delta_j}=\left(1+\sqrt{1+\frac{2h}{\delta_j}}\right)\delta_j$$

为求冲击时杆的最大缩短量，上式中根号前应取正号，得

$$\delta_d=\left(1+\sqrt{1+\frac{2h}{\delta_j}}\right)\delta_j=K_d\delta_j \tag{12-6}$$

式中，K_d为自由落体冲击的动荷系数，有

$$K_d=1+\sqrt{1+\frac{2h}{\delta_j}} \tag{12-7}$$

由于冲击时材料服从胡克定律，故有

$$\delta_d=K_d\delta_j \tag{12-8}$$

由式（12-7）可见，当$h=0$时，$K_d=2$，即杆受突加载荷时，杆内应力和变形都是静载荷作用下的两倍，故加载时应尽量缓慢且避免突然放开。

*例题 12-3 重量$G=1$ kN 的重物自由下落在矩形截面的悬臂梁上，如图 12-5 所示。已知 $b=120$ mm，$h=200$ mm，$H=40$ mm，$l=2$ m，$E=10$ GPa，试求梁的最大动应力与最大动挠度。

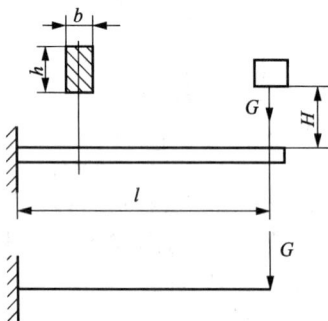

图 12-5　例题 12-3 图

解　此题属于自由落体冲击，故可直接应用公式计算，即

$$\sigma_{dmax}=K_d\sigma_{stmax}$$
$$\Delta_{dmax}=K_d\Delta_{stmax}$$

而动载荷系数

$$K_d = 1 + \sqrt{1 + \frac{2H}{\Delta_{st}}}$$

于是求解过程可分为两个步骤：

(1) 动载荷系数的计算。为了计算 K_d，应先求冲击点的静位移 Δ_{st}。

悬臂梁受静载荷 G 作用时，载荷作用点的静位移，即自由端的挠度为

$$\Delta_{st} = \Delta_{stmax} = \frac{Gl^3}{3EI} = \frac{1 \times 10^3 \times (2 \times 10^3)^3}{3 \times 10 \times 10^3 \times \frac{120 \times 200^3}{12}} \text{ mm} = \frac{10}{3} \text{ mm}$$

则动载荷系数

$$K_d = 1 + \sqrt{1 + \frac{20 \times 40}{10/3}} = 6$$

(2) 静载荷作用下的应力与变形。悬臂梁受静载荷 G 作用时，最大正应力发生在靠近固定端的截面上，其值为

$$\sigma_{stmax} = \frac{M_{max}}{W} = \frac{6Gl}{bh^2} = \frac{6 \times 1 \times 10^3 \times 2 \times 10^3}{120 \times 200^2} \text{MPa} = 2.5 \text{ MPa}$$

于是，此梁的最大动应力与最大动挠度分别为

$$\sigma_{dmax} = 2.5 \times 6 \text{ MPa} = 15 \text{ MPa}$$

$$\Delta_{dmax} = \frac{10}{3} \times 6 \text{ mm} = 20 \text{ mm}$$

2. 提高构件抵抗冲击能力的措施

从上面例题中明显看出，冲击载荷下冲击应力较之静应力高很多，所以在实际工程中采取相应措施，提高构件抗冲击能力，减小冲击应力，是十分必要的。

(1) 尽可能增加构件的静变形。由式(12-6)、式(12-7)可见，增大构件的静变形 Δ_{st} 可降低动载荷系数 K_d，从而降低冲击动应力和动变形。但是必须注意，往往增大静变形的同时，静应力也不可避免地随之增大，从而达不到降低动应力的目的。为达到增大静变形而又不使静应力增加，在工程上往往通过加设弹簧、橡胶坐垫或垫圈等，如火车车厢与轮轴之间安装压缩弹簧，汽车车架与轮轴之间安装叠板弹簧等，都是减小冲击动应力的有效措施，同时也起到了很好的缓冲作用。

(2) 增加被冲击构件的体积。由例题 12-3 可见，增大被冲击构件体积可使动应力降低：受冲击载荷作用的气缸盖固紧螺栓，由短螺栓[图 12-6(a)]改为相同直径的长螺栓[图 12-6(b)]，螺栓体积增大，则冲击动应力减小，从而提高了螺栓抗冲击能力。

(3) 尽量避免采用变截面杆。变截面杆受冲击载荷作用是不利的，应尽量避免。

对不可避免局部需削弱的构件，应尽量增加被削弱段长度。因此，工程中对一些受冲击的零件，如气缸螺栓[图 12-6(a)(b)]，不采用图 12-6(c)所示的光杆部分直径大于螺纹内径的形状，而采用如图 12-6(d)所示的光杆部分直径与螺纹内径相等或图 12-6(e)所示光杆段截面挖空削弱接近等截面的形状，使静变形 Δ_{st} 增大，而静应力不变，从而降低动应力。

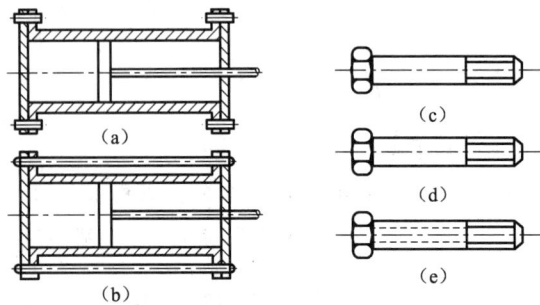

图 12-6　提高构件抵抗冲击能力的措施

12.2　交变应力与疲劳破坏的概念

12.2.1　交变应力的概念

机械中有许多零件,工作时的应力做周期性变化。例如火车车轮轴在载荷作用下产生弯曲变形[图 12-7(a)],当车轮轴转动时,任意截面上任一点的应力就随时间做周期性变化。以中间截面上点 C 的应力为例,当点 C 顺次通过图 12-7(a)中的 1,2,3,4 各位置时,点 C 的应力变化情况如下:当 C 点处于 1 的位置时,其应力为最大拉应力;当 C 点旋转到 2 的位置时,应力为零;至 3 的位置时,其应力为最大压应力;至 4 的位置时,应力又为零;再回到 1 的位置时,由于轮轴随车轮不停地旋转,其横截面上某一固定点 C 的弯曲应力不断地重复以上变化。若以时间 t 为横坐标,弯曲正应力 σ 为纵坐标,应力随时间变化如图 12-7(b)所示。正应力

$$\sigma = \frac{M}{I_z} y_A = \frac{M}{I_z} R \sin \omega t$$

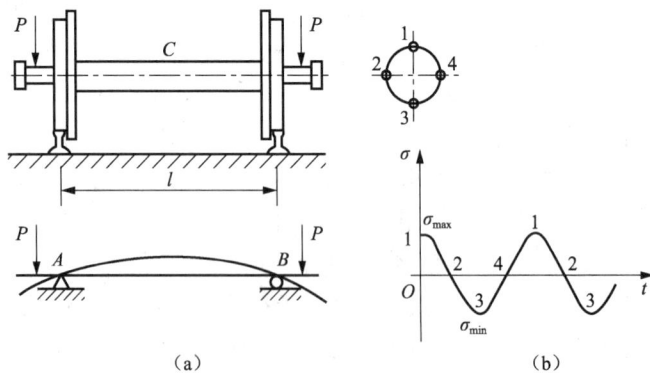

图 12-7　交变应力

如图 12-8(a)所示的齿轮,它可以近似地简化成悬臂梁,齿轮每旋转一周,其上的每个轮齿均啮合一次。自开始啮合至脱开的过程中,轮齿所受的啮合力 F 迅速地由零增至某一最大值,然后再减为零,轮齿齿根内的应力 σ 随之也迅速地由零增至某一最大值 σ_{max}。再降至

零。齿轮不停地转动,σ 也就随时间 t 不停地做周期性交替变化,其间的关系曲线如图 12-8 (b)所示。

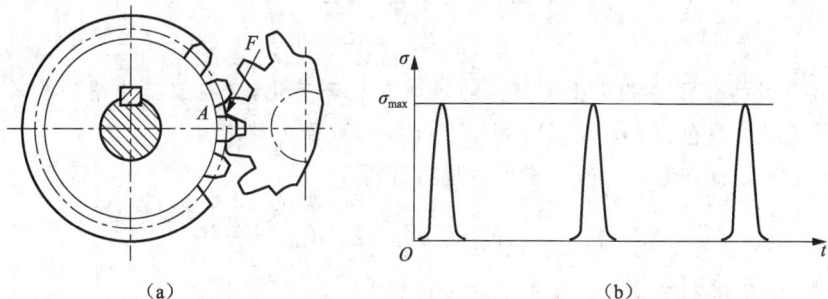

图 12-8 轮齿齿根内的应力 σ

12.2.2 疲劳破坏的概念

经验表明,在交变应力作用下,即使构件内的最大工作应力远小于材料在静载荷下的极限应力,但在经历一定时间后,构件仍然会发生突然断裂;而且,即使是塑性材料,在断裂前也不会产生明显的塑性变形。这种因交变应力的长期作用而引发的低应力脆性断裂现象称为疲劳破坏。

12.2.3 疲劳破坏的特点

图 12-9 所示为汽锤杆疲劳破坏后的断口。由图可见,疲劳破坏的断口表面通常有两个截然不同的区域,即光滑区和粗糙区。这种断口特征可从引起疲劳破坏的过程来解释。当交变应力中的最大应力超过一定限度并经历了多次循环后,在最大正应力处或材质薄弱处产生细微的裂纹源(如果材料有表面损伤、夹杂物或加工造成的细微裂纹等缺陷,则这些缺陷本身就成为裂纹源)。随着应力循环次数的增多,裂纹逐渐扩大。由于应力的交替变化,裂纹

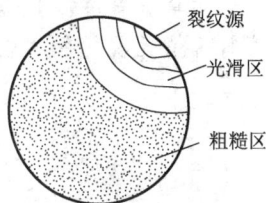

图 12-9 疲劳破坏后的断口

两侧面的材料时而压紧,时而分开,逐渐形成表面的光滑区。另一方面,由于裂纹的扩展,有效的承载截面将随之削弱,而且裂纹尖端处形成高度应力集中,当裂缝扩大到一定程度后,在一个偶然的振动或冲击下,构件沿削弱了的截面发生脆性断裂,形成如图 12-9 所示的断口粗糙区域。由此可见"疲劳破坏"只不过是一个惯用名词,并不反映这种破坏的实质。

12.2.4 疲劳破坏的危害

疲劳破坏往往是在没有明显预兆的情况下发生的,很容易造成事故。机械零件的损坏大部分是疲劳损坏,因此对在交变应力下工作的零件进行疲劳强度计算是非常必要的,也是较为复杂的。许多零件的使用寿命就是根据此理论确定的。具体应用请参阅料力学和机械设计专著,再结合具体零部件的设计解决,在此不再赘述。

本 章 小 结

1. 动载荷是指作用在构件上的载荷随时间有显著变化，或在载荷作用下构件上各点产生显著的加速度的载荷。在动载荷作用下产生的应力称为动应力。

（1）构件做匀加速运动时的动应力强度条件为

$$\sigma_{dmax} = \sigma_{max} K_d \leqslant [\sigma] \quad 或 \quad \sigma_{max} \leqslant \frac{[\sigma]}{K_d}$$

（2）构件做旋转运动时的动应力强度条件。

构件可以近似地看作绕定轴转动的圆环。圆环强度条件为

$$\sigma_d = \rho v^2 \leqslant [\sigma]$$

（3）受冲击构件的强度条件为

$$\sigma_{dmax} = K_d \sigma_{max} \leqslant [\sigma]$$

式中，K_d 为动荷系数，若为自由落体冲击时动荷系数为

$$K_d = 1 + \sqrt{1 + \frac{2h}{\Delta_{st}}}$$

2. 交变应力是指工程中的许多构件在工作时随时间做周期变化的应力。循环变化的动载荷称为交变载荷。

本章主要讨论了交变应力的诸多概念，如应力循环、疲劳破坏等。构件交变应力时的强度计算情况较复杂，将在后续课程（如机械设计等）中研究。

思 考 题

1. 何谓静载荷？何谓动载荷？二者有何区别？就日常生活所见列举几个动载荷的例子。

2. 何谓动荷系数？它有什么物理意义？

3. 为什么转动飞轮都有一定的转速限制？如转速过高将会产生什么后果？

4. 冲击动荷系数与哪些因素有关？为什么弹簧可以承受较大的冲击载荷而不致损坏？

5. 何谓交变应力？什么是疲劳破坏？疲劳破坏是如何形成的？有何特点？

效 果 测 验

（1）动载荷与静载荷的区别是＿＿＿＿＿＿。动载荷作用下，构件强度计算的一般方法是＿＿＿＿。

（2）吊车以匀加速度 a 向上提升重物，若重物的重量为 G，钢索的横截面积为 A，不计钢索自重，则钢索中的动应力 $\sigma_d = $ ＿＿＿＿。

（3）构件受到的随时间做周期性变化的载荷称为＿＿＿＿载荷,构件在这种载荷作用下产生的应力称为＿＿＿＿应力,在这种应力作用下产生的破坏称＿＿＿＿破坏。

（4）工程中运动的构件,如齿轮、轴、轴承等百分之＿＿＿＿的破坏是疲劳破坏。为保证构件发生疲劳破坏,应对构件分别进行＿＿＿＿强度计算。

习　题

12-1　如题 12-1 图所示,已知一物体的重量 $G＝40$ kN,提升时的最大加速度 $a＝5$ m/s^2,起吊绳索的许用应力 $[\sigma]＝80$ MPa,设绳索自重不计,试确定图中的起吊绳索的横截面积的大小。

12-2　如题 12-2 图所示,飞轮的最大圆周速度 $v＝25$ m/s,材料密度为 $\rho＝7.41$ kg/m^2。若不计轮辐的影响,试求轮缘内的最大正应力。

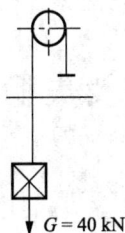

题 12-1 图　　　　　　题 12-2 图

12-3　如题 12-3 图所示,长度为 $l＝12$ m 的 32a 号工字钢,每米质量为 52.7 kg,用两根横截面积 $A＝1.12$ cm^2 的钢绳起吊。设起吊对的加速度 $a＝10$ mm/s^2,求工字钢中最大动应力及钢绳的动应力。

*12-4　如题 12-4 图所示,重物重力为 $G＝1$ kN,从高 $h＝4$ cm 处自由下落,冲击矩形截面简支梁 AB 的 C 处。已知 $l＝4$ m,横截面尺寸为 $b＝10$ cm,$h＝20$ cm。材料的弹性模量 $E＝100$ GPa,许用应力 $[\sigma]＝40$ MPa。试校核梁的强度并计算梁跨中点的挠度。

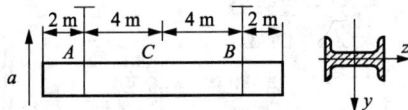
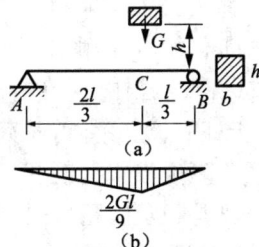

题 12-3 图　　　　　　　题 12-4 图

第13章
压杆稳定

本章主要讨论压杆稳定的概念,压杆临界力、临界应力、压杆的稳定计算等有关内容,为细长受压杆件的设计提供计算依据。

13.1 压杆稳定的概念及失稳分析

13.1.1 压杆稳定问题的提出

第 6 章研究直杆轴向受压时,认为它的破坏主要取决于强度,为保证构件安全可靠地工作,要求其工作应力小于许用应力。实际上,这个结论只对短粗的压杆才是正确的,若用于细长杆将导致错误的结论。例如,一根宽 30 mm、厚 5 mm 的矩形截面木杆,对其施加轴向压力,如图 13-1 所示,设材料的抗压强度 $\sigma_c = 40$ MPa,由试验可知,当杆很短时 (设高为 30 mm),将杆压坏所需的压力为

$$F = \sigma_c A = 40 \times 10^6 \text{ N/m}^2 \times 0.005 \text{ m} \times 0.03 \text{ m} = 6\ 000 \text{ N}$$

但如杆长为 1 m,则不到 30 N 的压力就会使杆突然产生显著的弯曲变形而失去工作能力 (图 13-1)。这说明,细长压杆之所以丧失工作能力,是由于其轴线不能维持原有直线形状的平衡状态所致,这种现象称为丧失稳定,或简称失稳。由此可见,由于杆的长度不同,横截面和材料相同的压杆抵抗外力的性质将发生根本的改变:短粗的压杆是强度问题,而细长的压杆则是稳定问题。工程中有许多细长压杆,例如图 13-2(a)所示螺旋千斤顶的螺杆,图 13-2(b)所示内燃机的连杆。同样,桁架结构中的抗压杆、建筑物中的柱也都是细长压杆,其破坏主要是由于失稳引起的。由于压杆失稳是骤然发生的,往往会造成严重的事故,特别是目前高强度钢和超高强度钢的广泛使用,压杆的稳定问题更为突出。因此,稳定计算已成为结构设计中极为重要的一部分,对细长

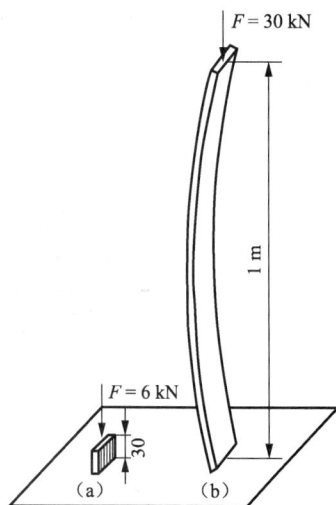

图 13-1 直杆轴向受压

压杆必须进行稳定性计算。

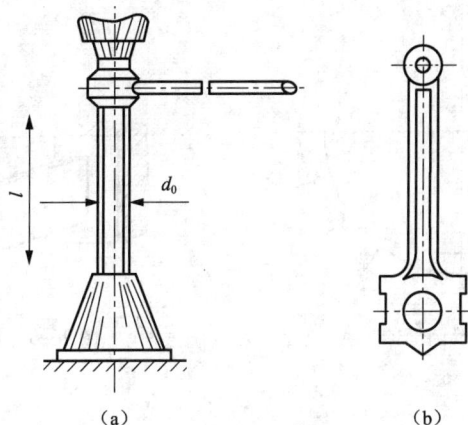

图 13-2　螺旋千斤顶的螺杆

13.1.2　失稳分析

1. 压杆平衡稳定性的概念

为了研究细长压杆的失稳过程,现以图 13-3 所示两端铰支的细长压杆来说明压弯过程。设压力与杆件轴线重合,当压力逐渐增加但小于某一极限值时,杆件一直保持直线形状的平衡,即使用微小的侧向干扰力使它暂时发生轻微弯曲[图 13-3(a)],但干扰力解除后,它仍将恢复直线形状[图 13-3(b)]。这表明压杆直线形状的平衡是稳定的。当压力逐渐增加到某一极限值时,压杆的直线平衡变为不稳定,将转变为曲线形状的平衡。这时如再用微小的侧向干扰力使它发生轻微弯曲,干扰力解除后,它将保持曲线形状的平衡,不能恢复原有的直线形状[图 13-3(c)]。上述压力的极限值称为临界压力或临界力,记为 F_{cr}。

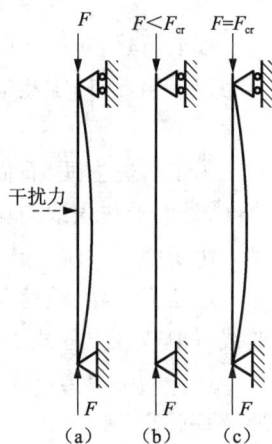

图 13-3　细长压杆的失稳

压杆失稳后,压力的微小增加会导致弯曲变形的显著加大,表明压杆已丧失了承载能力,会引起机器或结构的整体损坏,可见这种形式的失效并非强度不足,而是稳定性不够。

2. 构件其他形式的失稳现象

与压杆相似,其他构件也有失稳问题。例如,在内压强作用下的薄壁圆筒,壁内应力为拉应力(圆柱形压力容器就是这种情况),这是一个强度问题。但同样的薄壁圆筒如在均匀外压强作用下(图 13-4),壁内应力变为压应力,则当外压强达到临界值时,圆筒的圆形平衡就变为不稳定,会突然变成由虚线表示的椭圆形。又如,板条或工字梁在最大抗弯刚度平面内弯曲时(图 13-5),会因载荷达到临界值而发生侧向弯曲,并伴随着扭转。这些都是稳定性不足引起的失效。本章只讨论压杆的稳定,其他形式的稳定性问题都不做讨论。

229

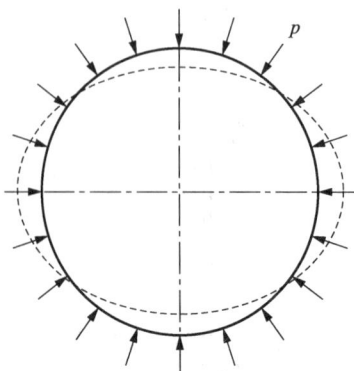

图 13-4 薄壁圆筒的失稳

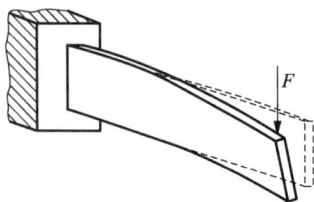

图 13-5 板条的失稳

13.2 临界力和临界应力

13.2.1 理想压杆的临界力

如前所述，对确定的压杆来说，判断其是否会丧失稳定，主要取决于压力是否达到了临界力值。因此，确定相应的临界力是解决压杆稳定问题的关键。本节先讨论细长压杆的临界力。

为了研究方便，我们把实际细长压杆理想化成理想压杆，即杆由均质材料制成，轴线为直线，外力的作用线与压杆轴线完全重合（不存在压杆弯曲的初始因素）。

由于临界力也可认为是压杆处于微弯平衡状态而挠度趋向于零时承受的压力。因此，对一般截面形状、载荷及支座情况不复杂的细长压杆，可根据压杆处于微弯平衡状态下的挠曲线近似微分方程式进行求解，这一方法称为静力法。

压杆的临界力与两端的约束类型有关。不同杆端约束时细长压杆临界力不同，因此需要分别讨论。

1. 两端铰支压杆的临界力

如图 13-6(a)所示，设长度为 l 的两端铰支细长杆，受压力 F 达到临界值 F_{cr} 时，压杆由直线平衡状态转变为曲线平衡状态。临界压力是使压杆开始丧失稳定，保持微弯平衡的最小压力。选取坐标系如图 13-6(b)所示，设距原点为 x 的任意截面的挠度为 w，则弯矩为

$$M(x) = -Fw \qquad (1)$$

因为力 F 可以不考虑正负号，在所选定的坐标内当 w 为正值时，$M(x)$ 为负值，所以上式右端加一负号。可以列出其挠曲线近似微分方程为

$$EI \frac{\mathrm{d}^2 w}{\mathrm{d}x^2} = -Fw \qquad (2)$$

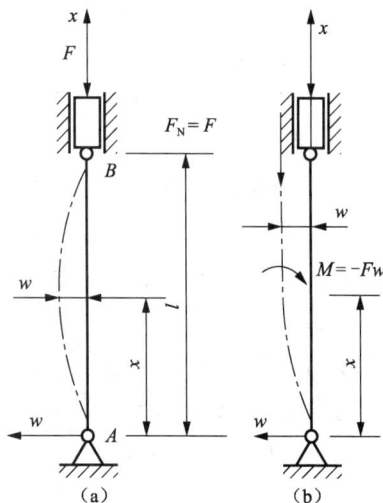

图 13-6 两端铰支细长杆

若令 $$k^2 = \frac{F}{EI} \tag{3}$$

则式(2)可写成 $$\frac{\mathrm{d}^2 w}{\mathrm{d}x^2} + k^2 w = 0 \tag{4}$$

此方程的通解是 $$w = C_1 \sin kx + C_2 \cos kx \tag{5}$$

式中,C_1 和 C_2 是两个待定的积分常数;系数 k 可从式(3)计算,但由于力 F 的数值仍为未知,所以 k 也是一个待定值。

根据杆端的约束情况,可有两个边界条件:

① 在 $x=0$ 处,$w=0$;

② 在 $x=l$ 处,$w=0$。

将第一个边界条件代入式(5),得 $C_2 = 0$

则式(5)可改写成 $$w = C_1 \sin kx \tag{6}$$

上式表示挠曲线是一正弦曲线。再将第二个边界条件代入上式,得

$$0 = C_1 \sin kl$$

由此解得 $C_1 = 0$ 或 $\sin kl = 0$

若取 $C_1 = 0$,则由式(6)得 $w=0$,即表明杆没有弯曲,仍保持直线形状的平衡形式,这与杆已发生微小弯曲变形的前提相矛盾。因此,只可能 $\sin kl = 0$。满足这一条件的 kl 值为

$$kl = n\pi \quad (n = 0, 1, 2, 3, \cdots)$$

则由式(3)得

$$k = \sqrt{\frac{F}{EI}} = \frac{n\pi}{l}$$

故 $$F = \frac{n^2 \pi^2 EI}{l^2} \tag{7}$$

上式表明,无论 n 取何正整数,都有与其对应的力 F。但在实用上应取最小值。若取 $n=0$,则 $F=0$,这与讨论情况不符。所以应取 $n=1$,相应的压力 F 即为所求的临界力

$$F_{\mathrm{cr}} = \frac{\pi^2 EI}{l^2} \tag{13-1}$$

式中,E 为压杆材料的弹性模量;I 为压杆横截面对中性轴的惯性矩;l 为压杆的长度。

式(13-1)是由著名数学家欧拉于1744年首先提出的两端铰支细长压杆临界力计算公式,称为欧拉公式。此式表明,压杆的临界力与压杆的抗弯刚度成正比,与杆长的平方成反比,说明杆越细长,其临界力越小,压杆越容易失稳。需要说明的是,由于压杆两端是球铰支座,它对端截面在任何方向的转角皆没有限制,因而杆件的微弯变形一定发生在压杆最细处。这就是说,杆愈细长,其临界力愈小,即愈容易丧失稳定。

应该注意,对于两端以球铰支承的压杆,公式(13-1)中横截面的惯性矩应取最小值 $I_{\min}$。这是因为压杆失稳时,总是在抗弯能力为最小的纵向平面(即最小刚度平面)内弯曲。

2. 其他约束情况下压杆的临界力

上面导出的是两端铰支压杆的临界力公式。当压杆的约束情况改变时,压杆的挠曲线近似微分方程和挠曲线的边界条件也随之改变,因而临界力的公式也不相同。仿照前面的方法,也可求得各种约束情况下压杆的临界力公式。

可通过与上节相同的方法推导。

本节给出了几种典型的理想支承约束条件下细长等截面中心受压直杆的临界力表达式（表 13-1）。

表 13-1   各种支承情况下等截面细长杆的临界力公式

支撑情况	两端铰支	一端嵌固，一端自由	一端嵌固，一端可上、下移动(不能转动)	一端嵌固，一端自由	一端嵌固，另一端可水平移动但不能转动
弹性曲线形状					
临界力公式	$F_{cr}=\dfrac{\pi^2 EI}{l^2}$	$F_{cr}=\dfrac{\pi^2 EI}{(2l)^2}$	$F_{cr}=\dfrac{\pi^2 EI}{(0.5l)^2}$	$F_{cr}=\dfrac{\pi^2 EI}{(0.7l)^2}$	$F_{cr}=\dfrac{\pi^2 EI}{l^2}$
相当长度	l	$2l$	$0.5l$	$0.7l$	l
长度因数	$\mu=1$	$\mu=2$	$\mu=0.5$	$\mu=0.7$	$\mu=1$

由表 13-1 看到，中心受压直杆的临界力 F_{cr} 随杆端约束情况的变化而变化，杆端约束越强，杆的抗弯能力就越大，临界力也就越大。对于各种杆端的约束情况，细长等截面中心受压直杆临界力的欧拉公式可以写成统一的形式

$$F_{cr}=\frac{\pi^2 EI}{(\mu l)^2}$$

(13-2)

式中，μ 称为压杆的长度因数，与杆端的约束情况有关。l 称为原压杆的相当长度，其物理意义可以从表 13-1 中各种杆端约束条件下细长压杆失稳时挠曲线形状说明：由于压杆失稳时挠曲线上拐点处的弯矩为零，可设想拐点处有一铰支，而将压杆在挠曲线两拐点间的一段看作两端铰支压杆，并利用两端铰支压杆临界力的欧拉公式（13-1），得到原支承条件下压杆的临界力 F_{cr}。两拐点之间的长度就是原压杆的相当长度 l。也就是说，相当长度就是各种支承条件下细长压杆失稳时，挠曲线中相当于半波正弦曲线的一段长度。

13.2.2 杆端约束情况的简化

应该指出，上边所列的杆端约束情况是典型的理想约束。实际上，在工程实际中杆端的约束情况是复杂的，有时很难简单地将其归结为哪一种理想约束，应该根据实际情况作具体分析，看其与哪种理想情况接近，从而确定出近乎实际的长度因数。下面通过几个实例说明杆端约束情况的简化。

1. 柱形铰约束

如图 13-7 所示的连杆,两端为柱形铰连接。考虑连杆在大刚度平面(xy 面)内弯曲时,杆的两端可简化为铰支[图 13-7(a)];考虑在小刚度平面(xz 面)内弯曲时[图 13-7(b)],两端铰支细长杆,则应根据两端的实际固结程度而定,如接头的刚性较好,使其不能转动,就可简化为固定端;如仍可能有一定程度的转动,则可将其简化为两端铰支。这样处理比较安全。

2. 焊接或铆接

对于杆端与支承处焊接或铆接的压杆,例如图 13-8 所示桁架腹杆 AC,EC 等及上弦杆 CD 的两端可简化为铰支端。因为杆受力后连接处仍可能产生微小的转动,故不能将其简化为固定端。

3. 螺母和丝杠连接

这种连接的简化将随着支承套(螺母)长度 l_0 与支承套直径(螺母的螺纹平均直径)d_0 的比值 l_0/d_0(图 13-9)而定。当 $l_0/d_0 < 1.5$ 时,可简化为铰支端;当 $l_0/d_0 > 3$ 时,则简化为固定端;当 $1.5 < l_0/d_0 < 3$ 时,则简化为非完全铰,若两端均为非完全铰,则取 $\mu = 0.75$。

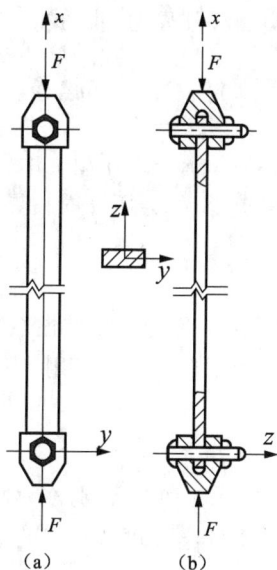

图 13-7 两端为柱形铰连接

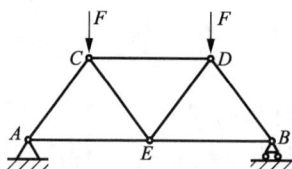

图 13-8 桁架腹杆

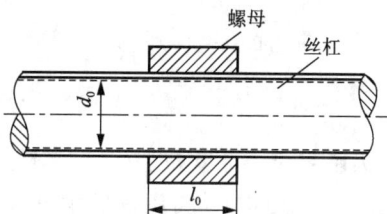

图 13-9 螺母和丝杠连接

4. 固定端

对于与坚实的基础固结成一体的柱脚,可简化为固定端,如浇铸于混凝土基础中的钢柱柱脚。

总之,理想的固定端和铰支端约束是不多见的,实际杆端的连接情况往往是介于固定端与铰支端之间。对应于各种实际的杆端约束情况,压杆的长度因数 μ 值在有关的设计手册或规范中另有规定。在实际计算中,为了简单起见,有时将有一定固结程度的杆端简化为铰支端,这样简化是偏于安全的。

13.3 欧拉公式的适用范围和中、小柔度杆的临界应力

欧拉公式是以压杆的挠曲线微分方程为依据推导出来的,而这个微分方程只有在材料服从胡克定律的条件下才成立。因此,当压杆内的应力不超过材料的比例极限时,欧拉公式才能适用。为了便于研究,首先介绍所谓"临界应力"和"柔度"的概念,然后讨论得出计算各

类压杆临界力的公式。

13.3.1 临界应力和柔度

在临界力作用下压杆横截面上的平均应力，可以用临界力 F_{cr} 除以压杆的横截面积 A 来求得，称为压杆的临界应力，并以 σ_{cr} 来表示，即

$$\sigma_{cr}=\frac{F_{cr}}{A}=\frac{\pi^2 EI}{(\mu l)^2 A} \tag{13-3}$$

式中，I 称为截面的惯性矩；A 为截面积。I 和 A 都是与截面有关的几何量，如将惯性矩表示为 $I=i^2 A$，则可用另一个与截面形状和尺寸有关的几何量 i 代替两者的组合，即令：

$$i_y=\sqrt{\frac{I_y}{A}}, \quad i_x=\sqrt{\frac{I_x}{A}} \tag{13-4}$$

式中，i_y 和 i_x 分别称为截面图形对 y 轴和 x 轴的惯性半径，其量纲为长度。各种几何图形的惯性半径可从本书的附录或机械设计手册中查出。

将 $I=i^2 A$ 代入式(13-3)，得

$$\sigma_{cr}=\frac{\pi^2 E i^2}{(\mu l)^2}=\frac{\pi^2 E}{\left(\frac{\mu l}{i}\right)^2}$$

令

$$\lambda=\frac{\mu l}{i} \tag{13-5}$$

可得到压杆临界应力的一般公式为

$$\sigma_{cr}=\frac{\pi^2 E}{\lambda^2} \tag{13-6}$$

式(13-6)称为临界应力的欧拉公式。公式表明，对于一定材料制成的压杆，$\pi^2 E$ 是常数，σ_{cr} 与 λ^2 成反比。式中的 λ 称为压杆的柔度或长细比，是一个无量纲的量，它综合反映了压杆的长度、支承情况、横截面形状和尺寸等因素对临界应力的影响。显然，若 λ 越大，则临界应力就越小，压杆越容易丧失稳定；反之，若 λ 越小，则临界应力就越大，压杆就不太容易丧失稳定。所以，柔度 λ 是压杆稳定计算中的一个重要参数。

13.3.2 欧拉公式的适用范围

前面已述，只有压杆的应力不超过材料的比例极限 σ_p 时，欧拉公式才能适用。因此，欧拉公式的适用条件是

$$\sigma_{cr}=\frac{\pi^2 E}{\lambda^2}\leqslant\sigma_p \tag{13-7}$$

由此式可求得对应于比例极限的柔度值为

$$\lambda\geqslant\sqrt{\frac{\pi^2 E}{\sigma_p}}$$

令 $\lambda_p=\sqrt{\dfrac{\pi^2 E}{\sigma_p}}$，则欧拉公式的适用范围为 $\sigma_{cr}\leqslant\dfrac{\pi^2 E}{\lambda_p^2}$

式中，λ_p 为临界压力等于材料比例极限时的柔度，是允许应用欧拉公式的最小柔度值。对于

一定的材料,λ_p 为一常数。例如 Q235 钢,其弹性模量 $E = 200\ \text{GPa}$,比例极限 $\sigma_p = 200\ \text{MPa}$,则 λ_p 值为

$$\lambda \geqslant \lambda_p = \sqrt{\frac{\pi^2 E}{\sigma_p}} \tag{13-8}$$

$$\lambda_p = \sqrt{\frac{\pi^2 E}{\sigma_p}} = \sqrt{\frac{\pi^2 \times 200 \times 10^3}{200}} \approx 100$$

这就是说,对于 Q235 钢制成的压杆,只有当其柔度 $\lambda \geqslant 100$ 时才能应用欧拉公式。$\lambda \geqslant \lambda_p$ 的压杆称为大柔度杆或细长杆,其临界力或临界应力可用欧拉公式计算。又如铝合金,$E = 70\ \text{GPa}$,$\sigma_p = 175\ \text{MPa}$,于是 $\lambda_p = 62.8$。可见,对于由铝合金制作的压杆,只有当 $\lambda \geqslant 62.8$ 时才可以应用欧拉公式来计算 σ_{cr} 或者 F_{cr}。因此,在压杆设计计算时必须先判断能否使用欧拉公式。

几种常用材料的 λ_p 值见表 13-2。

表 13-2 直线公式的系数 a 和 b 及适用的柔度范围

材 料	a/MPa	b/MPa	λ_p	λ_s
Q235 钢	310	1.14	100	60
35 钢	469	2.62	100	60
45 钢	589	3.82	100	60
铸铁	338.7	1.483	80	
松木	40	0.203	59	

13.3.3 中、小柔度杆临界应力的计算

当压杆柔度 $\lambda < \lambda_p$ 时,欧拉公式已不适用。对于这样的压杆,目前设计中多采用经验公式来确定临界应力。常用的经验公式有直线公式和抛物线公式。本书只介绍使用更方便的直线公式(又称雅辛斯基公式)。

对于柔度 $\lambda < \lambda_p$ 的压杆,试验发现,其临界应力 σ_{cr} 与柔度 λ 之间可近似用线性关系表示

$$\sigma_{cr} = a - b\lambda \tag{13-9}$$

式中,a,b 为与压杆材料力学性能有关的常数。一些材料的 a,b 列于表 13-2 中。

由式(13-9)可见,中柔度压杆的临界应力 σ_{cr} 随柔度 λ 的减小而增大。

事实上,当压杆柔度小于某一值 λ_s 时,不管施加多大的轴向力,压杆都不会发生失稳,这种压杆不存在稳定性问题,其危险应力是 σ_s(塑性材料)或 σ_b(脆性材料)。例如压缩试验中,低碳钢制短圆柱试件,直到被压扁也不会失稳,此时只考虑压杆的强度问题即可。由此可见,直线公式适用也有限制条件,以塑性材料为例,有

$$\sigma_{cr} = a - b\lambda \leqslant \sigma_s$$

$$\lambda \geqslant \frac{a - \sigma_s}{b}$$

当压杆临界应力达到材料屈服点 σ_s 时,压杆即失效,所以有

$$\sigma_{cr} = \sigma_s$$

将 $\sigma_{cr}=\sigma_s$ 代入式(13-9)中,可得

$$\lambda_s=\frac{a-\sigma_s}{b}$$

综上所述,根据压杆柔度值的大小可将压杆分为三类:

(1) $\lambda<\lambda_s$ 时为小柔度杆,按强度问题计算;

(2) $\lambda_s<\lambda<\lambda_p$ 时为中柔度杆,按直线公式计算压杆临界应力;

(3) $\lambda\geqslant\lambda_p$ 时为大柔度杆,按欧拉公式计算压杆临界应力。

13.3.4 临界应力总图

以柔度 λ 为横坐标,临界应力 σ_{cr} 为纵坐标,将临界应力与柔度的关系曲线绘于图中,即可得到大、中、小柔度压杆的临界应力随柔度 λ 变化的临界应力总图（图 13-10）。图中曲线 AB 称为欧拉双曲线。曲线上的实线部分 BC,是欧拉公式的适用范围部分;虚线部分 CA,由于应力已超过了比例极限,为无效部分。对应于 C 点的柔度即为 λ_p,对应于 D 点的柔度为 λ_s。柔度在 λ_p 和 λ_s 之间的压杆称为中柔度杆或中长杆。当 $\lambda<\lambda_s$ 时,压杆为粗短杆,在图中以水平线段 DE 表示,不存在稳定性问题,只有强度问题,临界应力就是屈服极限或者强度极限。

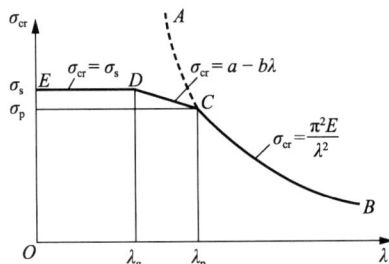

图 13-10 临界应力总图

例题 13-1 如图 13-11 所示,用 Q235 钢制成的三根压杆两端均为铰链支承,横截面为圆形,直径 $d=50$ mm,长度分别为 $l_1=2$ m,$l_2=1$ m,$l_3=0.5$ m,材料的弹性模量 $E=200$ GPa,屈服极限 $\sigma_s=235$ MPa。求三根压杆的临界应力和临界力。

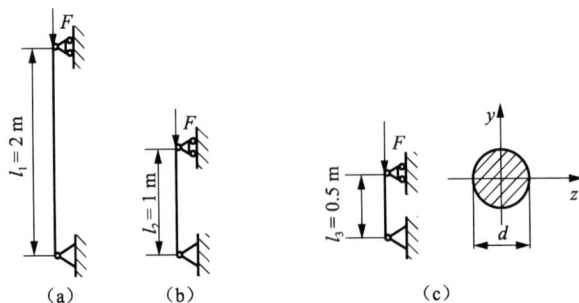

图 13-11 例题 13-1 图

解 (1)计算各压杆的柔度。因压杆两端为铰链支承,查表 13-1 得长度系数 $\mu=1$。圆形截面对 y 轴和 z 轴的惯性矩相等,均为

$$I_y = I_z = I = \frac{\pi d^4}{64}$$

故圆形截面的惯性半径为

$$i = \sqrt{\frac{I}{A}} = \sqrt{\frac{\pi d^4/64}{\pi d^2/4}} = \sqrt{\frac{d^2}{16}} = \frac{d}{4} = \frac{50}{4} \text{ mm} = 12.5 \text{ mm}$$

由式(13-5)得各压杆的柔度分别为

$$\lambda_1 = \frac{\mu l_1}{i} = \frac{1 \times 2\,000}{12.5} = 160$$

$$\lambda_2 = \frac{\mu l_2}{i} = \frac{1 \times 1\,000}{12.5} = 80$$

$$\lambda_3 = \frac{\mu l_3}{i} = \frac{1 \times 500}{12.5} = 40$$

(2) 计算各压杆的临界应力和临界力。查表13-2,对于 Q235 钢 $\lambda_p = 100, \lambda_s = 60$。

对于压杆 1,其柔度 $\lambda_1 = 160 > \lambda_p$,所以压杆 1 为大柔度杆,临界应力用欧拉公式计算为

$$\sigma_{cr} = \frac{\pi^2 E}{\lambda_1^2} = \frac{\pi^2 \times 200 \times 10^3}{160^2} \text{MPa} = 77.1 \text{ MPa}$$

临界力为

$$F_{cr} = \sigma_{cr} A = \sigma_{cr} \frac{\pi d^2}{4} = 77.1 \times \frac{\pi \times 50^2}{4} \text{N} = 1.51 \times 10^5 \text{ N} = 151 \text{ kN}$$

对于压杆 2,其柔度 $\lambda_2 = 80, \lambda_s < \lambda_2 < \lambda_p$,所以压杆 2 为中柔度杆,临界应力用经验公式计算。查表13-2,对于 Q235 钢 $a = 310$ MPa, $b = 1.14$ MPa,故临界应力为

$$\sigma_{cr} = a - b\lambda = 310 \text{ MPa} - 1.24 \times 80 \text{ MPa} = 210.8 \text{ MPa}$$

临界力为

$$F_{cr} = \sigma_{cr} A = \sigma_{cr} \frac{\pi d^2}{4} 210.8 \times \frac{\pi \times 50^2}{4} \text{N} = 4.14 \times 10^5 \text{ N} = 414 \text{ kN}$$

对于压杆 3,其柔度 $\lambda = 40 < \lambda_s = 60$,所以压杆 3 为小柔度杆。又因为 Q235 钢为塑性材料,故其临界应力为

$$\sigma_{cr} = \sigma_s = 235 \text{ MPa}$$

临界力为

$$F_{cr} = \sigma_s A = \sigma_s \frac{\pi d^2}{4} = 235 \times \frac{\pi \times 50^2}{4} \text{N} = 4.61 \times 10^5 \text{ N} = 461 \text{ kN}$$

由本例题可以看出,在其他条件均相同的情况下,压杆的长度越小,则其临界应力和临界力越大,压杆的稳定性越强。

例题 13-2 如图 13-12 所示,一长度 $l = 750$ mm 的压杆,两端固定,横截面为矩形,压杆的材料为 Q235 钢,其弹性模量 $E = 200$ GPa。计算压杆的临界应力和临界力。

解 (1) 计算压杆的柔度。压杆两端固定,查表 13-1 得长度因数 $\mu = 0.5$。矩形截面对 y 轴和 z 轴的惯性矩分别为

$$I_y = \frac{hb^3}{12} = \frac{20 \times 12^3}{12} \text{mm}^4 = 2\,880 \text{ mm}^4$$

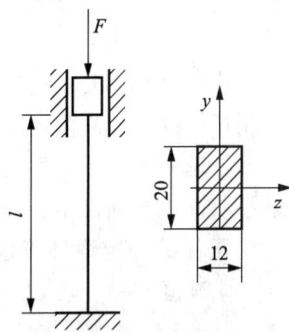

图 13-12 例题 13-2 图

$$I_z = \frac{hb^3}{12} = \frac{12 \times 20^3}{12} \text{ mm}^4 = 8\ 000\ \text{mm}^4$$

$I_y < I_z$，因此压杆的横截面必定绕着 y 轴转动而失稳，将 I_y 代入式(13-4)中，得到截面对 y 轴的惯性半径为

$$i_y = \sqrt{\frac{I_y}{A}} = \sqrt{\frac{2\ 880}{20 \times 12}} \text{ mm} = 3.46 \text{ mm}$$

由式(13-5)得，压杆的柔度为

$$\lambda = \frac{\mu l}{i_y} = \frac{0.5 \times 750}{3.46} = 108.4$$

（2）计算临界应力和临界力。查表 13-2，对于 Q235 钢 $\lambda_p = 100$，则 $\lambda > \lambda_p$，故临界应力可用欧拉公式计算为

$$\sigma_{cr} = \frac{\pi^2 E}{\lambda^2} = \frac{\pi^2 \times 200 \times 10^3}{108.4^2} \text{ MPa} = 169.99 \text{ MPa}$$

临界力为

$$F_{cr} = \sigma_{cr} A = 167.99 \times 20 \times 12 \text{ N} = 4.03 \times 10^4 \text{ N} = 40.3 \text{ kN}$$

13.4　压杆的稳定性计算

对于大、中柔度的压杆需进行压杆稳定计算，通常采用安全因数法。为了保证压杆不失稳，并具有一定的稳定储备，压杆的稳定条件可表示为

$$n = \frac{F_{cr}}{F} = \frac{\sigma_{cr}}{\sigma} \geqslant [n_w] \tag{13-10}$$

此式即为安全因数法表示的压杆的稳定条件。式中，F_{cr} 为压杆的临界压力；F 为压杆的实际工作压力；σ_{cr} 为压杆的临界应力；σ 为压杆的工作压应力；n 为压杆工作安全因数；$[n_w]$ 是规定的稳定安全因数，它表示要求受压杆件必须达到的稳定储备程度。

一般规定稳定安全因数比强度安全因数要大，主要是考虑到一些难以预测的因素，如杆件的初弯曲、压力的偏心、材料的不均匀和支座的缺陷等，降低了杆件的临界压力，影响了压杆的稳定性。下面列出几种常用零件稳定安全因数的参考值：

机床丝杠：　　　　$[n_w] = 2.5 \sim 4.0$　　　低速发动机的挺杆：　$[n_w] = 4 \sim 6$

高速发动机的挺杆：$[n_w] = 2 \sim 5$　　　　　磨床油缸的活塞杆：　$[n_w] = 4 \sim 6$

起重螺旋杆：　　　$[n_w] = 3.5 \sim 5$

应该强调的是，压杆的临界压力取决于整个杆件的弯曲刚度。但在工程实际中难免会碰到压杆局部有截面削弱的情况，如铆钉孔、螺钉孔、油孔等，在确定临界压力或临界应力时，可以不考虑杆件局部截面削弱的影响，因为它对压杆稳定性的影响很小，仍按未削弱的截面积、最小惯性矩和惯性半径等进行计算。但对这类杆件，还需对削弱的截面进行强度校核。

压杆的稳定性计算也可以解决三类问题，即校核稳定性、设计截面和确定许可载荷。

*例题 13-3　图 13-13 所示为一根 Q235A 钢制成的矩形截面压杆 AB，A，B 两端用柱销连接，设连接部分配合精密。已知 $l = 2\ 300$ mm，$b = 40$ mm，$h = 60$ mm，$E = 206$ GPa，$\lambda_p = 100$，规定稳定安全因数 $[n_w] = 4$，试确定该压杆的许用压力 F。

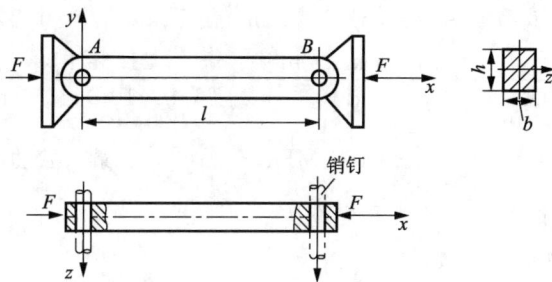

图 13-13 例题 13-3 图

解 （1）计算柔度 λ。在 xy 平面，压杆两端可简化为铰支 $\mu_{xy}=l$，则

$$i_z=\sqrt{\frac{I_z}{A}}=\sqrt{\frac{bh^3}{12}\frac{1}{bh}}=\frac{h}{\sqrt{12}}$$

$$\lambda_z=\frac{\mu_{xy}l}{i_z}=\frac{\mu l\times\sqrt{12}}{h}=\frac{1\times2\,300\sqrt{12}}{60}=133>\lambda_p=100$$

在 xz 平面，压杆两端可简化为固定端，$\mu_{xz}=0.5$，则

$$i_y=\sqrt{\frac{I_y}{A}}=\sqrt{\frac{hb^3}{12}\frac{1}{bh}}=\frac{b}{\sqrt{12}}$$

$$\lambda_y=\frac{\mu_{xz}l}{i_z}=\frac{\mu_{xz}l\times\sqrt{12}}{b}=\frac{0.5\times2\,300\sqrt{12}}{40}=100$$

（2）计算临界力 F_{cr}。因为 $\lambda_z>\lambda_p$，故压杆最先在 xy 面内失稳。按 λ_z 计算临界应力，因 $\lambda_z>\lambda_p$，即压杆在 xy 面内是细长压杆，可用欧拉公式计算其临界压力，得

$$F_{cr}=A\sigma_{cr}=A\frac{\pi^2E}{\lambda_z^2}=bh\frac{\pi^2E}{\lambda_z^2}$$

$$=40\times10^{-3}\times60\times10^{-3}\times\frac{\pi\times206\times10^9}{133^2}N=276\times10^3\,N=276\,kN$$

（3）确定该压杆的许用压力 F。由稳定条件可得压杆的许用压力 F 为

$$F\leqslant\frac{F_{cr}}{[n_w]}=\frac{276}{4}\,kN=69\,kN$$

例题 13-4 图 13-14 所示结构中，梁 AB 为 14 号普通热轧工字钢，CD 为圆截面直杆，其直径为 $d=20\,m$，二者材料均为 Q235 钢，A,C,D 三处均为球铰约束，已知 $F_p=25\,kN$，$l_1=1.25\,m$，$l_2=0.55\,m$，$\sigma_s=235\,MPa$，强度安全系数 $n_s=1.45$，稳定安全因数 $[n_w]=1.8$。试校核此结构是否安全。

解 （1）分析题意：结构中存在两个构件，即大梁 AB 和直杆 CD，在外力 F_p 的作用下，大梁 AB 受到拉伸与弯曲的组合作用，属于强度问题；直杆 CD 承受压力作用，在此主要属于稳定性问题。

（2）大梁 AB 的强度校核。

大梁 AB 在截面 C 处弯矩最大，该处横截面为危险截面，其上的弯矩和轴力分别为

$$M_{max}=F_p\sin30°l_1=25\times0.5\times1.25\,kN\cdot m=15.63\,kN\cdot m$$

$$F_{Nx}=F_p\cos30°=25\times0.866\,kN=21.65\,kN$$

查型钢表可得到大梁的截面积 $A=21.5\times10^2$ mm², 截面系数 $W_z=102\times10^3$ mm³, 由此得到

$$\sigma_{max}=\frac{M_{max}}{W_z}+\frac{F_{Nx}}{A}=\frac{15.63\ kN\cdot m}{102\times10^3\times10^{-9}\ m^3}+\frac{21.65\ kN}{21.5\times10^2\times10^{-6}\ m^2}=163\ MPa$$

Q235 钢的许用应力 $[\sigma]=\dfrac{\sigma_s}{n_s}=\dfrac{235}{1.45}=162$ MPa, $\sigma_{max}>[\sigma]$。最大应力已经超过许用应力, 只是刚超过许用应力, 所以工程上认为是安全的。

（3）压杆 CD 的稳定性校核。

由平衡方程求得压杆 CD 的轴向压力　　$P_{NCD}=2F_p\sin30°=25$ kN

惯性半径 $i=\sqrt{\dfrac{I}{A}}=\dfrac{d}{4}=5$ m, 两端为铰支约束 $\mu=1$。

所以压杆柔度　　　　　　$\lambda=\dfrac{\mu l_2}{i}=\dfrac{1\times0.55\ m}{5\times10^{-3}}=110>\lambda_p=101$

说明此压杆为细长杆, 可以用欧拉公式计算临界力

$$\sigma_{cr}=\frac{P_{cr}}{A}=\frac{\pi^2 E}{\lambda^2}$$

$$P_{cr}=\sigma_{cr}A=\frac{\pi^2 E}{\lambda^2}\times\frac{\pi d^2}{4}=\frac{3.14\times206\times10^9\ N/m^2\times20^2\times10^{-6}\ m^2}{110^2\times4}=52.8\ kN$$

压杆的工作稳定安全系数

$$n_{st}=\frac{P_{cr}}{P_{NCD}}=\frac{52.7}{25}=2.11>[n_{st}]=1.8$$

于是, 压杆的工作安全因数

$$n_w=\frac{\sigma_{cr}}{\sigma_w}=\frac{F_{Pcr}}{F_{NCD}}=\frac{52.8\ kN}{25\ kN}=2.11>[n_w]=1.8$$

这一结果说明压杆的稳定性是安全的。

上述两项计算结果表明, 整个结构的强度和稳定性都是安全的。

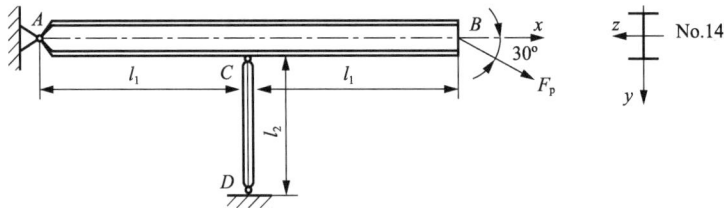

图 13-14　例题 13-4 图

13.5　提高压杆稳定性的措施

下面来讨论提高压杆稳定性的一些措施。

1. 合理选择材料

对于大柔度杆, 临界应力 σ_{cr} 用欧拉公式计算。σ_{cr} 与材料的弹性模量 E 成正比, 选 E 值

大的材料可提高大柔度杆的稳定性。例如,钢杆的临界应力大于铁杆和铝杆的临界应力。但是,因为各种钢的 E 值相近,选用高强度钢,增加了成本,却不能有效地提高其稳定性。所以,对于大柔度杆,宜选用普通钢材。

对于中柔度杆,临界应力 σ_{cr} 用经验公式计算。a,b 与材料的强度有关,材料的强度高,临界应力就大。所以,选用高强度钢,可有效地提高中柔度杆的稳定性。

2. 选择合理的截面形状

由细长杆和中长杆的临界应力公式 $\sigma_{cr} = \pi^2 E / \lambda^2$,$\sigma_{cr} = a - b\lambda$ 可知,两类压杆的临界应力的大小均与其柔度有关,柔度越小,则临界应力越高,压杆抵抗失稳的能力越强。对于一定长度和支承方式的压杆,在横截面积一定的前提下,应尽可能地使材料远离截面形心,以加大惯性矩,从而减小其柔度。如图 13-15 所示,采用空心截面比实心截面更为合理。但应注意,空心截面的壁厚不能太薄,以防止出现局部失稳现象。

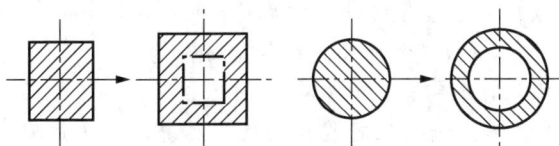

图 13-15 选择合理的截面形状

3. 减小杆长,改善两端支承

由于柔度 λ 与 μl 成正比,因此在工作条件允许的前提下,应尽量减小压杆的长度 l。还可以利用增加中间支承的办法来提高压杆的稳定性。如图 13-16(a)所示两端铰支的细长压杆,在压杆中点处增加一铰支座[图 13-16(b)],其柔度为原来的 $\frac{1}{2}$。

由表 13-1 可见,压杆两端的支承越牢固,则长度因数越小,柔度越小,临界应力越大。如图 13-16(a)所示,压杆的两端铰支约束加固为两端固定约束[图 13-16(c)],其柔度为原来的 1/2。

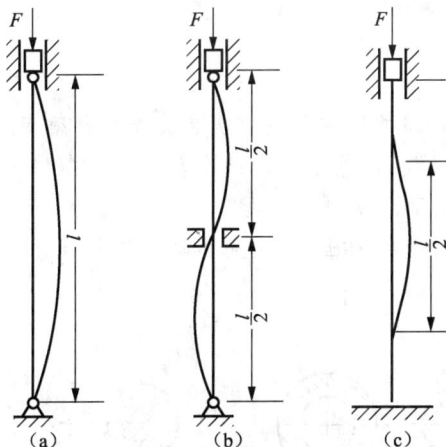

图 13-16 减小杆长,改善两端支承

无论是压杆增加中间支承,还是加固杆端约束,都是提高压杆稳定性的有效方法。因此,压杆在与其他构件连接时,应尽可能制成刚性连接或采用较紧密的配合。

本 章 小 结

本章主要内容有压杆稳定的概念、细长压杆的临界压力的计算、压杆稳定的使用计算和提高压杆稳定性的措施。

1. 受压力作用的杆件,受很微小的外界干扰力作用,而保持在微弯曲线形状的平衡状态。该压力的极限值称为临界压力或临界载荷,它是压杆即将失稳时的压力。

2. 临界应力。临界压力 F_{cr} 除以压杆的横截面积 A 为在临界状态下压杆横截面上的平均应力,称为压杆的临界应力。

根据柔度的不同,压杆分为大、中、小三种柔度杆:

(1) 大柔度杆 $\lambda_1 \geqslant \lambda_p$,按欧拉公式计算临界应力。

(2) 中柔度杆,$\lambda_p > \lambda_1 > \lambda_s$,按经验公式计算临界应力。

(3) 小柔度压杆 $\lambda \leqslant \lambda_s$,按强度问题计算。

3. 压杆稳定的使用计算。进行压杆稳定的使用计算时常采用安全因数法。

为了保证压杆不失稳,并具有一定的稳定储备,压杆的稳定条件可表示为

$$n = \frac{F_{cr}}{F} = \frac{\sigma_{cr}}{\sigma} \geqslant [n_w]$$

4. 提高压杆稳定性的措施。

(1) 合理选择材料。

(2) 合理选择截面形状。

(3) 减小压杆长度。

(4) 改善支承条件。

思 考 题

1. 什么是柔度? 它的大小与哪些因素有关?

2. 如何区分大、中、小柔度杆? 它们的临界应力是如何确定的?

3. 如图 13-17 所示两组截面,每组中的两个截面积相等。问:作为压杆时(两端为球形铰链支承),各组中哪一种截面形状更为合理?

4. 如图 13-18 所示截面形状的压杆,两端为球形铰链支承。问:失稳时,其截面分别绕着哪根轴转动? 为什么?

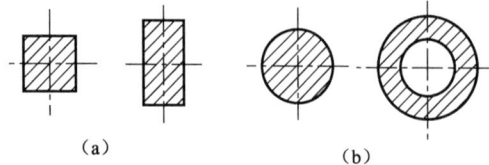

(a)　　　　　(b)

图 13-17

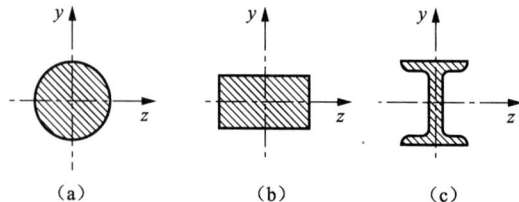

(a)　　　(b)　　　(c)

图 13-18

5. 若用钢做成细长压杆,宜采用高强度钢还是普通钢? 为什么?

效 果 测 验

(1) 压杆的临界力是 _____,进行稳定性计算的思路是 _____。

(2) 压杆稳定问题中的柔度反映了杆的 _____、_____ 和 _____ 对临界压力的缘合影响。

(3) 在压杆稳定问题中,欧拉公式的适用范围为 _____;经验公式的适用范围为 _____。

(4) 压杆稳定条件是 _____,该条件含义是 _____,式中各符号代表 _____。

习 题

13-1 如题 13-1 图所示,压杆的材料为 Q235 钢,弹性模量 $E=200$ GPa,横截面有四种不同的几何形状,其面积均为 3 600 mm²。求各压杆的临界应力和临界力。

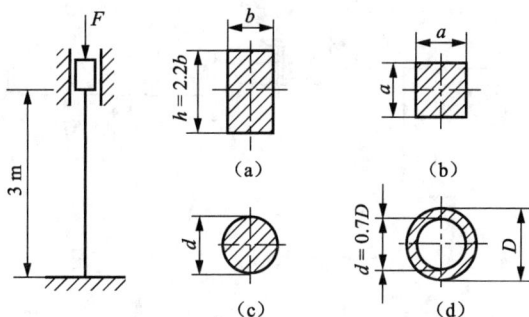

题 13-1 图

13-2 如题 13-2 图所示压杆的材料为 Q235 钢,$E=210$ GMPa。在正视图(a)的平面内,两端为铰支;在俯视图(b)的平面内,两端认为固定。试求此杆的临界力。

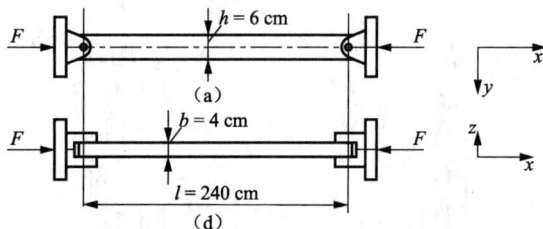

题 13-2 图

13-3 如题 13-3(a) 图所示螺旋千斤顶,螺杆旋出的最大长度 $l=400$ mm,螺纹小径 $d=40$ mm,最大起重量 $F=80$ kN,螺杆材料为 45 钢,$\lambda_p=100$,$\lambda_s=60$,规定稳定安全因数

$[n_w]=4$。试校核螺杆的稳定性。（提示：设与螺母配合尺寸 h 很大，可视为固定端约束。）

13-4 如题 13-4(a)图所示支架中，$F=60$ kN，AB 杆的直径 $d=40$ mm，两端为铰链支承，材料为 45 钢，弹性模量 $E=200$ GPa，稳定安全系数 $n_w=2$。校核 AB 杆的稳定性。[提示：AB 杆的受力分析如图(b)所示。]

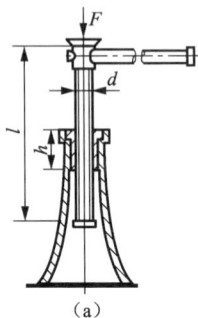
(a)

(b)

题 13-3 图

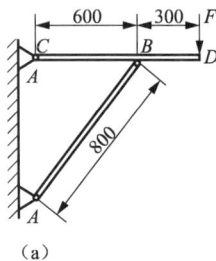
(a)

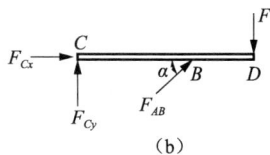
(b)

题 13-4 图

13-5 如题 13-5(a)图所示由横梁 AB 与立柱 CD 组成的结构。载荷 $F=10$ kN，$l=60$ cm，立柱的直径 $d=2$ cm，两端铰支，材料是 Q235 钢，弹性模量 $E=200$ GPa，规定稳定安全系数 $[n_w]=2$。

(1) 试校核立柱的稳定性；

(2) 如已知许用应力 $[\sigma]=120$ MN/m²，试选择横梁 AB 的工字钢号码。

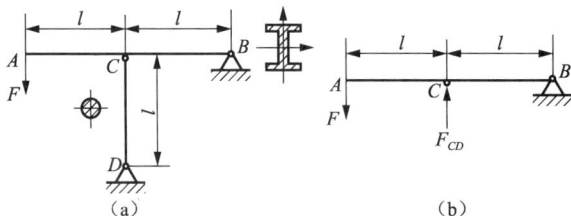
(a)　　　　　　　　　　(b)

题 13-5 图

13-6 题 13-6 图所示的木制压杆，长为 6 m，两端为铰接。试利用临界应力公式求所能支撑的最大轴向力 F。

13-7 题 13-7 图所示的压杆由木材制成，其底部固连而顶部自由。若用其支撑 $F=30$ kN的轴向载荷，试求杆件的最大许用长度。

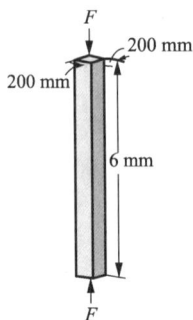

题 13-6 图

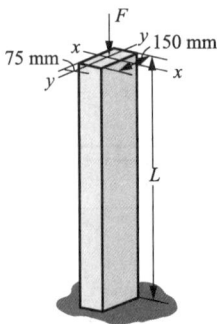

题 13-7 图

第三篇

工程力学实验 》》

工程力学是研究自然界及工程中各种机械运动最普遍、最基本的规律,以指导人类认识自然界,科学地从事工程技术工作。

传统的工程力学研究方法包括理论分析方法和实验分析方法。随着现代计算机技术的飞速发展与广泛应用,现在又增加了新的方法,即计算机分析方法。

三种方法各司其职,相辅相成。其中实验分析与实验研究方法在工程力学领域占有十分重要的地位。

工程力学实验的基本原理与基本方法几乎应用于包括航空航天、交通运输、电力电气、土木水利、机械、动力、石油化工、地质勘探等所有工程领域。工程力学实验方法可以用于检验理论分析的正确性,检验工程结构设计的合理性、安全性和可靠性。例如,新型号飞行器产品,如国产大型客机 C919,在试飞前需要进行静载力学实验(篇图 1),测试各主要部位的应力和变形,以评价其强度、刚度和稳定性。

第三篇图 1　飞机的静载力学实验

对于已经投入运行的工程结构，如核反应堆、高层建筑、大型桥梁等，为了确保安全，需要对这些结构的动力学响应、动态的应力和位移进行实时监测，这些实时测试都是以工程力学实验技术为基础的。篇图2所示为大型桥梁进行实时力学监测。

第三篇图2　大型桥梁进行实时力学监测

工程力学实验不仅可以帮助学生深入掌握课程的理论内容，更重要的是可以帮助学生提高动手能力，培养创新精神。由于工程力学具有很强的工程背景，而工程力学实验又是解决很多工程问题的重要方法之一，因此，通过工程力学实验，还可以提高学生解决工程实际问题的能力。

作为基础工程力学课程仅仅涉及理论力学中的静力学和材料力学内容。相应地，工程力学实验也只涉及静力学实验和材料力学实验。

由于专业的不同或学时的限制，以及对实验项目和深广度要求的不同，本书介绍了两个静力学实验和五个材料力学实验。

第14章
静力学实验

14.1 材料的动静摩擦系数测定实验

1. 实验目的

（1）掌握材料静摩擦系数和动摩擦系数的测试方法。

（2）测定铝、钢、塑料等材料在不同压力条件下的最大静摩擦系数和动滑动摩擦系数。

（3）了解材料摩擦系数与材料表面光洁度的关系。

2. 实验装置与仪器

（1）DUTTM-1 型动静摩擦系数测定仪。

（2）压力传感器。

（3）粗糙度仪。

（4）数据采集与处理系统。

（5）计算机。

3. 试样

（1）钢-钢摩擦副。

（2）钢-铝摩擦副。

（3）钢-塑料摩擦副。

4. 实验原理

摩擦在日常生活中无处不在。物体之间的阻碍滑动的阻力叫作滑动摩擦力,简称摩擦力。

摩擦力的大小可按照三种状态进行计算:静滑动摩擦状态、临界摩擦状态和动滑动摩擦状态,如图 14-1 所示。

在静滑动摩擦状态中,摩擦力的大小由平衡方程求得。在临界摩擦状态和动滑动摩擦状态中,摩擦力和法向约束压力满足如下表达式:

$$\boldsymbol{F} = f_{\mathrm{N}} \tag{14-1}$$

式中，F 为滑动摩擦力；F_N 为法向约束压力；f 为摩擦系数。

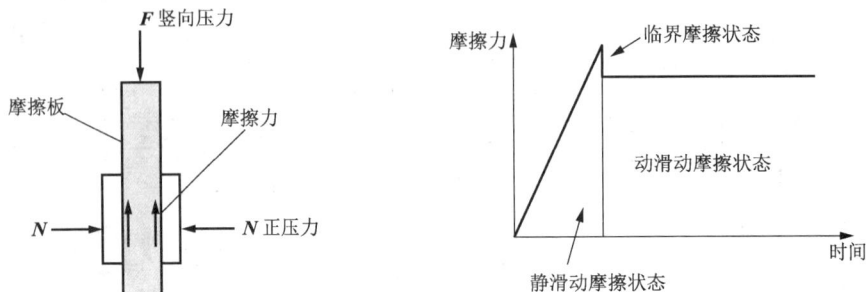

图 14-1　滑动摩擦状态示意图

在摩擦问题中，人们最为关心的是摩擦系数问题。由临界摩擦状态可以得到最大静摩擦系数，由动滑动摩擦状态可得到动摩擦系数。

应当指出的是，在不同外部法向正压力的作用下，材料之间的最大静摩擦系数和动摩擦系数是不同的，虽然在一般情况下均认为是相等的值。

在实验中，首先在系统的水平方向施加一定的外部正压力 F_N，然后在系统的垂直方向施加竖向压力 F。在施加荷载 F 的过程中，达到最大静滑动摩擦力之前，摩擦板的位移很小，此时竖向压力与静摩擦力是平衡关系（压力等于静摩擦力）。当系统达到最大静滑动摩擦力时，系统达到临界状态，竖向压力即为最大静摩擦力。当压力进一步增加，摩擦板产生的位移突然增加，同时压力荷载也会突然降低，系统进入动滑动摩擦状态。当摩擦板匀速运动时，竖向压力与动摩擦力同样是平衡关系，且该力值基本维持不变，记录下此值，即为系统的动摩擦力。将最大静摩擦力和动摩擦力分别代入公式(14-1)，即可得到在正压力 F_N 下的最大静摩擦系数和动摩擦系数。给定不同的正压力 F_N，即可得到不同正压力下的最大静摩擦系数和动摩擦系数。

5. 实验步骤

（1）首先使用 TR200 粗糙度仪分别测定钢-钢摩擦副的表面粗糙度，并记录。

（2）将钢-钢摩擦副安装到 DUTTM-1 型动静摩擦系数测定仪上，要求一对小板要完全下入测定仪的卡槽内，滑动板的上下边界均要超出对板（固定板）。

（3）打开动态数据采集系统和计算机电源，进入数据采集与处理系统。

（4）在数据采集与处理系统中有两个窗口，其中窗口 1（CH₁）显示的是正压力 N，窗口 2（CH₂）显示的是摩擦力 F，单位均为 N。

（5）打开动静摩擦系数测定仪的电源，将速度选择调至高速，运行旋钮调至向上，使压头向上移动，与滑动板脱开，然后将运行旋钮调至停止。

（6）转动动静摩擦系数测定仪水平方向手柄，使小板与滑动板完全接触压紧。同时在数据采集与处理系统窗口 1 中观察正压力 F_N，并调整压紧程度，使正压力达到第一级荷载值。

（7）将运行旋钮调至向下，使动静摩擦系数测定仪压头向下移动，直至使摩擦板匀速移动约 1 mm 的距离为止。同时观察数据采集与处理系统窗口 2 中的摩擦力与时间关系曲线，记录最大静摩擦力和滑动板匀速运动时的动摩擦力。

（8）再次调整水平正压力至下一级荷载，并重复步骤（7），直至加至最后一级荷载，记录下每一级水平正压力 F_N 下的最大静摩擦力和滑动板匀速运动时的动摩擦力 F。

（9）钢-钢正压力 F_N 的分级为 3 kN,6 kN,9 kN,12 kN。

（10）按照公式(14-1)分别计算不同压力下最大滑动静摩擦系数和动摩擦系数。

（11）采用不同的摩擦副重复步骤(1)～(10),测定不同摩擦副的最大静滑动摩擦系数和动滑动摩擦系数。

（12）数据经指导教师检查认可,实验结束,收拾工具,关闭电源,结束实验。

6. 数据处理及实验报告

（1）将测得的数据分别填入表(14-1)中。

（2）采用公式(14-1)分别进行动静摩擦系数的计算,填入实验报告表(14-1)中。

表 14-1　原始数据记录表(实验报告表)

摩擦副	摩擦副状态	正压力荷载/kN	最大静荷载/kN	静摩擦系数	动荷载/kN	动摩擦系数
钢-钢	干 态	3				
		6				
		9				
		12				
钢-铝	干 态	3				
		6				
		9				
		12				
钢-塑料	干 态	3				
		6				
		9				
		12				

7. 思考题

（1）动静摩擦系数与摩擦副表面粗糙度的关系如何?

（2）如摩擦副表面生锈,则动、静摩擦系数如何改变?

*14.2　静力学创新与应用演示实验

该类实验有较好的启发性,让学生在做实验过程中既动手又动脑,达到培养学生的创新思维和科学实验能力的目的。

这里仅选取人们司空见惯的"轿车千斤顶"实验。该实验有较好的启发性,让学生在做实验过程中既动手又动脑,从而达到培养学生的创新思维和科学实验能力的目的。

1. 实验目的

（1）了解轿车千斤顶设计的基本原理。

（2）对平面汇交力系分析、自锁条件等有进一步的认识。

2. 实验装置

桑塔纳轿车用千斤顶。

3. 实验原理

轿车用千斤顶的工作原理如图 14-2 所示。它由铰接的四连杆系和穿过两个铰接点的螺杆以及基座、支撑座等组成。通过旋转摇臂驱动螺杆旋转，拉近两个铰点之间的距离，使得支撑座抬升，顶起轿车。

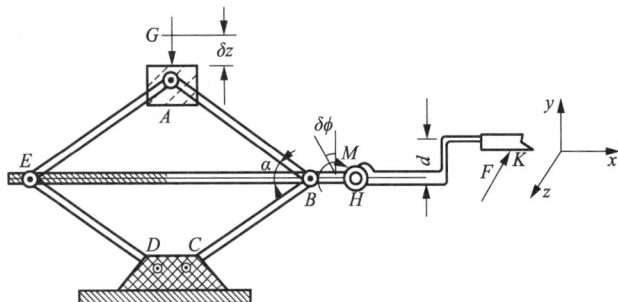

图 14-2 轿车千斤顶工作原理示意图

轿车千斤顶实物图如图 14-3（a）所示。这里用到了静力学的三个知识点。

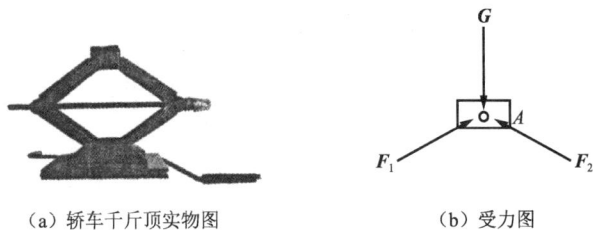

（a）轿车千斤顶实物图   （b）受力图

图 14-3 轿车千斤顶及支撑座受力分析

（1）受力分析。

千斤顶的上部两根支撑杆可简化为二力杆，支撑座 A 的受力如图 14-3（b）所示，为平面汇交力系。已知轿车重力 G，可求出两杆压力 F_1 和 F_2。

（2）自锁。

螺杆在推进过程中受到因车重 G 引起的 AE，ED 两杆轴力作用于螺母上的反力 Q 的作用，这相当于螺母作为滑块作用于斜面上的问题。根据自锁条件，相当于斜面的螺纹升角 α 必须小于摩擦角 φ_m，才能保证螺杆不会自动倒转。$\alpha \leqslant \varphi_m$ 是螺杆设计的基本依据。

第15章

材料力学实验

15.1 材料力学实验综述

15.1.1 材料力学实验教学的主要任务

（1）通过实验测定和研究工程材料的力学性能，包括材料的弹性、塑性、强度、韧性和疲劳特性等性能参数。

（2）验证材料力学理论公式和主要结论，并通过实验来学习变形和应变的基本测试方法及主要测试仪器的操作规程。

（3）研究受力和形状较复杂构件的应力分布规律，即进行实验应力分析，其中主要包括电测法和光弹性法。

（4）进行科学实验的基本训练，培养学生严谨认真的工作作风，实事求是的科学态度，分工协作的团队精神，增强观察和发现、分析和解决工程实际问题的能力。

15.1.2 材料力学实验的内容

材料力学实验包括以下三方面内容：

1. 测定材料力学性质的实验

材料力学公式只能计算出在荷载作用下构件内应力的大小。为了建立其相应的强度条件，则必须了解材料的强度、刚度、弹性等特性，这就需要通过拉伸、压缩、扭转、冲击等实验来测定材料的屈服极限、强度极限、弹性模量等力学参数。这些参数是设计构件的基本依据，要依据国家规范、按照标准化的程序来完成。

2. 验证理论的实验

材料力学中的一些公式都是在对实际问题进行简化和假设的基础上（例如平面假设，材料均匀性、弹性和和各向同性假设等）推导而得的。事实上，材料的性质往往与完全均匀和完全弹性是有差异的，因此必须通过实验对根据假设推导的公式加以验证，才能确定公式的适用范围。此外，对于一些近似解，其精度也必须通过校核后才能在工程设计中使用。本书介绍的电测弯曲正应力实验等均属此类实验。

3. 实验应力分析

工程实际中常常会遇到一些形状和荷载十分复杂的结构和构件。关于它们的强度问题，单独靠材料力学的理论计算是难以解决的。实验应力分析就是一种用实验方法来测定构件中的应力和应变的手段，它是目前解决工程实际问题的一个新兴、有效的途径。运用实验应力分析方法（如电测法、光弹性法等）所获得的结果，不仅直接而且可靠，已成为工程实际中寻求最佳设计方案、合理使用材料、挖掘现有设备潜力以及验证和发展理论的有力工具。本书仅简要介绍了目前工程中最常用的电测法的基本原理与测试技术。

15.1.3　材料力学实验的方法

在常温、静载荷条件下，材料力学实验所涉及的物理量主要是作用在试件上的载荷和试件的变形。在进行实验时，力与变形要同时测量，此绝非一人所能完成的，一般需要 3～5 人协调进行，否则不能有效地完成实验。

实验时应注意以下问题：

（1）实验前的准备工作。

首先，应明确实验目的、原理和步骤，了解所有机器及测量仪表的构造、工作原理和使用方法。然后选定试样，测量试样尺寸，估算最大荷载并拟订加载方案。

实验小组成员应分工明确，操作要互相协调。实验小组成员一般可作如下分工：

① 记录者（1 人）。记录者应当是负责实验的总指挥。他的任务不仅仅是记录实验数据，更重要的是要及时地分析数据的好坏，并保证实验数据的完整。

② 测变形者（1～2 人）。担任这项工作的人员应深入了解仪表的性能，特别要弄清其操作规程、单位、放大倍数和测读方法，以免读错，此外还应负责保护仪表，如发现仪表失常，应立即停车检查。

③ 试验机操作者及测力者（1～2 人）。分工负责这项工作的人员应着重阅读试验机的操作规程和注意事项，实验时严格遵照规程进行操作，正确读取载荷数据，实验前先试车，要注意安全，发现试验机异常时应立即停车。

（2）实验的进行。

在正式实验前，先要检查试验机的测力度盘指针是否对准零点，变形测试仪是否安装稳妥，然后进行试加载，可不做记录（不允许重复加载的实验除外），观察各部分情况是否正常；如正常，进行加载实验并做记录。实验完毕，要检查数据是否齐全，并将检查数据交指导教师签字，之后切断电源，清理设备，把使用的仪器归还原处，方可离室。

（3）实验报告的书写。

实验报告是实验者最后交出的成果，是实验资料的总结，实验报告应包括下列内容：

① 实验名称、实验日期、当时的室温、实验人员的姓名。

② 实验目的及装置简图。

③ 实验中使用的机器、仪表、量具的名称、型号、精度（或放大倍数）。

④ 实验数据及处理。在实验报告表中填写的测量数据，要注明它的单位和精度。

⑤ 计算。实验中测得的数据，有效数字位数有可能各不相同，在运算时需要合理地处

理,免得计算或记录过多的次数,浪费时间。

在计算中所用到的公式均须明确列出,并注明公式中各种符号所代表的意义,以将实验数据准确带入公式进行计算。

⑥ 实验结果的表示。在实验中除需对测得的数据进行整理并计算实验结果外,一般还要采用图表或曲线来表达实验结果。实验曲线应绘在坐标纸上,图中应注明坐标轴所代表的物理量和比例尺。实验测得的坐标点应当用记号表示,例如×、△等。当连接各坐标点为曲线时,不要用直线逐点连成折线,应当根据多数点的所在位置,描绘出光滑的曲线,或用最小二乘法进行计算,选出最佳曲线。

⑦ 实验结果分析。在报告的最后部分,应当对实验结果进行分析,说明其主要内容是否正确,对误差加以分析,并回答指定的思考题。

15.1.4 试验机和测量仪器介绍

1. 试验机介绍

(1) 液压摆式万能材料试验机。

在材料力学实验中,最常用的机器是加载用的材料试验机。我们将可以做拉伸、压缩、剪切、弯曲等实验的试验机称为万能材料试验机,简称为全能机。液压摆式万能材料试验机是一种常用的全能机。图 15-1 为液压摆式万能材料试验机,它的构造原理示意图如图 15-2 所示。

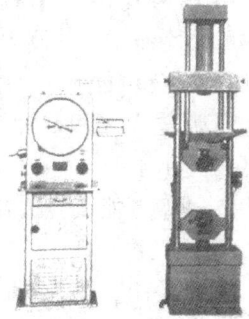

图 15-1 液压摆式万能材料试验机

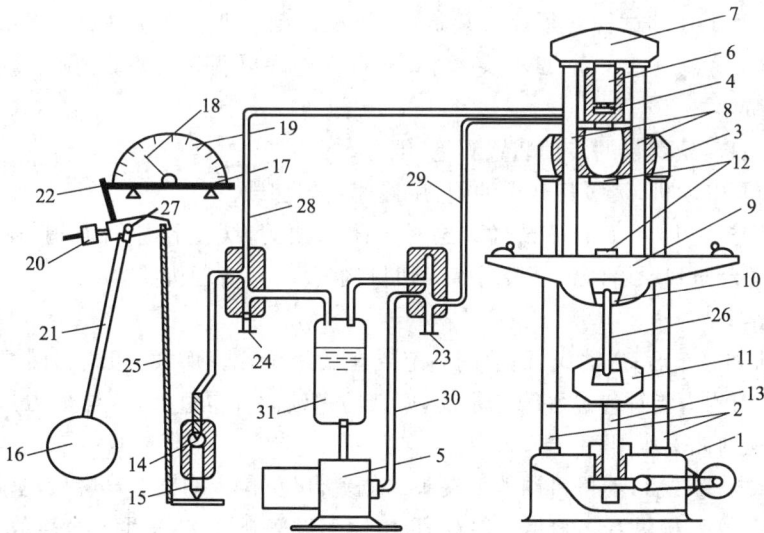

图 15-2 液压摆式万能材料试验机原理示意图

1—底座;2—固定立柱;3—固定横梁;4—工作油缸;5—油泵;6—工作活塞;7—上横梁;
8—活动立柱;9—活动平台;10—上夹头;11—下夹头;12—上垫板、下垫板;13—螺杆;14—测力油缸;
15—测力活塞;16—摆锤;17—齿杆;18—指针;19—测力度盘;20—平衡铊;21—摆杆;22—推杆;
23—送油阀;24—回油阀;25—拉杆;26—试件;27—支点;28,29,30—油管;31—油箱

① 加力部分。试验机的底座上装有两根固定立柱 2、立柱支承固定横梁 3 及工作油缸 4。开动油泵电动机后，电动机带动油泵 5，将油箱里的油经送油阀 22 送至工作油缸 4，推动工作活塞 6，使上横梁 7、活动立柱 8 和活动平台 9 向上移动。如将将拉伸试样装于上夹头 10 和下夹头 11 内，当活动平台向上移动，因下夹头不动，上夹头随着平台向上移动，则试样受到拉伸。如将试样装于平台的承压座 12 内，平台上升，则试样受到压缩。

做拉伸实验时，为了适应不同长度的试样，可开动下夹头的电动机使之带动蜗杆，蜗杆带动蜗轮，蜗轮再带动丝杆，可控制下夹头上、下移动，调整适当的拉伸空间。

② 测力部分。装在试验机上的试样受力后，其受力大小可在测力盘上直接读出。试样受到荷载的作用，工作油缸内的油就具有一定的压力，这压力的大小与试样所受荷载的大小成比例。而测力油管将工作油缸与测力油缸 14 连通，则测力油缸就受到与工作油缸相等的油压。此油压推动测力活塞 15，带动测力拉杆，使摆杆 21 和摆锤 16 绕支点转动。荷载愈大，摆的转角也愈大。摆杆转动时，上面的推杆便推动水平齿条 17，从而使齿轮带动测力指针转动，这样便可从测力盘上读出试样受力的大小。摆锤的质量可以调换，一般试验机可以更换三种锤重，故测力盘上相应有三种刻度，这三种刻度对应着机器的三种不同的量程。WE-30 型万能试验机有 0～60 kN，0～150 kN，0～300 kN 三种测量量程。

③ 操作步骤。

a. 关闭送油、回油阀。

b. 选择量程，装上相应的锤重。

c. 加载前，测力指针应指在度盘的"零"点，否则必须加以调整。调整时，先开动油泵电动机，将活动平台升起 3～5 mm 左右，然后稍旋动摆杆上的平衡铊 20，使摆杆保持铅直位置，再转动水平齿条使指针对准"零"点。

d. 安装试样。压缩试样必须放置垫板，拉伸试样则须调整上夹头或下夹头位置，使拉伸区间与试样长短适应。注意，试样夹紧后，绝对不允许再调整夹头，否则会造成烧毁夹头电机的严重事故。

e. 调整好自动绘图仪的传动装置和笔、纸等。

f. 开动油泵电动机，缓缓打开送油阀，用慢速均匀加载。

g. 实验完毕，立即停车取下试样。这时关闭送油阀，缓慢打开回油阀，使油液泄回油箱，于是活动平台回到原始位置。最后将一切机构复原，并清理机器。

④ 注意事项。

a. 开车前和停车后，送油阀、回油阀一定要在关闭位置。加载、卸载和回油均应缓慢进行。加载时要求测力指针匀速平稳地走动，应严防送油阀开得过大，这样测力指针会走动太快，致使试样受到冲击作用。

b. 拉伸试样夹住后，不得再调整下夹头的位置，以免使带动夹头升降的电动机烧坏。

c. 机器运转时，操纵者必须集中注意力，中途不得离开，以免发生安全事故。

d. 实验时，不得触动摆锤，以免影响试验读数。

e. 在使用机器的过程中，如果听到异声或发生任何故障应立即停车（切断电源），以便进行检查和修复。

（2）电子式万能材料试验机。

电子式万能试验机是以电测法测量并指示力和变形的新型机械式万能材料试验机，它可完成拉伸、压缩、弯曲及低周循环等试验。其主要特点是加力速率范围宽且易于准确控制,显示全数字化,操作简便。配用微型计算机时可按显示器的提示用键盘或鼠标实施对试验机的操作控制,并能自动进行数据处理。图 15-3 为微机控制电子式万能试验机,其构造原理示意图如图 15-4 所示。

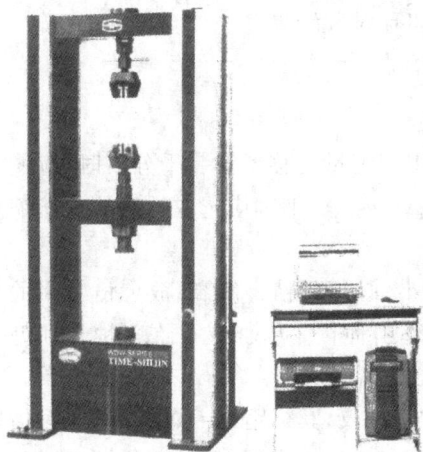

图 15-3 电子式万能试验机

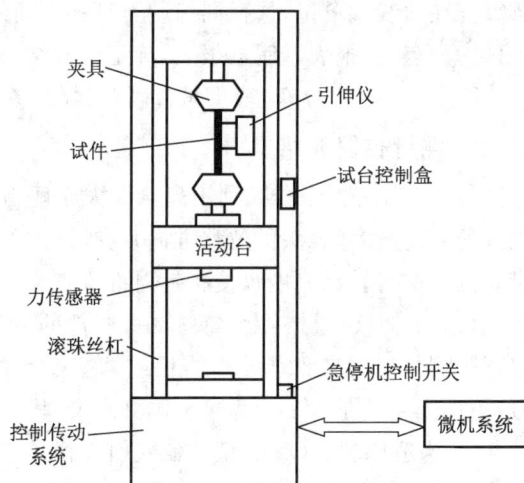

图 15-4 电子式万能试验机结构图

① 加力部分。

试验机的加力机构装于主机机架内,两滚珠丝杠垂直分装在主机左右两侧,活动台内两套螺母用滚珠与相应的滚珠丝杠啮合。工作时,交流伺服电机经齿形皮带减速后驱动左右丝杠同步原地转动;活动台内与之啮合的螺母便带动活动台下降或上升,活动台下降时,上部空间为拉伸区,下部空间为压缩与弯曲区。活动台升降及其速度控制有两套并行装置:一套是位于主机右立柱上的手动试验台控制盒,具有启动按钮、紧急停机按钮、升降停选择钮和调速电位器,供装卡试样时调整活动台的位置用;另一套直接由微机控制,供试验加力时用。

② 测力部分。

试验机力与变形的测量均采用电阻应变法。测力传感器固定在活动台下方中央并与下夹头和压头相连接,以感受对试样的拉力或压力,电子引伸计则卡在试样上,二者的信号电压输出至计算机进行采集、处理。

③ 操作步骤。

a. 试验机准备:使用电子式万能试验机,打开试验机钥匙开关,打开电脑主机开关,运行试验程序。

b. 试验机操作练习:点击"联机"按钮,将电脑与试验机连接。利用远控盒的上升、下降、停止键和速度旋钮,练习横梁升、降。利用程序界面上升、下降、停止按钮设定速度,练习横梁升、降。

c. 试样录入:点击"试样录入"按钮,设定本次试验组编号,输入每个试样标距、直径。检查试验参数。

d. 安装试件:先夹试件的上端,之后将试验力清零,上升横梁到合适位置,再夹紧试件下端,试件上下夹紧后试验力就不能清零了。

e. 正式试验：点击"试验开始"按钮，启动拉伸试验程序，进行试件拉伸。观察载荷——变形曲线和试件变形，直至试件拉断，程序自动结束试验并保存试验结果。取下试件，量取试件断后标距与最小直径，观察断口形貌。

f. 试验结果分析：点击"数据管理"按钮，进入本次试验组，查看试验结果，有问题时则需重算。在曲线菜单里，选择同组同类型多个曲线叠加，将各个试件载荷—变形曲线置以同一坐标内。点击"报表"，阅览报表，确定试验结果无误后，打印试验结果。

h. 试验完毕，停车，取下试件，将机器复原并清理现场。

2. 测量仪器介绍

（1）千分表。千分表利用齿轮放大原理制成，主要用于测量位移。安装千分表时，应使细轴的方向（亦即触头的位移方向）与被测点的位移方向一致。对细轴应选取适当的预压缩量。测量前可转动刻度盘使指针对准零点。

（2）引伸仪。材料力学实验中，试件的变形往往很小，必须用精密度高、放大倍数大的仪器来测量。用来测量微小伸长或缩短变形的仪器叫作引伸仪。引伸仪有许多种类和型号，下面介绍的是 QY-1 型球铰式引伸仪，其外形如图 15-5 所示。

① 构造原理。QY-1 型球铰式引伸仪是一种机械式引伸仪，其标距 $l = 100$ mm，放大倍数 $K = 2\,000$，量程为 0.5 mm，它由变形传递架和千分表两部分组成，其传动系统示意图见图 15-6。由图可知，上下顶尖的距离 EF 即为引伸仪的标距。

图 15-5　球铰式引伸仪　　　图 15-6　球铰式引伸仪传动示意图

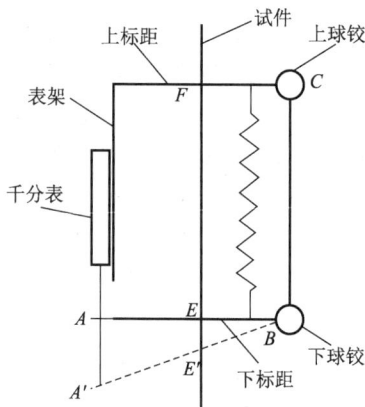

使用时，将试件从上、下标距叉的缺口中放入，并拧紧上、下顶尖螺钉，使上、下顶尖嵌入试样。这样，当试件变形时，引伸仪上、下顶尖之间的距离也将随之改变，下标距叉将绕下球铰 B 发生偏转。由于上标距叉与表架为刚性联结，试件发生变形时，只有下标距叉发生了偏转。设试件标距的总伸长 $\Delta l = EE'$，由于引伸仪设计时已使 $AE = BE$，所以

$$\frac{AA'}{EE'} = \frac{AB}{BE} = 2$$

因此，通过千分表所反映的千分表顶杆测头与测头固定件之间的相对位移，实际上就是试样在标距范围内的变形型的两倍。根据仪器的放大倍数的定义

$$K = \Delta A / \Delta l$$

式中，Δl 为试件在标距内的变形（mm）；ΔA 是千分表的读数（格）。因为千分表上的读数相

当于 0.001 mm，所以 QY-1 型球铰式引伸仪的放大倍数 K 为 2 000。

② 装夹步骤。

a. 先把试件夹持在试验机上，然后对试件施加负荷使其达到初应力 σ_0（对于钢材 σ_0 约为 0.5 MPa）。

b. 用左手握住球铰式引伸仪（大拇指压在上标距叉的上面，中指和无名指勾住下标距叉的下面）使小轴的弯曲尾部指向上标距叉，再将整个引伸仪从标距叉的缺口卡入并套在试样上，使上、下标距叉的定位弹簧和左侧顶尖螺钉的顶尖恰好和试件表面接触。然后旋转右侧的两颗顶尖螺钉的顶尖恰好和试件接触，再分别轮流拧紧，使顶夹螺钉嵌入试件接触 0.05～0.1 mm（螺钉大约旋转 1/10～1/5 转）至此便可松手。仪器已安装在试件上了。

c. 小轴旋转 180°，其弯曲尾部指向下标距叉，使表座与下标距叉之间有一间隙，防止仪器别劲。

d. 把千分表安装在表夹上，使千分表先压缩到短指针 0.4～0.6 mm 的范围内，并使长针对零。然后拧紧表夹螺钉，仪器即装夹完毕。

③ 装夹要求。

a. 引伸仪应对试件左右对称。

b. 下标距叉不能因装夹有明显的左右高低不平，以保证千分表测杆与下标距叉相垂直，千分表测杆的轴线与下标距叉的纵向对称线不相交度不超过 0.5 mm。

c. 引伸仪应无松动下滑，千分表指针应停止在零点。

④ 注意事项。

a. 测头固定件上的测头最高点与下标距顶尖螺钉的顶尖要基本在一直线上，以减少测试误差。

b. 顶尖螺钉靠定位簧片的作用，使安装时其轴线与试件断面直径重合，以保证所测得的变形是纯轴线伸长。

c. 根据不同试件的直径，可准确地调整定位弹簧和带帽螺钉的位置，以保证试件中心与标距叉对称中心重合。

d. 勿随意调整不允许转动的结构固定螺钉，以免影响测试精度。

e. 当标距不准时，可松球铰杠固定螺钉，待标距调定后再固定即可。

3. 静态电阻应变仪

通过电桥可把应变片感受到的应变转变成电压（或电流）信号，由于这一信号非常微小，所以要进行放大然后把放大了的信号再用应变表示出来，这就是电阻应变仪的工作原理。电阻应变仪按测量应变的频率可分为静态电阻应变仪、静动态电阻应变仪、动态电阻应变仪等。

应变仪已转向多点、高精度、数字化、自动化。CM-1J-10 型静态数字电阻应变仪采用直流电桥、低漂移高精度放大器、大规模集成电路、A/D 转换器及微计算机技术并带直 RS-232 接口。具有 4（1/4）位数字显示，有测量简便、精度高，准确可靠稳定性好，易于组成测试网络，便于维修等优点。本机带有 12 个通道，并可扩展测量通道。

（1）工作原理。

CM-1J-10 型静态数字电阻应变仪的外形如图 15-7 所示，其基本原理如图 15-8 所示。

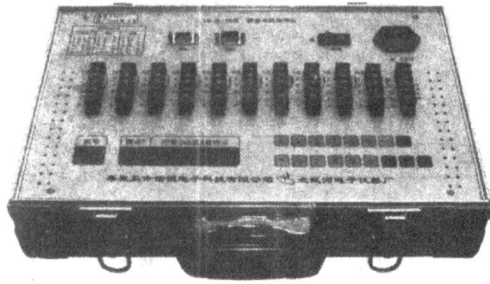

图 15-7　CM-1J-10 型静态数字电阻应变仪外形图

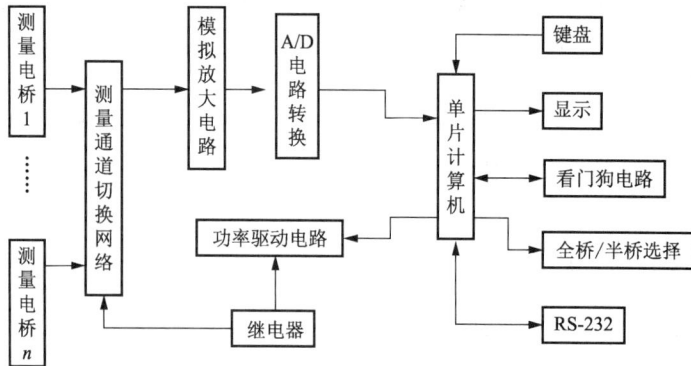

图 15-8　CM-1J-10 型静态数字电阻仪原理图

应变测量时,欲测试件或构件表面某点的相对变化量 $\Delta l / l$ 即线应变 ε,可将阻值为 R 的电阻应变片黏结在试件或构件被测处。当试件或构件受外力作用产生变形时,应变片将随之产生相应的变形。根据金属丝的应变电阻效应,应变片阻值也会发生变化,在一定范围内,应变片电阻的相对变化量 $\Delta R/R$ 与试件或构件的相对变化量成线性关系,即

$$\frac{\Delta R}{R} = K \frac{\Delta l}{l} = K\varepsilon \tag{15-1}$$

式中,K 称为应变片的灵敏系数。

由于应变很小,很难直接测得。但由式(15-1)可知,只要测得 ΔR,就可求得应变 ε。为此,通常将电阻应变片做成如图 15-9 所示的测量电桥。

图中 U_o 为供桥电压,U_i 为电桥输出电压,$R_1 \sim R_4$ 为电阻应变片,根据电桥原理可得

$$U_i = U_o \frac{R_1 R_4 - R_2 R_3}{(R_1 + R_2)(R_3 + R_4)} \tag{15-2}$$

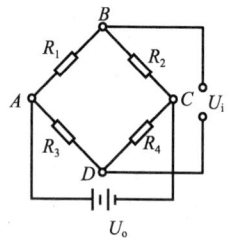

图 15-9　测量电桥

若在电桥中 $R_1 = R_2 = R_3 = R_4 = R$,则 R_1,R_2,R_3,R_4 均有相应的电阻增量 $\Delta R_1,\Delta R_2,\Delta R_3,\Delta R_4$ 时,电桥输出电压(忽略高次微量)为

$$U_i = \frac{U_o}{4}\left(\frac{\Delta R_1}{R} - \frac{\Delta R_1}{R} + \frac{\Delta R_3}{R} - \frac{\Delta R_4}{R}\right) \tag{15-3}$$

将式(15-1)代入式((15-3),得

$$U_i = \frac{U_o K}{4}(\varepsilon_1 - \varepsilon_2 + \varepsilon_3 - \varepsilon_4) = \frac{U_o K}{4}\varepsilon_d \tag{15-4}$$

由此可得应变仪的读数应变 ε_d 为

$$\varepsilon_d = \frac{4U_i}{U_o K} = \varepsilon_1 - \varepsilon_2 + \varepsilon_3 - \varepsilon_4 \tag{15-5}$$

被测量值经测量电桥,通过模拟放大,A/D 转换,由单片机实时控制,完成数据采集的计算处理、显示和传输。通过单片机还实现了:半桥、全桥自动选择,测量通道切换等实时控制。

(2) 温度补偿。

贴有电阻应变片的构件总是处在某一温度场中的。当温度场的温度发生变化时,就会造成应变片阻值的变化,而且当应变片电阻栅黏结剂的线膨胀系数与构件材料的线膨胀系数不同时,应变片就会产生附加应变,这种现象称为温度效应。

温度效应造成的电阻相对变化是比较大的。严重时,温度每升高 1 ℃,应变仪的指示应变可达几十微应变。显然,这不是需要测量的应变,必须消除。消除温度效应影响的措施,称为温度补偿。

温度补偿是将一片规格、材料及灵敏系数与工作应变片 R_1(即黏结在构件待测点上的应变片)完全相同的应变片 R_2(温度补偿片)黏结在一块与被测构件材料相同但不受力的试样上(或直接黏结在构件上不受力且离被测点较近的部位),并将此试样放在离被测点尽可能接近的位置(处于同一温度场)。用同一规格和长度的导线,按相同的走向接至应变仪,连成半桥电路,并使工作应变片与温度补偿片处于相邻的桥臂。这时,工作应变片的应变 ε_1,应包含由力产生的应变 ε_N 和温度产生的应变 ε_T 两部分,即

$$\varepsilon_1 = \varepsilon_N + \varepsilon_T$$

而补偿片的应变 ε_T 是由温度产生的,即 $\varepsilon_2 = \varepsilon_T$

由于是半桥接线,故 $\varepsilon_3 = \varepsilon_4 = 0$,因而从测量桥上测得的应变值为

$$\varepsilon_d = \varepsilon_1 - \varepsilon_2 = \varepsilon_1 + \varepsilon_T - \varepsilon_1 = \varepsilon_N$$

于是,由应变仪的应变指示器上读得的数值就是工作应变片所在测点处受力的作用所产生的应变,从而自动消除了温度变化对测量结果的影响。

(3) 使用方法。

① 准备:打开应变仪电源,8 位数码管发亮由 9 到 0 自检,进入工作状态。应变仪共有 10 个测点,可进行单臂测量、半桥测量、全桥测量。

② 接桥:单臂时公用一个补偿片,接补偿端子的 AO,BO 上,通道的 A,B 点接工作片,两个旋钮全拨向"单臂"。半桥时,通道的 AB,AD 接工作片,两个旋钮全拨向"半桥"。全桥时,两个旋钮全拨向"全桥"。

③ 切换通道:可通过按数字键来实现通道(测点)切换,如按下数字键 3 则仪器显示第 3 通道(测点)的应变值。

④ K 值修正:在键盘按下"SHIFT"键,再按"K(S)/测量"键,仪器显示当前测点应变片 K 值,如需修正 K 值(如 $K=2.08$),则输入四位数 2 080,即完成对 K 值的修正(按"K(A)/巡检"键,则所有测点的 K 值均被设置为 2.08),按"K(S)/测量"键,则返回测量界面。

⑤ 清零:按"总清/清零"键对当前测点进行清零,若先按下"SHIFT"键,再按"总清/清零"键,则对全部测点进行清零。

⑥ 测量:清零后给测量构件加载,按数字键切换测点,读取各点应变测量值,也可按"巡检"键,应变仪以每秒两测点显示应变测量值。

4. 数字测力仪

数字测力仪是将传感器感受到的信号转换为力并由数字显示器显示的一种仪器。通过数字测力仪，能够很方便地得知作用在构件上的外力大小。SCLY-Ⅱ型数字测力仪的工作原理与电阻应变仪的工作原理一样，只是仪器面板上显示的数值表示力。因此，其工作原理在这里不再叙述。

(1) 数字测力仪的技术性能。

① 测量范围：0～20 N，0～200 N，0～2 000 N，0～20 kN，0～200 kN，0～2 000 kN。

② 测量误差：不大于测量上限值的±1%，实测≤0.5%（配 BLR-1 型普通精度传感器）。

③ 分辨率：0.01 N（20 N 量程）；0.1 N（200 N 量程）；1 N（2 000 N 量程）；0.01 kN（20 kN 量程）；0.1 kN（200 kN 量程）；1 kN（2 000 kN 量程）。

④ 工作稳定性：仪器连续工作 4 h，示值变化小于满量程的±0.2%。

⑤ 测量显示方式：16 mm 发光二极管（LED）三位半十进制显示。

⑥ 传感器供桥电压（DC）：10 V，最大负载电流 50 mA。

⑦ 工作环境条件：

a. 环境温度：0～+40 ℃。

b. 相对湿度：不大于 85%。

c. 环境空气中不含有强的腐蚀性气体、杂质及强烈磁场。

⑧ 电源及功耗：交流 220 V±10%，50 Hz；功率不大于 7 W。

数字测力仪一般半年（或一年）标定一次。标定方法是：利用三等标准测力计将与传感器额定载荷相等的标准力加到传感器上，并观察数码管显示值应与标准力值相等。在标定时，一般采用量程选择直键开关的 20 kN 一挡，所以在测量时，一定要把 20 kN 直键开关按下去，所读数值及单位才准确。

(2) 数字测力仪面版介绍。

SCLY-Ⅱ型数字测力仪的前后面板如图 15-10 所示。

① 力显示器，由五位发光数码管组成。

② 粗调，力值调零粗调电位器。

③ 细调，力值调零细调电位器。

④ 电源开关。

⑤ 电源插座。

⑥ 传感器输入插座。

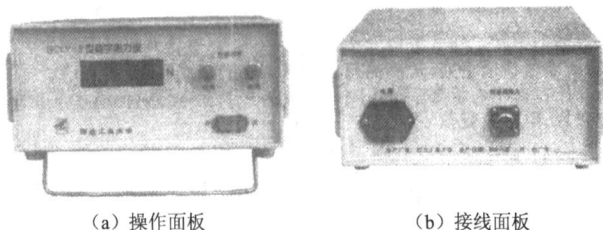

(a) 操作面板   (b) 接线面板

图 15-10 SCLY-Ⅱ型数字测力仪

（3）操作步骤。

① 将力传感器与所测构件合适地连接，以保证能正常感受到信号。

② 将力传感器输出电缆和数字测力仪后面板上的传感器输入插座连接起来。

③ 将电源插头插到交流电源插座上，电源电压要求保持在 220 V。

④ 接通数字测力仪电源。

⑤ 仪器接通电源预热几分钟后，力传感器在空载状态下，数字测力仪的力值显示应该为零，若不为零，可调整力值显示的粗调和细调电位器使输出力值为零。

⑥ 上述各项准备工作结束后，即可开始进行加载测量。

（4）注意事项。

① 数字测力仪在使用过程中，要避免过载。传感器的过载能力一般为其额定值的 10%～20%。

② 力值零点调整完毕后，在测试过程中力值的粗调和细调电位器不能再调整。

③ 若需交换配套使用的力传感器，更换后必须重新进行标定方能使用。

④ 测试过程中尽量不要随意变换测力仪的原始位置，避免影响测试精度。

15.2 材料力学实验

15.2.1 实验一——拉伸实验

拉伸实验是检验材料机械性能的最基本的实验。实验中的弹性变形、塑性变形、断裂等各阶段真实地反映了材料抵抗外力作用的全过程。拉伸实验是在应力状态为单向、温度恒定以及应变速率为 0.000 1～0.01 s 下的条件下进行的。它具有简单易行、试样便于制备等特点。通过拉伸实验可以得到材料的基本力学性能指标，如弹性模量、泊松比、屈服强度、规定非比例延伸强度、抗拉强度、断后伸长率、断面收缩率、应变硬化指数和塑性应变比等。

拉伸实验所得到的材料强度和塑性性能数据对于设计和选材、新材料的研制、材料的采购和验收、产品的质量控制、设备的安全和评估都有很重要的应用价值和参考价值，有些则直接以拉伸试验的结果为依据。例如进行强度计算时，材料所受的应力应小于屈服强度，否则会因塑性变形而导致破坏。材料的强度越高，能承受的外力就越大，所用的材料也越少。又如断后伸长率和断面收缩率大的材料，轧制和锻造的可塑性也越大，反之，可塑性就越小。

1. 实验目的

（1）了解试验设备——万能材料试验机的构造和工作原理，掌握其操作规程及使用时的注意事项。

（2）测定低碳钢的强度指标（屈服极限 σ_s，强度极限 σ_b）和塑性指标（延伸率 δ、截面收缩率 φ）。

（3）测定材料的 E。

（4）观察以上两种材料在拉伸过程中的各种现象（包括弹性阶段、屈服阶段、强化阶段、局部变形阶段），并绘制拉伸图。

（5）比较低碳钢（塑性材料）与铸铁（脆性材料）拉伸时的机械性质（强度性质与塑性

性质）。

2. 实验设备和量具

（1）设备：万能材料试验机。

（2）量具：游标卡尺、钢尺、分规。

（3）实验原理：等截面杆件试样在拉伸试验时，宏观上可以看到试样被逐渐均匀拉长，然后在某一等截面处变细，直到在该处断裂（图 15-11）。上述过程一般可分为弹性变形、屈服变形、均匀塑性变形、局部塑性变形四个阶段。材料试验机上的自动记录装置可以以力为纵坐标、变形为横坐标，记录力一变形曲线，即拉伸图（图 15-12）。

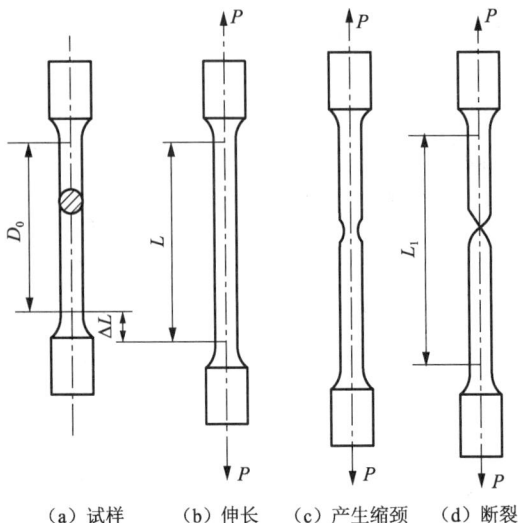

图 15-11　试样在拉伸时的伸长和断裂过程

(a) 试样　(b) 伸长　(c) 产生缩颈　(d) 断裂

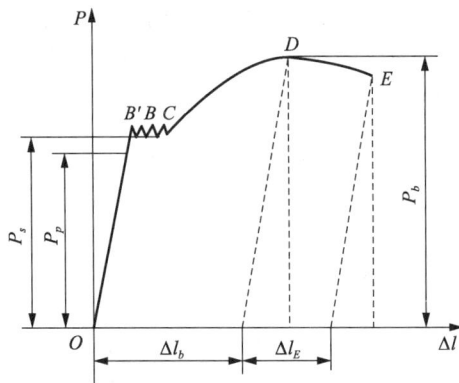

图 15-12　低碳钢拉伸图

① 为了检验低碳钢拉伸时的机械性质，应使试样轴向受拉直到断裂，在拉伸过程中以及试样断裂后，测度出必要的特征数据（P_s，P_b，l_1，d_1），经过计算便得表示材料力学性能的四大指标，即 σ_s，σ_b，δ，φ。

② 铸铁属脆性材料，轴向拉伸时在变形很小的情况下就断裂，故一般测定其抗拉强度极限 σ_b。

（4）实验试样。拉伸试样按金属产品形状的不同可以分为板材（薄带）试样、棒材试样、管材试样、线材试样、型材试样以及铸件试样等种类。根据其形状及试验目的的不同，试样可以进行机加工，也可以采用不经加工的原始截面试样。板材（薄带）、试样的示意图如图 15-13 所示。

夹持部分用来装入试验机夹具中以便夹紧试样，过渡部分用来保证标距部分能均匀受力，这两部分的形状和尺寸决定于试样的截面形状和尺寸以及机器夹具类型。标距 l_0 是待试部分，也是试样的主体，其长度通常简称为标距，也称为计算长度。

试样的尺寸和形状对杆件的强度和变形影响很大，也就影响按其均值表示的材料强度和塑性指标。为了能正确地比较材料的机械性质，国家对试样尺寸做了标准化规定。

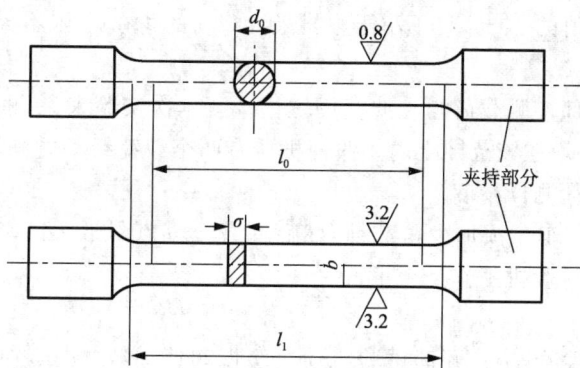

图 15-13　板材、棒材试样

拉伸试样分比例试样和非比例试样两种。比例试样由公式 $l_0 = k\sqrt{A_0}$ 计算而得,式中 l_0 为标距,A_0 为标距部分原始截面积,系数 k 通常为 5.65 和 11.3(前者称棒材为短试样,后者称为长试样)。据此,短、长圆形试样的标距长度分别等于 $5d_0$ 和 $10d_0$。非比例试样的标距与其原横截面间无上述一定的关系。

根据国家标准 GB 228—76,比例试样尺寸见表 15-1。

表 15-1　比例试样尺寸

试 样		标距长度 l_0 /mm	横截面积 A_0 /mm²	圆形试样直径 d_0 /mm²	表示伸长率的符号
比 例	长	11.3 $\sqrt{A_0}$ 或 $10d_0$	任意的	任意的	δ_{10}
	短	5.65 $\sqrt{A_0}$ 或 $5d_0$			δ_5

表 15-1 中 d_0 表示试样标距部分的原始直径,δ_{10} 和 δ_5 分别表示长度 l_0 为直径 d_0 的10倍和 5 倍的试样伸长率。

常用试样的形状尺寸、光洁度等可查国家标准 GB 288—76 中的附录。

3. 实验内容、方法及步骤。

拉伸实验内容共有五项,其方法及步骤分述如下:

【项目 1】低碳钢试样的拉伸实验

(1)试样准备。

① 为了便于观察标距范围内沿轴向的变形情况,用划线机在标距 l_0 范围内每隔10 mm(对长试样)或每隔 5 mm(对短试样)刻出分格线,将标距分成 10 格。

② 用游标卡尺测量试样的截面尺寸。在试样标距两端和中间三处予以测量,每处在两个相互垂直的方向上各测一次,取其平均值,然后取这三个平均数的最小值计算试样的横截面积 A_0,计算 A_0 时取三位有效数字。

(2)试验机准备。根据低碳钢的强度极限,估计加在试样上的最大载荷,据以选择适当的机器量程(也称载荷级),挂好相应摆锤。

调整测力指针,对准零点,并使被动指针与之靠拢,同时调整好自动绘图装置。

每台全能机都有几个载荷级,其刻度范围自零至该级载荷的最大值。由于机器测力部分本身精度的限制,每级载荷的刻度范围只有一部分是有效的。有效部分的规律如下:下限不小于该载荷级最大值的 10%，且不小于整机最大载荷的 4%；上限不大于该载荷级最大值的 90%。

实验时应保证全部待测载荷均在此范围之内。就本次实验来说，也就是须保证屈服载荷 P_s 和极限载荷 P_n 均在该范围之内。假使机器有两个载荷级都能满足要求，因此应取较小的载荷级以提高载荷测读精度。

（3）安装试样及试车。预加少量载荷，然后卸载至零点附近。试车的目的是检查包括自动绘图装置在内的试验机工作是否正常。

（4）正式实验。

① 第 I 阶段（弹性阶段）。开动试验机使之缓慢匀速加载，使试样的变形匀速增长，测力盘上的指针也是匀速前进的，这一过程为弹性阶段（国家标准规定的拉伸速度是：屈服前，应力增加速度为 10 MPa/s²，屈服后，试验机活动夹头在负荷下的移动速度不大于 $0.5l_0/\min$）。低碳钢试样在此阶段满足胡克定律

$$\Delta l = \frac{Pl}{EA}$$

② 第 II 阶段（屈服阶段）。当指针停止前进或来回摆动时就表明试样进入屈服阶段或流动阶段，读出此时的最小载荷。借助于试验机上自动绘出的载荷-变形曲线可以帮助我们更好地判断屈服阶段的到达。对于 Q235 钢来说，屈服时的曲线如图 15-14(a) 所示，其中 P_{sE} 叫作上屈服载荷，与锯齿状曲线段最低点相应的最小载荷 P_{sF} 叫作下屈服载荷。由于上屈服载荷随试样过渡部分的不同而有很大差异，而下屈服载荷则基本一致，因此一般规定以下屈服载荷来计算屈服极限 $\sigma_s = P_{sE}/A_0 = P_{sF}/A_0$。若试样经过抛光，则在此阶段，试样表面上将可看到大约与试样轴线成 45°方向的条纹[15-14(b)]，它们是由于材料沿试样的最大剪应力面发生滑移而出现的，故通常称为滑移线。

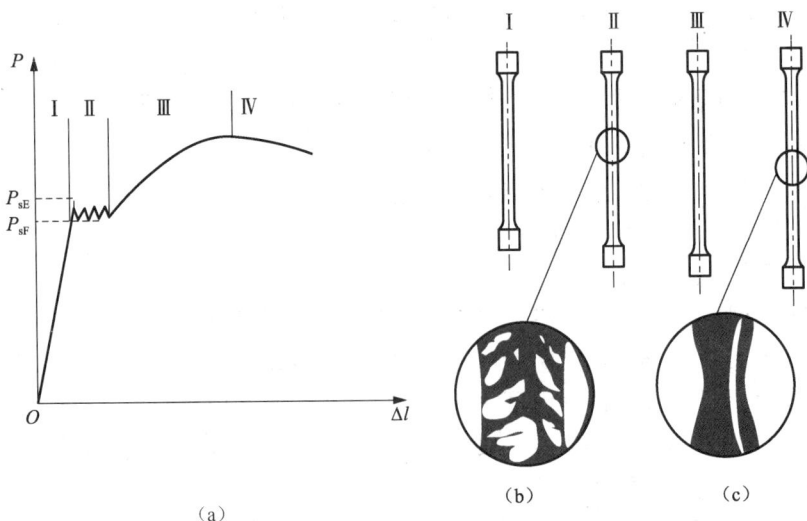

图 15-14　试样拉伸图

③ 第 III 阶段（强化阶段）。屈服阶段终了以后，要使试样继续变形，就必须加大载荷。这时载荷——变形曲线将开始上升，材料进入强化阶段。由于在强化阶段中试样的变形主要是塑性变形，所以要比在弹性阶段内试样的变形大得多。在此阶段中可以较明显地看到

整个试样的横向尺寸在缩小。如果在这一阶段的某一点处时进行卸载,则可以在自动绘图仪上得到一条卸载曲线,实验表明它与曲线的起始直线部分基本平行。卸载后若重新加载,加载曲线则沿原卸载曲线上直到该点,此后曲线基本上与未经卸载的曲线重合,这就是冷作硬化效应。

④ 第Ⅳ阶段(颈缩断裂阶段)。随着实验的继续进行,载荷-变形曲线将趋于平缓。当载荷达到最大 $P_b = P_{max}$ 之后,曲线下降。与此同时,在试样上可以看到某一段内的横截面积显著地收缩,出现如图 15-14(c)所示的颈缩现象。在试样继续伸长(主要是颈缩部分的伸长)的过程中,由于颈缩部分的横截面积急剧缩小,因此,荷载读数(即试样的抗力)反而降低,一直到试样被拉断。这一阶段称为局部变形阶段根据测得的 P_b 可以按 $\sigma_b = P_b / A_0$ 计算出强度极限 σ_b。

【项目2】材料弹性模量 E 的测定

拉伸试验中得到的屈服极极限和强度极限,反映了材料对力的作用的承受能力,而延伸率、截面收缩率反映了材料在塑性方面对变形作用的承受能力。

为了表示材料在弹性范围内抵抗变形的难易程度,可用材料的弹性模量 E 来量度,称为材料的刚性;从材料的应力-应变关系曲线来看,它就是起始直线部分的斜率。

弹性模量 E 是表示材料机械性质的又一个物理量,只能由实验来测定。对于构件的理论分析和设计计算来说,弹性模量 E 是经常要用到的。

(1) 实验目的。

① 在比例极限内,验证胡克定律。

② 测定钢材的弹性模量 E。

③ 学习拟订实验加载方案。

(2) 实验设备和量具。

① 万能材料试验机。

② 游标卡尺。

③ 测量变形用的引伸仪和千分表。

(3) 实验原理和方法。

弹性模量 E 可用轴向受力的等直杆来测定。在线性范围内轴向受力、等直杆的胡克定律是

$$\Delta l = \frac{Pl}{EA_0}$$

它表明,只要测定出试件的原来计算长度 l_0、原来截面积 A_0 以及与所加载荷 P 相对应的变形 Δl,就可求出材料的弹性模量

$$E = \frac{Pl_0}{A_0 \Delta l}$$

但是,这种测定 E 的想法很难实现,因为照这个想法来测定 E,必须保证在杆件开始受力的同时测力装置和变形装置恰好都开始正常工作,而这一点却很难实现。为了消除测力和测变形与试件受力同时开始的困难,可在拉伸曲线上选取两个点测定相应载荷与变形增量来求 E,如图 15-15 所示。这时 E 的计算式为

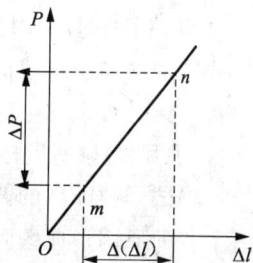

图 15-15 上、下限点的选取

$$E = \frac{\Delta\sigma}{\Delta\varepsilon} = \frac{\Delta Pl}{A_0\Delta(\Delta l)}$$

于是，问题归结如何正确选择拉伸曲线上的两个点，这于加载方案有关。下面介绍拟订加载方案的原则。上限点 n 的确定原则是，必须保证该点对应的应力 σ_n 不超过所测材料的比例极限 σ_p，一般选 $\sigma_n = (0.7\sim0.8)\sigma_p$，限制点 m 的确定原则是，必须保证所对应的 σ_m 不小于 $0.15\sigma_p$，对于普通限制点 m 的确定原则是，必须保证所对应的 σ_m 不小于 $0.15\sigma_p$，对于普通碳钢，可选 $\sigma_m = 0.2\sigma_p$。

有了 σ_m 和 σ_n 就可以根据试件的截面积 A_0 载荷 P_m 和末载荷 P_n，例如本次试验所用材料为普通碳钢，可估计 $\sigma_p = 210$ MPa，于是可求出

$$P_m = 0.2\sigma_p A_0, \quad P_n = 0.8\sigma_p A_0$$

然后按试验机测力度盘情况取整数。

确定了 P_n 与 P_m 之后，为了验证力与变形的线性关系，一般均采用等量增载法，即将 Δl_n 等分成 n 份（$n \geqslant 5$）来逐级加载。假使每增加一级载荷由引伸仪测出的相应伸长增量大致相等，就验证了应力与应变间存在着线性关系，也就验证了胡克定律，如图 15-16 所示。

测 E 时，利用上述逐步等量加载的方法，不仅可以验证胡克定律，还可以判断测读的数据有无错误。试件的标距长度则应根据所用仪器来决定。一般宜尽可能长一些的标距，使变形测量结果可靠一些。通常标距长度不宜小于 100 mm。

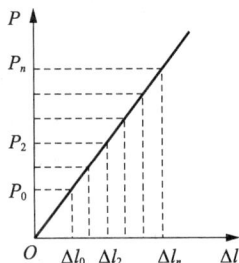

图 15-16　等量加载法示意图

（4）实验步骤。

① 试件的准备。在试件标距长度的两端及中间选三处，每处在两个相互垂直的方向上各测一次直径，取其算术平均值，取这三处平均值作为计算截面面积，并根据试件材料的 σ_p 拟订加载的初步方案。

② 试验机的准备。

a. 首先复习试验机的操作规程。

b. 按照初步加载方案，选用合适的试验机和载荷量程，最后确定加载方案。

③ 安装试件和仪器。将试件安装在试验机夹头内，预加少许载荷，其大小以夹紧试件即可。然后小心正确地安装引伸仪。

④ 检查及试车。开动试验机，预加载荷至 $0.5\sim0.6\ P_p$（$P_p = \sigma_p A_0$），最终载荷数值不能超过比例载荷 P_p，然后卸装至初载荷以下（保持较小的载荷），以检查试验机及仪器是否处于正常工作状态。

⑤ 进行试验。用慢速逐渐加载至初载荷，记下此时引伸仪的初读数。然后缓慢地逐级加载。每增加一级载荷，记录一次引伸仪读数，随时估算引伸仪先后两次读数的差值，借以判断工作是否正常，继续加载到最终数值为止。

【项目 3】拉断后标距部分长度 l_0 的测量

将试样拉断后的两段在拉断处紧密对接起来，尽量使其轴线位于一条直线上。拉断处由于各种原因形成缝隙，则此缝隙应计入试样拉断后的标距部分长度内。用下述方法之一确定。

(1)直测法。如拉断处到邻近标距端点的距离大于$l_0/3$时,可直接测量两端点间的长度。

(2)移位法。如拉断处到邻近标距端点的距离小于$l_0/3$时,则可按下法确定:在长段上从拉断处。取基本等于短段格数,得 B 点,接着取等于长段所余格数[偶数,见图 15-17(a)]之半,得 C 点,或者取余格数[奇数,见图15-17(b)],减 1 与加 1 之半,分别得 C 与 C_1 点,移位后的l_1 分别为$l_1 = AO + OB + BC + BC_1$。

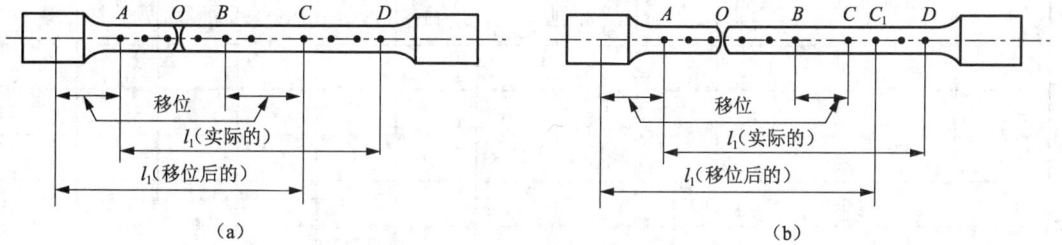

图 15-17 断口移位法示意图

【项目 4】拉断后缩颈处截面积 A_0 的测定

圆形试样在缩颈最小处两个相互垂直方向上测量其直径,用二者的算术平均值作为断口直径 d_0 来计算其 A_0。

【项目 5】灰铸铁试样的拉伸实验

灰铸铁这类脆性材料拉伸时的载荷—变形曲线如图 15-18 所示。它不像低碳钢拉伸那样明显可分为线性、屈服、强化、颈缩断裂四个阶段,而是一根非常接近直线状的曲线,并且没有下降段。灰铸铁试样是在非常微小的变形情况下突然断裂的,断裂后几乎测不到残余变形。注意到这些特点,可知灰铸铁不仅不具有 ε,而且测定它的 d 和 ε 也没有实际意义。一般规定δ≤5%为脆性材料,这样,对灰铸铁只需测定它的强度极限 σ_b 就可以了。

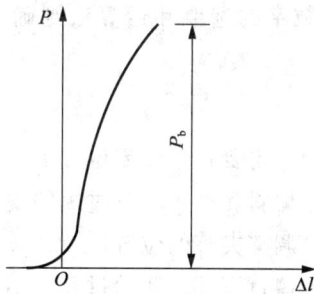

图 15-18 铸铁拉伸图

测定σ_b,可取制备好试样,只测出其截面积 A_0,然后装在试验机上逐渐缓慢加载直到试样断裂,记下最大载荷 P_b,据此即可算得强度极限

$$\sigma_b = P_b/A_0$$

4. **实验数据和计算结果**

对于 Q235 钢,衡量其强度和塑性指标的平均值约为 $\sigma_s = 240$ MPa,$\sigma_b = 700$ MPa,$\delta = 10.0\%$,$\varphi \approx 60\%$。这种 δ 和 φ 数值均较高的材料通常称为塑性材料。另外一类典型材料的共同特点是延伸率均很小,这类材料称为脆性材料。通常以延伸率$\delta < (2\% \sim 5\%)$作为脆性

材料定义的界限。

实验数据和计算结果可填入表 15-2。

表 15-2　拉伸/实验记录

试验材料及编号	实验前			试验后			强度指标				塑性指标	
	直径 d_0/mm	截面图 A_0 mm²	标距 L_0/mm	断口直径 d_1/mm	断口截面图 A_1/mm	断后标距 L_1/mm	屈服载荷 σ_b/MPa	屈服极限 σ_s/MPa	最大载荷 P_b/kN	强度极限 σ_b/MPa	延伸率 δ	断面收缩率 φ

5. 试验结果的处理

（1）材料强度指标。根据屈服载荷 P_s，最大载荷 P_b，计算屈服极限 σ_s 及强度极限 σ_b：

$$\sigma_s = \frac{P_s}{A_0}, \qquad \sigma_b = \frac{P_b}{A_0}$$

（2）材料塑性指标。根据试件前、后的标距长度及横截面积，计算延伸率和横截面收缩率：

$$\delta = \frac{l_1 - l_0}{l_0}, \qquad \varphi = \frac{A_1 - A_0}{A_0}$$

在进行数据处理时，按有效数字的选取和运算法则确定所需的位数，所需位数后的数字，按四舍五入五单双法处理。

6. 注意事项

（1）开车前和停车后，送油阀一定要置于关闭位置。加载、卸载和回油均须缓慢进行。

（2）试件安装必须正确，防止偏斜和夹入部分过短的现象。

（3）拉伸试件夹好后，不得再调整夹头的位置。

（4）机器开动时，操纵者不得擅自离开。实验过程中不得触动摆锤。

（5）使用时，听见异声或发生任何故障应立即停车。

7. 思考题

（1）由拉伸试验所确定的材料机械性能有何实用价值？为什么将低碳钢的极限应力定为 σ_s？而将铸铁定为 σ_b？

（2）为什么拉伸试验必须采用标准试样或比例试样？材料和直径相同、而长短不同的试样，它们的延伸率是否相同？

（3）试比较低碳钢和铸铁的拉伸机械性质。

（4）试从不同的断口特征说明金属的两种基本破坏形式。

15.2.2 实验二——压缩实验

1. 实验目的

(1) 测定压缩时低碳钢的屈服极限 σ_s 和铸铁的强度极限 σ_b。

(2) 观察低碳钢和铸铁压缩时的变形破坏现象,并进行比较。

2. 实验设备和量具

(1) 万能材料试验机或压力机。

(2) 游标卡尺。

3. 实验原理与实验试样

低碳钢和铸铁等金属材料的压缩试样一般制成圆柱形,高 h_0 与直径 d_0 之比在 $1\sim3$ 的范围内。目前常用的压缩试验方法是两端平压法,这种压缩试验方法的试样上下端与试验机承垫之间会产生很大的摩擦力,它们阻碍试样上部及下部的横向变形,导致测得的抗压强度较实际偏高。当试样的高度相对增加时,摩擦力对试样中部的影响就变得小了,因此抗压强度与比值高 h_0/d_0 有关。由此可见,压缩试验是与试验条件有关的;为了在相同的试验条件下,对不同材料的抗压性能进行比较,应对 h_0/d_0 的值作出规定。实践表明,此值以取在 $1\sim3$ 的范围内为宜;若小于1,则摩擦力的影响太大;若大于3,虽然摩擦力的影响减小,但稳定性的影响却突出起来。

为了保证正确地使试样中心受压,试样两端面必须平行及光滑,并且与试样轴线垂直。实验时必须要加球形承垫,如图 15-19 所示,它可位于试样上端,也可以位于下端。球形承垫的作用是当试样两端稍不平行可起调节作用。

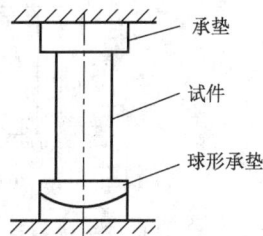

图 15-19 球型承垫图

4. 实验项目、方法及步骤

压缩实验内容有二项:低碳钢试样的压缩和铸铁试样的压缩实验。

【项目1】低碳钢试样的压缩

(1) 试样准备。测定试样的截面尺寸及高度。用游标卡尺在试样高度中央取一处予以测量,沿两个互相垂直的方向各测一次,取其算术平均值作 d_0 来计算截面积 A_0。用游标卡尺测量试样的高度。

(2) 试验机的准备。估算屈服载荷的大小,选择测力度盘,调整指针对准零点,并调整好自动绘图仪。

(3) 安装试样。将试样准确地放在试验机活动平台承垫的中心位置上。

(4) 检查及试车。试车时先提升试验机活动平台,使试样随之上升。当上承垫接近试样时,应大大减慢活动台上升的速度。注意,必须切实避免急剧加载。等候试样与上承垫接触受力后,用慢速预先加少量载荷,然后卸载接近零点,检查试验机(包括自动绘图部分)工作是否正常。

(5) 正式实验。缓慢均匀地加载,注意观察测力指针的转动情况和绘图纸上曲线。以便及时而准确地确定屈服载荷,并记录之。

屈服阶段结束后继续加载,将试样压成鼓形即停止加载。

（1）钢试样压缩时同样存在弹性极限、比例极限、屈服极限,而且数值和拉伸所得的相应数值差不多,但是屈服却不像拉伸那样明显。

从进入屈服开始,试样塑性变形就有较大的增长,试样截面积随之增大。由于截面面积的增大,要维持屈服时的应力,载荷要相应增大,载荷也是上升的,在测力盘上看不到指针倒退现象,这样,判定压缩时的 P_s 要特别小心地注意观察。在缓慢均匀加载下,测力指针是等速转动的,当材料发生屈服时,测力指针的转动将出现减慢,这时所对应的载荷即为屈服载荷 P_s;由于指针转动速度的减慢不十分明确,故还要结合自动绘图装置上绘出的压缩曲线中的拐点判断和确定 P_s。

低碳钢的压缩图（即 $P\sim\Delta L$ 曲线）如图 15-20 所示,超过屈服之后,低碳钢试样由原来的圆柱形逐渐被压成鼓形,如图 15-21 所示。继续不断加压,试样将愈压愈扁,但总不破坏。所以,低碳钢不具有抗压强度极限,低碳钢的压缩曲线也可证实这一点。

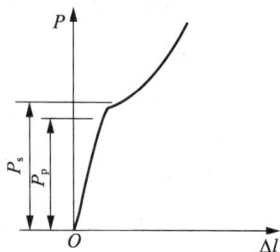

图 15-20　低碳钢压缩图　　　　图 15-21　压缩时低碳钢变形示意图

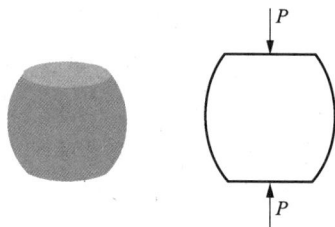

【项目 2】铸铁试样的压缩实验

铸铁试样压缩实验的步骤与低碳钢压缩实验基本相同,但不测屈服强度而测极限强度。此外,要在试样周围加防护罩,以免在实验过程中试样飞出伤人。

铸铁在拉伸时是属于塑性很差的一种脆性材料,但在受压时,试件在达到最大载荷 P_b 前将会产生较大的塑性变形,最后被压成鼓形而断裂。铸铁的压缩图（$P\text{-}\Delta L$ 曲线）如图 15-22所示。铸铁试样的断裂有两个特点:一是断口为斜断口,如图 15-23 所示;二是按 P_0/A_0 求得的强度极限 σ_b 远比拉伸时为高,大致是拉伸时的 $3\sim4$ 倍。铸铁压缩时沿斜截面断裂,测量铸铁受压试样斜断口倾角为 α 略大于 $45°$。

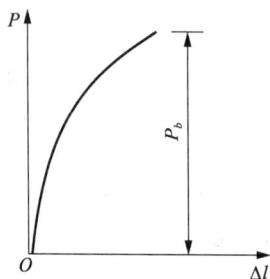

图 15-22　铸铁压缩图　　　　　图 15-23　压缩时铸铁破坏断口

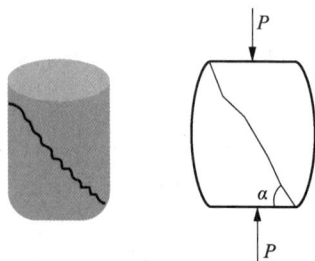

5. 实验数据和计算结果

实验数据和计算结果见实验报告表。

6. 注意事项

(1) 必须切实避免试验机急剧加载。

(2) 要在试样周围加防护罩,以免在试验过程中试样飞出伤人。

(3) 参见低碳钢试样的拉伸实验中的注意事项。

7. 思考题

(1) 由低碳钢和铸铁的拉伸和压缩实验结果比较塑性材料和脆性材料的力学性质以及它们的破坏形式。

(2) 为什么铸铁试样在压缩时沿着与轴线大致成 45°的斜截面破坏?

(3) 低碳钢和铸铁在拉伸和压缩时的机械性质有何异同?

15.2.3 实验三——扭转实验

扭转实验是对杆件施加绕轴线转动的力偶矩,以测定其扭转变形和力学性能的实验,是材料力学的一项重要实验。

1. 实验目的

(1) 通过对低碳钢和铸铁这两种典型材料在扭转破坏过程的观察和对实验数据、断口特征的分析,了解它们的扭转力学性能特点。

(2) 了解电子式扭转试验机的构造、原理和操作方法。

(3) 利用电子式扭转试验机测定低碳钢扭转时的剪切屈服极限 τ_s、剪切强度极限 τ_b 和单位扭角 θ,以及测定铸铁扭转时的剪切强度极限 τ_b 和单位扭角 θ。

(4) 测剪切弹性模量 G 试样。

① 试样制备。

本实验采用圆形试样,直径为 10 mm,夹持头部根据试验机夹头结构而定,如图 15-24 所示。

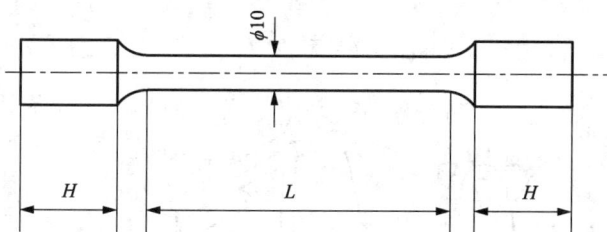

图 15-24 扭转试样

② 试样直径测量。

取试样标距的两端和中间共三个截面,每个截面在相互垂直的方向各量取一次直径,取其算术平均值为平均直径,取三个截面中最小的平均直径作为被测试样的原始直径。

2. 实验原理

(1) 电子式扭转试验机。

电子式扭转试验机由主机和计算机系统所组成。主机由加载机架、测力单元、显示器、试验机附件等组成。如图 15-25 所示,试样安装在旋转夹头 1 和固定夹头 2 之间,安装在导轨 4 上的加载机构，由伺服电机 5 的带动，通过减速器 6 使夹头 1 旋转，对试样施加扭矩。试验机的正反加载和停车，可按液晶屏 7 上面的标志按扭进行操作。测力单元，通过与固定夹头相连的扭矩传感器 3 输出电信号，在液晶屏 7 和计算机上同步显示出来，并保存于计算机。

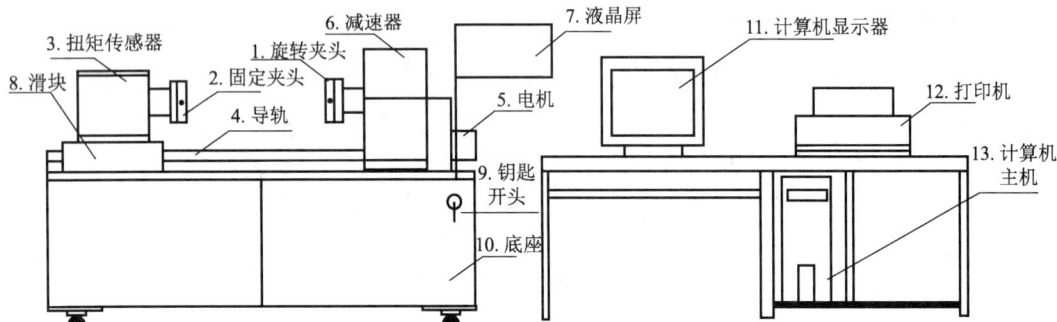

图 15-25　电子式扭转试验机

（2）JS-1 型测定剪切弹性模量 G 实验装置。

该装置是用来验证剪切胡克定律和测定剪切弹性模量 G 的。它由两部分组成，第一部分是加力部分，结构如图 15-26 所示。试样 1 安装在两支座 1，2 之间，一端固定，一端可转动，可转动端与一臂长为 H 的水平加力杆 3 固定，加力杆另一端有砝码吊盘 5，可置砝码 4 加载荷 P，因此，试样扭矩 $T = PH$。第二部分是装在试样上的千分表测扭角仪，其结构如图 15-27 所示。它由两个夹具 6，8 和一个千分表 7 组成，两个夹具可安装在试样相距为标距 l_0 的两个截面处，并在至试样轴线距离为处各伸出与试样平行的传递杆 10，11，两传递杆位置重叠，一杆安装固定千分表 7，一杆具有垂直千分表测杆的平面挡板 9。测杆顶端与平面挡板保持接触，当夹具随试样相对转动 $\Delta\varphi$ 角时，两传递杆间发生 $f\Delta s = h\Delta\varphi$ 的相对位移，并被千分表测出。我们即可从千分表读数增量 Δs 和放大敏感度 $f = 0.001\ \text{mm}/$格，推算出试样标距 l_0 之间的扭角增量

$$\Delta\varphi = \frac{f\Delta s}{h} \tag{1}$$

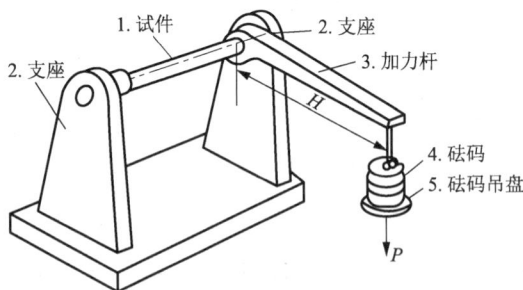

图 15-26　JS-1 型测 G 加力架

由图 15-28 所示可看出，切应变

$$\Delta\gamma = \frac{\Delta\varphi R}{l_0} \tag{2}$$

将式（1）代入式（2），即得

$$\Delta \gamma = \frac{f \Delta s R}{h l_0} = \frac{f \Delta s d}{2 h l_0} \tag{15-6}$$

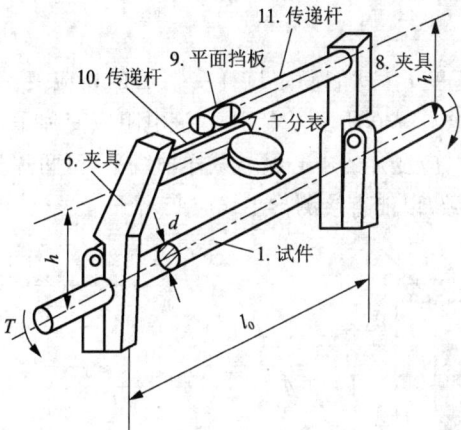

图 15-27　千分表扭角仪结构和原理

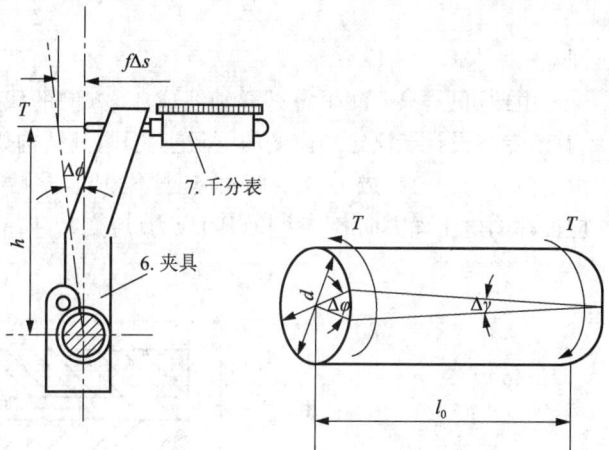

图 15-28　扭角 φ 与切应变 γ 的关系

3. 剪切应变片和切应变 γ 的确定

在前面已经介绍了电阻应变片的电测原理,我们知道,电阻应变片可测定线应变,而切应变是不能直接测得的,但线应变可以通过理论推导转换成切应变。

当试样受扭转时,表面处单元体为纯剪切状态,其主拉应力(应变)和主压应力(应变)方向分别与试件轴线成 $+45°$ 和 $-45°$,且绝对值相等。单元体如图 15-29 所示。

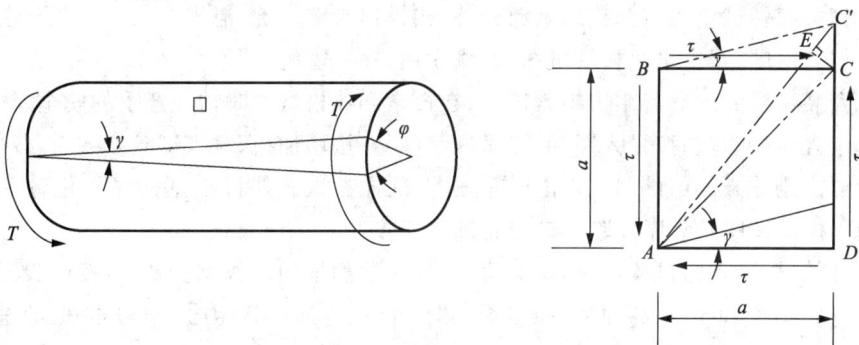

图 15-29　线应变 ε_1 与切应变 γ 的转换

由应变定义,对角线 AC 的线应变为

$$\varepsilon_1 = \frac{AC' - AC}{AC} = \frac{C'E}{AC}$$

由于

$$C'E = CC' \sin 45° = CC' \frac{\sqrt{2}}{2}$$

而

$$CC' = a\gamma$$

于是

$$C'E = a\gamma \frac{\sqrt{2}}{2}$$

又由于
$$AC = a\sqrt{2}$$

所以
$$\varepsilon_1 = \frac{\gamma}{2}$$

即
$$\gamma = 2\varepsilon_1 \qquad\qquad (15-7)$$

由此可见,只要测得与试样轴线成 $45°$ 方向的线应变 ε_1,就能确定试样受扭后的切应变。为此,专门设计了测定切应变的电阻应变片,其结构如图 15-30 所示。实际上,该电阻应变片是由电阻丝与中心线成 $\pm45°$ 的两片应变片合成。粘贴时,应变片的中心线与试样轴线平行,两片应变片的电阻丝方向各与主拉(压)应力(应变)方向一致,以能直接测得主线应变 $\varepsilon_1 + \varepsilon_3$。

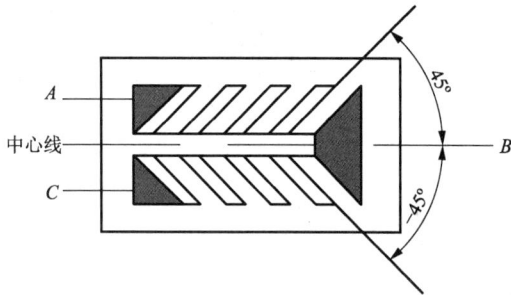

图 15-30

4. 扭转实验内容及实验步骤

扭转实验内容有二项:扭转破坏实验、测剪切弹性模量 G。

【项目 1】扭转破坏实验

(1)打开扭转试验机右侧钥匙电源开关,按操作盘上 5 键,清零。

(2)打开电脑,双击桌面扭转机图标,输入用户名、密码。

(3)安装试样并加套管用力扳紧试样,在扳紧和放松试样时请注意手的安全。

(4)录入试验参数,按录入图标,点试样组编号,按增加扭,输入试验参数后,按保存。

(5)点击刚输入的组编号,按增加钮,输入试样参数。建议在试样序号栏输入:1 低碳钢、2 铸铁,机器按序号顺序试验。输完后按保存并退出。

(6)开始试验,点击试验图标,按联机钮,选中要测量的参数,输入完后按试验开始钮。

(7)打印结果,返回主界面后,按分析打印图标,选择试样组号,按检索钮,选中要分析的试样编号,预览并打印结果。

【项目 2】测剪切弹性模量 G

本实验在 JS-1 剪切弹性模量实验装置上进行。加载采用分级增量法,每级增加 10 N,共加至 40 N。每加一级载荷,测读一次读数,重复进行三次。

5. 实验方法

实验方法有两种。

(1)电测法测剪切弹性模量 G。

试样的相对两边各粘贴好一片剪切应变片,方向按前述要求,每片各有承受主拉应力和主压应力的两个敏感栅,可与应变仪接成半桥自补偿桥路或全桥自补偿桥路。

根据试样受扭方向,判断四个敏感栅是受拉还是受压。当用半桥方式时,装好应变仪半桥连接片,把受拉片接入 AB,受压片接入 BC;当用全桥方式时,拆除连接片,把两个受拉片接入 AB,CD,受压片接入 BC,DA。桥路接好后,调灵敏系数,预调平衡,即可加载测读。

因为主拉应变和主压应变绝对值相等,符号相反,所以,从前面所述电测原理可推知:半桥方式时,$\varepsilon_{ds}=2\varepsilon_1$;全桥方式时,$\varepsilon_{ds}=4\varepsilon_1$。

代入式(15-7),则得到欲求切应变分别如下:

半桥方式时:$\gamma=\varepsilon_{ds}$　或　$\Delta\gamma=\Delta\varepsilon_{ds}$ 　　　　　　　　　　　　　　(15-8)

全桥方式时:$\gamma=\dfrac{\varepsilon_{ds}}{2}$　或　$\Delta\gamma=\dfrac{\Delta\varepsilon_{ds}}{2}$ 　　　　　　　　　　　　　(15-9)

(2)扭角仪测剪切弹性模量 G。

按前述要求装好扭角仪。先读取千分表初读数 s(或归零),然后加载,读取相应各级读数 $\Delta\gamma$ 前面已推导过,切应变增量为 $\Delta\gamma=\dfrac{f\Delta sd}{2hl_0}$。

(3)剪切弹性模量计算。

求出各级读数增量的平均值,利用式(15-6)、式(15-8)、式(15-9)得到各级增量下的平均切应变增量 $\Delta\gamma$,再根据试样尺寸和载荷增量,算得各级增量的切应力增量 $\Delta\tau$,最后,代入剪切胡克定律,求得剪切弹性模量 G。

6. 思考题

(1)扭转试件各点受力和变形并不均匀,为什么可由它验证剪应力与剪应变的线性关系?

(2)如木材或竹材制成纤维平行于轴线的圆截面试件,受扭转时试件将如何破坏?

(3)比较低碳钢扭转和拉伸的实验,二者试件材料破坏过程有何差异?

(4)一根悬挂矩形梁受纯扭转荷载作用,如何测试最大的剪应力?

15.2.4　实验四——弯曲实验

(1)测定钢梁纯弯曲段横截面上的正应力大小及分布规律,并与理论值比较,以验证弯曲正应力公式。

(2)了解应变电测原理,学会静态电阻应变仪的使用。(详见前面已述应变电测原理简介)

1. 实验设备

(1)纯弯曲梁实验装置一套(图 15-31)

(2)YJR-5A 型静态电阻应变仪一台。

2. 实验原理和装置

弯曲梁实验装置如图 15-32 所示。它有弯曲梁、定位板、支座、试验机架、加载系统、两端万向接头的加载拉杆、加载压头(包括 ϕ_{16} 的钢珠)、加载横梁、载荷传感器和测力仪等组成。该装置的弯曲梁是一根已粘贴好应变片的钢梁,其弹性模量 $E=2.0\times10^5$ MPa。实验时,转动手轮加载至 P 时,钢梁的 B 和 C 处分别受到垂直向下的力,大小均为 $P/2$,由剪力图得到 BC 段剪力为零,故 BC 段梁为纯弯曲段,弯矩为 $M=Pa/2$,梁的受力图、剪力图及弯矩图如图 15-32 所示。

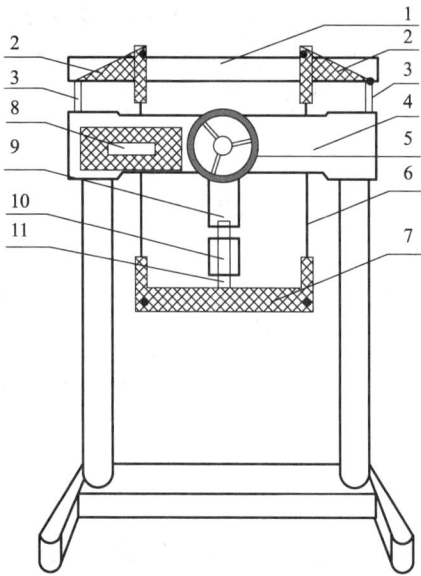

图 15-31 纯弯曲梁试验装置

1—钢梁；2—定位板；3—支座；4—试验机架；
5—加载手轮；6—拉杆；7—加载横梁；8—测力仪；
9—加载系统；10—载荷传感器；11—加载压头

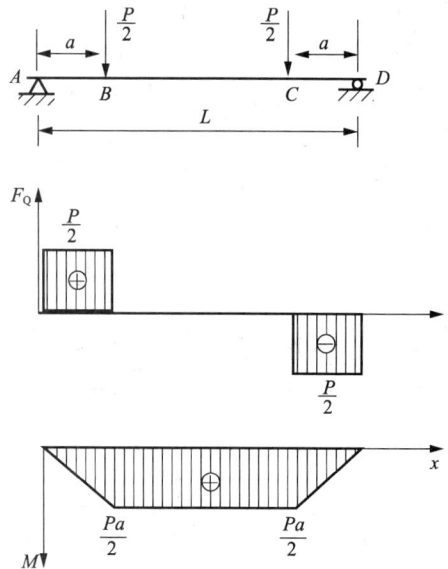

图 15-32 简支梁受力图、剪力图及弯矩图

（1）测定低碳钢的弯曲屈服极限及弯曲强度极限。

（2）测定铸铁的弯曲强度极限。

（3）观察并比较低碳钢及铸铁试件弯曲破坏的情况。

由理论推导得出梁纯弯曲时横截面上的正应力公式为

$$\sigma_{理} = \frac{My}{I_z} \tag{15-10}$$

式中，M 为横截面上的弯矩；I_z 为梁横截面对中性轴 z 的惯性矩；y 为需求应力的测点离中性轴的距离。

为了验证此理论公式的正确性，在梁纯弯曲段的侧面，沿不同的高度粘贴了电阻应变片，测量方向均平行于梁轴，布片方案及各片的编号见图 15-33 所示。当梁加载变形时，利用电阻应变仪测出各应变片的应变值，然后根据单向应力状态的胡克定律求出各点实测的应力值为

$$\sigma_{实} = E\varepsilon_{实} \tag{15-11}$$

式中，E 为钢梁的弹性模量；$\varepsilon_{实}$ 为电阻应变仪测量的应变值。

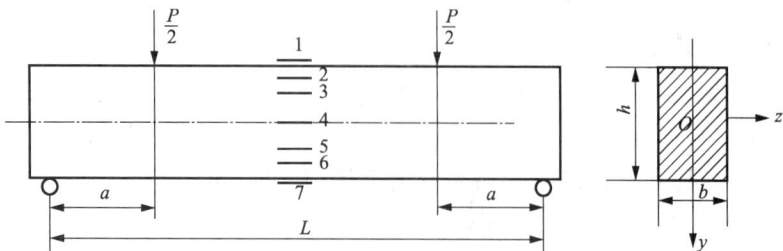

图 15-33 应变片分布图

将测得的应力值与理论应力值进行比较,从而验证弯曲正应力公式的正确性。有关电阻应变片的结构和工作原理可详见实验二。

由于式(15-10)、式(15-11)适用于比例极限以内,故梁的加载必须在此范围内进行。为了随时观察变形与载荷的线性关系,实验时第一次采用增量法加载,即每增加等量载荷 ΔP,测读各点的应变一次,观察各次的应变增量是否也基本相同。然后,再重复加载从零至最终载荷两次,以便了解重复性如何。由于应变片是按中性层上下对称布置的,因此,在每次加载、测读应变值后,还可以分析其对称性,最后,取三次最终载荷所测得的应变平均值计算各点的应力值 $\sigma_{实}$。

本实验用电测法测量应变,采用半桥温度补偿接法,如图 15-34 所示。因是多点测量,且 7 个测量点的温度条件相同,为方便测量,7 片测量片共用一片温度补偿片,即公共补偿的办法。

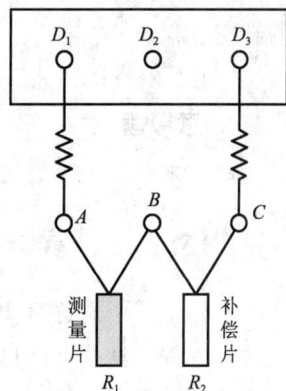

图 15-34　半桥测量法

3. 实验步骤

(1) 记录钢梁的截面尺寸。

宽度 $b=20$ mm,高度 $h=40$ mm,跨度 $L=620$ mm,加载点到支座距离 $a=150$ mm。钢梁的材料为低碳钢,其弹性模量 $E=2.0\times10^5$ MPa。

(2) 应变仪准备。

① 接通 YJR-5A 型静态电阻应变仪电源,按下“开”按扭,仪器面板上显示屏点亮。

② 调整应变仪灵敏系数(K 值),使用 K 值不同的应变片有不同的标定值,可查阅仪器说明书附表内 K 值所对应的标定值,在测量前进行校准。

③ 查看应变仪反面 10 点接线板,钢梁上贴有 7 片应变片(测量片),引出导线依次接在 1~7 点的“AB”接线柱上,一片补偿片的两根引出导线接在 1~7 点中任意一点“BC”接线柱上作公共补偿。

④ 要使各测量点的电桥处于平衡状态,须调整各测点的电位器。将选择开关转到“1”位置,用螺丝刀调平衡电位器“1”,使指示表数字显示全为零,按此方法依次调整 2~7 点的平衡电位器。

(3) 加载测量。

本实验采用转动手轮加载的方法,载荷大小由与载荷传感器相连接的测力仪显示。每增加载荷增量 ΔP,通过两根加载拉杆,使得钢梁距两端支座各为 a 处分别增加作用力 $\Delta P/2$。缓慢转动手轮均匀加载,每增加一级载荷,记录一次钢梁横截面上各测点的应变读数一次,观察各次的应变增量是否基本相同。然后,再重复加载从零至最终载荷两次,最后取三次最终载荷所测得的各点的应变平均值计算各点的实测应力。

4. 注意事项

(1) 不要随意拉动导线或触碰钢梁上的电阻应变片。

(2) 不要随意调整应变仪上的调幅电位器。

(3) 为防止试件过载,手轮加载时不要超过 5 kN。

(4) 实验结束后,先卸除梁上荷载,再关闭测力仪和应变仪电源。

5. 预习要求

（1）认真阅读第二节应变电测原理简介。了解杆件产生的应变 ε 如何通过应变仪测量的转换过程。

（2）了解本次实验的目的和实验的具体内容。

6. 思考题

胡克定律 $\sigma=E\varepsilon$ 是在拉伸的情况下建立的？这里计算弯曲应力时为什么仍然可用？

*15.2.5 实验五——冲击演示实验

机械工程中有许多构件由于结构的需要，往往有各种形式的缺口，如油孔、键槽、螺纹、尺寸突变等。这些有缺口的构件，虽然都是由在静载荷时表现出一定塑性的材料制成，但当它们受到冲击载荷作用时，就会呈现出脆性断裂的趋势。这是因为塑性变形需要一定的时间，加载速度快使塑性变形不能充分进行，在宏观上表现为屈服强度与静载荷相比有较大的提高，但塑性却明显下降，材料会产生明显的脆化倾向；另外缺口引起应力集中，在缺口根部附近会呈现脆性断裂倾向。因此，在设计有缺口和承受冲击载荷的构件对，为防止脆性断裂并保证零件安全可靠，应该考虑到材料抵抗冲击载荷的能力。由于冲击载荷作用从开始到结束的时间很短，测量载荷的变化和构件的变形有时很困难。然而，构件承受冲击载荷作用导致破坏所消耗的能量有时却比较容易测量。因此，可通过测定此能量除以面积，以衡量材料抵抗冲击载荷的能力，这个指标通常称为冲击韧度，它是通过冲击实验来测定的。

1. 实验目的

测定低碳钢和铸铁两种材料的冲击韧度，观察破坏情况，并进行比较。

2. 仪器设备及量具

（1）冲击试验机。

（2）游标卡尺。

3. 试样的制备

（1）试样的形状和尺寸采用国际上通用的形状和尺寸。规定 10 mm×10 mm×55 mm 中间带 2 mm 深 U 形缺口为标准试样，另外，还有其他缺口形状的试样，如夏比 V 形缺口试样。图 15-35、图 15-36 分别为 U 形缺口与 V 形缺口试样的形状和尺寸。

（2）试样毛坯切取部位、取向和数量均应符合有关规定。毛坯的切取和试样加工过程中不应受加工硬化或热影响，否则将会改变材料的冲击性能。

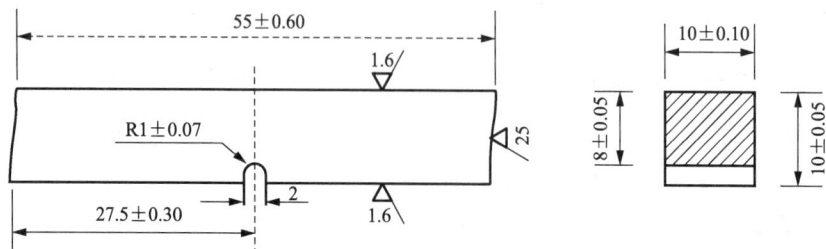

图 15-35 U 形缺口试样

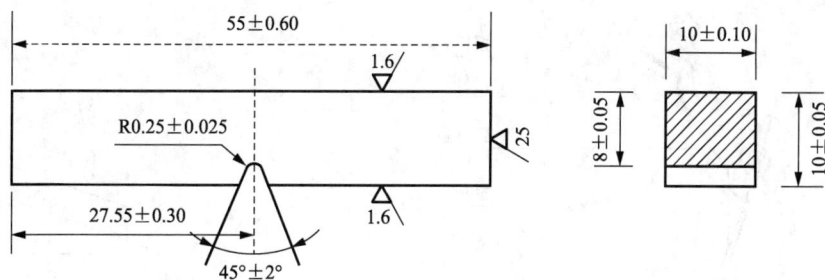

图 15-36　V 形缺口试样

（3）试样尺寸及偏差应符合图中的规定，缺口底部应光滑无与缺口轴线平行的明显划痕。

（4）试样加工和保存期间应防止锈蚀。在试样上制作缺口是为了使试样在该处折断。分析表明，在缺口根部发生应力集中，图 15-37 所示为弯曲时缺口截面上的应力分布图。图中缺口根部的 N 点拉应力很大，在缺口根部附近的 M 点材料处于三向拉应力状态。某些金属在静力拉伸下表现出良好的塑性，但处于三向拉应力作用下却有增加其脆性的倾向。所以，塑性材料的缺口试样在冲击作用下，一般都呈现出脆性破坏方式（断裂）。

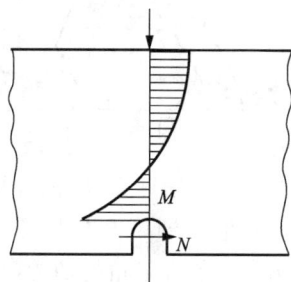

图 15-37　缺口处应力集中现象

本次实验采用如图 15-35 所示的 U 形缺口试样。

4. 实验装置和操作方法

图 15-38 所示为 JB-30A 型冲击试验机的外形图，冲击能量为 294 J 和 147 J 两种，根据能量要求选用适当的摆锤。该机为半自动控制试验机，使用时将控制盒上的开关拨到"开"的位置，按动"摆臂下降"按钮，挂摆机构下降勾住摆锤扬起，至一定的角度为止。按动"冲击"按钮时，挂摆机构与摆锤脱离，摆锤就落摆冲击，试样冲断后，随即按动"摆锤夹紧"按钮，摆锤即被夹紧，摆锤不能摆动。从刻度盘上可直接读出试样所吸收的功。

5. 实验基本原理

图 15-39 所示为冲击试验机原理图，钢制的摆锤悬挂在轴 O 上（如图所示的 α 角），于是摆锤具有一定的位能。实验时，令摆锤下落，冲断试样。试样折断所消耗的能量等于摆锤原来的位能（α 角处）与其冲断试样后在扬起位置（β 角处）时的位能之差。如不计摩擦损失，空气阻力等因素，那么，摆锤对试样所做的功可按下式来计算：

$$A_k = FH_1 - FH_2 \tag{15-11}$$

$$\left.\begin{array}{l} H_1 = L(1-\cos\alpha) \\ H_2 = L(1-\cos\beta) \end{array}\right\} \tag{15-12}$$

式中，F 为摆锤的重力，N；L 为摆长（摆轴至锤重心之间的距离），m；α 为冲击前摆锤扬起的最大角度，弧度；β 为冲击后摆锤扬起的最大角度，弧度。

将式(15-12)代入式(15-11)，得

$$A_k = F(H_1 - H_2) = F[L(1-\cos\alpha) - L(1-\cos\beta)] = FL(\cos\beta - \cos\alpha)$$

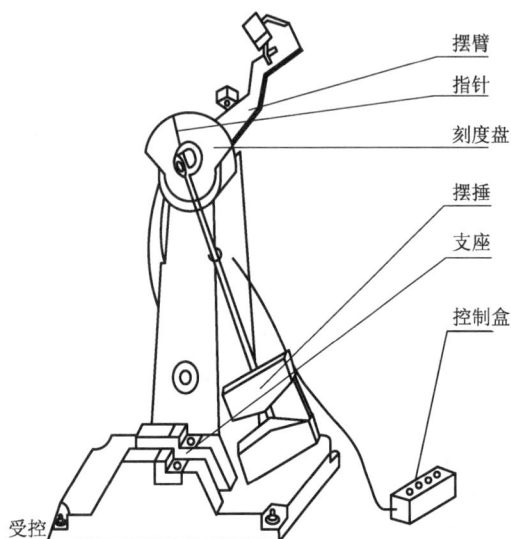

图 15-38　冲击试验机外形图

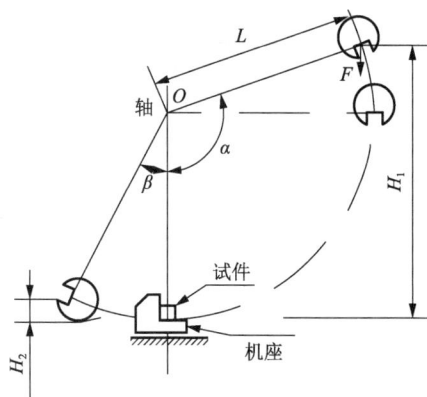

图 15-39　冲击试验机原理图

由于摆锤重量、摆杆长度和冲击前摆锤扬角。均为常数,因而只要知道冲断试样后摆锤升起角 β,即可根据上式算出消耗于冲断试样功的数值。本试验机已经预先根据上述公式将相当于各升起角的功的数值算出,并直接刻在读数盘上,因此,冲击后可以直接读出试样所吸收的功。

由于一般试样上都有缺口,冲击后读数盘上所读取的数值除以试样缺口处的横截面积,即为材料的冲击韧度 a_k,可由下式计算:

$$a_k = \frac{A_k}{A_0} \quad (J/mm^2)$$

式中,A_k 为试样冲断时所吸收的功;A_0 为试样缺口处的横截面积。

在相同的条件下,材料的 a_k 值越大,表示材料抗冲击能力越好。当试样的几何形状、尺寸、受力方式和实验温度不同时,所得结果各不相同。所以,冲击实验是在规定标准条件下进行的一种比较性实验。

6. 实验步骤

(1) 记录室温。常温冲击实验一般应在 $10 \sim 35$ ℃内进行,要求严格时,实验温度为 $(20 + 2)$ ℃。

(2) 量测试样尺寸。用游标卡尺量测试样缺口底部处横截面尺寸。

(3) 试验机准备。将刻度盘上指针拨至最大值,冲击摆锤抬起后,空打一次,检查指针是否回到零位,否则应进行调整。

(4) 安装试样。用手抬起摆锤,将试样放在冲击支座上,紧贴支座,缺口背向摆锤刀口,如图 15-40 所示,并用对中样板对中。

(5) 进行实验。

① 按动控制盒上的按钮顺序进行操作:a."摆臂下降";b."冲击";c."摆锤夹紧"。

② 记录读数。

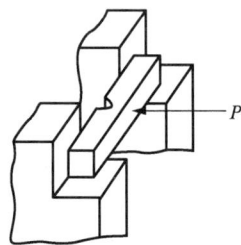

图 15-40　安装试样位置

③ 取下试样,切断电源。

7. 注意事项

(1) 安装试样时,严禁抬高摆锤。

(2) 当摆锤抬起后,不得在摆锤摆动范围内活动或工作,以免发生危险。进行冲击实验时,上述事项务必严格执行,避免伤害人体。

8. 实验结果

(1) 计算低碳钢与铸铁的 a_k 值(保留两位有效数字)。

(2) 观察两种材料断口差异。

9. 记录表格(表15-3)

表 15-3

试样形状	材　料	厚度 h/mm	宽度 b/mm	冲击吸收功 A_k/J	温室/℃
	低碳钢				
	铸　铁				
备　注					

10. 思考题

(1) 冲击韧度在工程实际中有哪些实用价值?

(2) 冲击试样上为什么要制造缺口?

(3) 冲击韧度是相对指标还是绝对指标?

第16章
材料力学实验报告

16.1 拉伸和压缩实验报告

班级_____ 学号_____ 姓名_____ 同组合作者_____

一、实验日期

_____年_____月_____日

二、实验设备

试验机名称_____

量具名称名_____ 最小分度值_____ mm

三、试样原始尺寸记录

1. 拉伸试样

表 16-1

材　料	原始标距 L/mm	直径 d_c/mm									最小横截面积 A_c/mm²
		截面Ⅰ			截面Ⅱ			截面Ⅲ			
		（1）	（2）	平均	（1）	（2）	平均	（1）	（2）	平均	
低碳钢											
铸　铁											

2. 压缩试样

表 16-2

材　料	长度 L/mm	直径 d_c/mm			横截面积 A_c/mm²
		（1）	（2）	平均	
低碳钢					
铸　铁					

四、实验数据

1. 拉伸实验

表 16-3

材　料	弹性模量 E/MPa	屈服载荷 F_{sl}/kN	最大载荷 F_b/kN	断后标距 L_1/mm	断裂处最小直径 d_1/mm		
					(1)	(2)	(3)
低碳钢							
铸　铁							

2. 压缩实验

表 16-3

材　料	屈服载荷 F_{sc}/kN	最大载荷 F_{bc}/kN
低碳钢		
铸　铁		

五、作图

定性画,适当注意比例,特征点要清楚并作必要的说明。

表 16-5

受力特征	材　料	F-ΔL 曲线	断口形状和特征
拉　伸	低碳钢		
	铸　铁		
压　缩	低碳钢		
	铸　铁		

六、材料拉伸、压缩时力学性能计算

表 16-6

项 目	低碳钢		铸 铁	
	计算公式	计算结果	计算公式	计算结果
屈服强度 σ_{sl}/MPa				
抗拉强 σ_b/MPa				
断后伸长率 δ				
断面收缩率 φ				
压缩屈服强度 σ_{sc}/MPa				
抗压强度 σ_{bc}/MPa				

七、问题讨论

根据实验结果,选择下列括号中的正确答案;并以实验现象或结果举证。

(1) 铸铁拉伸受(拉、剪)应力破坏。

(2) 铸铁压缩受(剪、压)应力破坏。

(3) 铸铁抗拉能力(大于、小于、等于)抗压能力。

(4) 低碳钢抗剪能力(大于、小于、等于)抗拉能力。

(5) 低碳钢的塑性(大于、小于、等于)铸铁的塑性。

16.2 弹性模量 E 及泊松比 ν 测定实验报告

班级_____ 学号_____ 姓名_____ 同组合作者_____

一、实验日期

_____年_____月_____日

二、实验目的

三、实验设备

试验机名称_____ 型号_____ 使用量程_____

测量仪器名称_____ 型号_____

量具名称_____ 精度_____

四、实验所用试件、电阻应变片及装置图

(1) 试件、电阻应变片的有关参数(见表 16-7)。

表 16-7

试　件	材　料	试件尺寸/mm			截面积/mm²
		长度	宽度	厚度	
电阻应变片	型号		电阻值/Ω		灵敏系数 K

（2）试件形状及电阻应变片黏结位置（装置图）。

四、实验记录与处理

表 16-8

载荷序号	载荷/N		电阻应变仪读数								
			纵向应变 $\varepsilon/10^{-6}$				横向应变 $\varepsilon'/10^{-6}$				
	累计	增量	累计	增量	累计	增量	累计	增量	累计	增量
F_0										
F_1										
F_2										
F_3										
F_4										
F_5										
平均值										

五、数据处理和计算结果

$$弹性模量\ E=\frac{\Delta F}{A_0 \Delta\varepsilon_{均}}=\underline{\qquad}=\underline{\qquad}\ \text{MPa}$$

$$泊松比\ \nu=\left|\frac{\Delta\varepsilon'_{均}}{\Delta\varepsilon_{均}}\right|$$

六、绘制应力-应变曲线（见图 16-1）

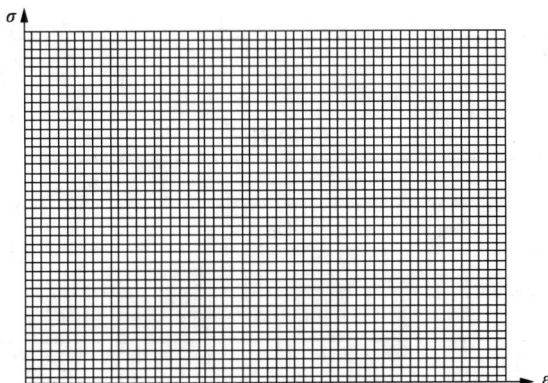

图 16-1　应力-应变曲线图

七、简述测定弹性模量 E 和泊松比 ν 的原理及通过实验所得出的结论

八、回答下列问题

（1）试件尺寸和形状对弹性模量 E 有无影响？

（2）实验时为什么要加初载荷？

（3）哪些因素影响到实验结果？为什么要用等量增载法进行实验？

（4）测弹性模量 E 时，最大载荷如何确定？为什么不能超过比例极限？

16.3 扭转实验报告

班级_____ 学号_____ 姓名_____ 同组合作者_____

一、实验日期

_____年_____月_____日

二、实验设备

试验机名称_____

量具名称_____ 最小分度值_____ mm

三、试样尺寸记录

表 16-9

材 料	直径 d_c/mm									抗扭截面系数 W_p/mm³
	截面Ⅰ			截面Ⅱ			截面Ⅲ			
	(1)	(2)	平均	(1)	(2)	平均	(1)	(2)	平均	
低碳钢										
铸 铁										

四、实验数据记录

表 16-10

项 目	材 料	
	低碳钢	铸 铁
参加扭转长度 l'/mm		
屈服扭矩 T_{s1}/(N·m)		
破坏扭矩 T_b/(N·m)		
破坏时扭转角 φ		

五、材料扭转力学性能计算

表 16-11

项 目	低碳钢		铸 铁	
	计算公式	计算结果	计算公式	计算结果
剪切屈服极限 τ_{sl}/MPa				
剪切强度极限 τ_b/MPa				
真实剪切强度极限 τ_{tb}/MPa				
破坏时单位扭角 φ/[(°)/mm]				

六、作图

定性画,适当注意比例,特征点要清楚并作必要的说明。

表 16-12

材 料	T-φ 曲线	断口形状和特征
低碳钢		
铸 铁		

七、问题讨论

根据实验结果,选择下列括号中的正确答案,并以实验现象或结果举证。

(1) 低碳钢受扭时,受(拉、剪、压)应力破坏。

(2) 铸铁受扭时,受(拉、剪、压)应力破坏。

(3) 低碳钢抗拉能力(大于、小于、等于)抗剪能力。

(4) 铸铁抗拉能力(大于、小于、等于)抗剪能力。

(5) 低碳钢的塑性(大于、小于、等于)铸铁的塑性。

16.4 梁弯曲正应力实验报告

班级_____ 学号_____ 姓名_____ 同组合作者_____

一、实验日期

_____年_____月_____日

二、实验设备

试验机名称_____

量具名称_____ 最小分度值_____ mm

三、记录表格

1. 试件梁的数据及测点位置

表 16-13

物理量	几何量	测点位置		
		布片图	测点号	坐标/mm
钢梁的弹性模量： $E=$ MPa	梁宽 $b=$ mm 梁高 $h=$ mm 距离 $a=$ mm 跨度 $L=$ mm 惯距 $I_z=$ mm	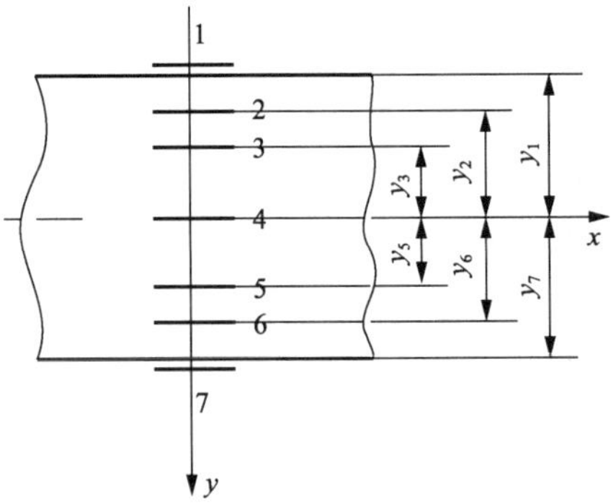	1	y_1
			2	y_2
			3	y_3
			4	y_4
			5	y_5
			6	y_6
			7	y_7

2. 应变实测记录

测点应变值（$\times 10^{-6}$）。

表 16-14

次	测点号 载荷/kN	1	2	3	4	5	6	7
I	0							
	1.5							
	3.0							
	4.5							

续表

次	载荷/kN 测点号	1	2	3	4	5	6	7
II	0							
	4.5							
III	0							
	4.5							
三次应变平均值 ε(4.5 kN)								
$\sigma_{实}=E\varepsilon_{实}$/MPa								

最大载荷 $P_{max}=$ _____ kN

最大弯矩 $M_{max}=\dfrac{1}{2}P_{max}a=$ _____ N·m

四、实验结果的处理

1. 描绘应变分布图

根据应变实测记录表中第 1 次实验的记录数据,将 1.5kN,3.0kN 和 4.5kN 载荷下测得的各点应变值分别绘于图 16-2 方格纸上,同时作直线于图 16-2 中。

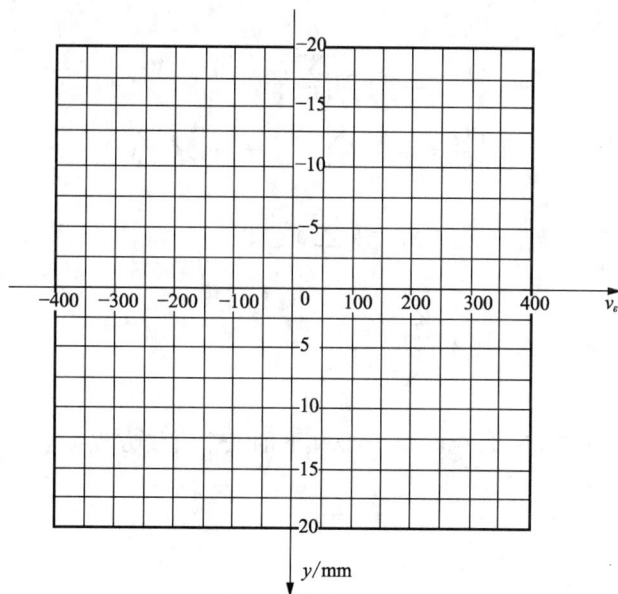

图 16-2 应变分布图

2. 实测应力分布曲线与理论应力分布曲线的比较

根据应变实测记录表中各点的实测应力值,描绘实测点于图 16-3 方格纸上。用"最小二乘法"求最佳拟合直线,设拟合各点实测应力的直线方程为

$$\sigma = ky$$

式中,σ 为各测点的实测应力;y 为各测点的坐标(离中性轴的距离);k 为待定常数。

设
$$\Delta_i = \sigma - k y_i$$

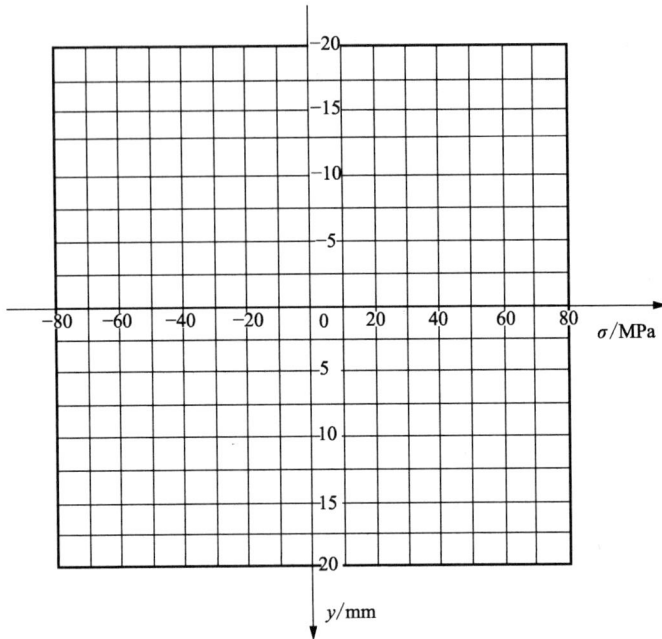

图 16-3　应力分布图

则
$$Q = \sum_{i=1}^{7} \Delta_i^2 = \sum_{i=1}^{7} (\sigma_i - k y_i)^2$$

$$\frac{\partial Q}{\partial k} = 0, \quad 2\sum_{i=1}^{7} (\sigma_i - k y_i)(-y_i) = 0$$

$$\sum_{i=1}^{7} \sigma_i y_i - k \sum_{i=1}^{7} y_i^2 = 0$$

$$k = \frac{\displaystyle\sum_{i=1}^{7} \sigma_i y_i}{\displaystyle\sum_{i=1}^{7} y_i^2}$$

由此求出在载荷 1.5 kN, 3.0 kN, 4.5 kN 下的三个直线方程：

1.5 kN：＿＿＿＿＿＿＿＿＿＿

3.0 kN：＿＿＿＿＿＿＿＿＿＿

4.5 kN：＿＿＿＿＿＿＿＿＿＿

作直线（画实线）于图 16-3 中，同时画出理论应力分布直线（画虚线）。

3. 实验值与理论值的误差(表 16-15)

表 16-15 实验值与理论值的误差比较

测点号	拟合线上应力值 $\sigma'_{实}$/MPa	理论值 $\sigma_{理}=\dfrac{My}{I_z}$/MPa	误差 $\dfrac{\sigma'_{实}-\sigma_{理}}{\sigma_{理}}\times100\%$
1			
2			
3			
4			绝对误差:$\sigma'_{实}-\sigma_{理}=$
5			
6			
7			

五、问题讨论

根据所绘制的应变分布图试讨论以下问题:

(1) 沿梁的截面高度,应变是怎样分布的? 应力是怎样分布的?

(2) 随载荷逐级增加,应变值按怎样的规律变化?

(3) 中性层在横截面上的什么位置?

附录1
平面图形的几何性质

提要：不同受力形式下杆件的应力和变形，不仅取决于外力的大小以及杆件的尺寸，而且与杆件截面的几何性质有关。当研究杆件的应力、变形，以及研究失效问题时，都要涉及到与截面形状和尺寸有关的几何量。这些几何量包括：形心、静矩、惯性矩、惯性半径，极惯性矩、惯性积、主轴等，统称为"平面图形的几何性质"。

研究上述这些几何性质时，完全不考虑研究对象的物理和力学因素，作为纯几何问题加以处理。平面图形的几何性质一般与杆件横截面的几何形状和尺寸有关，下面介绍的几何性质表征量在杆件应力与变形的分析与计算中占有举足轻重的作用。

附1.1　截面的静矩与形心

任意平面几何图形如附图 1-1 所示，在其上取面积微元 dA，该微元在 zOy 坐标系中的坐标为 (z,y)。积分得

$$S_y = \int_A z\,dA, \quad S_z = \int_A y\,dA \qquad (\text{附 1-1})$$

S_y，S_z 定义为截面图形 y，z 轴的静矩，量纲为长度的 3 次方。

由于均质薄板的重心与平面图形的形心有相同的坐标 (z_C, y_C)，则

$$A \cdot z_C = \int_A z\,dA = S_y$$

由此可得薄板重心的坐标 z_C 为

$$z_C = \frac{\int_A z\,dA}{A} = \frac{S_y}{A}$$

同理有

$$y_C = \frac{S_z}{A}$$

所以形心坐标为

$$z_C = \frac{S_y}{A}, \quad y_C = \frac{S_z}{A} \qquad (\text{附 1-2})$$

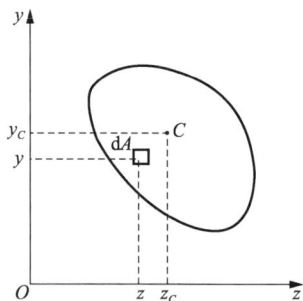

附图 1-1　任意平面几何图形

或
$$S_y = Az_C, \quad S_z = Ay_C$$

由式(附 1-2)得知,若某坐标轴通过形心轴,则图形对该轴的静矩等于零,即 $y_C = 0$, $S_z = 0$; $z_C = 0$, $S_y = 0$。反之,若图形对某一轴的静矩等于零,则该轴必然通过图形的形心。静矩与所选坐标轴有关,其值可能为正、负或零。

如一个平面图形是由几个简单平面图形组成,称为组合平面图形。设第 i 块分图形的面积为 A_i,形心坐标为 (y_{Ci}, z_{Ci}),则其静矩和形心坐标分别为

$$S_z = \sum_{i=1}^{n} A_i y_{Ci}, \quad S_y = \sum_{i=1}^{n} A_i z_{Ci} \qquad (\text{附 1-3})$$

$$y_C = \frac{S_z}{A} = \frac{\sum_{i=1}^{n} A_i y_{Ci}}{\sum_{i=1}^{n} A_i}, \quad z_C = \frac{S_y}{A} = \frac{\sum_{i=1}^{n} A_i z_{Ci}}{\sum_{i=1}^{n} A_i} \qquad (\text{附 1-4})$$

【附例 1-1】 求附图 1-2 所示半圆形的 S_y, S_z 及形心位置。

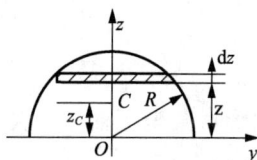

附图 1-2 例附 1-1

解: 由对称性, $y_C = 0$, $S_z = 0$。现取平行于 y 轴的狭长条作为微面积
$$\mathrm{d}A = 2y\,\mathrm{d}z = 2\sqrt{R^2 - z^2}\,\mathrm{d}z$$

所以
$$S_y = \int_A z\,\mathrm{d}A = \int_0^R z \cdot 2\sqrt{R^2 - z^2}\,\mathrm{d}z = \frac{2}{3}R^3$$

$$z_C = \frac{S_y}{A} = \frac{4R}{3\pi}$$

【附例 1-2】 确定形心位置,如附图 1-3 所示。

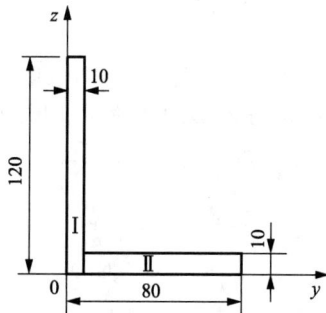

附图 1-3 例附 1-2

解: 将图形看作由两个矩形Ⅰ和Ⅱ组成,在图示坐标下每个矩形的面积及形心位置分别为

矩形Ⅰ: $\qquad A_1 = 120\ \text{mm} \times 10\ \text{mm} = 1\ 200\ \text{mm}^2$

$$y_{C1} = \frac{10}{2} = 5 \text{ mm}, \quad z_{C1} = \frac{120}{2} = 60 \text{ mm}$$

矩形 Ⅱ：

$$A_2 = 70 \text{ mm} \times 10 \text{ mm} = 700 \text{ mm}^2$$

$$y_{C2} = 10 + \frac{70}{2} = 45 \text{ mm}, \quad z_{C2} = \frac{10}{2} = 5 \text{ mm}$$

整个图形形心 C 的坐标为

$$y_C = \frac{A_1 y_{C1} + A_2 y_{C2}}{A_1 + A_2} = \frac{1\ 200 \text{ mm}^2 \times 5 \text{ mm} + 700 \text{ mm}^2 \times 45 \text{ mm}}{1\ 200 \text{ mm}^2 + 700 \text{ mm}^2} = 19.7 \text{ mm}$$

$$z_C = \frac{A_1 z_{C1} + A_2 z_{C2}}{A_1 + A_2} = \frac{1\ 200 \text{ mm}^2 \times 60 \text{ mm} + 700 \text{ mm}^2 \times 5 \text{ mm}}{1\ 200 \text{ mm}^2 + 700 \text{ mm}^2} = 39.7 \text{ mm}$$

附 1.2　惯性矩与惯性积、极惯性矩

附 1.2.1　惯性矩

如附图 1-4 所示，我们把平面图形对某坐标轴的二次矩，定义为截面图形的惯性矩

$$I_y = \int_A z^2 \mathrm{d}A, \quad I_z = \int_A y^2 \mathrm{d}A \tag{附 1-5}$$

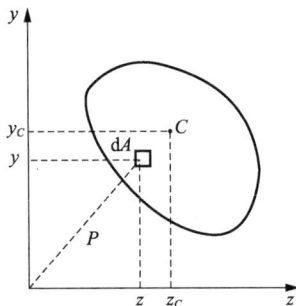

附图 1-4

式中，I_y，I_z 为截面图形对坐标为 y，z 的惯性矩，量纲为长度的 4 次方，恒为正。

组合图形的惯性矩：设 I_{yi}，I_{zi} 为分图形的惯性矩，则总图形对同一轴的惯性矩为

$$I_y = \sum_{i=1}^{n} I_{yi}, \quad I_z = \sum_{i=1}^{n} I_{zi} \tag{附 1-6}$$

附 1.2.2　惯性积

定义下式

$$I_{yz} = \int_A yz \mathrm{d}A \tag{附 1-7}$$

为图形对一对正交轴 y，z 轴的惯性积，量纲是长度的 4 次方，可能为正、负或零。若 y，z 轴中有一根为对称轴则其惯性积为零。

附 1.2.3　极惯性矩

若以 ρ 表示微面积 $\mathrm{d}A$ 到坐标原点 O 的距离,则定义图形对坐标原点 O 的极惯性矩

$$I_{\rho}=\int_{A}\rho^2\mathrm{d}A \tag{附 1-8}$$

因为

$$\rho^2=y^2+z^2$$

故

$$I_{\rho}=\int_{A}(y^2+z^2)\mathrm{d}A=I_y+I_z \tag{附 1-9}$$

有

$$i_y=\sqrt{\frac{I_y}{A}},\quad i_z=\sqrt{\frac{I_z}{A}} \tag{附 1-10}$$

为图形对 y 轴和对 z 轴的惯性半径。

【附例 1-3】　试计算附图 1-5(a)所示矩形截面对其对称轴(形心轴)x 轴和 y 轴的惯性矩。

解:先计算截面对 x 轴的惯性矩 I_x。取平行于 x 轴的狭长条[附图 1-5(a)]作为面积元素,即 $\mathrm{d}A=b\mathrm{d}y$,根据公式(附 1-5)的第二式可得

$$I_x=\int_{A}y^2\mathrm{d}A=\int_{-\frac{h}{2}}^{\frac{h}{2}}by^2\mathrm{d}y=\frac{bh^2}{12}$$

同理在计算对 y 惯性矩 I_y 时可以取 $\mathrm{d}A=h\mathrm{d}x$[附图 1-5(a)]。根据公式(附 1-5)的第一式,可得

$$I_y=\int_{A}x^2\mathrm{d}A=\int_{-\frac{h}{2}}^{\frac{h}{2}}hx^2\mathrm{d}y=\frac{b^3h}{12}$$

若截面是高度的平行四边形[附图 1-5(b)],则它对于形心的惯性矩同样为 $I_x=\dfrac{b^3h}{12}$。

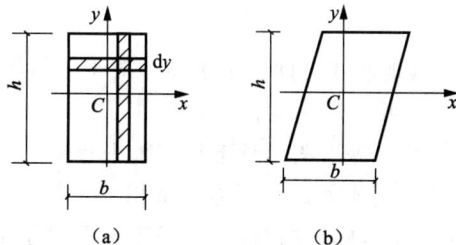

附图 1-5　附例 1-3

【例附 1-4】　求如附图 1-6 所示圆形截面的 $I_y,I_z,I_{yz},I_{\mathrm{p}}$。

解:如图所示,取 $\mathrm{d}A$ 根据定义有

$$I_y=\int_{A}z^2\mathrm{d}A=\int_{-\frac{D}{2}}^{\frac{D}{2}}z^2\cdot2\sqrt{R^2-z^2}\mathrm{d}z=\frac{\pi D^4}{64}$$

由于轴的对称性，则有

$$I_y = I_z = \frac{\pi D^4}{64}$$

$$I_{yz} = 0$$

由公式（附 1-9）

$$I_p = I_y + I_z = \frac{\pi D^4}{32}$$

对于空心圆截面，外径为 D，内径为 d，则

$$I_y = I_z = \frac{\pi D^4}{64}(1 - \alpha^4)$$

$$\alpha = \frac{d}{D}$$

$$I_p = \frac{\pi D^4}{32}(1 - \alpha^4)$$

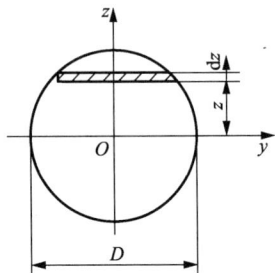

附图 1-6

附 1.2.4　平行移轴公式

由于同一平面图形对于相互平行的两对直角坐标轴的惯性矩或惯性积并不相同，如果其中一对轴是图形的形心轴（y_C , z_C）时，如附图 1-7 所示，可得到如下平行移轴公式

$$\begin{cases} I_y = I_{y_C} + a^2 A \\ I_z = I_{z_C} + b^2 A \\ I_{yz} = I_{y_C z_C} + abA \end{cases} \qquad （附 1-11）$$

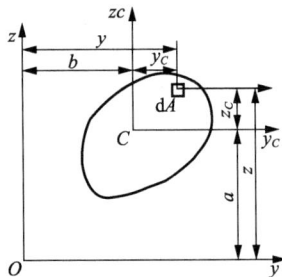

附图 1-7

简单证明之：

$$I_y = \int_A z^2 dA = \int_A (z_C + a)^2 dA = \int_A z_C^2 dA + 2a\int_A z_C dA + a^2 \int_A dA$$

其中，$\int_A z_C dA$ 为图形对形心轴 y_C 的静矩，其值应等于零，则得

$$I_y = I_{y_C} + a^2 A$$

同理可证（附 1-11）中的其他两式。此即关于图形对于平行轴惯性矩与惯性积之间关系的移轴定理。公式（附 1-11）表明：

（1）图形对任意轴的惯性矩，等于图形对于与该轴平行的形心轴的惯性矩，加上图形面积与两平行轴间距离平方的乘积。

（2）图形对于任意一对直角坐标轴的惯性积，等于图形对于平行于该坐标轴的一对通过形心的直角坐标轴的惯性积，加上图形面积与两对平行轴间距离的乘积。

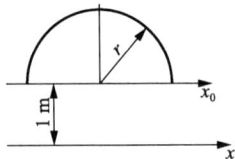

附图 1-8

（3）因为面积及 a^2 , b^2 项恒为正，故自形心轴移至与之平行的任意轴，惯性矩总是增加的。

（a , b）为原坐标系原点在新坐标系中的坐标，故二者同号时为正，异号时为负。所以，移轴后惯性积有可能增加，也可能减少。

结论：同一平面内对所有相互平行的坐标轴的惯性矩，对形心轴的最小。在使用惯性积

移轴公式时应注意 a,b 的正负号。

附 1.2.5 组合截面的惯性矩和惯性积

工程计算中应用最广泛的是组合图形的惯性矩与惯性积,即求图形对于通过其形心的轴的惯性矩与惯性积。为此必须首先确定图形的形心以及形心轴的位置。

因为组合图形都是由一些简单的图形(例如矩形、正方形、圆形等)所组成,所以在确定其形心、形心主轴以至形心主惯性矩的过程中,均不采用积分,而是利用简单图形的几何性质以及移轴和转轴定理。一般应按下列步骤进行。

将组合图形分解为若干简单图形,并应用公式确定组合图形的形心位置。以形心为坐标原点,设 xOy 坐标系 x,y 轴一般与简单图形的形心主轴平行。确定简单图形对自身形心轴的惯性矩,利用移轴定理(必要时用转轴定理)确定各个简单图形对 x,y 轴的惯性矩和惯性积,相加(空洞时则减)后便得到整个图形的惯性矩和惯性积。

习　　题

附习题 1-1　试计算附题 1-1 图中各平面图形对形心轴 y 的惯性矩。

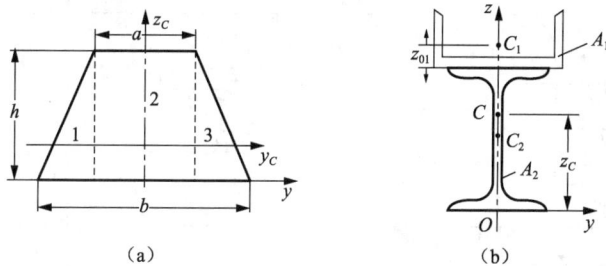

(a)　　　　　　　(b)

附题 1-1 图

附表 2-1　常见简单几何形状截面的惯性矩和抗弯截面系数

截面形状	惯性矩	抗弯截面系数
	$I_z = \dfrac{bh^3}{12}$ $I_y = \dfrac{hb^3}{12}$	$W_z = \dfrac{bh^2}{6}$
	$I_z = \dfrac{BH^3 - bh^3}{12}$ $I_y = \dfrac{HB^3 - hb^3}{12}$	$W_z = \dfrac{BH^3 - bh^3}{6H}$
	$I_z = \dfrac{BH^3 - bh^3}{12}$	$W_z = \dfrac{BH^3 - bh^3}{6H}$
	$I_z = I_y = \dfrac{\pi d^4}{64}$	$W_z = \dfrac{\pi d^3}{32}$
	$I_z = I_y = \dfrac{\pi D^4}{64}(1 - \alpha^4)$	$W_z = \dfrac{\pi D^3}{32}(1 - \alpha^4)$

附录3
型钢规格表

附表 3-1　热轧工字钢(GB 706—1988)

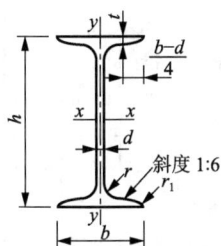

符号意义：

h—高度；　　　　　r—内圆弧半径；　　　　i—惯性半径；

b—腿宽度；　　　　r_1—腿端圆弧半径；　　S—半截面的静力矩。

d—腰厚度；　　　　I—惯性矩；

t—平均腿厚度；　　W—抗弯截面系数；

型号	尺寸/mm						截面面积 /cm²	理论质量 /(kg·m⁻¹)	参考数值						
									x-x				y-y		
	h	b	d	t	r	r_1			I_x /cm⁴	W_x /cm³	i_x /cm	$I_x:S_x$ /cm	I_y /cm⁴	W_y /cm³	i_y /cm
10	10	68	4.5	7.6	6.5	3.3	14.345	11.261	245	49.0	4.14	8.59	33.0	9.72	1.52
12.6	126	74	5.0	8.4	7.0	3.5	18.118	14.223	488	77.5	5.20	10.8	46.9	12.7	1.61
14	140	80	5.5	9.1	7.5	3.8	21.516	16.890	712	102	5.76	12.0	64.4	16.1	1.73
16	160	88	6.0	9.9	8.0	4.0	26.131	20.513	1 130	141	6.58	13.8	93.1	21.2	1.89
18	180	94	6.5	10.7	8.5	4.3	30.756	24.143	1 660	185	7.36	15.4	122	26.0	2.00
20a	200	100	7.0	11.4	9.0	4.5	35.578	27.929	2 370	237	8.15	17.2	158	31.5	2.12
20b	200	102	9.0	11.4	9.0	4.5	39.578	31.069	2 500	250	7.96	16.9	169	33.1	2.06
22a	220	110	7.5	12.3	9.5	4.8	42.128	33.070	3 400	309	8.99	18.9	225	40.9	2.31
22b	220	112	9.5	12.3	9.5	4.8	46.528	36.524	3 570	325	8.78	18.7	239	42.7	2.27
25a	250	116	8.0	13.0	10.0	5.0	48.541	38.105	5 020	402	10.2	21.6	280	48.3	2.40
25b	250	118	10.0	13.0	10.0	5.0	53.541	42.030	5 280	423	9.94	21.3	309	52.4	2.40
28a	280	122	8.5	13.7	10.5	5.3	55.404	43.492	7 110	508	11.3	24.6	345	56.6	2.50
28b	280	124	10.5	13.7	10.5	5.3	61.004	47.888	7 480	534	11.1	24.2	379	61.2	2.49

型号	尺寸/mm						截面面积 /cm²	理论质量 /(kg·m⁻¹)	参考数值						
									x-x				y-y		
	h	b	d	t	r	r_1			I_x /cm⁴	W_x /cm³	i_x /cm	$I_x:S_x$ /cm	I_y /cm⁴	W_y /cm³	i_y /cm
32a	320	130	9.5	15.0	11.5	5.8	67.156	52.717	11 100	692	12.8	27.5	460	70.8	2.62
32b	320	132	11.5	15.0	11.5	5.8	73.556	57.741	11 160	726	12.6	27.1	502	76.0	2.61
32c	320	134	13.5	15.0	11.5	5.8	79.956	62.765	12 200	760	12.3	26.8	544	81.2	2.61
36a	360	136	10.0	15.8	12.0	6.0	76.480	60.037	15 800	875	14.4	30.7	552	81.2	2.69
36b	360	138	12.0	15.8	12.0	6.0	83.680	65.689	16 500	919	14.1	30.3	582	84.3	2.64
36c	360	140	14.0	15.8	12.0	6.0	90.880	71.341	17 300	962	13.8	29.9	612	87.4	2.60
40a	400	142	10.5	16.5	12.5	6.3	86.112	67.598	21 700	1 090	15.9	34.1	660	93.2	2.77
40b	400	144	12.5	16.5	12.5	6.3	94.112	73.878	22 800	1 140	15.6	33.6	692	96.2	2.71
40c	400	146	14.5	16.5	12.5	6.3	102.112	80.158	23 900	1 190	15.2	33.2	727	99.6	2.65
45a	450	150	11.5	18.0	13.5	6.8	102.446	80.420	32 200	1 430	17.7	38.6	855	114	2.89
45b	450	152	13.5	18.0	13.5	6.8	111.446	87.485	33 800	1 500	17.4	38.0	894	118	2.84
45c	450	154	15.5	18.0	13.5	6.8	120.446	94.550	35 300	1 570	17.1	37.6	938	122	2.79
50a	500	158	12.0	20.0	14.0	7.0	119.304	93.654	46 500	1 860	19.7	42.8	1 120	142	3.07
50b	500	160	14.0	20.0	14.0	7.0	120.304	101.504	48 600	1 940	19.4	42.4	1 170	146	3.01
50c	500	162	16.0	20.0	14.0	7.0	139.304	109.354	50 600	2 080	19.0	41.8	1 220	151	2.96
56a	560	166	12.5	21.0	14.5	7.3	135.435	106.316	65 600	2 340	22.0	47.7	1 370	165	3.18
56b	560	168	14.5	21.0	14.5	7.3	146.635	115.108	68 500	2 450	21.6	47.2	1 490	174	3.16
56c	560	170	16.5	21.0	14.5	7.3	157.835	123.900	71 400	2 550	21.3	46.7	1 560	183	3.16
63a	630	176	13.0	22.0	15.0	7.5	154.658	121.407	93 900	2 980	24.5	54.2	1 700	193	3.31
63b	630	178	15.0	22.0	15.0	7.5	167.258	131.298	98 100	3 160	24.2	53.5	1 810	204	3.29
63c	630	180	17.0	22.0	15.0	7.5	179.858	141.189	100 200	3 300	23.8	52.9	1 920	214	3.27

注：截面图和表中标注的圆弧半径 r 和 r_1 的值，用于孔型设计，不作为交货条件。

附表 3-2 热轧槽钢（GB 707—88）

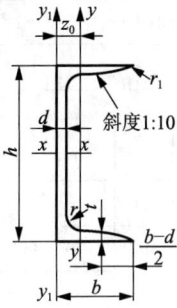

符号意义：

h—高度；　　　　　t—平均腿厚度；　　　i—惯性半径；

b—腿宽度；　　　　r_1—边端内圆弧半径；z_0-y-y 轴与 y_1-y_1 轴间距。

d—腰厚度；　　　　I—惯性矩；

t—内圆弧半径；　　W—抗弯截面系数；

型号	尺寸/mm						截面积 /cm²	理论质量 /(kg·m⁻¹)	x-x			y-y			y_1-y_1	z_0 /mm
	h	b	d	t	r	r_1			W_x /cm³	I_x /cm⁴	i_x /cm	W_y /cm³	I_y /cm⁴	i_y /cm	I_{y1} /cm⁴	
5	50	37	4.5	7.0	7.0	3.5	6.928	5.438	10.4	26.0	1.94	3.55	8.30	1.10	20.9	1.35
6.3	63	40	4.8	7.5	7.5	3.8	8.451	6.634	16.1	50.8	2.45	4.50	11.9	1.19	28.4	1.36
8	80	43	5.0	8.0	8.0	4.0	10.248	8.045	25.3	101	3.15	5.79	16.6	1.27	37.4	1.43
10	100	48	5.3	8.5	8.5	4.2	12.748	10.007	39.7	198	3.95	7.80	25.6	1.41	54.9	1.52
12.6	126	53	5.5	9.0	9.0	4.5	15.692	12.318	62.1	391	4.95	10.2	38.0	1.57	77.1	1.59
14a	140	58	6.0	9.5	9.5	4.8	18.516	14.535	80.5	564	5.52	13.0	53.2	1.70	107	1.71
14b	140	60	8.0	9.5	9.5	4.8	21.316	16.733	87.1	609	5.35	14.1	61.1	1.69	121	1.67
16a	160	63	6.5	10.0	10.0	5.0	21.962	17.240	108	866	6.28	16.3	73.3	1.83	144	1.80
16	160	65	8.5	10.0	10.0	5.0	25.162	19.752	117	935	6.10	17.6	83.4	1.82	161	1.75
18a	180	68	7.0	10.5	10.5	5.2	25.699	20.174	141	1 270	7.04	20.0	98.6	1.96	190	1.88
18	180	70	9.0	10.5	10.5	5.2	29.299	23.000	152	1 370	6.84	21.5	111	1.95	210	1.84
20a	200	73	7.0	11.0	11.0	5.5	28.837	22.637	178	1 780	7.86	24.2	128	2.11	244	2.01
20	200	75	9.0	11.0	11.0	5.5	32.831	25.777	191	1 910	7.64	25.9	144	2.09	268	1.95
22a	220	77	7.0	11.5	11.5	5.8	31.846	24.999	218	2 390	8.67	28.2	158	2.23	298	2.10
22	220	79	9.0	11.5	11.5	5.8	36.246	28.453	234	2 570	8.42	30.1	176	2.21	326	2.03
25a	250	78	7.0	12.0	12.0	6.0	34.917	27.410	270	3 370	9.82	30.6	176	2.24	322	2.07
25b	250	80	9.0	12.0	12.0	6.0	39.917	31.335	282	3 530	9.41	32.7	196	2.22	353	1.98
25c	250	82	11.0	12.0	12.0	6.0	44.917	35.260	295	3 690	9.07	35.9	218	2.21	384	1.92
28a	280	82	7.5	12.5	12.5	6.2	40.034	31.427	340	4 760	10.9	35.7	218	2.33	388	2.10
28b	280	84	9.5	12.5	12.5	6.2	45.634	35.823	366	5 130	10.6	37.9	242	2.30	428	2.02
28c	280	86	11.5	12.5	12.5	6.2	51.234	40.219	393	5 500	10.4	40.3	268	2.29	463	1.95
32a	320	88	8.0	14.0	14.0	7.0	48.513	38.083	475	7 600	12.5	46.5	305	2.50	552	2.24
32b	320	90	10.0	14.0	14.0	7.0	54.913	43.107	509	8 140	12.2	49.2	336	2.47	593	2.16
32c	320	92	12.0	14.0	14.0	7.0	61.313	48.131	543	8 690	11.9	52.6	374	2.47	643	2.09

续表

型号	尺寸/mm						截面积/cm²	理论质量/(kg·m⁻¹)	参考数值							
									$x\text{-}x$			$y\text{-}y$			$y_1\text{-}y_1$	z_0/mm
	h	b	d	t	r	r_1			W_x/cm³	I_x/cm⁴	i_x/cm	W_y/cm³	I_y/cm⁴	i_y/cm	I_{y1}/cm⁴	
36a	360	96	9.0	16.0	16.0	8.0	60.910	47.814	660	11 900	14.0	63.5	455	2.73	818	2.44
36b	360	98	11.0	16.0	16.0	8.0	68.110	53.466	703	12 700	13.6	66.9	497	2.70	880	2.37
36c	360	100	13.0	16.0	16.0	8.0	75.310	59.118	764	13 400	13.4	70.0	536	2.67	948	2.34
40a	400	100	10.5	18.0	18.0	9.0	75.068	58.928	879	11 600	15.3	78.8	592	2.81	1 070	2.49
40b	400	102	12.5	18.0	18.0	9.0	83.068	65.208	932	18 600	15.0	82.5	640	2.78	1 140	2.44
40c	400	104	14.5	18.0	18.0	9.0	91.068	71.488	986	19 700	14.7	86.2	688	2.75	1 220	2.42

注：截面图和表中标注的 r 和 r_1 值，用于孔型设计，不作为交货条件。

附表 3-3　热轧等边角钢(GB 9787—88)

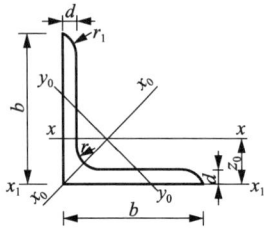

符号意义：

b—边宽度；　　　　　t—平均腿厚度；　　　　I—惯性距；

d—边厚度；　　　　　z_0—重心坐标；　　　　W—抗弯截面系数；

r—内圆弧半径；　　　r_1—边端内圆弧半径；　i—惯性半径。

型号	尺寸/mm			截面面积/cm²	理论质量/(kg·m⁻¹)	外表面积/(m²·m⁻¹)	参考数值												z_0/cm
							$x\text{-}x$			$x_0\text{-}x_0$			$y_0\text{-}y_0$			$x_1\text{-}x_1$		
	b	d	r				I_x/cm⁴	i_x/cm	W_x/cm³	I_{x_0}/cm⁴	i_{x_0}/cm	W_{x_0}/cm³	I_{y_0}/cm⁴	i_{y_0}/cm	W_{y_0}/cm³	i_{x_1}/cm⁴		
2	20	3		1.132	0.889	0.078	0.40	0.59	0.29	0.63	0.75	0.45	0.17	0.39	0.20	0.81		0.60
		4	3.5	1.459	1.145	0.077	0.50	0.58	0.36	0.78	0.73	0.55	0.22	0.38	0.24	1.09		0.64
2.5	25	3		1.432	1.124	0.098	0.82	0.76	0.46	1.29	0.95	0.73	0.34	0.49	0.33	1.57		0.73
		4		1.859	1.459	0.097	1.03	0.74	0.59	1.62	0.93	0.92	0.43	0.48	0.40	2.11		0.76
3.0	30	3		1.749	1.373	0.117	1.46	0.91	0.68	2.31	1.15	1.09	0.61	0.59	0.51	2.71		0.85
		4		2.276	1.786	0.117	1.84	0.90	0.87	2.92	1.13	1.37	0.77	0.58	0.62	3.63		0.89
3.6	36	3	4.5	2.109	1.656	0.141	2.58	1.11	0.99	4.09	1.39	1.61	1.07	0.71	0.76	4.68		1.00
		4		2.756	2.163	0.141	3.29	1.09	1.28	5.22	1.38	2.05	1.37	0.70	0.93	6.25		1.04
		5		3.382	2.654	0.141	3.95	1.08	1.56	6.24	1.36	2.45	1.65	0.70	1.09	7.84		1.07
4	40	3		2.359	1.852	0.157	3.59	1.23	1.23	5.69	1.55	2.01	1.49	0.79	0.96	6.41		1.09
		4	5	3.086	2.422	0.157	4.60	1.22	1.60	7.29	1.54	2.58	1.19	0.79	1.19	8.56		1.13
		5		3.791	2.976	0.156	5.53	1.21	1.96	8.76	1.52	3.10	2.30	0.78	1.39	10.74		1.17

型号	尺寸/mm			截面面积/cm²	理论质量/(kg·m⁻¹)	外表面积/(m²·m⁻¹)	参考数值												
							x-x			x₀-x₀			y₀-y₀			x₁-x₁	z₀/cm		
	b	d	r				I_x/cm⁴	i_x/cm	W_x/cm³	I_{x_0}/cm⁴	i_{x_0}/cm	W_{x_0}/cm³	I_{y_0}/cm⁴	i_{y_0}/cm	W_{y_0}/cm³	I_{x_1}/cm⁴	z_0/cm		
4.5	45	3	4.5	2.659	2.088	0.177	5.17	1.40	1.58	8.20	1.76	2.58	2.14	0.90	1.24	9.12	1.22		
		4		3.486	2.736	0.117	6.65	1.38	2.05	10.56	1.74	3.32	2.75	0.89	1.54	12.18	1.26		
		5		4.292	3.369	0.176	8.04	1.37	2.51	12.74	1.72	4.00	3.33	0.88	1.81	15.25	1.30		
		6		5.076	3.985	0.176	9.33	1.39	2.95	14.76	1.70	4.64	3.89	0.88	2.06	18.36	1.33		
5	50	3	5.5	2.971	2.332	0.197	7.18	1.55	1.96	11.37	1.96	3.22	2.98	1.00	1.57	12.50	1.34		
		4		3.897	3.059	0.197	9.26	1.54	2.56	14.70	1.94	4.16	3.82	0.99	1.96	16.69	1.38		
		5		4.803	3.770	0.196	11.21	1.53	3.13	17.79	1.92	5.03	4.64	0.98	2.31	20.90	1.42		
		6		5.688	4.465	0.196	13.05	1.52	3.68	20.68	1.91	5.85	5.42	0.98	2.63	25.14	1.46		
5.6	56	3	6	3.343	2.624	0.221	10.19	1.75	2.48	16.14	2.20	4.08	4.24	1.13	2.02	17.56	1.48		
		4		4.390	3.446	0.220	13.18	1.73	3.24	20.92	2.18	5.28	5.46	1.11	2.52	23.43	1.53		
		5		5.415	4.251	0.220	16.02	1.72	3.97	25.42	2.17	6.42	6.61	1.10	2.98	29.33	1.57		
		6		8.367	6.568	0.219	23.63	1.68	6.03	37.37	2.11	9.44	9.89	1.09	4.16	47.24	1.68		
6.3	63	4	7	4.978	3.907	0.248	19.03	1.96	4.13	30.17	2.46	6.78	7.89	1.26	3.29	33.35	1.70		
		5		6.143	4.822	0.248	23.17	1.94	5.08	36.77	2.45	8.25	9.57	1.25	3.90	41.73	1.74		
		6		7.288	5.721	0.247	27.12	1.93	6.00	43.03	2.43	9.66	11.20	1.24	4.46	50.14	1.78		
		8		9.515	7.469	0.247	34.46	1.90	7.75	54.56	2.40	12.25	14.33	1.23	5.47	67.11	1.85		
		10		11.657	9.151	0.246	41.09	1.88	9.39	64.85	2.36	14.56	17.33	1.22	6.36	84.31	1.93		
7	70	4	8	5.570	4.372	0.275	26.39	2.18	5.14	41.80	2.74	8.44	10.99	1.40	4.17	45.74	1.86		
		5		6.875	5.397	0.275	32.21	2.16	6.32	51.08	2.73	10.32	13.34	1.39	4.95	57.21	1.91		
		6		8.160	6.406	0.275	37.77	2.15	7.48	59.93	2.71	12.11	15.61	1.38	5.67	68.73	1.95		
		7		9.424	7.398	0.275	43.09	2.14	8.59	68.35	2.69	13.81	17.82	1.38	6.34	80.29	1.99		
		8		10.667	8.373	0.274	48.17	2.12	9.68	76.37	2.68	15.43	19.98	1.37	6.98	91.92	2.03		
7.5	75	5	9	7.367	5.818	0.295	39.97	2.33	7.32	63.30	2.92	11.94	16.63	1.50	5.77	70.56	2.04		
		6		8.797	6.905	0.294	46.95	2.31	8.64	74.38	2.90	14.02	19.51	1.49	6.67	84.55	2.07		
		7		10.160	7.976	0.294	53.57	2.30	9.93	84.96	2.98	16.02	22.18	1.48	7.44	98.71	2.11		
		8		11.503	9.030	0.294	59.96	2.28	11.20	95.07	2.88	17.93	24.86	1.47	8.19	112.97	2.15		
		10		14.126	11.089	0.293	71.98	2.26	13.64	113.92	2.84	21.48	30.05	1.46	9.56	141.71	2.22		
8	80	5		7.912	6.211	0.315	48.79	2.48	8.34	77.33	3.13	13.67	20.25	1.60	6.66	85.36	2.15		
		6		9.397	7.376	0.314	57.35	2.47	9.87	90.98	3.11	16.08	23.72	1.59	7.65	102.50	2.19		
		7		10.860	8.525	0.314	65.58	2.46	11.37	104.07	3.10	18.40	27.09	1.58	8.58	119.70	2.23		
		8		12.303	9.658	0.314	73.49	2.44	12.83	116.60	3.08	20.61	30.39	1.57	9.46	136.97	2.27		
		10		15.126	11.874	0.313	88.43	2.42	15.64	140.09	3.04	24.76	36.77	1.56	11.08	171.74	2.53		

型号	尺寸/mm			截面面积 /cm²	理论质量/ (kg·m⁻¹)	外表面积/ (m²·m⁻¹)	参考数值												
							x-x			x_0-x_0			y_0-y_0			x_1-x_1	z_0 /cm
	b	d	r				I_x /cm⁴	i_x /cm	W_x /cm³	I_{x_0} /cm⁴	i_{x_0} /cm	W_{x_0} /cm³	I_{y_0} /cm⁴	i_{y_0} /cm	W_{y_0} /cm³	i_{x_1} /cm⁴	
9	90	6	10	10.637	8.350	0.354	82.77	2.79	12.61	131.26	3.51	20.63	34.28	1.80	9.95	145.87	2.44
		7		12.301	9.656	0.354	94.83	2.78	14.54	150.47	3.50	23.64	39.18	1.78	11.19	170.30	2.48
		8		13.944	10.946	0.353	106.47	2.76	16.42	168.97	3.48	26.55	43.97	1.78	12.35	194.80	2.52
		10		17.167	13.476	0.353	128.58	2.74	20.07	203.90	3.45	32.04	53.26	1.76	14.52	244.07	2.59
		12		20.306	15.940	0.352	149.22	2.71	23.57	236.21	3.41	37.12	62.22	1.75	16.49	293.76	2.67
10	100	6	12	11.932	9.366	0.393	114.95	3.10	15.68	181.98	3.90	25.74	47.92	2.00	12.69	200.07	2.67
		7		13.796	10.830	0.393	131.86	3.00	18.10	208.97	3.89	29.55	54.74	1.99	14.26	233.54	2.71
		8		15.638	12.276	0.393	148.24	3.08	20.47	235.07	3.88	33.24	61.41	1.98	15.75	267.09	2.76
		10		19.261	15.120	0.392	179.51	3.05	25.06	284.68	3.84	40.26	74.35	1.96	18.54	334.48	2.84
		12		22.800	17.898	0.391	208.90	3.03	29.48	330.95	3.81	46.80	86.84	1.95	21.08	402.34	2.91
		14		26.256	20.611	0.391	236.53	3.00	33.73	374.06	3.77	52.90	99.00	1.94	23.44	470.75	2.99
		16		29.627	23.257	0.390	262.53	2.89	37.82	414.16	3.74	58.57	110.89	1.94	25.63	539.80	3.06
11	110	7	10	15.196	11.928	0.433	177.16	3.41	22.05	280.94	4.30	36.12	73.38	2.20	17.51	310.64	2.96
		8		17.238	13.532	0.433	199.46	3.40	24.95	316.49	4.28	40.69	82.42	2.19	19.39	355.20	3.01
		10		21.261	16.690	0.432	242.19	3.38	30.60	384.39	4.25	49.42	99.98	2.17	22.91	444.65	3.09
		12		25.200	19.782	0.431	282.55	3.35	36.05	448.17	4.22	57.62	116.93	2.15	26.15	543.60	3.16
		14		29.056	22.809	0.431	320.71	3.32	41.31	508.01	4.18	65.31	133.40	2.14	29.14	625.16	3.24
12.5	125	8	14	19.750	15.504	0.492	297.03	3.88	32.52	470.89	4.88	53.26	123.16	2.50	25.86	521.01	3.37
		10		24.373	19.133	0.491	361.67	3.95	39.97	573.89	4.85	64.93	149.46	2.48	30.62	651.93	3.45
		12		28.912	22.696	0.491	423.16	3.83	41.17	671.44	4.82	75.96	174.88	2.46	35.03	783.42	3.53
		14		33.367	26.193	0.490	481.65	3.80	54.16	763.73	4.78	86.41	199.57	2.45	39.13	915.61	3.61
14	140	10		27.373	21.488	0.551	514.65	4.34	50.58	817.27	5.46	82.56	212.04	2.78	39.20	915.11	3.82
		12		32.512	25.522	0.551	603.68	4.31	59.80	958.49	5.43	96.85	248.57	2.76	45.02	1099.28	3.90
		14		37.567	29.490	0.550	688.81	4.28	68.75	1093.56	5.40	110.47	284.06	2.75	50.45	1284.22	3.98
		16		42.539	33.393	0.549	770.24	4.26	77.46	1221.81	5.36	123.42	318.67	2.74	55.55	1470.07	4.06

注：截面图中的 $r_1(=d/3)$ 及表中 r 值，用于孔型设计，不作为交货条件。

参 考 文 献

[1] 刘鸿文. 材料力学[M]. 6 版. 北京:高等教育出版社,2017.

[2] 刘鸿文. 简明材料力学[M]. 3 版. 北京:高等教育出版社,2016.

[3] 孟庆东,张晓荣,陈胜利. 材料力学简明教程[M]. 2 版,北京:机械工业出版社,2019.

[4] 孟庆东,钟云晴. 理论力学简明教程[M]. 2 版,北京:机械工业出版社,2019.

[5] 袁向丽,刘文秀,李云涛. 新编工程力学教程[M]. 北京:机械工业出版社,2018.

[6] 苏德胜,韩淑洁. 工程力学简明教程[M]. 北京:机械工业出版社,2009.

[7] 陈传尧,王元勋. 工程力学[M]. 2 版. 北京:高等教育出版社,2018.

[8] 孟庆东,王长连. 大学教材全解·理论力学[M]. 北京:现代教育出版社,2015.

[9] 刘思俊. 工程力学[M]. 3 版. 北京:机械工业出版社,2019.

[10] R. C. Hibbeler. Mechanics of Materials[M]. 汪越胜,等译. 北京:电子工业出版社,2006.

[11] 王长连,孟庆东. 材料力学导教·导学·导考[M]. 西安:西北工业大学出版社,2014.

[12] 许吉信. 材料力学实验[M]. 西安:西北工业大学出版社,2010.

[13] 孟庆东. 机械设计简明教程[M]. 西安:西北工业大学出版社,2014.

[14] 王晓光,李杜国. 材料力学实验教程[M]. 长沙:中南大学出版社,2005.

[15] 段明章. 材料力学实验[M]. 北京:高等教育出版社,1985.

[16] 熊丽霞,吴庆华. 材料力学实验[M]. 北京:科学出版社,2006.

[17] 王清远,陈孟诗. 材料力学实验[M]. 成都:四川大学出版社,2007.

[18] 曾海燕. 材料力学实验[M]. 武汉:武汉理工大学出版社,2001.

[19] 王绍铭,等编. 材料力学实验指导[M]. 北京:中国铁道出版社,2000.

[20] 刘鸿文,吕荣坤. 材料力学实验[M]. 4 版. 北京:高等教育出版社,2017.

[21] 朱铉庆,等. 材料力学实验[M]. 武汉:武汉大学出版社,2006.

图书在版编目(CIP)数据

工程力学及实验:中、少学时用/王莺主编. --

青岛:中国石油大学出版社,2019.9

ISBN 978-7-5636-6572-3

Ⅰ.①工… Ⅱ.①王… Ⅲ.①工程力学－实验－高等

学校－教材 Ⅳ.①TB12－33

中国版本图书馆 CIP 数据核字(2019)第 206066 号

书　　名:工程力学及实验(中、少学时用)
　　　　　GONGCHENG LIXUE JI SHIYAN(ZHONG,SHAOXUESHIYONG)
主　　编:王　莺

责任编辑:满云凤(电话　0532－86981533)
封面设计:赵志勇

出　版　者:中国石油大学出版社
　　　　　　(地址:山东省青岛市黄岛区长江西路66号　邮编:266580)
网　　　址:http://www.uppbook.com.cn
电子邮箱:yibian8392139@163.com
排　版　者:青岛汇英栋梁文化传媒有限公司
印　刷　者:沂南县汇丰印刷有限公司
发　行　者:中国石油大学出版社(电话　0532－86981533,86983437)
开　　　本:185 mm×260 mm
印　　　张:19.75
字　　　数:508 千字
版　印　次:2019 年 9 月第 1 版　2019 年 9 月第 1 次印刷
书　　　号:ISBN 978-7-5636-6572-3
定　　　价:39.80 元